普通高等教育“十一五”国家级规划教材

环境生态学

卢升高　主编

图书在版编目(CIP)数据

环境生态学 / 卢升高主编．—杭州：浙江大学出版社，2010.1（2023.8 重印）
ISBN 978-7-308-07308-0

Ⅰ．环…　Ⅱ．卢…　Ⅲ．环境生态学—高等学校—教材
Ⅳ．X171

中国版本图书馆 CIP 数据核字(2010)第 005011 号

环境生态学
卢升高　**主编**

责任编辑　秦　瑕
封面设计　刘依群
出版发行　浙江大学出版社
（杭州市天目山路 148 号　邮政编码 310007）
（网址：http://www.zjupress.com）
排　　版　浙江时代出版服务有限公司
印　　刷　嘉兴华源印刷厂
开　　本　787mm×1092mm　1/16
印　　张　19.5
字　　数　475 千字
版 印 次　2010 年 2 月第 1 版　2023 年 8 月第 11 次印刷
书　　号　ISBN 978-7-308-07308-0
定　　价　48.00 元

浙江大学出版社市场运营中心联系方式：(0571)88925591；http://zjdxcbs.tmall.com

前　　言

环境生态学是高等学校环境科学与工程、资源环境科学、农业资源与环境等专业的一门重要专业基础课。为了教学需要，我们在认真总结国内外环境生态学学科的最新进展和成果的基础上，结合多年的教学实践，编写了此教材。全书共分13章，第1—8章分述生物个体、种群、群落、生态系统以及生态系统能量流动、物质循环和信息传递的基本知识和理论；第9—10章论述城市和水域生态系统；第11、12章论述环境污染的生态效应和环境污染防治的生态对策；第13章是应用环境生态学，论述全球变化、生物多样性、恢复生态学、生态风险评价和生态规划等环境生态学领域的新进展。另外，每章起首都有内容提要，末尾附有思考题。我们在编写本书时力求体现内容的科学性、系统性和先进性，并尽量搜集了环境生态学发展的最新成果、概念和技术，以反映当代环境生态学的新水平和新概念。

本书此前曾以讲义形式印发。2000年环境生态学被列入浙江大学重点建设课程后，作者在讲义的基础上多次修改、补充，逐渐完善，最终将其整理成书，2006年有幸入选“十一五”国家级规划教材。

作者在本书的编写过程中参考了大量文献资料。考虑到篇幅，书中参考文献只列入专著和教材部分，而所有的期刊论文都没有列出，特此说明，并对所有的作者一并致以衷心的感谢！

由于本书涉及的内容广泛，编写者知识水平有限，书中一定存在不少缺点和错误，敬请各位专家和广大读者批评指正。

卢升高

于杭州华家池

2009年12月

目　录

第一章　绪　论

本章提要　介绍生态学的定义、研究对象和分支学科以及生态学发展的历史；现代生态学的发展特点和趋势；环境生态学的定义、形成与发展史；环境生态学的研究内容、方法和发展趋势。

第一节　生态学概述

一、生态学的定义

生态学(ecology)一词源于希腊文 oikos(原意为“房子”、“住处”)和 logos(原意为“学科”或“讨论”)。因此，从字义来看，生态学是研究生物与其所在地关系的一门科学。

1866 年德国生物学家 H. Haeckel 首先提出生态学的定义，他认为生态学是研究生物与其环境之间相互关系的科学。此后，又有许多生态学家对生态学的含义及概念进行了探讨，但所提出的定义均未超过 Haeckel 定义的范围。此外，生态学与经济学(economics)为同一词源，在词义上有共同点，所以也有学者把生态学称为自然经济学。

著名美国生态学家 E. P. Odum(1971)在其所著的《生态学基础》(*Fundamentals of Ecology*)一书中，认为生态学是研究生态系统的结构和功能的科学，具体内容包括：一定地区内生物的种类、数量、生物量、生活史及空间分布；该地区营养物质和水等非生命物质的质量和分布；各种环境因素，如温度、湿度、光、土壤等，对生物的影响；生态系统中的能量流动和物质循环；环境对生物的调节和生物对环境的调节。我国著名生态学家马世骏认为，生态学是研究生命系统和环境系统相互作用规律及其机理的科学。由此可见，生态学的不同定义代表了生态学的不同发展阶段，强调了不同的基础生态学分支和领域。而“生态学是研究生物与环境之间相互关系及其作用机理的科学”的定义，是普遍被科学家们所采用的。

应当指出，由于人口的快速增长和人类活动干扰对环境与资源造成的极大压力，人类迫切需要掌握生态学理论来调整人与自然、资源以及环境的关系，协调社会经济发展和生态环境的关系，促进可持续发展。因此，现代生态学已不仅仅是一门研究生物与环境相互关系的学科，而是已成为指导人类行为准则的综合性学科，是研究生物存在条件、生物及其群体与环境相互作用的过程及其规律的科学，其目的是指导人与生物圈(即自然、资源与环境)的发展(国家自然科学基金委员会，1997)。

二、生态学的形成和发展

生态学是人们在认识自然界的过程中逐渐发展起来的。生态学的发展大致可以分为四个时期:生态学的萌芽时期、生态学的建立时期、生态学的巩固时期和现代生态学时期。

1. 生态学的萌芽时期

公元16世纪前是生态学的萌芽时期。人类在和自然的斗争中,已经认识到环境和气候对生物生长的影响,以及生物和生物之间关系的重要性。在我国的古农书和古希腊的一些著作中已有记载。例如2200年前战国时代的《管子·地员篇》就详细介绍了植物分布与水文地质环境的关系。公元前一二百年的秦汉时期确定了24节气,它反映了农作物和昆虫等生物现象与气候之间的联系。在欧洲,Aristotle(384—322,B. C.)在《自然史》一书中按栖息地把动物分为陆栖、水栖等大类,还按食性分为肉食、草食、杂食及特殊食性4类。古希腊的Theophrastus(370—285,B. C.)不但注意到气候、土壤与植被生长与病害的关系,同时注意到了不同地区植物群落的差异。这些都孕育着朴素的生态学思想。

2. 生态学的建立时期

公元17世纪至19世纪末是生态学的建立时期。这一时期,生态学作为一门学科开始出现。例如,R. Boyle在1670年发表的低气压对动物影响的试验,标志着动物生理生态学的开端。1798年T. Malthus(1766—1834)在《人口论》(*Essay on Population*)中分析了人口增长与食物生产的关系。1807年德国学者A. Humboldt通过对南美洲热带和温带地区的植物及其生存环境进行的多年考察,写成了《植物地理学》一书,书中分析了植物分布与环境条件的关系。1840年B. J. Liebig发现了植物营养的最小因子定律。1859年,C. Darwin出版了著名的《物种起源》,提出生物进化论,对生物与环境的关系作了深入探讨。1866年,H. Haeckel首次提出了生态学定义,标志着生态学的诞生。此后,有诸多的科学家通过研究对生态学的形成作了很大贡献。到19世纪末,生态学已正式成为一门独立的学科。

3. 生态学的巩固时期

20世纪初至20世纪50年代是生态学的巩固时期。这一时期,植物和动物生态学得到了长足的发展,各种著作和教材相继出版。在动物生态学方面,20世纪初关于生理生态学、动物行为学和动物群落学等的研究有了较大进展。20世纪20—50年代,开始了种群研究,并将统计学引入生态学。如A. J. Lotka(1925)提出了种群增长的数学模型。这一时期出版的动物生态学专著和教科书有:《动物生态学》(R. N. Chapman, 1931),《动物生态学》(C. Elton,1927),《实验室及野外生态学》(V. E. Shelford, 1929),《动物生态学纲要》(费鸿年,1937),《动物生态学基础》(Kawkapob, 1945)等。1949年,W. C. Allee等合著的《动物生态学原理》出版,被认为是动物生态学进入成熟时期的标志。在这一时期,植物生态学的研究也得到了重要发展,出版的专著有:《近代植物社会学方法论基础》(Du Rietz, 1921),《植物社会学》(Braun-Blanquet,1928),《实用植物生态学》(A. G. Tansley),《植物的演替》(F. E. Clements),《植物生态学》(J. E. Weaver, 1929),《植物群落学》(B. H. Sukachev, 1908)等。也是在这一时期,形成了几个著名的植物生态学派:以群落分析为特征的北欧学派、以植物区系为中心的法瑞学派、以植物演替为中心的英美学派、以植物群落和植被为中心的苏联学派。这一时期,英美等国相继成立了生态学会,出版了一些生态学刊物,如

Journal of Ecology (1913), *Ecology* (1920), *Ecological Monographs* (1931), *Journal of Animal Ecology* (1930)等。

这一时期的另一重要特征是生态学从描述、解释走向机理研究。如1935年Tansley提出了生态系统的概念，标志着生态学进入以研究生态系统为中心的近代生态学发展阶段。40年代Birge和Juday通过对湖泊能量收支的测定，发展了初级生产的概念。R. L. Lindeman(1942)提出了著名的"十分之一定律"，发展了"食物链"和"生态金字塔"理论，为生态系统研究奠定了基础。

4.现代生态学时期

进入20世纪60年代，生态学得到了快速发展。这一方面是因为生态学自身的学科积累已经到了一定的程度，形成了自己独特的理论体系和方法论；第二方面是高精度的分析测试技术、电子计算机技术、遥感技术和地理信息系统技术的发展，为现代生态学的发展提供了物质基础和技术条件；第三方面是社会的需求。由于工业的高度发展和人口的大量增长，出现了许多全球性的人口、环境、资源、能源等问题。这些问题的解决都需要借助生态学的理论，因而生态学引起了社会各界的兴趣，从而刺激了现代生态学的发展。目前，生态学已深入到社会的各个领域，成为当今最重要的学科之一。

现代生态学的发展特点和趋势主要表现在以下几个方面：

(1)研究层次上向更宏观与微观的方向发展。传统的生态学以个体、种群、群落为主要研究对象，现代生态学已发展到生态系统、景观和全球水平。近几十年来，一系列国际研究计划大大促进了以生态系统生态学为基础的宏观生态学的发展。1964年开始进行的"国际生物学计划"(International Biological Programme, IBP)，主要研究自然生态系统结构、功能和生产力等。1972年由联合国教科文组织正式通过的"人与生物圈计划"(Man and the Biosphere Programme, MAB)，主要研究人类各种活动对生物圈各类生态系统的影响。1986年的"国际地圈—生物圈计划"(International Geosphere-Biosphere Programme, IGBP)，目的在于了解控制整个地球生态系统的物理、化学和生物学作用过程以及人类活动对上述基本过程变化的影响。特别是最近20年来，把生态系统的研究与全球变化联系起来，形成了全球生态学理论。现代生态学在向宏观方向发展的同时，在微观方向也取得了不少进展，20世纪末分子生态学(molecular ecology)的产生是最重要的标志之一。分子生态学是以分子遗传为标志研究和解决生态学和进化问题的学科。用分子生态学的方法来研究生态学的现象，大大提高了生态学的科学性。可见，现代生态学的研究层次已囊括了分子、基因、个体乃至整个生物圈与全球。

(2)研究手段不断更新。传统生态学侧重对研究对象的描述，R. Bracher(1934)在《生态学野外研究》一书中介绍的"一只生态学工具箱"就包括了当时生态学的全部工具。现代生态学研究已广泛应用野外自计电子仪器(测定光合、呼吸、蒸腾、水分状况、叶面积、生物量及微环境等)、同位素示踪(测定物质转移与物质循环等)、稳定同位素(用于生物进化、物质循环、全球变化等)、遥感与地理信息系统(用于时空现象的定量、定位与监测)、生态建模(从生态生理过程、斑块、种群、生态系统、景观到全球)等技术，这些技术支持了现代生态学的发展。特别值得指出的是，由于现代生态学要解决的是复杂的社会、资源、环境问题，传统的生态学研究方法(如直观描述、调查分析、数理统计、单项试验等)已不能满足要求，需要用系统的理论和方法去解决。于是产生了系统生态学，相应的就有了J. Smith的《生态学模型》

(*Models in Ecology*)、H. T. Odum 的《系统生态学》(*Systems Ecology*: *an Introduction*)等代表性著作的问世。此外,电子计算机的出现为系统生态学的产生和发展提供了物质基础。系统生态学的核心是生态模型,它与传统生态学模型的主要区别是变量很多,而且模型的变量很多是非线性的,需要通过计算机求解。

(3)应用生态学的迅速发展。自 20 世纪 60 年代以来,人口危机、能源危机、资源危机、环境危机等日益严重,而生态学被认为是解决这些危机的科学基础。生态学与人类环境问题的结合成为 70 年代后生态学的最重要研究领域,与人类生存密切相关的许多环境问题都成为现代生态学研究的热点问题,生态学越来越融合于环境科学中。因此,研究人类活动下生态过程的变化已成为现代生态学的重要内容。如 H. Lieth 等人称生态学为"人类生存的科学",E. P. Odum 在 1997 年出版的《生态学》一书以"自然与社会的桥梁"为副标题。由于生态学面临一些亟待解决的全球性生态问题,生态学的发展有围绕某一重大课题、组织全球性跨国联合研究的趋势。美国生态学会于 1991 年发表了关于可持续的生物圈动议(sustainable biosphere initiative)的报告,提出以下三个方面是优先研究的领域:①全球变化(global change),包括气候、大气、陆地和水域变化的生态学原因和后果;②生物多样性(biodiversity),决定生物多样性的生态因子和生态学意义,全球性和区域性变化对生物多样性的影响;③可持续的生态系统(sustainable ecosystem),探讨可持续生态系统的生态学原理和策略以及受损生态系统的恢复与重建的原理和技术。

三、生态学的研究对象

Odum(1971)用"组织层次"(level of organization)或称为"生物学谱"(biological spectrum)的概念来表示生态学的研究对象。每个组织层次和其环境的相互作用组成了其独有的功能系统。过去生态学主要研究个体以上的层次,被认为是宏观生物学,但在 20 世纪 90 年代出现了分子生态学。可见,从分子到生物圈都是生态学的研究对象。

1. 个体生态学

个体生态学(autecology)以生物个体为研究对象,探讨生物与环境的关系,特别是生物体对环境的适应性及其机制。个体生态学的核心是生理生态学(physiological ecology)。

2. 种群生态学

种群生态学(population ecology)研究栖息在同一地区同种生物个体的集合体所具有的特性,包括种群的年龄组成、性比例、数量变动与调节等及其与环境的关系。动物种群生态学是 20 世纪 60 年代以前动物生态学的主流。研究种群生态学对保护和合理利用生物资源以及防治有害生物具有特别重要的意义。

3. 群落生态学

群落生态学(community ecology)研究栖息于同一地域中所有种群集合体的组合特性,它们之间及其与环境之间的相互关系、群落的形成与发展等。植物群落生态学是 20 世纪 60 年代以前植物生态学的主体。群落生态学对保护自然环境和生物多样性有重要指导意义。

4. 生态系统生态学

生态系统生态学(ecosystem ecology)主要研究生态系统的组成要素、结构与功能、发展与演替,以及人为影响与调控机制的生态科学。20 世纪 60 年代以后,由于出现全球的人口、环境、资源等威胁人类生存的挑战问题,生态系统研究成为生态学研究的主流。

5. 生物圈生态学

生物圈(biosphere)是指地球上全部生物和一切适合于生物栖息的场所,其范围包括大气圈的下层、岩石圈的上层以及全部水圈和土圈。地球上所有生命都在这个“薄层”里生活,故称为生物圈。生物圈生态学(biosphere ecology)主要研究生命必需元素和重要污染物在大气、海洋、陆地之间的生物地球化学循环、海—气交换过程、陆—海相互作用、火山活动、太阳黑子活动、核污染对地球影响及其在全球变化中的作用等。生物圈生态学也称全球生态学(global ecology),它需要多学科、多部门配合来做综合性研究,也是至今为止尚未充分研究的最高组织层次的生态学。

四、生态学的分支学科

随着生态学的发展和应用范围的日益扩大,生态学出现越来越多的分支学科。

按照生物类群,生态学可分为动物生态学(animal ecology)、植物生态学(plant ecology)和微生物生态学(microbial ecology)等。生物的门类很多,所以还可以将它们划分为更小的单位,如动物生态学还可分为哺乳动物生态学(mammalian ecology)、鸟类生态学(avian ecology)、昆虫生态学(insect ecology)和鱼类生态学(fish ecology)等。

按照环境或栖息地的类型可分为陆地生态学(terrestrial ecology)、淡水生态学(freshwater ecology)和海洋生态学(marine ecology)。实际上它们还可划分为更小范围的生态学,如陆地生态学可再划分为森林生态学(forest ecology)、草原生态学(grassland ecology)和荒漠生态学(desert ecology)等。以上生态学分支按环境划分的基本原理是相同的,但不同环境中生物的种类组成、研究方法却有很大差别。

生态学的理论与人口、资源和环境等实际问题的结合,产生了应用生态学(applied ecology),它是研究人对生物圈的破坏机制及自然资源合理利用原则的科学。目前,应用生态学已发展成为独立的生态学分支学科,如环境生态学(environmental ecology)、农业生态学(agricultural ecology)、恢复生态学(restoration ecology)、污染生态学(pollution ecology)、自然资源生态学(ecology of natural resources)、人类生态学(human ecology)、城市生态学(city ecology)、持续发展生态学(sustainable ecology)、全球生态学(global ecology)等。

此外,生态学与其他学科的相互渗透,形成了一些新型的边缘学科,如数学生态学(mathematical ecology)、化学生态学(chemical ecology)和经济生态学(economical ecology)等。这些交叉学科对推动生态学的发展具有重要意义。例如,数学生态学应用数学模型,通过计算机运算,可以模拟复杂多变的自然界,了解各组分之间的定量关系和预测整个系统的发展。

第二节 环境生态学的定义、形成和发展

一、环境生态学的定义

环境生态学是环境科学与生态学之间的交叉学科,是生态学的重要应用学科之一。环境生态学是研究人为干扰下,生态系统内在的变化机理、规律和对人类的反效应,寻求受损

生态系统恢复、重建和保护对策的科学，即运用生态学理论，阐明人与环境间的相互作用及解决环境问题的生态途径。所以，环境生态学不同于以研究生物与其生存环境之间相互关系为主的经典生态学；也不同于只研究污染物在生态系统中的行为规律和危害的污染生态学和研究社会生态系统结构、功能、演化机制以及人的个体和组织与周围自然、社会环境相互作用的社会生态学，它解决的是环境污染和生态破坏这两类环境问题的学科。

二、环境生态学的形成

在科学发展史中，一门学科的诞生往往源自人类为了解决某一类实际问题的需要。环境生态学也不例外。它是在人类面临越来越严峻的当代环境问题，人类及地球上生物的生存受到越来越严重威胁的历史背景下产生的。

1. 环境问题的含义和实质

所谓环境问题，是指环境中出现的各种不利于人类生存和发展的现象。按其成因可分为原生环境问题和次生环境问题两类。原生环境问题主要指由各种自然力引起的自然灾害，如地震、火山喷发、洪涝灾害、台风、泥石流等；次生环境问题主要是指人为作用下引起的各种环境污染和生态破坏，如酸雨、臭氧层破坏、森林衰竭、土地荒漠化、生物多样性减少等。目前在环境科学中所指的环境问题，主要是指人类不合理地开发利用自然资源及不负责任地排放污染物所引起的问题。因此，所谓环境问题，不是指“天灾”，而是指“人祸”，是人类不恰当的行为引起的“公害”，是人类与环境关系的失调。

2. 环境问题的产生

人类是环境的产物，又是环境的改造者。人类在同自然界的斗争中，运用自己的智慧，不断地改造自然，创造新的生存条件。然而，由于人类认识自然的能力和科学技术水平的限制，在改造环境的过程中，往往会产生意想不到的后果，造成环境的污染和破坏。

环境问题最初是从人类对生态环境的破坏开始的。在原始社会，人类以采集和猎获天然动、植物为生，生产力低下。那时，人类对环境基本上不构成危害和破坏，即使局部环境受到破坏，也很容易通过生态系统自身的调节得以恢复。到了奴隶社会和封建社会，随着生产工具不断改进，生产力水平不断提高，人类改造自然的能力随之提高，使局部区域内的环境受到了破坏。古代经济发达的美索不达米亚、希腊等许多地区，由于不合理的开垦和灌溉，后来成为荒芜不毛之地。我国的黄河流域是古代文明的发源地，原本森林茂密、土地肥沃，西汉末年和东汉时期的大规模开垦，促进了当时农业生产的发展；可是后来由于滥砍森林，水土流失严重，造成了至今的沟壑纵横、土地贫瘠。

18 世纪后半叶开始的第一次工业革命，随着蒸汽机的发明和使用，人类改造自然的能力显著增强。许多西方国家因此由农业社会转变为工业社会，许多工业迅速崛起，出现工业企业集中分布的工业区甚至工业城市。一些发达国家的城市和工矿区出现了环境污染问题。在英国伦敦，从 1873 年至 1892 年间发生的多起烟雾污染事件夺走了数千人的生命；工业废水和城市生活污水使河流和湖泊水质急剧下降，英国的泰晤士河几乎成为臭水沟；对矿物的大量开采使土地和植被受到严重破坏和污染，大片矿区及其邻近土地成为不毛之地。这时期环境问题的特点是工业污染和工业原材料开发引起的环境破坏。由于社会与经济发展的差异，环境问题仍然是区域性的。

19 世纪电的发明使人类进入第二次工业革命的电气化时代，特别是第二次世界大战以后，社会生产力突飞猛进。能源、原材料消耗数量急剧增大，导致对自然资源开发与污染物排放达到空前的规模。工业发达国家普遍发生环境污染问题，著名的八大“公害”事件都是在这一时期发生的。20 世纪 60 年代后化学工业的迅速发展，合成并投入使用大量自然界中不存在的化学物(如各种农药等)，进一步加剧了环境质量的恶化。在工业发达国家，大气 SO_2、粉尘、农药、噪声、核辐射、工业废水和城市生活污水污染以及矿山和冶金工业的重金属污染对经济发展与人类身心健康构成严重威胁。除了环境污染外，人们发现地球上人类生存的环境也在日趋恶化，人口大幅度增长、森林过度砍伐、水土流失加剧、荒漠化面积扩大、土地盐碱化等等都向人类生存和经济发展提出了严峻的挑战。人类首次感觉到环境问题已成为关系到自身生存的重大问题。

从 20 世纪 60 年代开始，西方发达国家公众的环境意识日益强烈，展开了声势浩大的环境运动，要求政府采取有效手段治理日益严重的环境污染。罗马俱乐部发表了著名的《增长的极限》研究报告。1972 年，联合国在瑞典首都斯德哥尔摩召开人类环境会议，通过了《联合国人类环境会议宣言》。1980 年 3 月 5 日，国际自然及自然资源保护联合会公布了《世界自然资源保护大纲》。这些会议和活动表明环境问题已成为当代世界上一个重大的社会、经济、技术问题。特别是随着社会、经济的发展，环境污染正以一种新的形态在发展，联合国人类环境会议后，世界上发生的重大而有代表性的公害事件有三大类共十件，有人称其为新的十大公害事件。生态破坏的规模和范围也在进一步扩大。环境污染和生态破坏所造成的影响，已从局部的向区域的乃至全球范围扩展。

3. 当前世界面临的主要环境问题

当前人类面临的主要问题有：人口问题、资源问题、环境污染问题和生态破坏问题。这些问题相互联系、相互影响，成为当今世界环境科学及其相关学科关注的热点。

(1)人口问题。人口的急剧增加是当前环境问题的首要问题。随着人口的增加，生产规模需要扩大，所需的生产、生活资料就要急剧增加，排放的废物也就相应增加，环境污染随之加重。人口增加，人类活动空间扩大，对自然系统的影响就要增强。人口急剧增加超过环境的合理承载能力，环境污染和生态破坏就会加剧。

(2)资源问题。自然资源是人类生存和发展不可缺少的物质条件。随着人口增加对资源需求的与日俱增，有限的资源已使人类面临资源匮乏的危机。森林资源的减少、土地资源的缩小和退化、淡水资源的短缺，已经成为许多国家经济发展和人类生存的重大问题。

(3)环境污染。环境污染是由于人类活动所引起的环境质量下降而有害于人类及其他生物的生存和发展的现象，是资源的不合理利用，使有用的资源过多地变为废物进入环境而造成危害。温室气体过量排放引起的气候变暖、酸雨、臭氧层破坏和有毒化学品的污染，已经成为全球性的重要环境问题。在过去的 100 年中，全球平均气温上升了 0.3～0.6℃，随着温室气体浓度的进一步增加，这种趋势还将继续，并对全球环境产生严重影响。酸雨和环境酸化问题一直处于扩展状态，影响地域由局部发展到跨国范围，发生区域已从工业发达国家扩大到发展中国家。我国的西南地区已成为与欧洲、北美并列的世界三大酸雨区之一。

(4)生态破坏。生态破坏是由于对自然资源的不合理开发和利用引起的。目前，以森林生态功能降低、生物多样性减少、耕地资源的损失和破坏为代表的生态破坏形势十分严峻。以土地荒漠化、水土流失、盐碱化、潜育化为主的土地退化规模不断扩大，耕地的丧失和破坏使人地矛盾愈加突出。森林生态功能衰退，引起了干旱、洪涝灾害不断加剧。

以上情况说明，当前人类所面临的全球性重大环境问题无一不与人类的活动密切相关。环境问题的实质是由于人类活动超过了环境的承受能力，对其所依赖的自然生态系统的结构和功能产生了破坏作用，导致与生存环境的不协调。因此，对人类所赖以生存的自然生态系统结构与功能的充分了解，以及对人与自然生态系统之间物质和能量交换的分析，是认识和解决环境问题的关键。可见，环境生态学是随着环境问题的产生和人类对环境问题的关注及寻求调节人类与环境之间协调发展的途径而产生的。

三、环境生态学的发展

环境生态学成为一门独立的科学始于20世纪五六十年代，随着全球性环境问题日益严重，如全球性气候变化、酸雨、臭氧层破坏、荒漠化扩展、生物多样性减少等等带来的环境不断破坏、资源日益衰竭的严重生态危机，使全球环境和生态系统失衡。这些生态危机都是人类活动造成的。人类曾一度自诩为主宰地球的力量，但无数事实说明，如果不按生态规律办事，就不能逃脱作为其生存环境的地球的种种变化对人类本身前途的影响。从无数的教训中，人们开始认识到地球的环境是脆弱的，各种资源也不是取之不尽的；环境被破坏、资源被过度利用以后是很难恢复的。人们也逐渐认识到，必须依赖于生态学原理和方法才能使维护人类赖以生存的环境和持续利用各种资源成为可能。这就是环境生态学产生的基础。

20世纪60年代初，美国海洋生物学家R. Carson的名著《寂静的春天》的出版对环境生态学的发展起到了极大的推动作用。该书描述了使用农药造成的严重污染，阐明了污染物在环境中的迁移转化，初步揭示了污染对生态系统的影响，揭示了人类生产活动与春天"寂静"间的内在机制；阐述了人类同大气、海洋、河流、土壤及生物之间的密切关系。这些论述有力地促进了生态系统与现代环境科学的结合。这一时期，人类活动对环境影响的认识也更加深入，如R. Arvill(1967)《人类与环境》(*Man and Environment*)，T. R. Detwuler(1971)《人类对环境的影响》(*Man's Impact on Environment*)等论述有关人类活动对环境影响的专著的出版，使人们认识到人类活动是如何影响地球表面大气圈、水圈、土壤－岩石圈和生物圈的自然过程的。

20世纪70—80年代是环境生态学的迅速发展时期。W. Barbara等在1972年出版的《只有一个地球》中，从整个地球的发展前景出发，从社会、经济和政治的不同角度，论述了经济发展和环境污染对不同国家产生的影响，指出人类所面临的环境问题，呼吁各国重视维护人类赖以生存的地球。该书的出版对环境生态学的发展起到了重要的作用。这一时期，国际上出版了一系列有影响的环境生态学方面的专著，如《环境生态学：生物圈、生态系统和人》(Anderson，1980)，《人口、资源、环境——人类生态学的课题》(Ehrlich，1972)，《生态科学：人口、资源和环境》(1977)，《环境、资源、污染和社会》(Murdock，1975)，《我们生态危机的历史根源》(White)，《人口炸弹》(Ehrlich)，《应用生态学原理》(Remade，1974，1978)等。同时，环境生态学方面的刊物也开始出现。

70年代后期，研究者们在有关受干扰和受害生态系统(damaged ecosystem)恢复和重建的理论和实际应用方面做了大量的工作。1975年在美国召开了题为"受害生态系统的恢复"的国际会议，专家们第一次讨论了受害生态系统的恢复和重建等许多重要的环境生态学问题。Carins等在1980年出版了《受害生态系统的恢复过程》(*The Recovery Process in Damaged Ecosystem*)一书，广泛探讨了受害生态系统恢复过程中的重要生态学理论和应用问题。1983年美、法两国专家召开了题为“干扰与生态系统”(Disturbance and Ecosystem)的学术讨论会，系统地探讨了人类的干扰对生物圈、自然景观、生态系统、种群和生物个体的生理学特性的影响。1996年召开了第一届世界恢复生态学大会。自70年代之后，我国在区域生态环境破坏的历史分析，区域生态环境质量的评价，生态系统稳定性的维护和受害生态系统的恢复、重建等领域也开展了大量的工作，并取得了非常可喜的成果。尤其是我国著名生态学家马世骏教授于1979年提出的“生态工程”理论，对于我国乃至整个环境生态学的发展均有着重要的指导作用。1989年在我国北京召开了“生态工程”国际学术讨论会，研讨了受害生态系统的重建问题。这些工作对于推动环境生态学的发展起到了积极的促进作用。

迄今，以环境生态学命名的教材和专著并不多见。1987年加拿大Dalhousie大学的Bill Freedman出版了第一部综合教科书《环境生态学》，书名的副题为“污染、干扰和其他压力的生态效应”，全书共分13章，即污染、干扰和其他压力的生态效应，空气污染，有毒元素，酸化，森林衰减，油污染，淡水富营养化，杀虫剂，森林砍伐，生物多样性和灭绝，战争的生态效应，生物资源和环境生态学应用。该书的出版对环境生态学的发展起到了积极的推动作用，标志着环境生态学的框架已基本形成。在国内，金岚等(1992)、盛连喜等(2002)曾出版《环境生态学》教材。

第三节　环境生态学的研究内容、发展趋势和方法

一、环境生态学的研究内容

1. 人为干扰下生态系统的内在变化机理和规律

环境生态学研究的对象是受人类干扰的生态系统。这里所说的人类干扰包括两个方面：一是指人类活动对生态系统造成的污染；二是指人类活动对生态系统的影响和破坏，主要是指人类对自然资源的不合理利用。自然生态系统受到人类干扰后，将会产生一系列的反应和变化。在这一过程中，有哪些内在规律，干扰效应在系统内不同组分间是如何相互作用的；出现了哪些生态效应以及如何影响到人类，包括各种污染物在各类生态系统中的行为变化规律和危害方式等都是环境生态学研究的内容。

《人与生物圈计划》(MAB)列出了人类活动对生态系统影响的主要研究领域，它们是：日益增长的人类活动对热带和亚热带森林生态系统的影响；不同土地利用措施对温带和地中海森林景观的影响；人类活动和土地利用措施对放牧牧地、热带稀树草原和草场的影响；人类活动对干旱和半干旱地区生态系统的动态变化的影响；人类活动对湖泊、沼泽、河流、三角洲、河口和沿海地区的价值和资源的生态学影响；人类活动对山地和冻原生态系统的影响；岛屿生态系统的生态学与合理利用；自然区域及其遗传种质的保护；在陆地和水生生态系统中化肥的使用和病虫害防治的生态学评估；大型工程对人类及其环境的影响；城市系统的生态学内容；环境的改造及其与人口适应数量和遗传结构的相互关系；对环境质量的认识；环境污染研究及其对生物圈的作用。

2. 各类生态系统的功能、保护和利用

各类生态系统在生物圈中执行着不同的功能，它们是人类生存的基础。目前，大大小小各类生态系统正在遭受损害和破坏，出现了生态危机。环境生态学要研究各类生态系统的结构、功能、保护和合理利用的途径与对策。包括森林、草原、湿地、荒漠、淡水、城市等主要生态系统的功能，探索不同生态系统的演变规律和调控技术，为防治人类活动对自然生态系统的干扰，有效地保护自然资源，合理利用资源提供科学依据。以森林生态系统为例，要研究各类森林生态系统在人类活动下的变化与影响、提高森林生态系统生产力的途径、森林生态系统的生态服务功能、人工林的营造和丰产技术、生态防护林的建设、森林生态系统的复原及演替理论、酸雨和其他污染物对森林的危害及防治技术、农林复合生态系统、森林在全球变化中的作用等等。

3. 生态系统退化的机理及其修复

在人类干扰和其他因素的影响下，有大量的生态系统处于不良状态，承载着超负荷的人口和环境压力。如污染、森林的功能衰退、土地荒漠化、水土流失、水源枯竭等。脆弱、低效和衰退已成为这一类生态系统明显的特征。应该重点研究的有：人类活动造成这些生态系统退化的机理及其恢复途径；人类活动对生态系统干扰效应的生态监测技术；防止人类活动与环境失调的措施；发展生态农业的途径；另外，还要研究自然资源综合利用以及污染物的处理技术，使这一类生态系统恢复成为清洁和健康的系统。如对脆弱生态系统（如黄土高原水土流失区，西南石灰岩发育区）恢复机理及开发中的石油、煤炭、矿山土地生产力恢复、重建问题加以研究，从整体上加以整治，提高环境质量。

4. 解决环境问题的生态对策

采用生态学方法治理环境污染和解决生态破坏问题，尤其在区域环境的综合整治上，前景令人鼓舞。依据环境问题的特点采取适当的生态学对策，并辅之以其他方法来改善和恢复恶化的环境质量，是环境生态学的研究任务之一。如研究治理水体、土壤、大气污染的生态技术，各种废物处理和资源化的生态技术；研究生态工程技术，探索自然资源利用的新途径；研究生态系统科学管理的原理和方法，把生态规划和生态设计结合起来，加强生态系统管理、保持生态系统健康和维持生态系统服务，创建和谐、高效、健康和可持续发展的生态系统。

5. 全球性环境生态问题的研究

近几十年来，许多全球性生态系统问题严重威胁着人类的生存和发展，要靠全人类共同努力才能解决，如臭氧层破坏、温室效应、全球变化等。21 世纪将面临全球生态环境变化的挑战。全球变化的根本原因是人类对大自然的不合理开发和破坏，如人类活动改变大气温室气体浓度、氮循环和土地覆盖等。因此，要在监测全球生态系统变化的基础上，研究全球变化对生物多样性发展和生态系统的影响、生存环境历史演变的规律、敏感地带和生态系统对环境变化的反应、全球环境变化及其与生态系统相互作用的模拟；建立适应全球变化的生态系统发展模型；提出减缓全球变化中自然资源合理利用和环境污染控制的对策和措施等。

综上所述，维护生态系统的正常功能、改善人类生存环境并使之协调发展，是环境生态学的根本目的。运用生态学理论，保护和合理利用自然资源，防止和治理环境污染与生态破坏，恢复和重建生态系统，以满足人类生存发展的需要，是环境生态学的主要任务。

二、环境生态学的发展趋势

1. 生态系统对人为干扰的反应机制与监测

环境生态学所指的干扰主要是社会性压力，即人为干扰。事实上大部分人为干扰与自然干扰的结果并不相同，自然干扰对环境的影响是局部的和偶然发生的，而人为干扰的影响可涉及种群乃至整个生物圈。从全球性三大环境问题的剖析可清楚地看到这一点。但如何判定一个生态系统是否受到人为干扰的损害及其程度、受害生态系统结构和功能变化有何共同特征等，目前还存在不同的看法。受害生态系统特征判断或"生态学诊断"的标准、方法问题的研究还会继续下去。例如，环境污染和资源破坏对生态系统结构和功能变化的影响；人为干扰对生物多样性的影响；生态环境质量演变的生物监测方法与指标；环境污染和生态破坏对生态系统影响的长期监测等。

2. 退化生态系统的恢复和重建

如何使退化生态系统在自然及人类的共同作用下尽快地根据人类的需要或愿望得以恢复、改建或重建，这既是个理论问题，也是个实践问题。如何保护现有的自然生态系统，综合恢复与整治退化的生态系统，以及重建可持续的人工生态系统，将成为环境生态学中颇具吸引力的研究领域。例如：湿地、湖泊、河流的生态修复与重建；珍稀、濒危和衰退物种的保护和恢复规律，物种保护、自然保护区建设和管理的科学方案和方法；工厂、矿山和城市等遭受干扰的生态系统的退化规律、恢复和重建的对策、措施、方法以及退化生态系统恢复的指标体系；农田、森林、草原和荒漠化土地的恢复和重建等。在我国，退化生态系统的类型复杂多样，各类生态系统都受到不同程度的干扰和破坏；经济建设（如三峡工程、南水北调工程）过程中的生态恢复；矿山废弃地的生态恢复；城市化中的生态恢复等等。生态恢复和重建的任务十分艰巨，是一项长期的工作。

3. 生态规划、生态安全和生态风险预测

生态规划是按照生态学的原理，对某地区的社会、经济、技术和生态环境进行全面综合规划，以便充分有效和科学地利用各种资源条件，促进生态系统的良性循环，使社会经济持续稳定发展。这是人类解决所面临环境问题的正确途径。生态规划所要解决的中心问题之一，就是人类社会生存和持续发展的问题，这是涉及许多领域的极其复杂的问题。因此，从定性描述的分析方法向定量化的综合分析方法过渡，由"软科学"向"软、硬"结合方向发展等也成为环境生态学今后努力的方向。生态安全研究是环境生态学研究的新内容，如生态入侵、生物工程农产品及人类其他活动的生态安全与预测。生态风险评价可预测各种人类干扰的生态效应和健康效应，如根据污染物的化学行为模型、毒性毒理学模型和地理信息系统，对区域生态系统的承载能力、污染负荷、恢复能力及其修复后生态系统的恢复情况进行综合的定量评价和预测。

全球生态环境变化的现状是业已经历的一系列变化的目前阶段，同时也是即将经历的未来演替的起点。研究发生在生态系统内并受人类活动影响的物理、化学、生物的相互作用过程及其生态效应，提高对全球环境和生命过程重大变化的预测能力也将是环境生态学今后一段时期内需要努力探索的方向。

4. 环境生物技术和生态工程

环境生物技术是用生物手段解决环境污染问题的技术。生态工程技术是应用生态系统中物种共生与物质循环再生原理，结构与功能协调原理，结合系统最优化方法设计的分层多级利用物质的生产工艺系统。应用生态技术进行环境质量的监测、评价、控制以及污染环境的修复将变得越来越重要，如水体、空气、土壤污染治理和固体废弃物处理的生态技术。这些生态技术尤其在湿地、湖泊、河流的生态修复和重建方面表现出了优势。美国计划在2010年前修复湿地400万 hm^2，湖泊60万 hm^2，河流6 400 km。污染环境的生物修复（微生物修复和植物修复）和利用生态工程修复技术修复被污染环境和退化生态系统将是污染治理的新途径，目前已在重金属污染和有机污染物影响的土壤、地下水和地面水生物修复技术方面取得成功。

5. 区域生态环境建设

中国环境保护工作的重点正从点源污染治理转向区域污染治理和生态环境治理。用生态学原理治理城市污染、地区污染，并按照整体和谐和循环高效的原则建设生态环境，是环境生态学的新任务。要研究污染治理生态学的理论和技术，研究富营养化治理的生态技术，工业固体废弃物和城市垃圾的生态技术等，应用生态系统结构与功能协调和物质循环再生的原理进行区域和城市生态建设的研究；另外，还要研究城市化中人口、交通、环保和其他设施与城市生态过程的相互关系，探索高效、和谐、舒适的区域和城市生态结构和调控的模式，生态示范区和生态县、生态市、生态省建设的途径和方法等。

三、环境生态学的研究方法

基于环境生态学本身的学科特点及研究领域的拓展，环境生态学研究方法具有以下特点：

1. 宏观研究与微观研究结合

根据研究对象尺度的不同，环境生态学研究可划分为不同的层次，在不同的层次应用不同的技术开展研究。生态学的发展趋向于宏观和微观两个方向，因此需要以宏观与微观相结合的方法来研究。微观方向的研究，集中在细胞或分子水平；在宏观方向，研究对象扩展到种群、群落、生态系统和生物圈。相应的，环境生态学也正向宏观和微观两极方向深入发展。研究方法上包括了从宏观的卫星遥感到微观的分子技术，还有生态学中常用的"三微"，即微气候、微环境和微宇宙方法。研究内容上同样在向两极方向深入。如环境污染物的生态效应研究，需要从生物圈层次研究污染物的种种生态过程，污染物在大气、海洋、陆地之间的生物地球化学循环，海—气交换过程、陆—海相互作用；也可应用"微宇宙"和"受控生态系统"研究污染物质在生态系统中的迁移、转化、降解和归宿；也可用分子生态毒理学方法深入到污染物对生物体遗传物质DNA的损伤。

2. 野外调查、实验室和长期定位试验结合

从生态学发展史来讲，野外研究方法是首先产生的，并且是第一性的。至今，在生态学研究中，野外研究（如定位、半定位田间试验）无疑仍然是主要的。实验室研究有各种环境物质的理化定量分析、室内试验和实验室模拟等。近代生态学的发展，越来越表明野外研究和实验室研究是促进生态学发展的两个最基本的手段。它们是相辅相成的，正是它们的有机结合促进了生态学的飞跃发展。如何把野外、实验室和模拟研究结果应用到自然界中，是极富有挑战性的。

长期定位试验是生态学研究中富有特色的方法。自然生态系统具有时空变化特点，是

一个时间上处于动态、空间上具有异向性的三维系统。如全球变化的研究需要较大的时间和空间尺度,生态恢复实践也具有一定时空变异特点。区域环境的整治和建设也是如此。所有这些都需要在大范围里分别建立长期定位观察站,长期定位地观察生态系统的动态变化规律。目前,全球范围内建立了多种目的的长期定位试验。如美国首先建立了长期生态研究网络(U. S. Long-term Ecological Research (LTER) Network),覆盖的区域包括热带森林、极地苔原、温带森林和沙漠。这些定位站的海拔高度从海平面一直延伸到 4000 m 以上,范围从南极到北极。从 20 世纪 80 年代开始,我国也开始启动了“中国生态系统研究网络”项目,在全国选择了包括农田、森林、草原、湖泊和海洋生态系统等 29 个野外定位站,组成了网络。这个网络的主要目的是对这些生态系统及其环境因子进行长期监测,研究这些生态系统的结构、功能和动态,以及自然资源的持续利用。

3. 多学科交叉、综合研究

环境生态学研究方法的多学科交叉和综合性特点体现在以下几点:一是研究内容为环境污染、生态破坏等一系列与人类生存密切相关的重大社会问题,需要多学科、多部门结合的综合性研究,如全球变化的研究,其涉及的学科之多和规模之大是空前的。二是环境生态研究超越了自然科学的范畴,它在与数学、物理学、化学、地理学、大气科学、系统科学和信息论等自然科学结合的基础上,强烈地与经济学、人文科学等社会科学结合。三是研究方法上的综合性,不同学科的研究方法可以不同程度、不同方式参与宏观和微观研究中一些复杂的功能和较深入的机理研究。如环境污染的生态效应,除了应用指示种、临界种、蓄积种以外,还用各种形态、生理、生化、遗传指标、种群多样性指数,建立各种监测手段。退化生态系统的恢复需要生物、工程等多种方法的结合。四是研究手段上,如全球变化的研究,只有应用现代遥感技术、卫星、高级计算机系统才能在全球尺度上搜集并分析数据。多学科的综合研究是今后环境生态学技术突破和理论创新的新思路。

4. 系统分析方法和数学模型的应用

生态系统是由各要素、各子系统组成的相互联系的有机整体。因此,研究时必须从系统学的角度出发,把生态系统看作一个统一的整体进行研究。比如生态系统的能量流动规律、流域治理过程中各种生态关系的变化、污染物在生态系统中的运行规律等问题都需要系统分析方法才能较确切地获得解决。通过系统分析可以建立系统模型,对系统进行模拟和预测。

环境生态学特别强调以数学模型和数量分析作为其研究手段,因此数学模型方法越来越受人们重视。数学模型是一个系统的基本要素及其关系的数学表达,模型能使一个十分复杂的系统简化,让我们容易了解,并预测它的未来,揭示关键性的生态过程,如从最早的逻辑斯谛方程、Lotka-Volterra 竞争和捕食模型,到湖泊、河流、海湾生态模型,草原、森林、农田管理模型,直至全球生态模型。运用模型进行生态系统变化和发展趋势的预测将发挥重大作用。如城市、农村、区域、景观、森林、草地、水域和被破坏地区的生态恢复等以及特定生态系统的规划、设计、改造、优化和管理等过程中,都有数学模型的应用。

5. 新技术的应用

环境生态学在研究和实际应用中的进展在很大程度上有赖于多种新技术、新方法的推广和应用。这些新技术包括计算机、卫星遥感、地理信息系统、同位素、分子生物学技术、自动测试技术、受控实验生态系统装置以及其他高精尖分析测试技术等。计算机技术在生态系统资料、数据处理中有极重要的作用，生态系统的复杂规律必须在现代计算机技术手段下才能得以充分的揭示；对环境治理、资源合理利用、全球环境变化这些复杂问题也只有利用计算机模拟才能解决如预测系统行为及提出最佳方案等这样的问题。遥感、航测和地理信息系统则频繁地用于资源探测、环境污染监测，如用近红外和可见光谱的遥测数据计算出来的 NDVI 预测生态系统的初级生产量。现代环境生态问题的研究需要范围更大、分辨率更高的遥感技术，更精密的化学分析技术，稳定性同位素和分子生物学技术，以及数学模型的应用。

生态模拟技术则是另一类受到广泛应用的新技术。应用生态模拟在优化生态系统控制和生态恢复技术，生态建设的规划以及设计、预测生态变化方面有重要的价值。美国、日本等均已开展了许多生态模拟试验。如 1991 年 9 月美国在 Arizona 沙漠中建成 1.5×10^4 m^2 全部由钢和玻璃构成的“生物圈二号”(biosphere 2)全封闭式人工模拟生态系统，耗资 1.5 亿美元。系统内只有阳光可以照射进去，包括 9 种不同类型的生态系统(热带雨林、灌木丛、草地、淡水沼泽、海水湿地、沙漠、深海、农田和楼房)，引进物种 3800 多个。有 4 男 4 女住进，从事 2 年的实验活动。近来，日本也在考虑建造类似的人工生态系统工程。

思考题

1. 概念与术语。

生态学　种群生态学　群落生态学　生态系统生态学　生物圈生态学　国际生物学计划　人与生物圈计划　国际地圈—生物圈计划　环境生态学　环境问题　环境污染　生态破坏　长期定位试验　数学模型

2. 现代生态学的发展趋势有哪些？

3. 为什么说生态系统生态学是生态学研究的主流？

4. 当前人类面临着哪些全球性的重大环境问题？它们是如何产生的？

5. 论述环境生态学的研究内容和方法。

6. 讨论环境生态学的研究进展和发展趋势。

第二章　生物与环境

本章提要　论述环境和生态因子的基本概念、生物与环境关系的基本原理和主要生态因子的作用及其生物适应性，具体包括：环境的概念和类型；生态因子的概念和生态因子作用的一般特征；限制因子原理、Liebig 最小因子定律、Shelford 耐性定律、生态幅和生物内稳态；环境中光、温度、水、土壤因子的生态作用以及生物适应性。

第一节　环境与生态因子

生态学研究的核心是生物与环境。认识环境与生态因子以及它们的作用规律和生态因子的作用与生物的适应性，是了解生态学基本原理的基础。

一、环境的概念及其类型

1. 环境的概念

环境(environment)是一个泛指的名称，其内容和含义十分广泛。它是指某一特定生物体或生物群体以外的空间，以及直接或间接影响该生物体或生物群体生存的一切事物的总和。环境总是针对某一特定主体或中心而言的，是一个相对的概念，离开了这个主体或中心也就无所谓环境，因此环境只具有相对的意义。

在生态学中，环境是指生物的栖息地，以及直接或间接影响生物生存和发展的各种因素。在环境科学中，人类是主体，环境是指围绕着人群的空间以及其中可以直接或间接影响人类生活和发展的各种因素的总体。此外，在世界各国的一些环境保护法规中，还常常把环境中应当保护的要素或对象界定为环境。如我国环境保护法明确指出，本法所称环境是指“大气、水、土地、矿藏、森林、草原、野生动物、野生植物、名胜古迹、风景游览区、温泉、疗养区、自然保护区、生活居住区等”。这是一种工作定义，目的在于明确法律的适用对象和范围，保证法律准确实施。

由于环境是对应于特定主体而言的，特定主体有巨细之分，因此，环境也有大小之别，大到整个宇宙，小至基本粒子。例如，对太阳系中的地球而言，整个太阳系就是地球生存和运动的环境；对栖息于地球表面的动植物而言，整个地球表面就是它们生存和发展的环境；对某个具体生物群落来讲，环境是指所在地段上影响该群落发生发展的全部无机因素(光、热、水、土壤、大气、地形等)和有机因素(动物、植物、微生物及人类)的总和。

2. 环境的类型

环境是一个非常复杂的体系，至今尚未形成统一的分类系统。通常按环境的主体、环境的性质或功能、环境的要素或介质类型、环境的范围或空间大小等进行分类。

按环境的主体分，目前有两种体系，一种是以人为主体，其他的生命物质和非生命物质都被视为环境要素。这类环境称为人类环境。在环境科学中，多数学者都采用这种分类方法。另一种是以生物为主体，生物体以外的所有自然条件称为环境，生态学中一般采用这种分类方法。

按环境的性质可将环境分成自然环境、半自然环境（被人类破坏后的自然环境）和社会环境三类。按环境的介质类别，可将环境分为大气环境、水环境、土壤环境和社会环境四类。

按环境的范围大小可将环境分为宇宙环境（或称星际环境）、地球环境、区域环境、微环境和内环境。

（1）宇宙环境（space environment） 指大气层以外的宇宙空间，是人类活动进入大气层以外的空间，和地球邻近天体的过程中提出的新概念，也称为空间环境。宇宙环境由广阔的空间和存在于其中的各种天体及弥漫物质组成，它对地球环境产生了深刻的影响。太阳辐射是地球的主要光源和热源，为地球生物有机体带来了生机，推动了生物圈这个庞大生态系统的正常运转。太阳辐射能是地球上一切能量的源泉，它的变化影响着地球环境。

（2）地球环境（global environment） 指大气圈（主要是对流层）、水圈、土壤圈、岩石圈和生物圈，又称为全球环境或地理环境（geoenvironment）。地球环境与人类及生物的关系尤为密切。其中生物圈中的生物把地球上各个圈层的关系密切地联系在一起，并形成了总的人类生存的生态圈，在这生态圈内进行着物质循环、能量转换以及信息的传递。

（3）区域环境（regional environment） 指占有某一特定地域空间的自然环境，它是由地球表面不同地区的5个自然圈层相互配合而形成的。不同地区，形成各不相同的区域环境特点，分布着不同的生物群落。

（4）微环境（micro-environment） 指区域环境中，由于某一个（或几个）圈层的细微变化而产生的环境差异所形成的小环境。例如，生物群落的镶嵌性就是微环境作用的结果。

（5）内环境（inner environment） 指生物体内组织或细胞间的环境，对生物体的生长和繁育具有直接的影响。

3. 环境因子的分类

环境因子具有综合性和可调剂性，它包括生物有机体以外所有的环境要素。美国生态学家R. F. Daubenmire（1947）将环境因子分为3大类7个项目，即气候类、土壤类和生物类；土壤、水分、温度、光照、大气、火和生物因子。这是以环境因子特点为标准进行分类的代表。

Dajoz（1972）依据生物有机体对环境的反应和适应性进行分类，将环境因子分为第一性周期因子、次生性周期因子及非周期性因子。

Gill（1975）将非生物的环境因子分为三个层次：第一层，植物生长所必需的环境因子（例如，温度、光、水等）；第二层，不以植被是否存在而发生的对植物有影响的环境因子（例如，风暴、火山爆发、洪涝等）；第三层，存在与发生受植被影响，反过来又直接或间接影响植被的环境因子（例如，放牧、火烧等）。

二、生态因子

1. 生态因子的概念

生态因子（ecological factor）是指环境中对生物生长、发育、生殖、行为和分布有直接或间接影响的环境要素，即环境生物及人类生存繁衍的环境要素。例如，温度、湿度、食物、氧气、二氧化碳和其他相关生物等。生态因子中生物生存所不可缺少的环境条件，又称为生物生存条件。所有生态因子构成生物的生态环境（ecological environment）。具体的生物个体和群体生活地段上的生态环境称为生境（habitat），其中包括生物本身对环境的影响。生态因子和环境因子是两个既有联系又有区别的概念。

2. 生态因子的类型

根据生态因子的性质，生态因子可分为五类：

(1)气候因子（climate factor） 包括光、温度、湿度、降水、风和气压等。

(2)土壤因子（edaphic factor） 包括土壤的各种特性，如土壤理化性质、有机和无机营养、土壤微生物等。

(3)地形因子（topographic factor） 包括各种地面特征，如坡度、坡向、海拔高度等。

(4)生物因子（biotic factor） 包括同种或异种生物之间的各种相互关系，如种群内部的社会结构、领域、社会等级等以及竞争、捕食、寄生、互利共生等行为。

(5)人为因子（anthropogenic factor） 主要指人类对生物和环境的各种作用。随着人类生产能力的提高，人类活动对各种生物的影响和对环境的改变作用越来越大，因此人类对生物的作用是其他生物所不可比拟的，有必要将人为因子划分为独立的一类。

生态因子也可简单地分为生物因子和非生物因子（abiotic factor）两类。生物因子包括上述的第四和第五类，而非生物因子则包括上述的气候因子、土壤因子和地形因子。

生态因子的划分是人为的，其目的只是为了研究或叙述的方便。实际上，在环境中，各种生态因子的作用并不是独立的，而是相互联系并共同对生物产生影响的。因此，在进行生态因子分析时，不能只片面地注意到某一生态因子，而忽略了其他因子。另一方面，各种生态因子也存在着相互补偿或增强作用的影响。生态因子在影响生物的生存和生活的同时，生物体也在改变生态因子的状况。

第二节 生物与环境关系的基本原理

一、生态因子作用的一般特征

环境中的生态因子不是独立地对生物产生作用，而是作为一个整体综合发挥作用。这主要表现为生态因子间的相互影响、相互作用，生态因子的不可替代性以及生态因子的主次关系和直接与间接关系。

1. 综合作用

任何一个环境都包含着多种生态因子。各种生态因子不是孤立存在的，而是彼此联系、互相促进、互相制约，共同对生物产生影响的，这就是生态因子的综合性。

2. 主导因子作用

组成环境的生态因子都是生物所必需的，但在一定条件下，其中必有一两个是起决定性作用的生态因子，即主导因子。对环境来说，主导因子可使生物生长发育产生明显变化。主导因子发生变化会引起其他因子也发生变化。例如，光合作用时，光照是主导因子，温度和

CO_2 是次要因子；春化作用时，温度为主导因子，湿度和通气条件是次要因子。

3. 直接作用和间接作用

生态因子对生物的作用有的是直接的，有的是间接的。直接影响或直接参与生物体新陈代谢的生态因子为直接因子，如光、温度、水、气、土壤等。不直接影响生物，而是通过影响直接因子来影响生物的生态因子为间接因子，如地形、地势、海拔高度等。间接因子对生物的作用虽然是间接的，但往往是非常重要的，它一般支配着直接因子，而且作用范围广、强度大，有时甚至构成地区性影响及小气候环境的差异。

4. 阶段性作用

在自然界，各生态因子组合随时间的推移而发生阶段性变化，并对生物产生不同的生态效应。在生物生长发育的不同阶段，对外界生态条件的要求也存在阶段性变化。因此，生态因子对生物的作用也具有阶段性。例如，小麦的春化阶段要求有相应的低温作保证，而一旦经过春化阶段，低温对小麦的生长发育就显得不很重要，有时，低温还会对小麦产生有害的影响。

5. 不可替代性和补偿作用

作用于生物体的各种生态因子，都具有各自的特殊功能与作用。每个生态因子对生物的作用是同等重要、缺一不可的。所以从总体上说生态因子是不可替代的，但是局部是能补偿的。如在一个由多个生态因子综合作用的过程中，某因子在量上的不足，可由其他因子进行补偿，获得相似的生态效应。

二、生态因子作用的规律

1. 限制因子规律

生物的生存和繁殖依赖于各种生态因子的综合作用，其中限制生物生存和繁殖的关键因子就是限制因子(limiting factors)。任何一种生态因子只要接近或超过生物的耐受范围，它就成为这种生物的限制因子。

如果生物对某个生态因子的耐受范围很广，而这个因子在环境中又比较稳定，那么这个因子就不可能成为一个限制因子。相反，如果生物对某个生态因子耐受范围很窄，而这个因子在环境中又很容易变化，那么这种因子就很可能是一个限制因子。例如在陆地上生活的动物一般不会缺氧，但是，氧气在水中的含量比在空气中的低得多，在高密度养殖池塘中，溶解氧含量往往就成为限制因子，在水质监测中是一个必测的生态因子。限制因子的概念指明了研究生物与环境复杂关系的一个出发点，即在研究某个特定环境时，首先应该关注那些影响生物生存和发展的限制因子，这就是这个概念的最主要价值。

2. Liebig 最小因子定律

1840 年，德国化学家 B. J. Liebig 在研究各种生态因子对植物生长的影响时发现作物的产量往往不是受其大量需要的营养物质所制约(如 CO_2 和水)，因为它们在自然环境中很丰富，而是取决于那些在土壤中较为稀少，而且又是植物所需要的营养物质，如硼、镁、铁、磷等。因此，Liebig 提出“植物的生长取决于环境中那些处于最小量状态的营养物质”。进一步的研究表明，Liebig 所提出的理论也同样适用于其他生物种类或生态因子。因此，Liebig 的理论被称为最小因子定律(law of the minimum)。这与系统论中的“木桶原理”含义一致，即一个由多块木板拼成的水桶，当其中一块木板较短时，不管其他木板多高，水桶装水量总是受最小木板制约的。

E. P. Odum 认为，应用 Liebig 最小因子定律时，应作两点补充。第一，Liebig 定律只有在环境条件处于严格的稳定状态下，即在物质和能量的输入和输出处于平衡状态时才能应用；第二，应用 Liebig 定律时还应注意因子之间的相互作用。当一个特定因子处于最小量时，其他处于高浓度或过量状态的物质可能起着补偿作用。

3. Shelford 耐性定律

Liebig 定律指出了因子低于最小量时成为影响生物生存的因子。实际上，因子过量时，同样也会影响生物生存。1913 年，美国生态学家 V. E. Shelford 提出了耐性定律(law of tolerance)。他认为，任何一个生态因子在数量上或质量上的不足或过多，即当其接近或达到某种生物的耐受限度时，就会影响该种生物的生存和分布。该定律把最低量因子和最高量因子相提并论，把任何接近或超过耐性下限或耐性上限的因子都称为限制因子(见图 2-1)。Shelford 耐性定律也表明，那些对生态因子具有较大耐受范围的种类，分布就比较广泛，这些种类就是所谓的广适性生物(eurytropic organism)，反之则称为狭适性生物(stenotropic organism)。

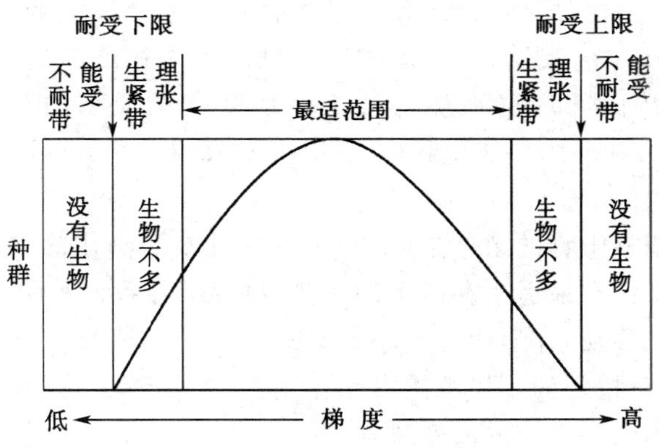

图 2-1　Shelford 耐性定律图解

4. 生态幅

在自然界，由于长期自然选择的结果，每种生物对一种生态因子都有一个生态上的适应范围，即有一个最低点(或称耐受下限)和一个最高点(或称耐受上限)，最低点和最高点之间的耐受范围，就称为该种生物的生态幅(ecological amplitude)。它与各种生物的代谢特点有关。

有些生物能适应较大幅度的环境变化，有些生物则只能适应较小幅度的环境变化。生态学上常使用一些名词以表示生态幅的相对宽度。英文字首"steno"为"狭窄"之意，而"eury"为"广"的意思。上述字首与不同因子配合，就表示某物种对某一生态因子的适应范围。例如，窄食性(stenophagic)、窄温性(stenothermal)、窄水性(stenohydric)、窄盐性(stenohaline)、窄栖性(stenoecious)；广食性(euryphagic)、广温性(eurythermal)、广水性(euryhydric)、广盐性(euryhaline)、广栖性(euryoecious)。图 2-2 是广温性和窄温性生物生态幅的比较，窄温种的温度三基点紧靠在一起。对广温性生物影响很小的温度变化，对窄温种则往往是临界的。窄温性生物可以是耐低温的(冷窄温的，oligothermal)，也可以是耐高温的(暖窄温的，polythermal)或处于两者之间的。

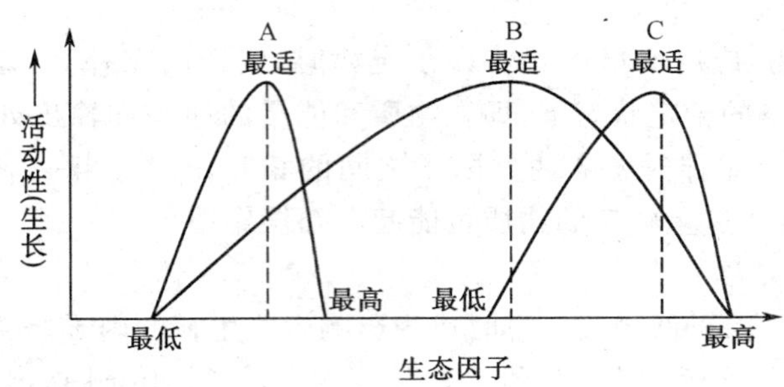

图 2-2 窄温性与广温性生物的生态幅比较
A. 冷窄温;B. 广温;C. 暖窄温

5. 生物内稳态及耐性限度的调整

内稳态(homeostasis)即生物控制体内环境使其保持相对稳定的机制，它能减少生物对外界条件的依赖性，从而大大提高生物对外界环境的适应能力。内稳态是通过生理过程或行为的调整而实现的。恒温动物通过控制体内产热过程以调节体温;变温动物靠减少散热或利用热源使身体增温。维持体内环境稳定是生物扩大耐性限度的一种重要机制，但内稳态机制不能完全摆脱环境的限制，它只能扩大自己的生态幅度与适应范围，成为一个广适种。有学者根据生物体内部环境平衡与外部环境变化的关系，把生物分为内稳态生物(homeostatic organism)和非内稳态生物(non-homeostatic organism)，它们的区别在于其耐性限度的决定原因不同。

除内稳态机制可调整生物的耐性限度外，还可通过人为驯化的方法改变生物的耐性范围。如果一个种长期生活在最适生存范围的一侧，将逐渐导致该种耐性限度的改变，适宜生存范围的上下限会发生移动，并形成一个新的最适点。这一驯化过程是通过酶系统的调整而实现的，因为酶只能在特定的环境范围内起作用，并决定着生物的代谢速率与耐性限度，所以驯化过程是生物体内酶系统的改变过程。

6. 指示生物

生物在与环境相互作用、协同进化的过程中，每个种都留下了深刻的环境烙印。因此，生物常常可以作为指示者，反映环境的某些特征。例如，各地农民常根据物候确定农时，民间还利用动物行为预报天气变化。此外，水文地质和地矿工作者常利用指示植物寻找地下水和矿藏。例如，我国北方草原区，凡有芨芨草(*Achanatherum splendens*)成片生长的地段，都有浅层地下水分布;又如安徽的海州香薷(*Elsholtzia splendens*)是著名的铜矿指示植物;在环境保护上，常利用地衣等敏感生物指示大气污染状况等。

三、生物对环境的适应

生物在与环境的长期相互作用中，形成一些具有生存意义的特征。生物依靠这些特征能免受各种环境因素的不利影响，同时还能有效地从其生境中获取所需的物质、能量，以确保个体发育的正常进行。自然界的这种现象称为生态适应(ecological adaptation)。生物对环境的适应主要表现为趋同适应和趋异适应两类。所谓趋同适应，是指亲缘关系相当疏远的生物，由于长期生活在相同或类似的环境条件下，通过变异、选择和适应，在器官形态等方面出现很相似的现象，其结果使不同种的生物在形态、生理和发育上都表现出很强的一致性或相似性。趋异适应则是指同种生物的不同个体群，由于分布地区的差异，长期生活在不同环境条件下，不同个体群之间在形态、生理等方面产生相应的生态变异。

1. 生态型

同种生物的不同个体群，长期生存在不同的生态环境和人工培育条件下，发生趋异适应，并经自然和人工选择而分化形成的生态、形态和生理特性不同的基因型类群，称为生态型(ecotype)。生态型是同一种植物对不同环境条件趋异适应的结果，它是分类学上种以下的分类单位。

同一种内的不同生态型，有的可在形态上表现出差异，有的可能只在生理或生化上有差异，形态上并没有差异。这种差异的形成主要是生态因子对种内许多基因型选择和控制的结果。根据形成生态型的主导因子的不同，植物的生态型可分为：

(1)气候生态型。主要由于长期气候因素(如光周期、气温和降水等)影响所形成的生态型。例如水稻的不同光温生态型。

(2)土壤生态型。在不同土壤水分、温度和土壤肥力等自然和栽培条件影响下形成的生态型。例如水稻和陆稻主要是由于土壤水分条件不同而分化形成的土壤生态型；作物的耐肥品种或耐瘠品种，是与一定的土壤肥力相适应的土壤生态型。

(3)生物生态型。同种生物的不同个体群，长期生活在不同的生物条件下也会分化形成不同的生态型。例如对病虫害具有不同抗性的作物品种，可看作不同的生态型。

对动物而言，由于生活在不同的环境下，同样存在生态型的分化。例如我国猪的品种，按照地理及生态条件大致分为华北、华中、江淮、华南、西南和高原六个生态型。自北向南，猪种在形态和生态特性方面的变化趋势是：体型由大而小；鬃毛由密而疏，绒毛由多而稀或无；背腰由平直逐渐凹陷；脂肪比重逐渐增加；繁殖力以江淮型、华中型较强；毛色由黑而花；地理上向南的猪种大多耐粗饲，抗性强，生产力不高，特别是高原型的藏猪。

2. 生活型

不同种生物，由于长期生存在相同的自然生态和人为培育环境条件下，发生趋同适应，并经自然选择和人工选择后形成的具有类似形态、生理和生态特征的物种类群，称为生活型(life form)。

植物的生活型主要从形态外貌上进行划分。Raunkier 根据休眠芽所处的位置高低和保护的方式，把高等植物划分为高位芽植物、地上芽植物、地面芽植物、地下芽植物及一年生植物 5 大生活型。Braun-Blanguet 将植物生活型划分为浮游植物、土壤微生物、内生植物、一年生植物、水生植物、地下芽植物、地面芽植物、地上芽植物、高位芽植物、树上的附生植物 10 大类(见图 2-3)。

在不同的气候生态区域，生活型的类别组成也是不同的。例如，热带潮湿地区，以高位芽植物为主，乔木和灌木占大多数，附生植物也较多；在干燥炎热的沙漠地区和草原地区，以一年生植物占的比重最大；在温带和北极地区，则以地面芽植物占的比重最大。

不同种类的动物长期生活在相同的生态条件下也会产生趋同适应。如鱼类中的鲨、爬行类的鱼龙、哺乳类的海豚，这几种动物的亲缘关系相隔甚远，但由于共同生活在海洋环境中，形成了适于游泳的体形、划水用的鳍或附肢等。

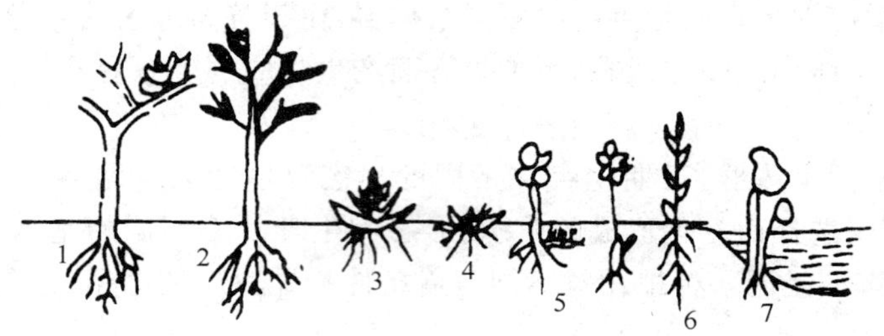

图 2-3　植物生活型

1. 附生植物；2. 高位芽植物；3. 地上芽植物；4. 地面芽植物；
5. 地下芽植物；6. 一年生植物；7. 水生植物

第三节　生态因子的生态作用及生物的适应

一、光因子的生态作用及生物的适应

光是地球上所有生物得以生存和繁衍的最基本的能量源泉，地球上生物生活所必需的全部能量，都直接或间接地源于太阳光。生态系统内部的平衡状态是建立在能量基础上的，绿色植物的光合系统是太阳能以化学能的形式进入生态系统的唯一通路，也是食物链的起点。光本身又是一个十分复杂的环境因子，太阳辐射的强度、质量及其周期性变化对生物的生长发育和地理分布都产生着深刻的影响，而生物本身对这些变化的光因子也有着极其多样的反应。

1. 光强的生态作用与生物的适应

光强对生物的生长发育和形态建成有重要的作用。光照强度对植物细胞的增长和分化、体积的增长和质量的增加有重要影响，光还促进组织和器官的分化，制约着器官的生长发育速度，使植物各器官和组织保持发育上的正常比例。植物叶肉中的叶绿素必须在一定的光强条件下才能形成，而在黑暗环境下会产生特殊的黄化现象。

光强在地球表面的分布是不均匀的，光照强度在赤道地区最大，随纬度的增加而逐渐减弱。在一定范围内，植物光合作用的效率与光强成正比，但是到达一定强度，倘若继续增加光强，光合作用的效率不仅不会提高，反而下降，这一转折点称为光饱和点。另外，植物在进行光合作用的同时也在进行呼吸作用。当影响植物光合作用和呼吸作用的其他生态因子都保持恒定时，生产和呼吸这两个过程之间的平衡就主要决定于光照强度。

根据对光照的适应性，植物可分为阳生植物、阴生植物和耐阴植物三类。阳生植物(cheliophyte)对光的要求比较迫切，适应于在强光照地区生活，这类植物光补偿点的位置较高，光合作用的速率和代谢速率都较高，常见种类有蒲公英、蓟、杨、柳、桦、槐、松、杉和栓皮栎等。阴生植物(sciophyte)对光的需要远比阳生植物低，适应于弱光照地区生活，这类植物的光补偿点的位置较低，其光合速率和呼吸速率都比较低。阴生植物多生长在潮湿背阴的地方或密林内，常见种类有山酢浆草、连钱草、观音座莲、铁杉、紫果云杉和红豆杉等。很多药用植物如人参、三七、半夏和细辛等也属于阴生植物。耐阴植物(shade plant)对光照具

有较广的适应能力，对光的需要介于以上两类植物之间。了解植物对光照强度的生态类型，在作物的合理栽培、间作套种、引种驯化以及造林营林等方面都是非常重要的。

2. 光质的生态作用与生物的适应

植物的生长发育是在日光的全光谱照射下进行的。光由波长范围很广的电磁波组成，主要波长范围在 150～4000 nm，其中可见光波长在 380～760 nm。不同光质对植物的光合作用、色素形成、向光性、形态建成的诱导等的影响是不同的。光合作用的光谱范围只是可见光区，其中红、橙光主要被叶绿素吸收，对叶绿素的形成有促进作用；蓝紫光也能被叶绿素和类胡萝卜素所吸收，将这部分辐射称为生理有效辐射；绿光则很少被吸收利用，称为生理无效辐射。实验表明，红光有利于糖的合成，蓝光有利于蛋白质的合成。研究发现，光对动物生殖、体色变化、迁徙、毛羽更换、生长、发育等都有影响，至于光质对动物的分布和器官功能的影响目前还不十分清楚。

不可见光对生物的影响也是多方面的，如昆虫对紫外光有趋光反应，而草履虫则表现为避光反应。紫外光对生物和人有杀伤和致癌作用。波长 360 nm 时即开始有杀菌作用；在 340～240 nm 的辐射条件下，可使细菌、真菌、线虫的卵和病毒等停止活动；在 200～300 nm 的辐射下，杀菌力强，能杀灭空气中、水面和各种物体表面的微生物，这对于抑制自然界的传染病病原体是极为重要的。当紫外线穿越大气层时，波长短于 290 nm 的部分被臭氧层中的臭氧吸收，只有波长在 290～380 nm 之间的紫外光才能到达地球表面。在高山和高原地区，紫外光的作用比较强烈。生活在高山上的动物体色较暗，植物的茎叶富含花青素，这是因为短波光较多的缘故，也是其避免紫外线伤害的一种保护性适应。生长在高山上的植物茎秆粗短、叶面缩小、毛绒发达也是短波光较多所致。

3. 光周期现象和生物的适应

由于地球的自转和公转所造成的太阳高度角的变化，使能量输入成为一种周期性变化，从而使地球上的自然现象都具周期性。在不同的地区和不同的季节里，一天中的昼夜长短是有规律地变化着的。北半球的夏季，通常是昼长夜短，冬季昼短夜长，形成了光照长短的周期性变化。昼夜交替中日照的长短对生物生长发育的影响，称为光周期现象(photoperiodism)。

根据对日照长度的反应，植物可分为长日照植物、短日照植物和中日照植物三类。长日照植物通常是在日照时间超过一定数值(14 h)时才开花，否则只进行营养生长，不能形成花芽。长日照作物有冬小麦、大麦、油菜、菠菜、甜菜、甘蓝和萝卜等。短日照植物通常是在日照时间短于一定数值(14 h)时才开花，否则就只进行营养生长而不开花，这类植物通常是在早春或深秋开花。如作物中的水稻、玉米、大豆、烟草、麻、棉等。中日照植物要求日照与黑暗各半的日照长度才能开花。甘蔗是中日照植物的代表，它要求 12.5 h 的日照，否则不能开花。还有一些植物对日照长短的要求并不严格，如黄瓜、番茄、番薯、四季豆和蒲公英等，这类植物可称为中间性植物。

动物的光周期现象以鸟类最为明显，很多鸟类的迁徙都是由日照长短的变化所引起。由于日照长短的变化是地球上最严格和最稳定的周期变化，所以是生物节律最可靠的信号系统，鸟类在不同年份迁离某地和到达某地的时间相差无几。日照长度的变化对哺乳动物的换毛和生殖也具有十分明显的影响，昆虫的冬眠和滞育也主要与光周期的变化有关。

二、温度因子的生态作用及生物的适应

太阳辐射使地表受热，产生气温、水温和土温的变化，温度因子和光因子一样存在周期性变化，称节律性变温。不仅节律性变温对生物有影响，极端温度对生物的生长发育也有十分重要的意义。

1. 温度的生态作用

温度是生物生命活动不可缺少的因素，任何生物都生活在具有一定温度的外界环境中并受着温度变化的影响。生物在长期的演化过程中，各自选择了自己最适合的温度，通常分为最低温度、最适温度和最高温度。在生态学上称为温度的“三基点”。在适温范围内，生物生长发育良好，超过这一范围，则生长发育停滞、受限，甚至死亡。不同生物的“三基点”是不一样的。例如，水稻种子发芽的最适温度是 25～35℃，最低温度是 8℃，45℃中止活动，46.5℃就要死亡。在适温范围，提高温度可促进生物的生长和发育。例如鳕鱼(*Gadus callarias*)在 3℃时胚胎发育时间需要 23 d，8℃时为 13 d，14℃时仅 8.5 d。

生物必须在温度达到一定界限以上，才能开始发育和生长，这一界限称为生物学零度(biological zero)，它们因生物种类不同而异。在生物学零度以上，温度的提高可加速生物的发育。温度与生物发育的最普遍规律是有效积温法则。法国学者 Reaumur(1735)从变温动物的生长发育过程中总结出有效积温法则。有效积温法则可用下式表示：

$$K=N(T-T_0)$$

式中，K 为该生物所需的有效积温，它是个常数；T 为当地该时期的平均温度，℃；T_0 为该生物生长活动所需最低临界温度(生物学零度)，℃；N 为天数，d。

当温度低于一定的数值，生物便会因低温而受害。低温对植物的伤害主要是冷害(0℃以上的低温)和冻害(0℃以下的低温)两种。温度超过生物适宜温区的上限后也会对生物产生有害作用，温度越高对生物的伤害作用越大。

2. 生物对极端温度的适应

长期生活在低温环境中的生物通过自然选择，在形态、生理和行为方面表现出很多明显的适应。在形态方面，北极和高山植物的芽和叶片常受到油脂类物质的保护，芽具鳞片，植物体表面生有蜡粉和密毛，植物矮小并常成匍匐状、垫状或莲座状等，这种形态有利于保持较高的温度，减轻严寒造成的影响。生活在高纬度地区的恒温动物，其身体往往比生活在低纬度地区的同类个体大。因为个体大的动物，其单位体重散热量相对较少，这就是 Bergman 规律(Bergman's law)。另外，恒温动物身体的突出部分如四肢、尾巴和外耳等在低温环境中有变小变短的趋势，这也是减少散热的一种形态适应，这一适应常被称为 Allen 规律(Allen's law)。例如北极狐(*Alopex lagopus*)的外耳明显短于温带的赤狐(*Vulpes vulpes*)，赤狐的外耳又明显短于热带的大耳狐(*Fennecus zerda*)。恒温动物的另一形态适应是在寒冷地区和寒冷季节增加毛或羽毛的数量和质量或增加皮下脂肪的厚度。

在生理方面，生活在低温环境中的植物常通过减少细胞中的水分和增加细胞中的糖类、脂肪和色素等物质来降低植物的冰点，增加抗寒能力。动物则靠增加体内产热量来增强御寒能力和保持恒定的体温。

生物对高温环境的适应也表现在形态、生理和行为三个方面。就植物来说，有些植物生有密绒毛和鳞片，能过滤一部分阳光；有些植物体呈白色、银白色，叶片革质发亮，能反射一

大部分阳光，使植物体免受热伤害；有些植物叶片垂直排列使叶缘向光或在高温条件下叶片折叠，减少光的吸收面积；还有些植物的树干和根茎生有很厚的木栓层，具有绝热和保护作用。植物对高温的生理适应主要是降低细胞含水量，增加糖或盐的浓度，这有利于减缓代谢速率以抗高温。其次是靠旺盛的蒸腾作用使植物体避免因过热受害。还有一些植物具有反射红外线的能力，夏季反射的红外线比冬季多，这也是使植物体避免受到高温伤害的一种适应。动物对高温的适应多适当放松恒温性使体温有较大的变幅，或在洞穴中生活，以夏眠、昼伏夜出等方式来抵抗高温，如黄鼠(*Citellus*)。

3. 温度与生物的地理分布

温度是决定某种生物分布区的重要生态因子。温度制约着生物的生长发育，而每个地区又都生长繁衍着适应于该地区气候特点的生物。年平均温度，最冷月、最热月平均温度值是影响生物分布的重要指标。当然，极端温度(最高温度、最低温度)也是限制生物分布的最重要条件。例如，苹果和某些品种的梨不能在热带地区栽培，就是由于高温的限制；相反，橡胶、椰子、可可等只能在热带分布，它们是受低温的限制。

温度对动物的分布，有时可起到直接的限制作用。例如，各种昆虫的发育需要一定的总热量，若生存地区有效积温少于发育所需的积温时，这种昆虫就不能完成生活史。就北半球而言，动物分布的北界受低温限制，南界受高温限制。例如，海洋生物的分布与海水温度密切相关。按生物对分布区水温的适应能力，海洋上层的生物种群可分为：暖水种(warm-water species)，一般生长、生殖适温高于 20℃，自然分布区月平均水温高于 15℃；温水种(temperate-water species)，一般生长、生殖适温范围较广，为 4～20℃，自然分布区月平均水温为 0～25℃；冷水种(cold-water species)，一般生长、生殖适温低于 4℃，其自然分布区月平均水温不高于 10℃。

一般地说，暖和地区生物种类多，寒冷地区生物种类较少。

三、水因子的生态作用及生物的适应

1. 水的生态作用

水是所有生命的基本要素，也是最重要的环境物质。水是生物体不可缺少的重要组成成分。植物体一般含水量为 60%～80%，而动物体含水量比植物体更高，如水母含水量高达 95%，软体动物为 80%～92%，鱼类为 80%～85%，鸟类和兽类为 70%～75%。水是很好的溶剂，对许多化合物有水解和电离作用，许多化学元素都是在水溶液的状态下被生物吸收和运转的；水是生物新陈代谢的直接参与者；水是光合作用的原料。因此，水是生命现象的基础，没有水也就没有原生质的生命活动。此外，水有较大的比热，当环境中温度剧烈变动时，它可以发挥缓和调节体温的作用。水还能维持细胞和组织的紧张度，使生物保持一定的状态，维持正常生活。

水对植物的生长、发育、繁殖、分布等许多方面都有重要影响。对植物来说，水量对植物的生长也有一个需水量的最高、最适和最低三个基点。低于最低点，植物因缺水而萎蔫；高于最高点，植物缺氧、窒息、烂根；只有处于最适范围内，才能维持植物的水分平衡。植物的许多生理活动也受水分控制。同样，水分对动物的生长发育也有重要影响。此外，水也影响动植物的分布。由于降水在地球上分布的不均匀性，使我国从东南至西北，可以分为三个不等雨量区，因而植被类型也分为三个区，即湿润森林区、干旱草原区及荒漠区。水分与动植物的种类和数量也存在着密切关系。在降水量最大的热带雨林中每 100 m^2 区域中植物数量可达 52 种，而降水量较少的大兴安岭红松林群落中，每 100 m^2 仅有 10 种植物存在，在荒漠地区单位面积物种数更少。

2. 植物对水因子的适应

根据环境中水的多少、植物对水分的需求量和依赖程度，可把植物划分为水生植物和陆生植物两大类。

(1)水生植物

水生植物是所有生活在水中的植物的总称。水体和陆地环境有很大的差别。水体的主要特点是弱光、缺氧、密度大和黏性高，温度变化平缓，以及能溶解各种无机盐类。因此，水生植物和陆生植物有本质的区别。首先，水生植物具有发达的通气组织，以保证各器官组织对氧的需要。例如荷花，从叶片气孔进入的空气，通过叶柄、茎进入地下茎和根部的气室，形成了一个完整的通气组织，以保证植物体各部分对氧气的需要。其次，水生植物机械组织不发达甚至退化，增强了植物的弹性和抗扭曲能力，适应于水体流动。同时，水生植物在水下的叶片多分裂成带状、线状，而且很薄，以增加吸收阳光、无机盐和 CO_2 的面积。根据水生植物在水环境中分布的深浅，可将水生植物划分为漂浮植物、浮叶植物、沉水植物和挺水植物四类。

漂浮植物(floating macrophyte)的叶全部漂浮在水面，根悬垂在水中，不与土壤发生直接的关系。它们无固定的生长地点，随风浪水流漂泊，如浮萍、凤眼莲、满江红等。浮叶植物(emerging macrophyte)的叶浮在水面，根系扎在土壤里，如荷花、睡莲等。沉水植物(submergent plant)除了它们的花序伸出水面外，全部植物体都沉没在水中，营固定直立生活，如苦草、黑藻等。挺水植物(emergent macrophyte)的根系固定在水底泥土中，整个植物体分别处于土壤、水体和空气三种不同的环境中，茎叶的下半部沉没在水中，上半部分露出在空气中。这是水生植物界最复杂的一类，典型代表是芦苇、水葱和香蒲等。

(2)陆生植物

陆生植物指生长在陆地上的植物，包括湿生、中生和旱生三种类型。

湿生植物(hygrophyte)指在潮湿环境中生长，不能忍受较长时间的水分不足，即抗旱能力最弱的陆生植物。根据其环境特点，还可以再分为阴性湿生植物和阳性湿生植物两个亚类。

中生植物(mesophyte)指生长在水分条件适中生境中的植物。该类植物具有一套完整的保持水分平衡的结构和功能，其根系和输导组织均比湿生植物发达。

旱生植物(xerophyte)生长在干旱环境中，能长期耐受干旱环境，且能维护水分平衡和正常的生长发育。这类植物在形态或生理上有多种多样的适应干旱环境的特征，多分布在干热草原和荒漠区。

旱生植物在形态结构上的特征，主要表现在两个方面：一方面是增加水分摄取，另一方面是减少水分丢失。发达的根系是增加水分摄取的重要途径。例如，生长在沙漠地区的骆驼刺地上部分只有几厘米，而地下部分则可深达 15 m，扩展的范围达 623 m^2。为减少水分丢失，许多旱生植物叶面积很小。例如，仙人掌科的许多植物，叶片化成刺状；松柏类植物叶片呈针状或鳞片状，且气孔下陷；夹竹桃叶表面被有很厚的角质层或白色的绒毛，能反射光线；许多单子叶植物，具有扇状的运动细胞，在缺水的情况下，它可以收缩，使叶面卷曲，尽量减少水分的散失。另一类旱生植物具有发达的贮水组织。例如，美洲沙漠中的仙人掌树，可贮水 2 t 左右;西非的猴面包树可贮水 4 t 之多。除以上形态适应外,还有一类植物是从生理上去适应的。旱生植物适应干旱环境的生理特征表现在它们的原生质渗透压特别高,高渗透压使植物根系能够从干旱的土壤中吸收水分,同时不至于发生反渗透现象使植物失水。

3. 动物对水因子的适应

动物按栖息地划分同样可以分为水生和陆生两大类。水生动物的媒质是水,而陆生动物的媒质是大气。因此,它们的主要适应特征也有所不同。

水生动物体表通常具有渗透压调节和水分平衡的能力。不同类群的水生动物,有着各自不同的适应能力和调节机制。水生动物的分布、种群形成和数量变动都与水体中含盐量和动态特点密切相关。渗透压调节可以限制体表对盐类和水的通透性,通过逆浓度梯度主动地吸收或排出盐分和水分,改变所排出的尿和粪便的浓度和体积。

陆生动物的适应特征包括形态适应、行为适应和生理适应等方面:①形态结构上的适应。不论是低等的无脊椎动物还是高等的脊椎动物,它们各自以不同的形态结构来适应环境湿度,保持生物体的水分平衡。昆虫具有几丁质的体壁,防止水分的过量蒸发;两栖类动物体表分泌黏液以保持湿润;爬行动物具有很厚的角质层;鸟类具有羽毛和尾脂腺;哺乳动物有皮脂腺和毛,都能防止体内水分过分蒸发,以保持体内水分平衡。②行为的适应。沙漠动物(如昆虫、爬行类、啮齿类等)白天躲在洞内,夜里出来活动,以减少身体水分蒸发,降低代谢速率。哺乳动物如地鼠和松鼠等在夏季高温、干燥的情况下进入夏眠状态。当动物进入夏眠时,其代谢率降低到原来的 60%,体温也会平均下降 5℃ 左右。此外,干旱地区的许多鸟类和兽类在水分缺乏、食物不足的时候,迁移到别处去,以避开不良的环境条件。在非洲大草原旱季到来时,大型草食动物往往开始迁徙。③生理适应。许多动物在干旱的情况下具有生理上的适应特点。如骆驼可以 17 d 不喝水,身体脱水达体重的 27%,仍然照常行走。它不仅具有贮水的胃,驼峰中还储藏有丰富的脂肪,在消耗过程中产生大量水分,血液中具有特殊的脂肪和蛋白质,不易脱水。沙漠中的兔子,也可忍耐相当于体重 50% 的失水而不致死。

四、土壤因子的生态作用及生物的适应

1. 土壤因子的生态作用

土壤是陆地表面能够生长绿色植物的疏松表层。它是由矿物质、有机质(固相)、土壤水分(液相)和土壤空气(气体)组成的三相体系,土壤固相由一系列大小不同的无机和有机颗粒所组成,包括土壤矿物、有机质和微生物体;土壤液相含有各种可溶性无机物和有机物;土壤气相主要由氮气、氧气、二氧化碳和某些微量气体组成。土壤中这些组分的质和量随土壤类型不同而差异很大。土壤中的这些组分相互联系、相互制约,构成一个统一体,使土壤具有特定的物理性质(土壤质地、结构性、水分性质、通气性、热学性、力学性质和耕性)、化学性质(吸附性能、阳离子交换性、表面活性、酸碱性、氧化还原性、缓冲作用等)以及生物与生物化学性质(土壤微生物多样性、酶活性、生物化学活性等)。土壤是生态系统中生物部分与无机环境部分相互作用的产物。

无论是动物还是植物,土壤都是重要的生态因子。绝大多数植物以土壤作为生活的基质,土壤提供了植物生活的空间、水分和必需的矿质元素;土壤也是许多生物栖居的场所,包括细菌、真菌、放线菌等土壤微生物以及藻类、原生动物、轮虫、线虫、软体动物和节肢动物

等。植物和土壤之间有着频繁的能量和物质交换，是生态系统中物质循环与能量交换的重要场所(见图 2-4)，生态系统中很多重要的生态过程都是在土壤中进行的，特别是物质的分解作用、硝化作用、固氮作用等；土壤是污染物质转化和净化的重要场所，土壤中的微生物和土壤动物能对外来的各种污染物质进行分解和转化，在环境保护中起到重要作用；土壤通过它的物理、化学和生物学性质强烈地影响植物的生长与繁育，因此它能控制植物群落演替的过程和方向，进而控制陆地生态系统的稳定与变化。

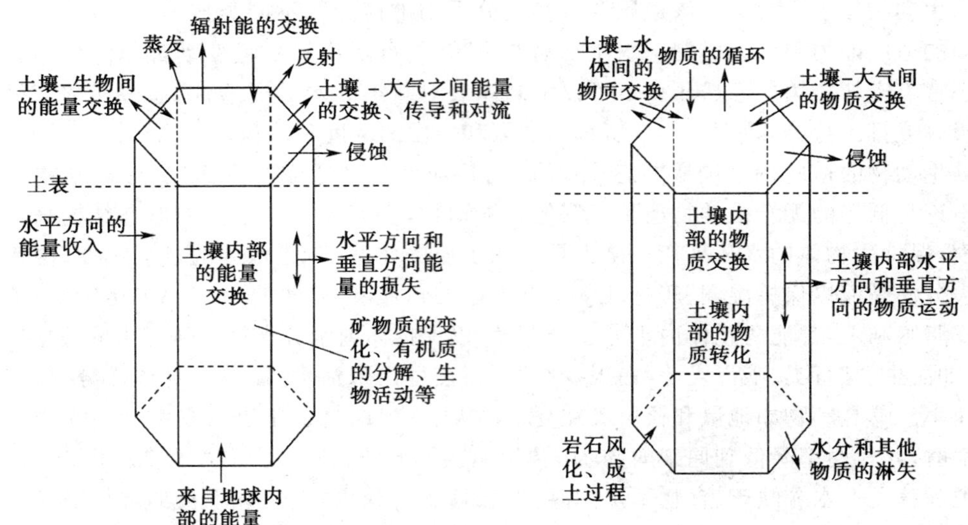

图 2-4 土壤与环境之间的能量和物质交换示意图

土壤在形成发育过程中通过生物以及土壤中各种组分和它们之间的相互关系，形成土壤肥力。土壤肥力是生物正常生长发育的基础，不断提高土壤肥力是维持生态系统生产力的重要条件。人们试图在控制环境以获得更多的收成时，常发现不容易改变气候因素，但能改变土壤因素，这就增加了研究土壤因子的重要性。

2. 植物对土壤因子的适应

植物对于长期生活的土壤会产生一定的适应特性。因此，形成了各种以土壤为主导因素的植物生态类型。例如，根据植物对土壤酸碱度的反应，可以把植物划分为酸性土、中性土、碱性土植物生态类型；根据植物对土壤含盐量的反应，可划分出盐土和碱土植物；根据植物对风沙基质的关系，可将沙生植物划分为抗风蚀沙埋、耐沙割、抗日灼、耐干旱、耐贫瘠等一系列生态类型。

(1)酸性土植物　在我国南方存在大面积的酸性土壤，这些土壤中的矿物质营养淋溶强烈，常常发生铁、铝离子的毒害作用，土壤结构不良。一些植物在长期自然选择过程中形成了对酸性土壤环境的适应性。例如茶树、马尾松、杜鹃、铁芒萁等，这些植物只在酸性土中生长，成为酸性土的指示植物。据研究，茶树在 pH 5.2～5.6 范围生长最好。

(2)盐土植物　盐土是指土体中含有大量可溶性盐(0.6%～2.0%或更多)的土壤，它主要分布在内陆干旱、半干旱地区和滨海地区。由于高盐分条件，大多数植物已不能生长，仅能生长少数盐生和耐盐性强的植物。例如，生长在内陆的旱生盐土植物(xerohalophytes)盐角草(*Salicornia herbacea*)、细枝盐爪爪(*Kalidium grcile*)、有叶盐爪爪(*K. foliatum*)、海韭菜(*Triglochin maritinum*),生长在滨海的湿生盐土植物(hygro-halophytes)盐蓬(*Suaeda australis*)、大米草(*Speatina anglica*)、秋茄(*Kandelia candel*)等。这类植物具有一系列适应盐胁迫的形态和生理特性。在形态上常表现为植物体干而硬;叶子不发达,蒸腾表面强烈缩小,气孔下陷;表皮具有厚的外壁,常具灰白色绒毛。在内部结构上,细胞间隙缩小,栅栏组织发达。有一些盐土植物枝叶具有肉质性,叶肉中有特殊的贮水细胞,使同化细胞不致受高浓度盐分的伤害,贮水细胞的大小还能随叶子年龄和植物体内盐分绝对含量的增加而增大。在生理上,盐土植物具有一系列的抗盐特性,根据它们对过量盐类的适应特点不同,可分为三类:一是聚盐性植物,它们能从土壤里吸收大量可溶性盐类,并把这些盐类积聚在体内而不受伤害;二是泌盐性植物,这类植物的根细胞能够将盐类吸收入体内,但是吸收进体内的盐分并不在体内积累,而由茎、叶表面上密布的盐腺,把所吸收的过多盐分排出体外,这种作用也称为泌盐作用;三是不透盐性植物。这类植物的根细胞对盐类的透过性非常小,所以它们虽然生长在盐土中,但几乎不吸收或很少吸收土壤中的盐类。

(3)沙生植物　沙生植物是指生长在沙丘上的植物。由于沙丘的流动性、干旱性、养分缺乏、温度变幅大等特点,只允许沙生植物生长。沙生植物具有许多旱生植物的特征。沙生植物的根系特别发达,水平根和根状茎有的可达几米,十几米甚至二十几米,这就是沙生植物具有的固沙作用;沙生植物根细胞的渗透压一般都在 40×10^5 Pa 以上,有的高达 80×10^5 Pa,以此加强吸水能力;许多沙生植物的根有一层很厚的皮层,当根露出地面时,能起保护作用,并减少蒸腾失水;沙生植物的叶子小,有的甚至没有叶子,而利用枝条进行光合、蒸腾作用,有的在表皮下有一层没有叶绿素的细胞,以积累脂类为主,也提高植物的抗热性。此外,沙生植物为适应可能被流动沙丘流沙淹没,能在被沙淹没的基干上长出不定根;在暴露的根系上也能长出不定芽。

思考题

1. 概念与术语。

环境　宇宙环境　地球环境　区域环境　微环境　内环境　生态因子　气候因子　土壤因子　地形因子　生物因子　人为因子　限制因子　Liebig 最小因子定律　Shelford 耐性定律　生态幅　广适性生物　狭适性生物　内稳态　指示生物　生理有效辐射　生物学零度　阳生植物　阴生植物　长日照植物　短日照植物　有效积温法则　Bergman 规律　Allen 规律　漂浮植物　浮叶植物　沉水植物　挺水植物　湿生植物　中生植物　旱生植物　酸性土植物　盐土植物　沙生植物

2. 什么叫环境和生态因子?为什么说人为作用也是重要的环境因子?

3. 何谓限制因子?说明 Liebig 最小因子定律和 Shelford 耐性定律的主要内容。

4. 说明生物对光强度和光周期的适应,其研究在生产上有何意义?

5. 极端温度对生物有何影响?举例说明生物对极端温度的适应。

6. 旱生植物是通过哪些机制适应干旱环境的?

7. 以土壤为主导因子的植物生态类型有哪些?

第三章 生物种群

本章提要 介绍种群的概念、种群统计特征、种群动态和种间关系，包括种群的基本概念和数量特征（密度、年龄结构、出生率、死亡率等）；生命表的构建与分析方法；种群指数增长和逻辑斯谛增长的数学模型和生物学意义；自然种群的数量变动规律、影响种群数量动态的密度制约和非密度制约因素；种群调节及衰退与灭绝的机制；生态入侵生态学；*K* 对策者、*r* 对策者的特征及在保护生物学方面的实践意义；种间关系的类型和作用机理以及种间竞争和捕食作用模型；生态位、生态位宽度、生态位重叠和生态位分离的概念以及生态位理论的实践意义。应用种群生态学有关理论对生物资源的保护和持续利用有重要意义。

第一节 种群的概念与基本特征

一、种群的概念

种群(population)是生态学的重要概念之一，它是指在一定时间内占据特定空间的同一物种(或有机体)的集合体。种群内部的个体可以自由交配，繁衍后代，从而与其他地区的种群在形态上和生态特征上彼此存在一定的差异。种群是物种存在的基本形式，或者说物种是以种群形式出现的而不是以个体的形式出现。种群是生态系统中组成生物群落的基本单位，任何一个种群在自然界都不能孤立存在，而是与其他物种的种群一起形成群落，共同执行生态系统的能量转化、物质循环和保持稳态机制的功能。种群也是人类开发利用生物资源的具体对象。

种群由一定数量的同种个体组成，但不等于个体的简单相加，而是形成了生命组织层次的一个新水平，在整体上呈现出一种有组织有结构的特性。种群的这种基本特征表现在种群的空间分布、种群数量和种群遗传三方面。①空间分布特征：种群有一定的分布范围，在分布范围内有适于种群生存的各种环境资源条件。种群个体在空间上的分布可分为均匀(uniform)分布、随机(random)分布和聚集(clumped)分布。此外，在地理范围内分布还形成地理分布。②数量特征：这是种群最基本的特征。种群的数量随时间而变动，并且有一定的数量变动规律。种群的数量特征主要通过种群密度、出生率、死亡率、年龄结构、性比等种群基本参数来表示。③遗传特征：种群由彼此可进行杂交的同种个体所组成，而每个个体都携带一定的基因组合，因此种群是一个基因库(gene pool)，有一定的遗传特征；同时，种群中个体之间通过交换遗传因子而促进种群的繁荣。

种群生态学(population ecology)是研究种群的数量、分布以及种群与其栖息环境中的非生物因素和其他生物因素的相互关系的科学。种群生态学的核心内容是种群的数量变动规律，即种群数量在时间和空间上的变动规律及其变动原因（调节机制）。因此，种群生态学的理论和实践，对合理地利用和保护生物资源、有效地控制病害虫以及人口问题都有重要指导意义。

二、种群的密度和阿利氏规律

1. 种群的密度

一个种群全体数目的多少，叫种群大小（size）。而单位空间中的种群数量叫种群密度（population density），通常以个体数或生物量来表示。种群密度可区分为粗密度（crude density）和生态密度（ecological density）。粗密度是指单位空间中的生物个体数（或生物量）；生态密度则是指单位栖息空间内种群的个体数量（或生物量）。因此，生态密度常大于粗密度。

种群密度是一个变量，它随季节、气候条件、食物储量和其他因素的影响而发生变化。

种群密度的常用调查方法有数量调查法（total count）和取样调查法（sampling methods）。①数量调查法：是一种直接计数的方法，适用于一些大型而明显易见的生物，直接计数全部的个体。如人口普查、航空摄影调查海滩上的海豹数和草原上的大型有蹄类动物等。②取样调查法：绝大多数的种群是不能直接计数全部个体的，只能抽取一部分样本来作为代表性的数量特征，用以估计种群总体的密度。主要方法有样方法（use of quadrats）、标志重捕法（mark-recapture method）、去除取样法（removal sampling）等。

2. 阿利氏规律

种群的密度是种群生存的一个重要参数，它与种群中个体的生长、繁殖等特征有密切关系。外界环境条件对种群的数量（密度）有影响，而种群本身也具有调节其密度的机制，以响应外界环境的变化。

很多研究表明，种群密度的增加，倘若是在一定水平内，常常能提高成活率、降低死亡率，其种群增长状况优于密度过低时的增长状况。但是，种群密度过高时，由于食物和空间等资源缺乏，排泄物的毒害以及心理和生理反应，则会产生不利的影响，导致出生率下降、死亡率上升，产生所谓的拥挤效应（overcrowding effect）。相反，种群密度过低，雌雄个体相遇机会太少，也会导致种群的出生率下降，并因此产生一系列生态后果。因此，种群密度过低（undercrowding）和过密（overcrowding）对种群的生存与发展都是不利的，每一种生物种群都有自己的最适密度（optimum density），这就叫阿利氏规律（Allee's law）。阿利氏规律对于濒临灭绝的珍稀动物的保护有指导意义。因此，要保护这些珍稀动物，首先要保证其具有一定的密度，若数量过少或密度过低，就可能导致保护失败。阿利氏规律对指导人类社会也是有意义的。显然，在城市化过程中，小规模的城市对人类生存有利，规模过大，人口过分集中，密度过高等，都可能产生有害因素。因此，对城市的最适大小问题，有必要作出客观的评价。图 3-1 概括了种群的集群与存活率或者其他生理效应的相互关系。

3. 集群现象及其生态学意义

自然种群在空间分布上往往形成或大或小的群，它是种群利用空间的一种形式。例如，许多海洋鱼类在产卵、觅食、越冬洄游时表现出明显的集群现象（schooling），鱼群的形状、大小因种而异。动物的集群生活往往有很重要的生态学意义。①集群有利于物种生存，如共同防御天敌，保护幼体等。例如鱼类的集群有利于个体交配与繁殖（如洄游性鱼类的产卵

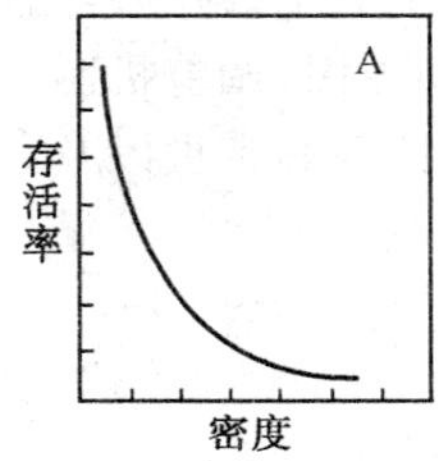

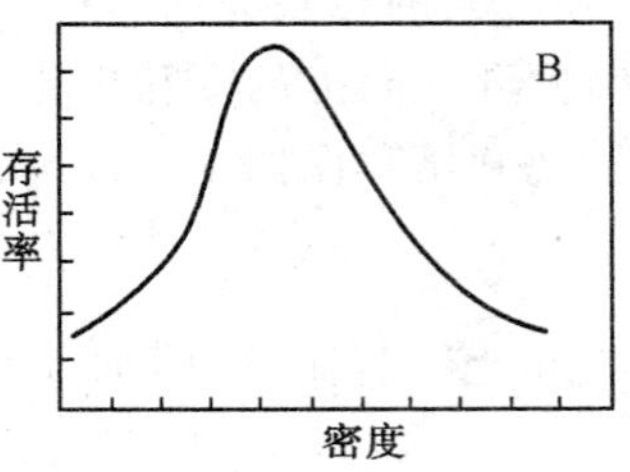

图 3-1 图示阿利氏规律(引自 E. P. Odum,1983)
A. 在某些种群增长中,种群小时,存活率最高;
B. 另一些种群,在种群中等大小时最有利,在这种情况下,过疏和过密都是有害的

洄游)。集群对种群内各个体间起很大的互助作用,当鱼类遇到外来袭击时,可能立即结群进行防卫,往往只有离群的个体才被凶猛的袭击者所捕食。②集群有利于改变小气候条件。如皇企鹅在冰天雪地的繁殖基地的集群能改变群内的温度,并减小风速。社会性昆虫的群体甚至能使周围的温、湿度条件相对稳定。③集群也可能改变环境的化学性质。阿利(Allee,1931)研究证明,鱼类在集群条件下比营个体生活时对有毒物质的抵御能力更强,这可能与集群分泌黏液和其他物质以分解或中和毒物有关。当然,随着种群中个体数量的增加,将对整个种群带来不利的影响,如食物的短缺、疾病的侵袭等,从而使种群死亡率增加,存活率减少。另外,鱼类的结群活动还存在被人类大量捕食的危险。

三、年龄结构和性比

任何种群都是由不同年龄、不同性别的个体所组成的。种群年龄结构(age structure)是指种群中各年龄期个体的百分比,即各年龄级的相对比率。由于不同年龄或年龄组种群的出生率和死亡率有很大不同,因此,通过对年龄结构的分析可以预测种群的动态和变化的方向,也有利于指导生产或合理开发利用生物资源。

种群的年龄结构常用年龄金字塔(age pyramid)或称年龄锥体来表示,金字塔底部代表最年轻的年龄组,顶部代表最老的年龄组,宽度则代表该年龄组个体数量在整个种群中所占的比例,比例越大,宽度越宽,比例越小,宽度越窄。因此,从各年龄组相对宽窄的比较就可以知道哪一个年龄组的生物数量最多,哪一个年龄组的数量最少。根据生态年龄(ecological age),即生物的繁殖状态,通常将生物的年龄分为三个时期:繁殖前期(prereproductive period)、繁殖期(reproductive period)和繁殖后期(postreproductive period)。以此可把种群的年龄结构分为增长型(expanding population)、稳定型(stable population)和衰退型(diminishing population)种群三种基本类型(见图 3-2)。

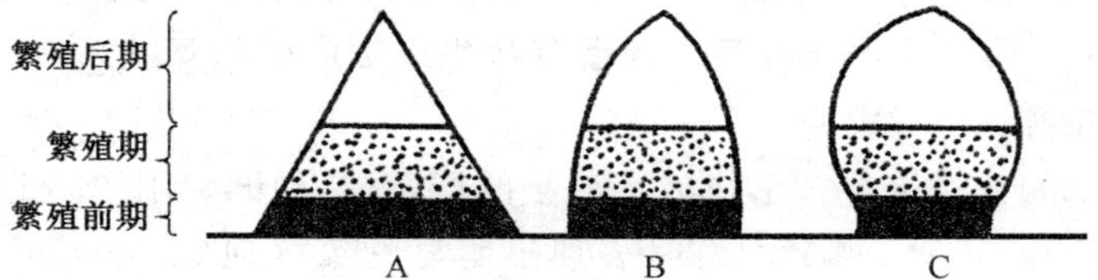

图 3-2 种群年龄结构的三种基本类型(引自 E. P. Odum, 1983)
A. 增长型种群;B. 稳定型种群;C. 衰退型种群

性比（sex ratio）是种群中雄性和雌性个体数目的比例，也称性比结构（sexual structure）。通常用每100个雌体的雄性数来表示。对大多数动物来说，雄性与雌性的比例较为固定，但有少数动物，尤其是较为低等的动物，种群的性比例会随着其个体发育阶段的变化而变化。

四、出生率和死亡率

1.出生率

出生率（natality）指单位时间内种群的出生个体数与种群个体总数的比值，是种群内个体数量增长的重要因素，常用单位时间内产生新个体的数量表示。当种群处于理想条件下（即无任何生态因子的限制作用，生殖只受生理状况影响）的出生率称为最大出生率（maximum natality）。最大出生率也叫生理出生率（physiological natality）。在特定环境条件下种群的出生率称为实际出生率（realized natality）或生态出生率（ecological natality）。因此，最大出生率只是理论上的，在自然条件下一般都不能达到。

2.死亡率

死亡率（mortality 或 death rate）是出生率的反义词，是指单位时间内种群的死亡个体数与种群个体数的比值。同出生率一样，死亡率也有最低死亡率（minimum mortality）和实际死亡率或生态死亡率（ecological mortality）之分 。最低死亡率是指种群在最适环境条件下，种群内的个体都到了生理寿命（physiological longevity）才死亡。生态死亡率是种群在某特定环境条件下的实际死亡率。和出生率一样，最低死亡率是种群的一个理论常数，而生态死亡率则随着种群状况和环境条件的不同而呈现变异。

3.生命表和存活曲线

生命表（life table）是用来描述种群数量减少过程的一种工具。它以列表的形式，详细地记载种群各年龄组的死亡个体数、平均死亡率和存活率，并且由此计算出平均死亡年龄和生命期望。生命表最早应用在人口统计学（human demography）上，用以估计人的期望寿命（life expectancy）。1921年，美国生态学家 Pearl 将生命表应用到动物种群的研究中。生命表有两种类型：①动态生命表（dynamic life table），是根据观察同一时期出生的生物的死亡或存活情况所得数据而编制的，又称为特定年龄生命表。适用于生命较短的物种，如藤壶（*Balanus glandula*）的动态生命表。②静态生命表（static life table），是根据某一特定时间，对种群作年龄分布的调查而编制的，所以又称为特定时间生命表。适用于生命较长的物种。

现以一种山羊（*Ovis dalli*）为例说明生命表的编制方法。Murie（1944）根据在美国阿拉斯加国家公园中收集的608个山羊头骨，按羊角上的横向环状隆起和沟谷数确定其死亡年龄而编制成生命表（见表3-1）。表中将608只山羊折合成1 000个个体，然后再计算相应的死亡个体数和存活数。

生命表中各栏符号在生态学中已成惯例。第1列通常表示年龄、年龄组或发育阶段，从低龄到高龄由上向下排列。其他各列记载种群死亡和存活情况的过程数据或统计数据，并用一定符号表示。表中 χ 为年龄、年龄组或发育阶段；n_χ 为 χ 期开始时的存活数；d_χ 为从 χ 到 $\chi+1$ 的死亡数，$d_\chi=n_\chi-n_{\chi+1}$；q_χ 为从 χ 到 $\chi+1$ 的死亡率，$q_\chi=d_\chi/n_\chi$；e_χ 为 χ 期开始时的生命期望。e_χ 的计算较为复杂，$e_\chi=T_\chi/n_\chi$，而 $T_\chi=\sum_x^\infty l_\chi$，$l_\chi=(n_\chi+n_{\chi+1})/2$。$e_0$ 即是平均寿命，表示出生时的动物平均能够活多少年的估计值。

表 3-1 山羊(*Ovis dalli*)的生命表(引自 E. P. Odum, 1983)

年龄组/年 (χ)	各年龄开始时的存活数(n_χ)	各年龄死亡个体数(d_χ)	各年龄死亡率/‰ (q_χ)	生命期望 (e_χ)
0～0.5	1 000	54	54.0	7.1
0.5～1	946	145	153.0	—
1～2	801	12	15.0	7.7
2～3	789	13	16.5	6.8
3～4	776	12	15.5	5.9
4～5	764	30	39.3	5.0
5～6	734	46	62.6	4.2
6～7	688	48	69.9	3.4
7～8	640	69	108.0	2.6
8～9	571	132	231.0	1.9
9～10	439	187	426.0	1.3
10～11	252	156	619.0	0.9
11～12	96	90	937.0	0.6
12～13	6	3	500.0	1.2
13～14	3	3	1.000	0.7

从表 3-1 中可以看到，山羊在第一年的死亡率很高，达 200‰；如果活过了第一年，以后的存活率则比较高；第七年以后，死亡率又逐渐增高。在了解了哪一年龄的死亡对种群数量变动起着决定性作用以后，如果该年龄组的死亡原因能被调查出来，那么就可知道该原因是引起种群数量变动的关键因子。

除了生命表以外，存活曲线(survival curve)也可以用来表示种群数量的减少过程，而且存活曲线还有更直观的优点。存活曲线是以生物的相对年龄(由绝对年龄除以平均寿命而得到)为横坐标，再以各年龄的存活率 l_χ 为纵坐标所画出的曲线。其中 $l_\chi = n_\chi / n_0$。种群的存活曲线反映了动物生活史内各时期的死亡率。存活曲线可归纳为三种类型(见图 3-3)：

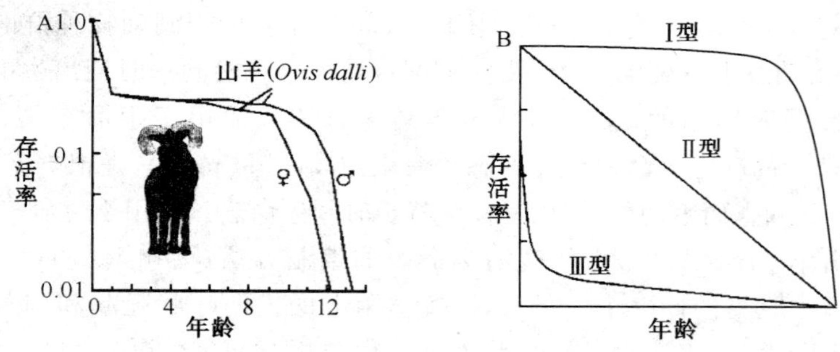

图 3-3 存活曲线(引自 C. J. Krebs, 2001)

A. 山羊的实际存活曲线；B. 存活曲线的三种类型

Ⅰ型：凸型曲线(convex curve)，表示种群在达到生理寿命之前只有少数个体死亡，大部分个体都能活到生理寿命。因此，在生命末期死亡率才升高。人类和一些大型哺乳动物的存活曲线属于此类。

Ⅱ型：对角线型曲线(diagonal straight line)，表示种群各年龄期的死亡率基本相等。如水螅、小型哺乳动物、鸟类的成年阶段。

Ⅲ型：凹型曲线(concave curve)，表示幼体的死亡率很高，只有极少数个体能够活到生理寿命。大多数鱼类、两栖类、海洋无脊椎动物和寄生虫的存活曲线属于这种类型。

第二节　种群的增长

一、种群的内禀增长率

在自然界中，种群的数量是不断变化的，种群的增长率与出生率、死亡率有直接联系。当条件有利时，种群数量增加，增长率是正值；当条件不利时，种群数量下降，增长率是负值。种群的瞬时增长率(r)＝瞬时出生率(b)－瞬时死亡率(d)。种群在无限制的环境条件下(食物、空间不受限制，理化环境处于最佳状态，没有天敌，等等)的瞬时增长率称为内禀增长率(instrinsic rate of increase，r_m)，即种群的最大增长率。内禀增长率也称为生物潜能(biotic potential)或生殖潜能(reproductive potential)，是物种固有的，由遗传特性所决定。通常人们通过在实验室提供最有利的条件来近似地测定种群的内禀增长率。例如，林昌善等(1964)曾对杂拟谷盗的实验种群测定过 r_m 值，$r_m=0.07426$，即该种群以平均每日每雌增加 0.074 个雌体的速率增长。

种群增长率 r 可按下式计算：

$$r=\ln R_0/T$$

式中，T 为世代时间，指种群中子代从母体出生到子代再产子的平均时间；R_0 为世代净增殖率，即 R_0＝第 $t+1$ 世代的雌性幼体出生数/第 t 世代的雌体幼体出生数。

从 $r=\ln R_0/T$ 来看，r 值的大小，随 R_0 增大而增大，随 T 值的增大而变小。在计划生育中要使 r 值变小，可以通过两种方式来实现：①降低 R_0 值，使世代增殖率降低，即限制每对夫妇的子女数；②使 T 值增大，即可以通过推迟首次生育时间和晚婚来达到。

二、种群在无限环境中的指数式增长

种群在无限的环境中生长，不受食物、空间等条件的限制，其增长率不随种群本身的密度变化而变化，这类增长通常呈指数式增长，可称为与密度无关的增长(density-independent growth)。

与密度无关的增长分为两类。如果种群的各个世代彼此不重叠，如一年生植物和一年生殖一次的昆虫，其种群增长是不连续的、分步的，称为离散增长。如果种群的各个世代彼此重叠，如人和多数动物，则其增长是连续的。对于世代重叠和不重叠生物的种群增长模型，必须用不同的数学方程来处理。

1. 种群离散增长模型

假设有一理想种群，开始时有 10 个雌体(记为 $N_0=10$)，且每个个体一年繁殖一次，每次产生 2 个后代，则到第 2 代时，种群个体将上升为 20 个，以后每代增加一倍，依次为 40，80，160，…，即

$$N_0=10$$
$$N_1=N_0\times\lambda=10\times2=20$$
$$N_2=N_1\times\lambda=20\times2=40$$
$$N_3=N_2\times\lambda=40\times2=80$$
$$\cdots$$
$$N_t=N_{t-1}\times\lambda$$

可以用如下简单的公式来描述这一过程，即

$$N_t=N_{t-1}\lambda$$

或

$$N_t=N_0\lambda^t$$

式中，N_t 为时间 t 时的种群大小；λ 是每经过一个世代（或一个单位时间）的增长倍数，称为周限增长率（finite rate of increase）。

根据以上模型可以计算世代不相重叠种群的增长情况。当 $\lambda>1$ 时，种群增长；$\lambda=1$ 时，种群稳定；$0<\lambda<1$ 时，种群下降；$\lambda=0$ 时，种群无繁殖现象，且在下一代灭亡。

2. 种群连续增长模型

在世代重叠情况下，种群的增长以连续的方式改变，则可用微分方程来描述这种增长过程：

$$\frac{\mathrm{d}N}{\mathrm{d}t}=rN$$

积分后得

$$N_t=N_0\mathrm{e}^{rt}$$

式中，N 为种群数量；r 为瞬时增长率（instantaneous rate of increase）。瞬时增长率 r 和周限增长率 λ 的关系为：$\lambda=\mathrm{e}^r$，$r=\ln\lambda$。

上述种群的增长形式，称为几何级数式增长（geometric growth）或指数式增长（exponential growth）。以种群数量 N_t 与时间 t 作图，离散型种群指数增长曲线为台阶形的“J”型，而连续型种群指数增长曲线为光滑的“J”型。所以，种群的指数增长模型又称“J”型增长模型（见图3-4）。如以 $\lg N_t$ 对时间作图，则成为直线。具有指数增长特点的种群，其数量变化与 r 值关系密切。当 $r>0$ 时，种群数量指数上升；$r=0$ 时，种群数量不变；$r<0$ 时，种群数量指数下降。

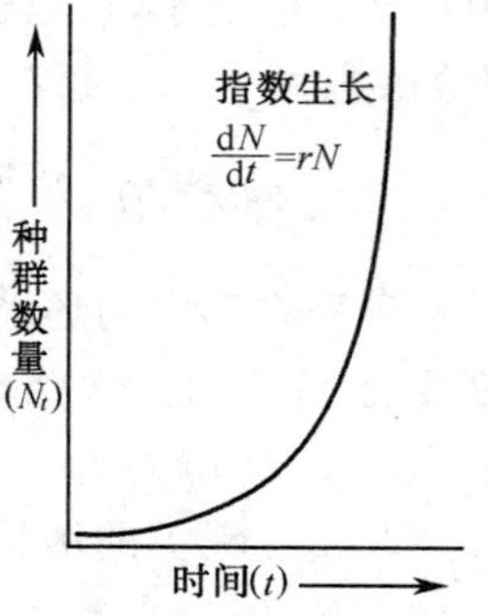

图 3-4 种群指数增长曲线

室内与野外试验证明，很多昆虫、细菌的种群增长为指数式增长。中国人口增长的数字表明，大约 1600 年后人口呈指数式增长。

【例】我国 1949 年的人口为 5.4 亿，1978 年为 9.5 亿，请根据指数增长模型求这 29 年来的人口增长率。

【解】

$$N_t=N_0\mathrm{e}^{rt}$$
$$\ln N_t=\ln N_0+rt$$

所以

$$r=(\ln N_t-\ln N_0)/t$$

则

$$r=\frac{(\ln9.5-\ln5.4)}{(1978-1949)}=0.0195/(\text{人}\cdot\text{年})$$

即我国人口自然增长率为 19.5‰。再求周限增长率（λ）：

$$\lambda = e^{r} = e^{0.0195} = 1.0196$$

即每年人口是前一年的 1.019 6 倍。

根据指数增长模型还可计算人口数量的加倍时间：

$$N_t/N_0 = 2 = e^{rt}$$

$$t = \ln 2/r = 0.693/r = 0.693/0.0195 \approx 35(\text{年})$$

即我国人口加倍的时间大约为 35 年。

三、种群在有限环境中的逻辑斯谛增长

在实际环境下，由于种群数量总会受到食物、空间和其他资源的限制，因此，增长是有限的。开始时种群由于数量小，增长缓慢，随后逐步加快，但最后由于环境对种群增长的限制作用逐渐增强，种群的增长速度随着种群密度本身的提高而降低。

假定种群所在的环境条件只允许种群数量增长到某一最大值 K，这个最大值称为环境容纳量(environmental carrying capacity)。当种群数量 N 增长到 K 值时，即 $N_t = K$，种群将不再增长，即 $\frac{dN}{dt} = 0$。逻辑斯谛方程就是用来描述这种增长模式的，也称“S”型增长模式。逻辑斯谛方程的微分形式为

$$\frac{dN}{dt} = rN\left(\frac{K-N}{K}\right)$$

式中，N 为种群数量；K 为环境容纳量。

Verhurst(1838) 最先将微分方程 $\frac{dN}{dt} = rN\left(\frac{K-N}{K}\right)$ 命名为 Logistic 方程。与无限环境的指数增长公式 $\frac{dN}{dt} = rN$ 相比，Logistic 方程增加了修正项 $\left(\frac{K-N}{K}\right)$。修正项 $\left(\frac{K-N}{K}\right)$ 也称为剩余空间。它的生物学含义是，随着种群数量的增大，最大环境容纳量当中种群尚未利用的剩余空间(如资源等)逐渐减少，拥挤效应等环境阻力逐渐增大，因此种群最大增长率的可实现程度逐渐降低。种群每增加一个个体，对增长率的抑制作用为 $1/K$。当 $N \to 0$，修正项 $\left(\frac{K-N}{K}\right) \to 1$ 时，剩余空间最大，阻力最少，种群最大，增长率的实现最为充分，此时 $\frac{dN}{dt} = rN\left(\frac{K-N}{K}\right) \to \frac{dN}{dt} = rN$，增长率接近于指数式。反之，$N \to K$，修正项 $\left(\frac{K-N}{K}\right) \to 0$，剩余空间最小，阻力最大，增长率 $\to 0$，在曲线中表示为渐近线。当 N 由 0 增加到 K 时，$(1-N/K)$ 则由 1 变化到 0，表示种群增长的剩余空间逐渐变小，种群潜在的最大增长的可实现程度逐渐降低。Logistic 方程的积分式是

$$N_t = K/(1 + e^{a-rt})$$

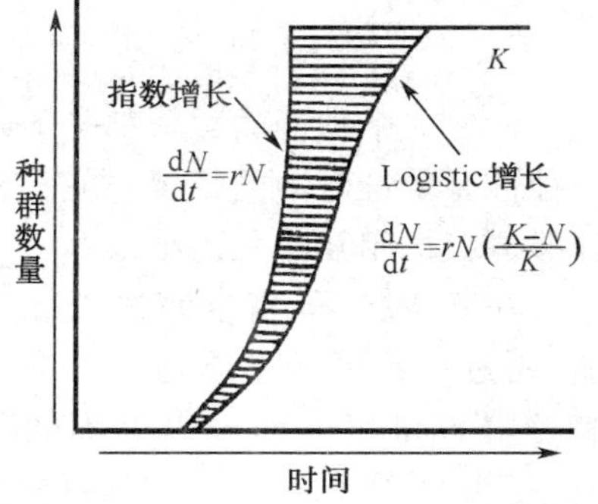

图 3-5 种群的 Logistic 增长模型

由图 3-5 可知，种群的“S”型增长有两大特点：第一，S 曲线有一个上渐近线，即 S 型增长曲线渐近于 K 值，但不会超过这个最大值，即环境容量。第二，曲线的变化是渐近的，平滑的，而不是骤然的。从曲线的斜率来看，开始变化速度慢，以后逐渐加快，到曲线中心有一拐点，变

化速度加快，以后又逐渐变慢，直到上渐近线。

表 3-2 是一个假设种群的 Logistic 增长情况。

表 3-2 一个假设种群的 Logistic 增长($K=100$, $r=1.0$, $N_0=1$)

N	$(K-N)/K$	$dN/dt=rN(1-N/K)$
1	99/100	0.99
25	75/100	18.75
$50=K/2$	50/100	25.00
75	25/100	18.75
95	5/100	4.75
$100=K$	0	0

Logistic 曲线的另一种表示方式，是以 dN/dt为 Y 坐标，N 为 X 坐标，这时，曲线为抛物线(见图 3-6)。这种 Logistic 曲线表明，当 $N=K/2$时，种群增长率 dN/dt 最大；当 $N<K/2$ 时，随着种群数量 N 的增加，dN/dt 不断增大；当 $N>K/2$以后，随着种群数量 N 的增加，dN/dt 不断下降。Logistic 增长原理能应用于指导生物资源的合理利用。其基本原理是既要使生物资源的产量达到最大从而最大限度地利用生物资源，但又不危害生物资源被利用的持续性。根据图 3-6，当种群数量等于 $K/2$ 时，dN/dt 最大，即人们得到的资源产量最大，而且种群数量不会下降，因此不会影响其持续产量，此时的种群最大增加量称为最大持续产量(maximum sustained yield，MSY)，相应的种群数量则记为 N_{MSY}，即能够提供最大持续产量的种群大小。

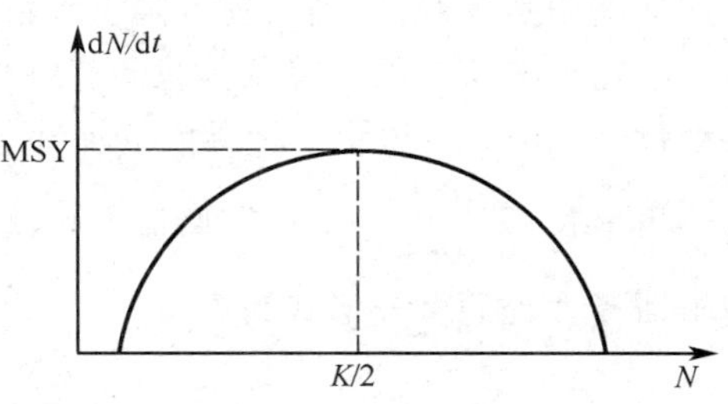

图 3-6 种群 Logistic 增长曲线的另一种表示方法

种群数量的“J”型和“S”型增长模型是两种典型的增长模型，许多学者在此基础上进行了修改和扩充。

第三节 种群的数量变动和调节

一、种群的数量变动

任何一个种群的数量都是随时间变动的，即种群有数量变动的特征。它是环境因素和种群适应性相互作用的结果。

一般情况下，当生物进入和占领新栖息地，通过一系列的生态适应，建立起种群后，其种群数量可能向着以下不同的方向演化(见图 3-7)：①种群较长期地维持在同一水平上，称为种群平衡；②种群出现不规则或规则

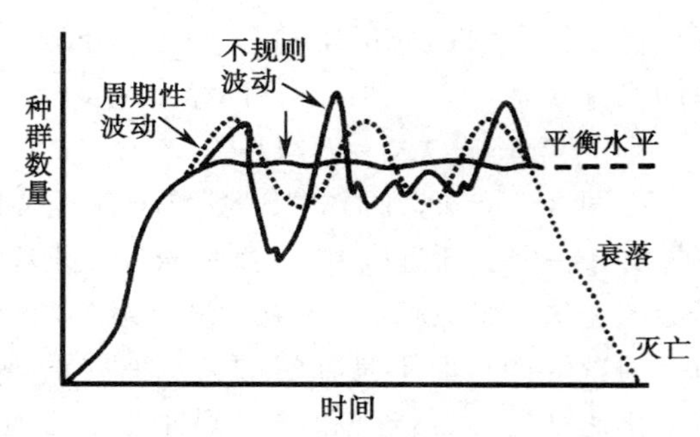

图 3-7 种群的数量动态

（即周期性）波动；③种群长期处于不利条件下，其数量出现持久性下降，即种群衰退甚至灭亡；④种群在短时期内数量迅速增长，称为种群爆发；⑤种群数量缓慢地增长；⑥在种群大发生后，出现大批死亡，种群数量急剧下降，称为种群崩溃；⑦由于某种原因，种群进入新地区后得到迅速扩展蔓延，称为生态入侵。

1. 季节波动

季节波动（seasonal variation）是指种群数量在一年中不同季节的数量变化。这是由于环境因子季节性变化的影响，而使生活在该环境中的生物产生与之相适应的季节性消长的生活史节律，属于周期性波动。如一年中只有一次繁殖季节的种群，该季节的种群数量最多，以后由于自然死亡或被其他动物捕食，其数量就逐渐下降，直至翌年的繁殖季节。在许多热带地区，虽无冬夏之分，但有雨季和旱季之别。种群的繁殖常集中于雨季，种群数量的消长也将随季节而变动。温带湖泊和海洋的浮游植物（主要是硅酸藻）每年在春秋两季有一个增长高峰，而在冬夏季种群数量下降。

2. 年际波动

年际波动（annual variation）是指种群在不同年份之间的数量变动。年际波动可能是不规则的，不规则的年际波动通常与环境条件有关，特别是气候因子的影响较大。例如，根据营巢统计结果，英国某些地区的苍鹭，数量大致稳定，年波动不大，但在有严寒冬季的年份，苍鹭数量就下降，若连年冬季严寒，其数量就下降得更多，但在恢复正常后，其种群就能恢复到多年的平均水平。这说明气候因素对苍鹭种群数量变化起着决定性作用。

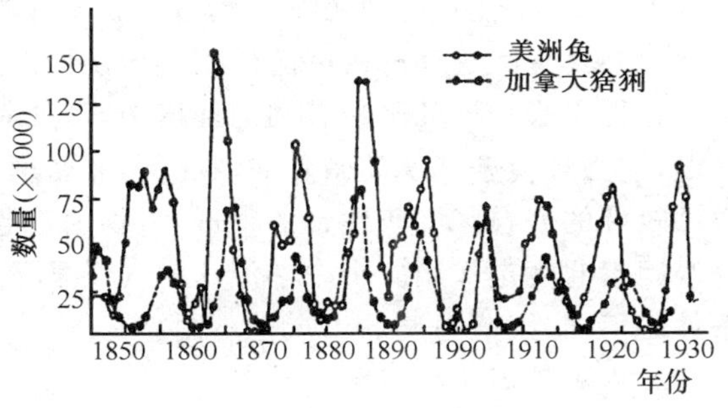

图 3-8 美洲兔和加拿大猞猁的种群数量的 9～10 年周期性波动

一些年际波动表现为规则的，具有周期性。这种数量波动的特点可能与种群自身的遗传特性有关。种群周期性波动最典型的例子是旅鼠和北极狐，其种群数量以 3～4 年为一个周期进行波动。美洲兔和加拿大猞猁以 9～10 年为一个周期呈现数量波动（见图 3-8）。几乎每一本动物生态学著作或教材都有关于这两个周期性波动的描述。

二、种群调节

自然种群的数量处于不断变动中，但也有不同程度的相对稳定性，种群调节（population regulation）就是指种群变动过程中趋向恢复到其平均密度的机制。目前，常把种群数量调节的各种因素分为非密度制约（density-independent）因素和密度制约（density-dependent）因素两大类。也可将影响种群调节的因素分为外源性（exogenous）因素和内源性（endogenous）因素两大类。

非密度制约因素是指那些影响作用与种群本身密度大小无关的因素。如温度、降雨、食物数量、污染物等。如食物来源对种群数量的影响，当食物来源不足时，吃该食物的种群数量就会减少；反之，就增多。

密度制约因素的作用与种群密度相关。例如，随着密度的上升，死亡率增高，或生殖率下降，或迁出率升高。密度制约因素主要是生物性因素，如捕食、竞争以及动物社会行为等。实际上，这两类因素的作用是相互联系，难以分开的。至于哪一些因素相对较为重要，这是生态学家们长期争论的问题。生态学家们已经提出了许多学说，以探讨种群调节问题。

1. 外源性因子调节学说

(1)气候学派。强调非生物环境因素是种群动态的决定因素，认为气候因子是种群数量变动的主要动因。如 F. S. Bidenheimer 认为昆虫的早期死亡有 85%～90%是由不良天气条件引起的。他们反对自然种群处于稳定平衡的概念，强调野外种群的不稳定性。

(2)生物学派。主张捕食、寄生、竞争等生物过程对种群调节起决定作用。认为没有一个自然种群能无限制增长，因此，必然有许多限制种群增长的因素。从长期来说，种群有一个平衡密度，即种群具有相对稳定性。澳大利亚生物学家 A. J. Nicholson 认为理化环境因素只能改变种群的密度，但不能决定这些密度是怎样维持平衡状态的、怎样受限制的。生物学派的出发点是自然的平衡学说，认为调节种群密度的因素是竞争，即竞争食物，竞争生活场所及捕食者、寄生者的竞争等。

(3)折中学派。生物学派强调生物因子是决定种群数量变动的主要因子，气候学派强调气候因子是主要因子，两派发生激烈论战。有的学者就提出折中的观点，主张气候因子和生物因子都具有决定种群密度的作用，但视具体条件而异，代表人物是 A. Milne。此外，生物学派也提出当物种处于最有利的环境中，密度制约因素决定种群的数量；而当物种处于不利环境，或当环境条件变动激烈的情况下，非密度制约因素决定种群数量变动。因而对分布在条件较好的分布区中心地带的种群，生物因素起决定作用；而对条件差的边缘地带的种群，气候因素起决定作用。折中学派认为气候学派和生物学派的争论反映了他们工作地区环境条件的不同，因此强调的重点也不同。

2. 内源性因子调节学说

内源性因子调节学说又称为自动调节学说。持这种学说的学者认为，种群有一平衡密度，且由种群内部的因素起决定性的调节作用。这些调节因子包括行为、内分泌和遗传因素，因而又可称为行为调节、内分泌调节和遗传调节学说。

(1)行为调节学说。该学说由英国生态学家 Wyune-Edwards(1962)提出。他认为动物社群行为是调节种群的一种机制，如社群等级和领域性。社群等级使社群中一些个体支配另一些个体，这种等级往往通过格斗、吓唬、威胁而固定下来；领域性是指一个(或一对、一家)动物在一段时间中保卫其所占特定地盘，当种群密度超过一定限度时，领域的占领者就不允许其他个体入侵。

一种海鸟从周围海水中捕食鱼类，好像它们有“领海捕鱼权”似的。在这种情况下，只有占有地盘的鸟才能进行繁殖，这样就限制了该地区的鸟群数量。同样，在海滨生活的海豹，成年的个体占有一定区域，实行“一夫多妻制”，把“单身汉”排除在区域以外，使其不能在第一年繁殖。因此，只能有一定数量的老海豹占领海滨，这样就限制了种群的数量。

(2)内分泌调节学说。该学说由美国学者 Christian(1950)提出。他认为当种群数量上升时，种群内部个体经受的社群压力增加，加强了对动物神经内分泌系统的刺激，影响下垂体的功能，引起生长激素和促性腺激素分泌减少。而促肾上腺皮质激素分泌增加，结果导致出生率下降，死亡率上升，从而抑制了种群的增长。这样，种群增长因上述生理反馈机制而得到抑制或停止，从而又降低了社群压力。该学说主要用来解释哺乳动物的种群调节。

(3)遗传调节学说。Chitty 提出一种解释种群数量变动的遗传调节模式。他认为个体遗传素质的不同是决定它们的适应能力以及死亡率的主要原因,而这种遗传素质是由亲代遗传下来的。因此,种群密度高低的后果往往不是在当代就出现的,而是通过改变种群自身的遗传素质,再使下一代受影响。例如,种群中有两种遗传,一种是繁殖力低,适于高密度条件下的基因型 A;另一种是繁殖力高,适合于低密度条件下的基因型 B。在低种群密度的条件下,自然选择有利于高繁殖力的基因型 B,于是种群数量上升;当种群数量达到高峰时,自然选择不利于高繁殖力的,而有利于适应密集的基因型,于是种群数量又趋下降。这样,种群就可进行自我调节。可见,D. Chitty 的学说是建立在种群内行为以及生理和遗传变化基础之上的。

三、生态入侵

由于人类有意识或无意识地把某种生物带入适宜其栖息和繁衍的地区,种群不断扩大,分布区逐步稳定地扩展,危害当地的生产和生活,改变当地的生态环境的过程称为生态入侵(ecological invasion)。

生物入侵是一个复杂的生态过程,可分为 4 个主要阶段:①入侵(introduction)。生物离开原生存的生态环境到一个新的环境,绝大部分是由人类活动造成的。因此,生物的入侵完全可以看成是人类所造成的。②定居(colonization)。生物到达入侵地区后,经过对当地生态条件的适应,能够生长、发育并进行繁殖,至少完成一个世代。③适应(naturalization)。入侵生物已在新地区繁殖了几代。由于入侵时间短,个体基数小,所以,种群数量增长不快,但每一代对新环境的适应能力都有所增强。④扩展(spread)。入侵生物已基本适应于新生态环境中生活,种群已发展到一定数量,具有合理的年龄结构和性比,并且有快速增长和扩散的能力。

事实表明,生物入侵是非常广泛、普遍的。无论大陆、岛屿还是海洋,温带还是热带,也无论是哺乳动物还是鸟类、鱼类、昆虫等,生物入侵都不时发生。欧洲的穴兔(*Oryotolagus cuniculus*)于 1859 年由英国传入澳大利亚西南部,由于环境适宜和没有天敌,以112.6 km/a的速度向北扩展,经过 16 年后澳大利亚东岸发现有穴兔。由于穴兔种群数量很大,与牛羊竞争牧场,成为一大危害。人们采用了许多方法,都未能有效控制。最后引进了黏液瘤病毒,才将危害制止。又如豚草(*Ambrosia artemissifolia*)是世界性恶性害草,原产于北美,约在 20 世纪 30 年代传入我国东南沿海地区,滋生之处常密集成单优群落,使原有植被结构和生物多样性遭到严重破坏。由于适应性广,种子具有二次休眠特性,迅速在东北、华北和华东等地蔓延,扩展到 15 个省市和地区,成为我国的主要害草。在美国已有 4500 余种生物入侵成功,仅夏威夷州就有 2000 余种外来生物定居,而且还以每年二三十种的速度不断入侵。

生态入侵对生态系统的影响是多方面的。Vitousek 等(1997)将生态入侵看做是全球变化的一个重要组成部分,并对全球生物多样性构成威胁。外来入侵物种对生物多样性的影响表现在两个方面:一是外来入侵物种本身形成优势种群,使本地物种的生存受到影响并最终导致本地物种灭绝,破坏生物多样性,使物种单一化。二是通过压迫和排斥本地物种,导致生态系统的物种组成和结构发生改变,最终导致生态系统受到破坏。国际上已经把外来物种入侵列为除栖息地破坏以外,生物多样性丧失的第二大因素。近年来在我国新的物种入侵也屡见报道,这些物种的侵入已对我国生物多样性和生态环境造成了严重破坏,也给农业、渔业、畜牧业、林业和旅游业等带来了巨大的经济损失。

要防止生物入侵，就必须加强动植物检疫(quarantine)，杜绝盲目引种和违法引种，禁止或限制危险性害虫、病害、杂草及带病的苗木、种子、家禽、家畜等的传入(出)，或者在传入后限制传播，防止向其他地区蔓延。对于已经入侵的有害生物要采取措施尽量予以根除。如采用生物防治(biological control)措施，从入侵有害生物原产地引进天敌防治有害生物。

四、最小生存种群理论

1. 最小生存种群

保护生物学(conservation biology)是关于人类对生物多样性的影响和防止物种灭绝的科学。物种的灭绝过程和机制是与种群的数量动态变化密切相关的。一般认为，当一个种群的数量减少到对群落其他种群的影响微不足道时，则这个种群就是处在生态灭绝(ecological extinct)的状态。有许多因素会引起种群数量的变化和衰退。当在各种因素作用下，大种群衰落成为小种群时，种群的灭绝就是一个很现实的问题了。许多研究证明，小种群更易遭致灭绝。当种群数量一旦低于某个数目时，该种群会迅速衰退，直至灭绝。因此，有的学者提出最小生存种群(minimum viable population，MVP)的概念，即种群为免遭灭绝所必须维持的最低个体数量。Shaffer(1981)提出一种测定最小生存种群的定量方法，认为对于任何一个生境中的任何一个物种，不论可预见的统计因素、环境因素、遗传随机性和自然灾害如何影响它，该种的最小生存种群或最小孤立种群能在 1000 年内有 99%的概率保存下来。同时，Shaffer 也强调了这个定义是试用性的，认为生存概率可能在 95%或 99%，时限也可以调整为 100 年或 500 年，关键在于最小生存种群数量对于如何保存一个物种的可能性作出定量估计。Lande (1988)进一步强调对数量波动程度不同的种群来说，其 MVP 是有差别的，提出对于脊椎动物来说，保护 1000 个个体物种就可免于灭绝；而对于种群数量变化大的物种(如某些无脊椎动物和一年生草本植物)则要保护具有 10000 个个体的种群才有效。

目前，有关生态学家正在进行确定最小生存种群的种群生存力分析(population viability analysis)。其主要内容是建立用以确定最小生存种群或最小生存面积的模型和定量评估程序。

2. 导致种群灭绝的内在机制

Shaffer(1981)提出导致种群灭绝的三种随机因素。

(1)遗传随机性(genetic stochasticity)。由于遗传漂变(genetic drift)、建立者效应(founder effect)和近交衰退(inbreeding depression)等遗传机制引起遗传多样性丧失，并降低种群的适合度，最终导致灭绝。

(2)统计随机性(demographic stochasticity)。由于出生率和死亡率的随机性，它将随种群变小而增大，而小种群又因机遇而出现较大的灭绝概率。Caughley(1994)认为当种群个体少于 30～50 个时，统计随机性的影响将是关键的。

(3)环境随机性(environmental stochasticity)和自然灾害(natural catastrophe)。环境随机性指气候和生物因素对种群增长率的影响。自然灾害指火灾、洪涝、飓风、泥石流等导致的种群数下降。当环境随机性对种群增长率的影响超过种群本身的增长率时，环境随机性就可引起种群灭绝。

3. 灭绝旋涡

由于自然灾害、环境变化或人类干扰会引起种群数量的随机波动，导致大种群变成小种群，而小种群更易引起遗传变异性的丧失和出现近交衰退。类似地，小种群因统计变化也更易导致种群数量下降，导致更大的统计波动和更小的种群，甚至灭绝。这里应当强调的是，环境变化、统计变化和遗传因子的共同效应使得由一个因素引起的种群数量下降反过来又加剧其他因素的敏感性，产生旋涡效应（见图 3-9），加速种群走向灭绝，这种旋涡效应被比拟为灭绝旋涡（extinction vortice）。一般而论，进入灭绝旋涡的小种群除非有合适的条件使其种群个体数量恢复到最小生存种群，否则它们通常会走向灭绝。当一个物种的所有种群都灭绝了，这个物种也就从地球上消失了。

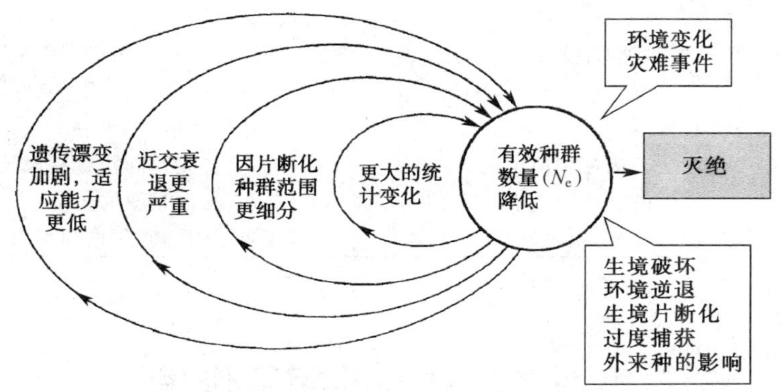

图 3-9　灭绝旋涡示意图(引自 R. B. Primack，1993)

灭绝旋涡使种群数量逐渐降低，导致物种的局部灭绝，当物种进入旋涡时，其种群数量逐渐降低，于是进一步增加了旋涡的负效应

五、种群进化与生态对策

在各种生态系统中，随着时间的推移，生物种群出现两种行为上的变化，即在短时间内的波动和在长时间内的进化，而进化又是生物种群对环境适应性的表现。不同生物对环境的适应“对策”各不相同，从而促使生物种群向不同的方向进化。种群的进化与适应是生态系统重要的稳态机制。

生物朝不同方向进化的“对策”，称为生态对策（ecological strategy）。生物在长期的进化过程中，逐渐形成了对其环境适应的生态对策。根据生物的进化环境和生态对策可分为 r 对策和 K 对策两类。r 对策生物一般个体小，寿命短，存活率低，但增殖率(r)高，具有较大的扩散能力，适应于多种栖息环境，种群数量常出现大起大落的突发性波动。K 对策生物一般个体较大，寿命长，存活率高，适应于稳定的栖息生境，不具有较大扩散能力，但具有较强的竞争能力，种群密度较稳定，常保持在 K 水平。

R. H. MacArthur 和 E. O. Wilson(1967)将属于 r 对策的生物称为 r 对策者(r-strategist)，属于 K 对策的生物称为 K 对策者(K-strategist)。r 对策生物与 K 对策生物是两个进化方向不同的类型。通常脊椎动物和种子植物属于 K 对策生物；昆虫、细菌、藻类等属于 r 对策生物。属于 K 对策的生物虽然种间竞争的能力较强，但 r 值低，遭受激烈变动或死亡后，返回平衡水平的自然反应时间较长，容易走向灭绝，如大象、鲸鱼、恐龙等。因此，

对属于 K 对策生物的资源,应积极重视其保护工作。属于 r 对策的生物,虽竞争能力弱,但 r 值高,返回平衡水平的反应时间较短,灭绝的危险性较小。同时由于具有较强的扩散迁移能力,当种群密度大或生境恶化时,可以离开原有生境,在别的地方建立新的种群。这种高死亡率、广运动性和连续面临新的局面的特征,使新的基因获得较多的发展机会。表3-3总结了 r 对策者和 K 对策者的有关特征。

表 3-3 r 对策者和 K 对策者生物的主要特征比较

特 征	r 对策者	K 对策者
环境条件	多变,不确定,难以预测	稳定,比较确定,可预测
死亡率	灾变的,非密度制约	密度制约
群体密度	多变的,低于 K	在 K 值附近
种内和种间竞争	竞争强弱不一,一般较弱	激烈
选择结果	1. 种群迅速发展;2. 提高 r_{max} 值;3. 繁殖早;4. 体型小	1. 种群缓慢发展;2. 增强竞争能力;3. 降低资源阈值;4. 繁殖晚;5. 体型较大
寿命	短,通常不到一年	长,通常多于一年
对子代投资	小,常缺乏抚育和保护机制	大,具有完善的抚育和保护机制
迁移能力	强,适于占领新的生境	弱,不易占领新的生境
能量分配	较多地分配给繁殖器官	较多用于逃避死亡和提高竞争能力

第四节 种间的相互作用

一、种间相互关系

物种混居,必然会出现以食物、空间等资源为核心的种间关系。种间关系(interspecies interaction)是指不同物种种群之间的相互作用。这一关系是极其复杂的。如果用"+"表示有利,"-"表示有害,"0"表示既无利也无害,那么,种群之间的关系可归纳为9种类型(见表3-4)。

表 3-4 两个物种种群的相互作用类型

类 型	物种 1	物种 2	主要特征
1. 中性作用(neutralism)	0	0	两个种群彼此互不影响
2. 竞争(competition):直接干涉型(direct interference type)	-	-	两个种群直接相互抑制
3. 竞争(competition):资源利用型(resource use type)	-	-	资源缺乏时的间接抑制
4. 偏害作用(amensalism)	-	0	种群1受抑制,种群2不受影响
5. 捕食作用(predation)	+	-	种群1(捕食者)有利,种群2受抑制
6. 寄生作用(parasitism)	+	-	种群1(寄生者)有利,种群2受抑制
7. 偏利作用(commensalism)	+	0	种群1有利,种群2无影响
8. 原始合作(protocooperation)	+	+	对种群1,2都有利,但不发生依赖关系
9. 互利作用(mutualism)	+	+	彼此都有利

上述种群间的相互关系可以归为两大类，即正相互作用(positive interaction)和负相互作用(negative interaction)。在生态系统的发展中，正相互作用趋于促进或增加，从而加强两个作用种的存活；而负相互作用趋向于抑制或减少。

1. 正相互作用

正相互作用可按其作用程度分为偏利共生、原始协作和互利共生三类。

(1)偏利共生

偏利共生(commensalism)指种间相互作用仅对一方有利，对另一方无影响。附生植物与被附生植物之间是一种典型的偏利共生关系，如地衣、苔藓等附生在树皮上。在热带森林中还有很多高等的附生植物，这些附生植物借助于被附生植物支撑自己，以获得更多的资源(如光、空间)，但对被附生种群则无多大影响。

其数学模型可用下式表示：

$$\frac{dN_1}{dt}=r_1N_1\left(1-\frac{N_1}{K_1+\alpha N_2}\right)$$

$$\frac{dN_2}{dt}=r_2N_2\left(1-\frac{N_2}{K_2}\right)$$

即当两个种群不在一起时，均按 Logistic 曲线增长；当两个种群在一起时，对 N_1 来说，由于 N_2 的存在，改进了 N_1 的环境，使 N_1 的生长型生长更有利，而对 N_2 的种群生长无影响。

平衡密度：$N_1^*=K_1+\alpha K_2$

$N_2^*=K_2$

式中，α 为种群 N_2 对种群 N_1 的偏利系数。

(2)原始协作

原始协作(protocooperation)指两种生物在一起，相互作用，双方获利，但协作是松散的，分离后双方仍能独立生存。如拿寄居蟹和某些腔肠动物的共生关系来说，腔肠动物附着在寄居蟹背上，当寄居蟹在海底爬行时，扩大了腔肠动物的觅食范围；同时，腔肠动物的刺细胞又对蟹起着伪装和保护作用。又如，某些鸟类啄食有蹄类动物身上的体外寄生虫，而当食肉动物来临之际，又能为这些有蹄类动物报警，这对共同防御天敌十分有利。

(3)互利共生

互利共生(mutualism)是两个物种长期共同生活在一起，彼此相互依赖，相互依存，并能直接进行物质交流的一种相互关系。豆科作物和根瘤菌共生形成的根瘤、真菌和高等植物根系共生形成的菌根(mycorrhizae)是典型的互利共生的例子。

地衣是藻类和真菌的结合体，藻类进行光合作用，菌丝吸收水分和无机盐，两者结合，相互补充，共同形成统一的整体生活在干旱的环境中。另外，动物与微生物之间互利共生的例子也很多，如反刍动物与其胃中的微生物形成了一种互利共生的关系，微生物既帮助了反刍动物消化食物，自身又得到了生存。

May(1976)提出如下两种群共生的数学模型：

$$\frac{dN_1}{dt}=r_1N_1\left(1-\frac{N_1}{K_1+\alpha N_2}\right)$$

$$\frac{dN_2}{dt}=r_2N_2\left(1-\frac{N_2}{K_2+\beta N_1}\right)$$

即假设每个种群均遵从 Logistic 方程，但每一种群的环境容纳量都因另一种群的存在而增大，因此，K_1 变成了$(K_1+\alpha N_2)$，K_2 变成了$(K_2+\beta N_1)$。α 和 β 分别是种群之间的共生系数，但要求 α 和 β 小于 1，以限制互利共生作用，否则，种群将会无限增大。

2. 负相互作用

负相互作用包括竞争、捕食、偏害和寄生等。前两者将在后面详细介绍。

(1)偏害

偏害(amemsalism)作用在自然界很常见。其主要特征为当两个物种在一起时，其中一个物种的存在可以对另一物种起抑制作用，而自身却无影响。异种抑制和抗生素都属此类。异种抑制一般指植物能分泌一种化学物质抑制其他植物生长的现象。如胡桃树(*Juglans nigra*)分泌一种叫做胡桃醌(juglone)的物质，它能抑制其他植物生长。因此，在胡桃树下的土表层中是没有其他植物的。抗生作用是一种微生物产生一种化学物质来抑制另一种微生物的过程，如青霉素就是点青霉菌所产生的一种细菌抑制剂，也常称为抗生素。

其数学模型为：

$$\frac{dN_1}{dt}=r_1N_1\ \frac{K_1-N_1-\alpha N_2}{K_1}$$

$$\frac{dN_2}{dt}=r_2N_2\left(1-\frac{N_2}{K_2}\right)$$

即当两个种群不在一起时，每个物种种群均按 Logistic 曲线增长；当两个种群在一起时，对 N_2 仍按 Logistic 曲线增长，而 N_1 由于 N_2 的抑制作用，其生长受到抑制。α 为种群 N_2 对 N_1 的抑制系数。

平衡种群：$N_1^*=K_1-\alpha K_2$

$N_2^*=K_2$

(2)寄生

寄生(parasitism)作用是指一个种(寄生者) 寄居于另一个种(寄主)的体内或体表，靠吸取寄主的营养而生活的现象。寄生可分为体外寄生(寄生在寄主体表)与体内寄生(寄生在寄主体内)两类。高等植物中的列当属(*Orobanche*)、菟丝子属(*Cuscuta*)为全寄生植物，从寄主那里摄取全部营养。许多病菌为全寄生。动物体中的鞭毛虫、蛔虫、钩虫均营寄生生活。寄生者的密度越大，对寄主的影响亦越大，但寄生者不一定有害，也有有益的和中性的。一般寄生昆虫多具有严格的选择性。

一般说来，寄生者营寄生生活之初，其有害作用最强，当寄生者长期与它们对应的寄主伴生在一起后，其影响就缓和下来。例如，把家蝇和寄生蜂一起培养在有限的空间中，最初出现剧烈波动，将在剧烈波动中存活两年的个体在新的培养中再建种群时，结果出现了生态内稳态，每一种群都受压下降，并能在相当稳定的平衡中共存。

二、种间竞争

生物种群的竞争通常包括种间竞争和种内竞争。发生在两个或更多物种个体之间的竞争称为种间竞争，生物种群愈丰富，种间竞争越激烈；发生在同种个体之间的竞争称为种内竞争。

种间竞争不论其作用基础如何，竞争的结果可向两个方向发展：一个是一个物种完全排挤掉另一物种；另一个是不同物种占有不同的空间(地理上分隔)，捕食不同的食物(食性上的特化），或其他生态习性上的分离，即生态分离（ecological separation），也可能使两种间形成平衡而生存。

1. 高斯假说

Gause（1934）在著名的大草履虫（*Paramecium caudatum*）和双小核草履虫（*Paramecium aurelia*）竞争试验的基础上（见图 3-10），提出了高斯假说（Gause's hypothesis）或竞争排斥原理（competition exclusion principle），即亲缘关系接近的、具有相同习性或生活方式的物种不可能长期在同一地方生活，即完全的竞争者不能共存。

Park（1942，1954）用杂拟谷盗（*Tribolium confusum*）和赤拟谷盗（*Tribolium castaneum*）的混养试验与 G. D. Tilman 等（1981）用两种淡水硅藻和针杆藻（*Synedraulna*）所做的试验得到了同样的结果。

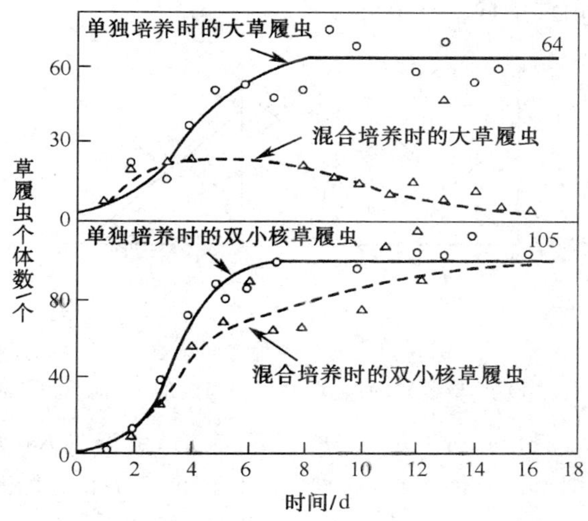

图 3-10　高斯的竞争实验（引自 C. J. Krebs，2001）
两种草履虫单独培养时，表现为典型的"S"型增长，但在混合培养时，大草履虫被排斥（虚线）

2. Lotka-Volterra 种间竞争模型

美国数学家 Lotka（1925）和意大利数学家 Volterra（1926）分别提出了描述种间竞争的模型。

假设有两个相互发生竞争的物种的增长均符合 Logistic 增长规律，即

物种 1：$\frac{dN_1}{dt}=r_1N_1\frac{K_1-N_1}{K_1}$

物种 2：$\frac{dN_2}{dt}=r_2N_2\frac{K_2-N_2}{K_2}$

式中，N_1、N_2 分别是两个物种的种群数量；K_1，K_2 分别是两个物种种群的环境容纳量；r_1，r_2 分别是两个物种种群的增长率。

如果将两个物种放在一起，它们就要发生竞争，从而影响种群的增长。假设在物种 1 的环境中，每存在一个物种 2 的个体，对物种 1 种群的效应值为 α，在物种 2 的环境中，每存在一个物种 1 的个体，对物种 2 种群的效应值为 β，则物种 1 和 2 在竞争中的种群增长模型为

种群 1 的竞争方程：$\frac{dN_1}{dt}=r_1N_1\frac{K_1-N_1-\alpha N_2}{K_1}$

种群 2 的竞争方程：$\frac{dN_2}{dt}=r_2N_2\frac{K_2-N_2-\beta N_1}{K_2}$

α，β 是种群 1 对种群 2 和种群 2 对种群 1 的竞争系数（competition coefficient）。

当　$dN/dt=0$

$dN_1/dt=dN_2/dt=0$

$K_1-N_1-\alpha N_2=0$

$K_2-N_2-\beta N_1=0$

即对 N_1 种群来说，当 $N_1=0$ 时，$N_2=K_1/\alpha$；当 $N_2=0$ 时，$N_1=K_1$。对 N_2 种群来说，当 $N_1=0$时，$N_2=K_2$；当 $N_2=0$ 时，$N_1=K_2/\beta$，由此将上述两个模型合并，即可得到图 3-11 中的四种结局。

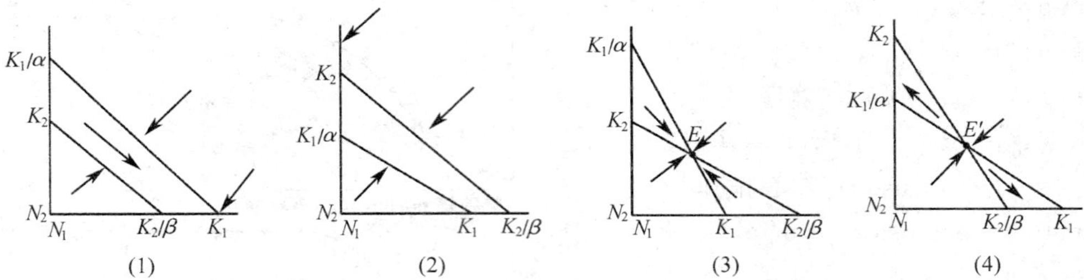

图 3-11 两个物种之间竞争可能产生的四种结局(引自 C. J. Krebs，2001)

(1)N_1 取胜；(2)N_2 取胜；(3)稳定的平衡(两种共存)；(4)不稳定的平衡(两种都有可能取胜)

(1)当 $K_1>K_2/\beta$，$K_2<K_1/\alpha$ 时，由于在 K_2，K_2/β 右边这个面积内，种群 2 已超过最大容纳量而不能增长，而种群 1 仍能继续增长。因此，种群 1 取胜，种群 2 被挤掉。

(2)当 $K_2>K_1/\alpha$，$K_1<K_2/\beta$ 时，在 K_2，K_1/α，K_1，K_2/β 这块面积内，种群 1 不能增长，而种群 2 能继续增长。因此，种群 2 取胜，种群 1 被挤掉。

(3)当 $K_1<K_2/\beta$ 和 $K_2<K_1/\alpha$ 时，两条对角线相交，其交点 E 即为平衡点。由于 $K_1<K_2/\beta$，在三角形 K_1EK_2/β 中，种群 1 不能增长，而种群 2 继续增长，箭头向平衡点收敛。同样，因为 $K_2<K_1/\alpha$，在三角形 $K_1/\alpha EK_2$ 中，种群 2 不能增长，而种群 1 增长，箭头也向平衡点收敛，从而形成稳定的平衡，两个物种共存。

(4)当 $K_1>K_2/\beta$，$K_2<K_1/\alpha$ 时，两条对角线相交，出现平衡点，但它是不稳定的。因为 $K_1>K_2/\beta$，在三角形 $K_1E'K_2/\beta$ 中，种群 2 不能增长，种群 1 能增长，箭头不收敛。同样因为 $K_2>K_1/\alpha$，在三角形 $K_2E'K_1/\alpha$ 中，种群 1 不能增长，种群 2 能增长，箭头也不能收敛。因此，平衡是不稳定的。

通过 Lotka-Volterra 种间竞争模型分析可以看出，在进化发展过程中，两个生态上接近的种类产生激烈竞争，竞争的结果可能是一个种完全排挤掉另一个种，或者在一定条件下两个物种形成平衡而共存。

三、捕食作用

捕食作用(predation)是指一种生物吃掉另一种生物的现象，前者称为捕食者(predator)，后者称为猎物(prey)。但是，广义的捕食是指高一营养级动物取食或伤害低一营养级的动物和植物的种间关系，包括四种类型：①食肉动物(carnivore)捕食其他动物并以后者为食物(即狭义的捕食关系)；②食草动物取食绿色植物；③昆虫拟寄生者(parasitiod)，如寄生蜂，它们与寄生者的区别是，拟寄生者总是杀死其宿主，而真寄生者不杀死其宿主；④同类相食(cannibolism)，即捕食者与被食者为同一物种。

被捕食者与猎物的种群动态可以用 Lotka-Volterra 捕食者-猎物模型来描述。

假设在没有捕食者的情况下，被捕食者是按指数式增长的；在没有被捕食者的情况下，捕食者是按指数式减少的，可用如下模型表示：

对于猎物(N)，如果没有捕食者(P)，它的种群将按指数式增长：

$$\frac{dN}{dt}=r_1N$$

对于捕食者(P)，如果没有猎物(N)，它的种群将按指数式减少：

$$\frac{dP}{dt}=-r_2P$$

式中，N，P 为猎物和捕食者的密度；r_1，r_2 分别为猎物和捕食者的增长率。

如果捕食者和猎物共存于一个有限的空间内，那么猎物的种群增长率就会随着捕食者的增加而降低。即有被捕食者种群方程：

$$\frac{dN}{dt}=(r_1-\varepsilon P)N$$

其中 ε 是猎物所受的被捕食压力系数。ε 越大，表示猎物所受的压力越大；$\varepsilon=0$，表示猎物完全不受捕食者的影响。

同样，捕食者种群的增长率也将受到猎物种群密度的影响，即有捕食者种群方程：

$$\frac{dP}{dt}=(-r_2+\theta N)P$$

其中 θ 是捕食者捕杀猎物的捕杀效率常数。θ 越大，捕食效率就越大，捕食者种群的增长也就越快。

在自然环境中，捕食者种群和被捕食者种群是受多种因素影响的，往往是多种捕食和多种被捕食者交叉着发生联系。就捕食者而言，如果它是多食性的，那它就可以选择不同的食物，这对于阻止被捕食者种群进一步下降具有重要作用。相反，就被捕食者而言，当它的密度上升较快时，可能引来更多的捕食者，从而阻止其数量继续上升。

第五节　生态位

一、生态位的概念

生态位(niche)是一个既抽象而含义又十分广泛的生态学概念，主要是指自然生态系统中种群在时间、空间上的位置及其与相关种群之间的关系。生态位的概念最早由 Grinnell (1917)提出，他把生态位看成是生物对栖息地再划分的空间单位，即生物场所的空间单位，指的是空间生态位(space niche)。后来 Elton(1927)提出生态位是物种在其生活环境中的地位以及与食物和天敌的关系，指的是营养生态位(tropical niche)。

英国生态学家 Hutchinson(1957)发展了生态位概念，提出"n 维生态位(n-dimensional niche)"。他把生物群落中，能够为某一物种所栖息的理论上的最大空间称为基础生态位(fundamental niche)。但是实际上很少有一个物种能占据基础生态位。当有竞争者时，必然使该物种只占据基础生态位的一部分，这一部分实际占有的生态位，称为实际生态位(realized niche)。

为了进一步说明 Hutchinson 的生态位概念，假定对一个单一的环境因素温度，一个物种只有一个明确的适合度，即这个种只有在一定的温度范围内才能生存和繁殖，这个温度范围就是这个种在一维上的生态位(见图 3-12(A))。如果同时考虑这个种在湿度上适合的范围，生态位就成了两维的，并可用面积表示（见图 3-12(B)）。假如加上第三个环境因子（如食物颗粒大小），那么生态位就成了三维的（见图 3-12(C)）。显然，实际上有许多因子影响到物种的适合度。因此，生态位的维数将大大超过 3 个，形成 n 维适合度明确的超体积(hypervolume)。这就是 Hutchinson 的生态位概念。

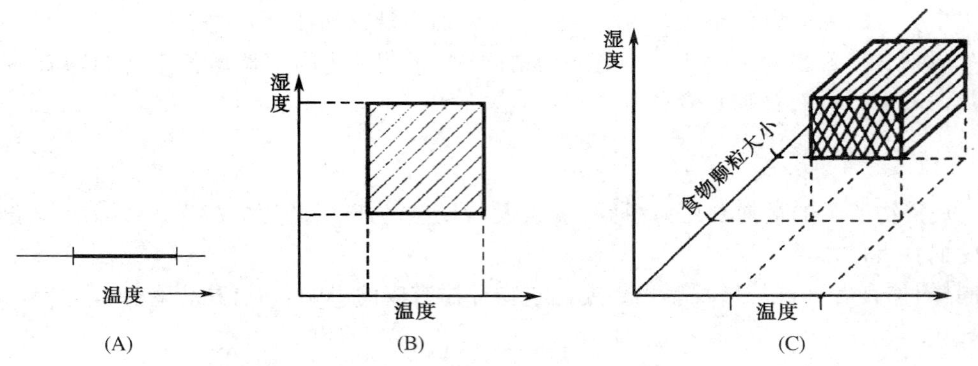

图 3-12 Hutchinson 的生态位模式图（引自李博，2000）

美国学者 R. H. Whittaker(1970)认为，生态位是每个种在一定生境的群落中都有不同于其他种的自己的时间、空间位置，也包括在生物群落中的功能地位。他还指出，生态位的概念与生境和分布区的概念是不同的。分布区是指种分布的地理范围，生境是指生物生存的周围环境，生态位则说明在一个生物群落中某个种群的功能地位。E. P. Odum(1971)认为物种的生态位不仅决定于它们在哪里生活，而且也决定于它们如何生活以及如何受到其他生物的约束。生态位概念不仅包括生物占有的物理空间，还包括它在群落中的功能作用以及它们在温度、湿度、土壤和其他生存条件的环境变化梯度中的位置。

二、生态位的理论

1. 生态位宽度

生态位宽度或广度(niche breadth)指物种对资源开发利用的程度。在现有的资源谱(resource spectrum)中，仅能利用其中一小部分的生物称为狭生态位种；能利用较大部分的，则称为广生态位种。

测定生态位宽度的方法有多种。首先要把资源分为若干等级，然后调查记录物种利用各个资源等级的数值。在此基础上应用以下公式计算生态位宽度。

(1)基于 Shannon-Wienner 多样性指数的生态位宽度

$$B_i = \frac{\lg\sum N_{ij} - (1/\sum N_{ij})(\sum N_{ij}\lg N_i)}{\lg r}$$

其中 B_i 为 i 物种的生态位宽度；N_{ij} 为物种 i 利用 j 资源等级的数值；r 为生态位资源等级数。

如果一个物种利用资源序列的全部等级，并且在每个等级上利用的资源相等（即 $N_i=N_2$），则该物种的生态位宽度最大，$B_{max}=1$；如果该物种仅利用资源序列中的一个等级，则该物种的生态位宽度最小，$B_{min}=0$。

(2)Levins(1968)生态位宽度指数

$$B_i=\frac{(\sum_i N_{ij})^2}{\sum_i N_{ij}^2} \quad 或 \quad B_i=\frac{1}{\lg\sum P_i^2}$$

其中 B_i，N_{ij}，r 的意义同上式。P_i 为物种利用第 i 等级资源占利用总资源等级的比例。B_i 的变动范围为 $1\leqslant B_i\leqslant r$ 或 $1/r\leqslant B_i\leqslant 1$。$1/r$ 表示仅利用资源序列的一个等级，1 表示等比例地利用全部等级。

2. 生态位重叠

当两个生物利用同一资源或共同占有其他环境变量时，就会出现生态位重叠现象(niche overlap)。在这种情况下，就会有一部分空间为两个生态位 n 维超体积所共占。如果两个生物具有完全一样的生态位，就会发生百分之百的重叠，但通常生态位之间只发生部分重叠，即一部分资源是被共同利用的，其他部分则分别被各自所独占。

如果以食物为例，可以用资源利用曲线(resource utilization curve)来说明两个物种之间的生态位关系(见图 3-13)。图 3-13(A)表明两个物种的资源利用曲线完全分隔，有某些食物未被利用，在种内竞争的作用下，两个物种必然扩大其生态位，往图 3-13(B)所示的情况发展，即生态位部分重叠；在图 3-13(C)所示的情况下，两个物种的生态位大部分重叠，相互之间几乎利用相同的资源，因此种间竞争激烈，竞争的结果，或者是生态位缩小，往图 3-13(B)的情况发展，即生态位分离以减少种间竞争，或者是其中一种被竞争排斥而消灭。

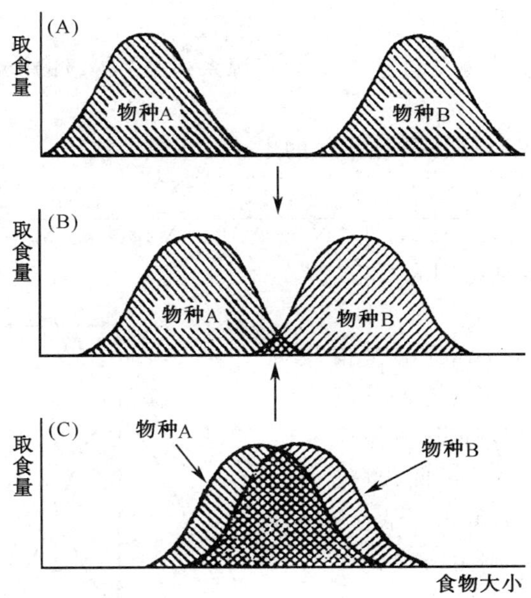

图 3-13　两个物种对资源利用的假想曲线(引自 C. J. Krebs, 2001)

那么，在共存的竞争种之间，生态位的重叠极限有多大？或者说，种间竞争中竞争种共存的极限相似性(limiting similarity)是多大？或相互竞争的物种究竟要多相似才能稳定地共同生活在一起？这里介绍几种生态位重叠的测度方法。

(1)基于 Levins 生态位宽度的生态位重叠指数

$$L_{ih} = B_i \sum_{j=1}^{S} P_{ij} P_{hj} = B_i \sum_{j=1}^{S} \frac{N_{ij}}{N_i} - \frac{N_{hj}}{N_h}$$

$$L_{hi} = B_h \sum_{j=1}^{S} P_{ij} P_{hj} = B_h \sum_{j=1}^{S} \frac{N_{ij}}{N_i} - \frac{N_{hj}}{N_h}$$

式中：L_{ih} 为 i 物种重叠 h 物种生态位重叠指数；

L_{hi} 为 h 物种重叠 i 物种生态位重叠指数；

B_i 为以 Levins 公式计算的 i 种生态位宽度；

B_h 为以 Levins 公式计算的 h 种生态位宽度。

当两物种在任一资源等级上都不重叠时，L_{ih} 和 L_{hi} 都为 0。当两物种利用资源等级完全重叠时，i 种对 h 种的生态位重叠正好等于 i 种的生态位宽度($L_{ih}=B_i$)；h 种对 i 种的生态位重叠正好等于 h 种的生态位宽度($L_{hi}=B_h$)。由式中可以看到，当 $B_i>B_h$ 时，虽然两物种生态位重叠部分的绝对值一样大，但 i 种对 h 种的重叠大于 h 种对 i 种的重叠。

(2)Hutchinson(1978)的生态位重叠指数

Hutchinson 的生态位重叠指数考虑了在资源序列中资源不等价的情况，这对于某些性质的资源是十分重要的。例如以某种猎物为资源按其大小分为 0～10 mm，11～20 mm 等四个等级。考虑到各个等级数量不相等，如果把各等级数量占可利用猎物总数量的比例考虑进去，是非常有意义的。

$$C_{ih} = C_{hi} = \sum_{j=1}^{S} \frac{P_{ij} P_{hj}}{P_j}$$

其中 C_{ih}，C_{hi}，j，S，P_{ij}，P_{hj} 的意义同上。P_j 为资源系列第 j 等级的资源占所有可利用资源的比例。

(3)基于 Shannon-Wiener 多样性指数的生态位重叠公式

$$C_{ih} = \frac{\sum[(N_{ij}+N_{hj})\lg(N_{ij}+N_{hj})] - \sum N_{ij}\lg N_{ij} - \sum N_{hi}\lg N_{hi}}{(N_i+N_h)\lg(N_i+N_h) - N_i\lg N_i - N_h\lg N_h}$$

其中符号意义同上，C_{ih} 变动范围为 $0 \leqslant C_{ih} \leqslant 1$。

3. 生态位分离

生态位分离(niche separation)是指两个物种在资源序列上利用资源的分离程度。假设两个物种在各自连续资源序列上的资源利用曲线为一钟形曲线(见图 3-14)。它们的平均分离度以 d 表示，各自的变异度以 w 表示，则生态位分离的程度为 $Np=d/w$，当生态位充分分离时，d/w 大；当生态位高度重叠时，d/w 小。

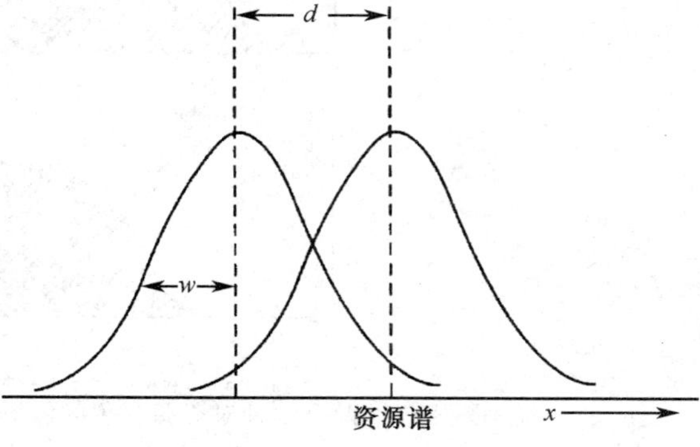

图 3-14 两个物种对资源利用的假想曲线
(引自 C. J. Krebs，1978)

在自然界，具有不同分布区的种，其生态位是彼此分离的，彼此之间无竞争。分布在同一地区的种，往往是通过占据不同的群落生境来避免竞争。除此之外，物种还有多种生态位分化的方式,如食性的分化、生理的分化、体型的分化等,以降低竞争程度,从而形成平衡而共存。

根据高斯排斥竞争原理和生态位概念,可以得到:①在同一生境中,不存在两个生态位完全相同的物种;②在一个稳定的群落中,没有任何两个物种是直接竞争者,不同或相似物种必然进行某种空间、时间、营养或年龄等生态位的分异和分离,以达到有序的平衡;③群落是一个相互起作用的、生态位分化的种群系统。群落中的种群有其一定的生态位,它们在对群落的空间、时间、资源的利用方面,以及相互作用的可能类型,都趋向于相互补充而不是直接竞争。因此,由多个种群组成的群落比单一种群的群落能更有效地利用环境资源,维持较高的生产力,具有更大的稳定性。

生态位的研究与种间竞争、物种多样性、群落的结构与功能等生态学理论问题密切相关。生态位的理论在生产实践上也有重要意义。例如,在引种方面为了移植成功,要求引入适合当地"空生态位"的种类。农业生产中应该从分布、形态、行为、年龄、营养、时间、空间等多方面对农业生物的物种组成进行合理的组配,以期获得高的生态位效能,提高整个农业生态系统的生产力。通过利用不同作物种间在形态、生态习性、生理特征以及时间上的差异性,进行间套复种,组建合理的作物复合群体。在养殖生产方面,要充分利用水体立体空间和食物资源,合理配置养殖品种。

思考题

1. 概念与术语。

种群　种群密度　阿利氏规律　集群现象　年龄分布　性比　生态出生率　生态死亡率　生命表　动态生命表　静态生命表　存活曲线　种群的内禀增长率　周限增长率　种群指数增长　种群逻辑斯谛增长　环境容纳量　种群动态　种群调节　最大持续产量　密度制约因子　非密度制约因子　生物入侵　最小生存种群　生态对策　高斯假说　生态灭绝　近交衰退　遗传漂变　灭绝旋涡　捕食作用　种间竞争　共生现象　互利共生　寄生　原始合作　生态位　超体积生态位　实际生态位　生态位重叠　生态位分化

2. 种群具有哪些与个体特征不同的群体特征?

3. 什么是集群现象?有什么生态学意义?

4. 如何构建生命表?为什么说应用生命表可以分析种群动态及其影响因素?

5. 比较种群指数增长模型和逻辑斯谛增长模型,哪些生物种群适合于指数增长理论,哪些适合于逻辑斯谛增长理论?

6. 逻辑斯谛增长曲线有何理论及实际意义?

7. 写出两个种群竞争作用和捕食作用的模型,并说明其中的 $\alpha,\beta,\varepsilon,\theta$ 参数的生物学意义。

8. 生物入侵有什么危害?如何防止?

9. r,K 对策者产生的机制和特征是什么?r,K 选择理论在生产实际中有什么指导意义?

10. 种间竞争与生态位有何关系?

11. 请思考在生物引种和生态恢复中如何应用生态位理论?

第四章　生物群落

本章提要　重点阐明群落的基本概念和特征、群落的物种组成、群落的结构和演替等内容，包括：优势种、关键种和冗余种的概念与意义；群落中物种组成的数量特征；物种多样性指数、分布格局和影响多样性的因素；群落的空间结构和时间结构及其形成和影响因素；岛屿生物地理理论及其与自然保护的关系；群落演替的基本概念、群落演替的类型和不同演替系列的演替过程；应用群落生态学原理保护自然环境和生物多样性，维护生态平衡。

第一节　群落的概念和基本特征

一、群落的概念

地球上各种不同的自然条件下生活着不同的生物组合，所谓生物群落（biotic community 或 biocoenosis）就是指生存于特定区域或生境内的各种生物种群所组成的集合体。群落内的各种生物由于彼此间的相互影响、紧密联系和对环境的共同反应，而使群落构成一个具有内在联系和共同规律的有机整体。由生物群落和它们的环境所构成的整体就是生态系统，或者说一个生态系统中有生命的那部分就是生物群落。

群落生态学（community ecology）研究群落的组成和结构、群落的性质与功能、群落的发展与演变等内容。群落生态学对保护自然环境、维护生态平衡和保护生物多样性等有重要指导意义。

二、群落的基本特征

群落具有组成群落的各个种群所不具有的特征，这些特征是只有在群落水平上才具有的。群落的基本特征主要表现在以下几方面。

1. 具有一定的物种组成

每个群落都是由一定的植物、动物、微生物种群组成的。因此，物种组成是区别不同群落的首要特征。一个群落中物种的多少及每一物种的个体数量，是度量群落多样性的基础。

2. 具有一定的外貌和结构

生物群落是生态系统的一个结构单元，它本身除具有一定的物种组成外，还具有其外貌和一系列结构特点，包括形态结构、生态结构与营养结构。例如，生活型组成、种的分布格局、成层性、季相、捕食者和被捕食者的关系等。但其结构常常是松散的，不像一个有机体结构那样清晰，有人称之为松散结构。

3. 具有形成群落环境的功能

生物群落对其居住环境产生重大影响，并形成群落环境。如森林中的环境与周围裸地就有很大的不同，包括光照、温度、湿度与土壤等都经过了生物群落的改造。即使生物非常稀疏的荒漠群落，其土壤等环境条件也被明显改变。

4. 不同物种之间的相互影响

群落中的物种有规律地共处，即在有序状态下共存。虽然，生物群落是生物种群的集合体，但不是说一些种的任意组合便是一个群落。一个群落必须是经过生物对环境的适应和生物种群之间的相互适应、相互竞争形成的具有一定外貌、种类组成和结构的集合体。

5. 一定的动态特征

生物群落是生态系统中具有生命的部分，生命的特征是不停地运动，群落也是如此。其运动形式包括季节动态、年际动态、演替与演化。

6. 一定的分布范围

任一群落分布在特定地段或特定生境中，不同群落的生境和分布范围不同。无论从全球范围看还是从区域角度讲，不同生物群落都是按一定的规律分布的。

7. 群落的边界特征

在自然条件下，有些群落具有明显的边界，可以清楚地加以区分；有的则不具有明显边界，而处于连续变化中。前者见于环境梯度变化较陡，或者环境梯度突然中断的情形；后者见于环境梯度连续缓慢变化的情形。大范围的变化如草甸草原和典型草原的过渡带，典型草原和荒漠草原的过渡带等；小范围的如沿一缓坡而渐次出现的群落替代等。但在多数情况下，不同群落之间都存在过渡带，这一过渡带被称为群落交错区，它有明显的边缘效应。

第二节　群落的物种组成

一、物种组成的性质分析

群落的物种组成是决定群落性质最重要的因素，也是鉴别不同群落类型的基本特征。群落学研究一般都从分析物种组成开始，以了解群落是由哪些物种构成的，它们在群落中的地位与作用如何。不同的群落有着不同的物种组成，以我国亚热带常绿阔叶林为例，群落乔木层的优势种类总是由壳斗科、樟科和山茶科植物构成，在下层则由杜鹃花科、山茶科、冬青科等植物构成。又比如，分布在高山的植物群落，主要由虎耳草科、石竹科、龙胆科、十字花科、景天科的某些属中的种类构成，村庄、农舍周围的群落多半由藜科、苋科、菊科、荨麻科等组成。

构成群落的各个物种对群落的贡献是有差别的，通常根据各个物种在群落中的作用来划分群落成员型。

1. 优势种、常见种和稀有种

在一个群落中常常只有比较少数的几个种或类群以它们的数量多、生产力高、影响大来发挥其主要控制影响作用。这种在群落中地位、作用比较突出，具有主要控制权或统治权的种类或类群称为生态优势种(dominant species)。如果将群落中的优势种去除，群落将失去原来的特征，同时将导致群落性质和环境的变化。因此，优势种对维持群落和生态系统的稳定有重要作用。

群落的不同层次可以有各自的优势种，如在森林群落中，乔木层、灌木层、草本层和地被层分别存在各自的优势种，其中优势层的优势种起着构建群落的作用，常称为建群种(constructive species)。而把个体数量与作用都次于优势种，但在决定群落性质和控制群落环境方面起着一定作用的植物种称为亚优势种(subdominant species)。

由于生态优势种对群落具有控制性影响，因此，要注意保护那些建群物种和优势物种，它们对生态系统的稳定起着举足轻重的作用。

常见种(common species)是在生态调查中出现频率较高，但其数量不占优势的物种。

稀有种或偶见种(rare species)是那些在群落中出现频率很低的物种，多半数量稀少。偶见种也偶然地由人类带入或随着某种条件的改变而侵入群落中。

2. 关键种

关键种的概念最初由华盛顿大学的动物学家 R. T. Paine(1969)提出。各物种在群落中的地位是不同的，一些珍稀、特有、庞大的对其他物种具有不成比例(disproportionately)影响的物种，在保护生物多样性和生态系统稳定性方面起着重要作用，如果它们消失或消弱，整个生态系统就可能要发生根本性的变化，这样的物种称为关键种(keystone species)。Paine 指出，关键种的丢失和消除可以导致一些物种的丧失，或者一些物种被另一些物种所替代。群落的改变既可能是由于关键种对其他物种的直接作用(如被捕食)，也可能是间接作用。关键种数量可能稀少，也可能很多，对动物而言，可能具有专一功能，也可能具有多种功能。根据关键种的不同作用方式，可有以下一些关键种的类型：①关键捕食者(keystone predator)；②关键被捕食者(keystone prey)；③关键植食动物(keystone herbivore)；④关键竞争者(keystone competor)；⑤关键互惠共生者(keystone matualist)；⑥关键病原体/寄生物(keystone pathogen/parasite)；⑦关键改造者(keystone modifier)。东非的非洲象(见图4-1)就是一个关键种的例子。

图 4-1　非洲象是东非 Serengeti 区开阔林地的关键种(引自 C. J. Krebs, 2001)

非洲象是一种广食性的植食动物，以各种植物的嫩芽嫩叶为食。非洲象的取食活动使灌木和小树难以生长起来，成熟的大树也常因非洲象啃食树皮而发生死亡，因此非洲象的存在有利于把林地转变为草原。侵入林地的草本植物越多，火灾也就越频繁地发生，这就更加速了林地向草原的转化过程。这种转化显然有利于其他各类食草有蹄动物的生存。

关键种理论提出30多年来,在生态学文献中被广泛引用。这一理论的主要贡献有:首先是概念上的作用,即只有极少数物种具有能影响群落结构的强烈作用,它对群落结构的影响同其他物种相比是十分显著的;二是对食物网理论有重要意义,在群落食物网中,物种相互作用的强度不同,关键种的研究已证实了它是许多系统中存在着强烈相互作用的物种;三是关键种的作用方式上,关键种不仅仅通过消费者的作用,而且还通过诸如竞争、互惠共生、播种、传粉、病原体和改造者等的种间相互作用和过程发挥作用;四是关键种在实践中受到重视,将关键种作为加强多样性保护的特定对象和优先保护种。有人提出将关键种的管理作为整个系统中群落管理的中心,要围绕关键种形成生物保护的多种策略。从系统恢复角度看,关键种对于重建并维持生态系统的结构和稳定是必不可少的。另外,关键种也是对人类的干扰与环境变化比较敏感的物种。

群落的关键种不同于优势种。优势种的主要识别特征是它们个体数量多,体积大或生物量高,生活能力强。而关键种的显著特点是:①它的存在对于维持群落的组成和多样性具有决定性作用;②同群落中的其他物种相比,关键种无疑是很重要的,但又是相对的。许多实验表明,一些数量很少,通常被认为是关键种的种类强烈地影响着群落和生态系统。换句话说,关键种是一个对它所在的群落或生态系统产生巨大影响的物种,而这种影响相对于多度而言是非常不成比例的(见图4-2)。

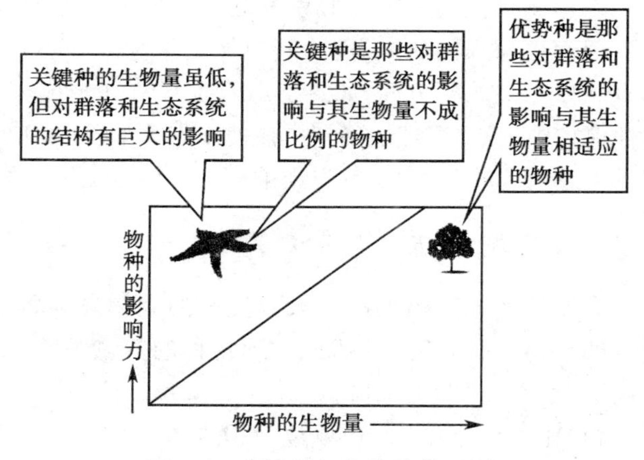

图4-2 关键种与优势种的区别
(仿C. J. Krebs, 2001)

3. 冗余种

冗余种(redundancy species)的概念近年来已被广泛地应用在群落、生态系统和保护生物学中。冗余意味着相对于需求有过多的剩余。在一些群落中,有些种是冗余的(redundant),这些种的去除不会引起群落内其他物种的丢失,同时对整个群落和生态系统的结构和功能不会造成太大的影响。Gitary等(1996)认为,在生态系统中,有许多物种成群地结合在一起,扮演着相同的角色,这些物种中必然有几个是冗余种。

冗余仅应用于具体的群落和生态系统中。因为一个物种在这个群落中可以有较高的冗余,但在另一些群落中则没有如此高的冗余。冗余种可有以下标准:①保持原有物种成分,即该物种被去除后,其余物种都能存留,且也没有一个新种进入;②保持生态过程的稳定,即该物种被去除后,生态系统功能保持不变或接近正常状态;③较高的抵抗力,即移去这个物种,对群落中留下物种的多度没有影响;④盖度的保持。

由于生物多样性保护的重要性,系统内物种在该系统中所起的作用受到重视。Walker(1992)首次提出物种冗余假说(species redundancy hypothesis),认为物种在生态系统中的作用显著不同,某些物种在生态功能上有相当程度的重叠,因此其中某一物种的丢失并不会对生态功能发生大的影响。根据该假说,如果将生态系统比喻为一架飞机,驾驶员就是生态系统中的优势种或关键种,而乘客是冗余度很高的其他物种。那些高冗余的物种,对于保护生物学工作来说,则有较低的优先权。但这并不意味着冗余种是不必要的,冗余是对生态系统功能丧失的一种保险和缓冲。Walker(1995)进一步强调指出,促进一个生态系统的灵活性,增加冗余种是很重要的。它不但抵御不良环境,而且还提供了未来进一步发展的机会。所以它是物种进化和生态系统继续进化的基础。在一个生态系统中,从短时间看,冗余种似乎是多余的,但经过在变化的环境中长期发展,那些次要种和冗余种就可能在新的环境中变为优势种或关键种,从而改变和充实原来的整个生态系统。

与此对应的,Ehrlich(1981)提出的铆钉假说(rivet-popper hypothesis)则认为生态系统中每个物种都具有同样重要的功能。他们将生态系统中的每个物种比喻为一架飞机上的每颗铆钉,任何一个铆钉或一种物种的丢失,都会导致严重事故或系统的变化。

物种铆钉假说和冗余假说看起来是两种相互对立的假说,但要证实这两种假说需要进行更全面更深入的研究,因为其对保护生物学、生态毒理学、生态风险评估和基础生态学都具有重要意义。一方面,如果生态系统具有冗余成分,那么在自然资源的开发利用和生物多样性保护中,必须合理地确定应该使生态系统简化到何种程度而不会损害其正常功能;相反,如果生态系统缺乏冗余,就应当采取各种措施保护生物资源,控制所有危害生态系统的因素。

二、物种组成的数量特征

有了所研究群落的一份较为完整的生物种类名录,只能说明群落中有哪些物种,想进一步说明群落特征,还必须研究不同物种的数量关系。

1. 种的个体数量指标

(1)密度(density),指单位面积或单位空间内物种的个体数。样地内某一物种的个体数占全部物种个体数之和的百分比叫做相对密度(relative density)或相对多度(relative abundance)。

(2)多度(abundance),是对物种个体数目多少的一种估测指标,多用于群落内草本植物的调查。表 4-1 是几种常用的多度表示方法和等级。

表 4-1 几种常用的多度等级

Drude		Clements			Braun-Blanguet	
Soc.(Sociales)	极多	Dominant	优势	D	5	非常多
Cop. 3(Corpiosae)	很多	Abundant	丰盛	A	4	多
Cop. 2(Corpiosae)	多				3	较多
Cop. 1(Corpiosae)	尚多	Frequent	常见	F	2	较少
Sp.(Sparsae)	少	Occasional	偶见	O		
Sol.(Solitariae)	稀少	Rare	稀少	R	1	少
Un.(Unicum)	个别	Very rare	很少	Vr	+	很少

(3)盖度(cover degree 或 coverage),指植物地上部分的垂直投影面积占样地面积的百分比,即投影盖度。后来又出现了“基盖度”的概念,即植物基部的覆盖面积。对于草原群落,通常以离地面 2.54 cm 高度的断面计算;对于森林群落,则以树木胸高 1.3 m 处的断面积计算。

(4)频度(frequency),即某个物种在调查范围内出现的频率,用包含该种个体的样方数

占全部样方数的百分比来表示，即

$$频度=\frac{某一种出现的样方数目}{全部样方数目}\times 100\%$$

(5)高度(height)和长度(length)，常作为测量植物体长的一个指标。可取自然高度或绝对高度，藤本植物则测其长度。

(6)重量(weight)，用来衡量种群生物量(biomass)或现存量(standing crop)多少的指标，可分干重与鲜重。在生态系统的能量流动与物质循环研究中，这一指标特别重要。

(7)体积(volume)，生物所占空间大小的度量。在森林植被研究中，这一指标特别重要。在森林经营中，通过体积的计算可以获得木材生产量(称为材积)。单株乔木的材积是胸高断面积 S、树高 h 和形数 f 三者的乘积，即 $V=Shf$。形数是树干体积与同底等高的圆柱体体积之比。因此在用胸高断面积乘树高而获得圆柱体积之后，按不同树种乘以该树种的形数(可以从森林调查表中查到)，就可获得一株乔木的体积。草本植物或灌木体积的测定，可用排水法进行。

2. 种的综合数量指标

(1)优势度(dominance)，用以表示一个种在群落中的地位和作用，但尚无统一的具体定义和计算方法。J. Braun-Blanquet 以盖度、所占空间大小或重量来表示优势度，并指出在不同的群落中应采用不同指标。

(2)重要值(importance value)，也是用来表示某个种在群落中的地位和作用的综合数量指标。在森林群落研究中，根据密度、频度和基部盖度来确定森林群落中每一树种的相对重要性，即重要值。计算公式如下：

$$重要值=相对密度+相对频度+相对优势度(相对基盖度)$$

上式用于草原群落时，相对优势度可用相对盖度代替：

$$重要值=相对密度+相对频度+相对盖度$$

(3)综合优势比(summed dominance ratio，SDR)，是由日本学者召田真等(1957)提出的一种综合数量指标，包括两因素、三因素、四因素和五因素等四类。常用的为两因素的综合优势比(SDR_2)，即在密度比、盖度比、频度比、高度比和重量比这五项指标中取任意两项求其平均值再乘以 100%，如 $SDR_2=[(密度比+盖度比)/2]\times 100\%$。

三、物种多样性

1. 物种多样性的定义

生物多样性(biological diversity 或 biodiversity)有着丰富的内容，是个重要的概念(将在第十四章介绍)。生物多样性包括遗传多样性、物种多样性、生态系统多样性和景观多样性四个水平。

物种多样性(species diversity)通常可从两方面进行衡量：①种的数目(number)或丰富度(species richness)，即一个群落或生境中物种数目的多寡；②种的均匀度(species evenness 或 equitability)，即一个群落或生境中全部物种个体数目的分配状况，它反映的是各物种个体数目分配的均匀程度，即群落的异质性(heterogeneity)。例如，A，B 两个群落各有 100 个个体，A 群落有两个种，每个种各有 50 个个体，B 群落也有两个种，一个种有 90 个个体，另一个种有 10 个个体，则 A 群落的均匀度就比 B 群落高得多。因此，物种多样性的高低，取决于物种数和分布特征两个独立的变量。物种多样性的测度方法很多，常用的是一些多样性指数。

2. 物种多样性指数

(1)丰富度指数(richness indices)。生态学上用过的丰富度指数很多，如 Gleason (1922)指数：

$$d_{Gl}=\frac{S-1}{\ln A}$$

式中，A 为单位面积；S 为群落中物种数目。物种丰富度是最简单、最古老的物种多样性测定方法，它表明一定面积的生境内生物种类的数目。

Margalef 指数：

$$d_{M}=\frac{S-1}{\ln N}$$

式中，S 为群落中物种数目；N 为样方中观察到的个体总数(随样大小而增减)。

(2)辛普森多样性指数(index of Simpson's diversity)。辛普森提出这样一个问题：在无限大小的群落中，随机地取得两个标本，它们属于同一种的概率是多少？如果从寒带森林随机地选取两株树，它们属于同一种的概率就很高。相反，如在热带雨林随机取样，两株树属同一种的概率很低。他从这个想法出发得出多样性指数，即辛普森指数。所以

辛普森多样性指数＝随机取样的两个个体属于不同种的概率

＝1－随机取样的两个个体属于同种的概率

设种 i 的个体数 n_i 占群落中总个体数 N 的比例为 P_i，那么，随机取种 i，两个个体的联合概率应为$(P_i)(P_i)$，或$(P_i)^2$。如果将群落中全部种的概率总和起来，就得到辛普森指数(D)，即

$$D=1-\sum_{i=1}^{S}(P_i)^2$$

辛普森多样性指数的最低值是0，最高值是$(1-1/S)$。前一种情况出现在全部个体均属于一个种的时候，后一种情况出现在每个个体分别属于不同种的时候。

假设有 A,B,C 三个群落，各由两个种组成，A 群落中两个种的个体数分别为 100 和 0，B 群落中两个种的个体数均为 50，C 群落中两个种的个体数分别为 99 和 1，按辛普森多样性指数计算，则 A,B,C 三个群落的多样性指数分别为 0,0.5,0.02。造成这三个群落多样性差异的主要原因是种的不均匀性，从丰富度来看，三个群落是一样的，但均匀度不同。

(3)香农-威纳指数(Shannon-Wienner index)。香农-威纳应用信息论原理，提出一个多样性指数公式：

$$H'=-\sum_{i=1}^{S}P_i\ln P_i$$

式中，H'为信息量(information content)，即物种的多样性指数；S 为物种数目；P_i 为属于种 i 的个体 n_i 在全部个体 N 中的比例。信息量 H'越大，未确定性也越大，因而多样性也就越高。

在香农-威纳多样性指数中包含了两个因素：物种的数目，即丰富度；物种中个体分配上的平均性(equitability)或均匀性(evenness)。物种的数目多，可增加多样性；同样，物种之间个体分配的均匀性增加也会使多样性提高。

(4)Pielou 均匀度指数(Pielou evenness index)。Plelou(1969)把均匀度 J 定义为群落的实测多样性 H' 与最大多样性 H'_{max}(即在给定物种数 S 下的完全均匀群落的多样性)之比,以 Shanon-Wiener 指数 H' 为基础的群落的均匀度:

$$J=\frac{H'}{\log_2 S}$$

当 S 个物种每一种恰好只有一个个体时,$P_i=1/S$,信息量最大,即 $H'_{max}=\log_2 S$;当全部个体为一个物种时,则信息量最小,即多样性最小,$H'_{min}=0$,因此,$J=H'/H'_{max}=H'/\log_2 S$。

3. 物种多样性的分布格局

人们发现物种多样性有明显的梯度分布格局(gradient of species diversity),表现为:①物种多样性随纬度的变化。从热带到两极随纬度的增加,物种多样性有逐渐降低的趋势。张荣祖(1979)对我国的哺乳类动物作过统计,从热带、亚热带、温带、寒带,其种类数量明显地减少。蚂蚁的种类分布为巴西 222、特立尼达 101、古巴 101、美国犹他州 63、阿拉斯加 7、北极 3 种。李振基(2000)以 Shanon-Wiener 指数对比我国从东北到海南的阔叶林中木本植物的物种多样性也有类似规律。②物种多样性随海拔的变化。物种多样性随海拔增加而逐渐降低。③在海洋和淡水中,物种多样性有随着深度增加而降低的趋势。

4. 决定物种多样性的因素

为什么会存在这些物种多样性的梯度变化规律?这种规律是由什么因素决定的?生态学家提出许多理论进行了阐述。主要的有:

(1)进化时间学说

进化时间学说(evolutionary time theory)认为多样性的变化与群落进化时间有关。进化时间长,且环境条件稳定的热带群落,其群落的多样性高;而从地质上比较年轻的、且经常遭遇灾变性气候的温带和极地群落,其群落的物种多样性低。

(2)生态时间学说

生态时间学说(ecological time theory)认为物种把分布区扩大到尚未占有的地区,需要一定的时间。因此,温带地区是尚未饱和的群落,但从热带扩大到温带仍需漫长的时间,有的物种可能被障碍阻挡,其群落的物种多样性较低。

(3)空间异质性学说

空间异质性学说(spatial heterogeneity theory)认为面积越大,所包含的物理环境越复杂多样,空间异质性就越高,动植物区系就越丰富,群落的物种多样性也就越高。例如在澳大利亚或北美,植物层次多样性往往决定着鸟类物种的多样性。

(4)气候稳定学说

气候稳定学说(climatic stability theory)认为,气候越稳定,变化越小,动植物种类越丰富,群落的物种多样性越高。

(5)竞争学说

竞争学说(competition theory)认为,在物理条件严酷的地区(极地),自然选择主要受物理条件的控制;但在气候温和、稳定的地区,物种之间的竞争是物种进化和生态位分离的动力,群落的物种多样性较高。

(6)捕食学说

捕食学说(predation theory)认为,热带捕食动物较多,捕食者的捕食使猎物数量处于较低的水平，从而减少了猎物之间的相互竞争。竞争的减少允许有更多的猎物种出现，进而又支持了新的捕食动物，群落的物种多样性就较高。

(7)生产力学说

生产力学说(productivity theory)认为环境稳定性增加，需用于调节的能量就会减少，并将有更多的净生产力，又支持了更多的物种。有更多的种群，就有更大的遗传变异性，则物种的形成过程会更快，机会更多。即生产的食物越多，通过食物网的能流量越大，种的多样性就越高。

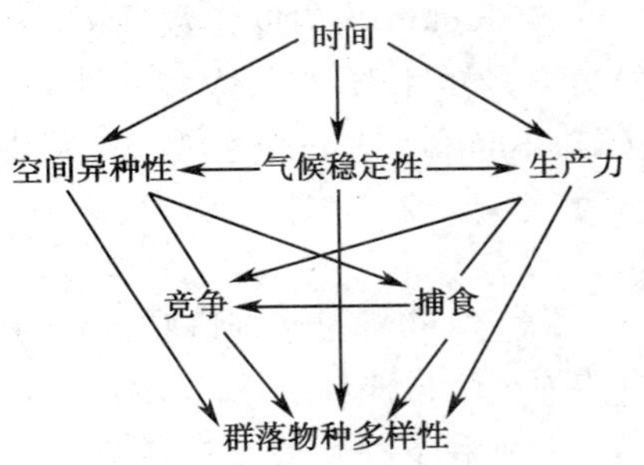

图 4-3 影响群落物种多样性因子的网络作用

上述时间、空间、气候、竞争、捕食、生产力对群落多样性的影响，不是孤立、分离的，这六种因素相互作用，在不同群落中产生不同的影响。如图 4-3 所示。

第三节 群落的结构

群落的结构指生物在环境中分布及其与周围环境之间相互作用形成的结构，又可称为群落的格局(pattern)。E. P. Odum 把群落格局分为：①分层格局(stratification pattern)，即群落的垂直分层现象；②带状格局(zonation pattern)，即群落的水平离散现象；③活动性格局(activity pattern)，即时间格局；④食物网格局(food-web pattern)，即群落中食物链的网络状组织；⑤生殖格局(reproductive pattern)，即群落中物种繁殖方式的组合；⑥社会格局(social pattern)，即群落中动物的社会性；⑦协同格局(coactive pattern)，即群落中物种间的竞争、共生、捕食与寄生；⑧随机格局(stochastic pattern)，即任意或不可知力量影响群落结构的结果。

群落的结构可从群落的物理结构和群落的生物结构两方面来理解。群落的物理结构包括群落的外貌和生长型、垂直分层结构和群落外貌的昼夜和季相三方面。生物结构包括群落的物种组成、种间关系、多样性和演替几方面。群落的生物结构部分取决于物理结构。本节主要介绍群落的物理结构。

一、群落的外貌和生长型

群落的形态和结构一般称为群落的外貌(physiognomy)。群落的外貌是认识植物群落的基础，也是区分不同植被类型的主要标志，如森林、草原和荒漠等，首先就是根据外貌区别开来的。而就森林而言，针叶林、夏绿阔叶林、常绿阔叶林和热带雨林等，也是根据外貌区别出来的。

群落的外貌决定于群落优势的生活型和层片结构。根据植物对外界环境适应的外部表现形式，可把高等植物划分为不同的生活型(life forms)，如高位芽植物(phanerophytes)、地上芽植物(chamaephytes)、地面芽植物(hemicryptophytes)、隐芽植物(cryptophytes)或地下芽植物(geophytes)、一年生植物(therophytes)。一般来说，在气候温暖多湿的热带雨林，以高位芽植物占优势；而寒冷地区到温带针叶林以地面芽植物占优势；冷湿环境下的群落以地下芽占优势;干旱地区以一年生植物最丰富。

动物也有不同的生活型,如兽类中有飞行的、滑翔的、游泳的、奔跑的、穴居的,它们各有各的形态、生理和行为特征,适应于各种生活方式。但动物生活型并不能决定陆地群落的外貌和物理结构。

二、群落的空间结构

1. 垂直结构

群落的垂直结构,主要指群落的垂直分层现象(vertical stratification)。大多数群落都具有清楚的层次性,群落的层次主要是由植物的生活型所决定的。不同的生活型自下而上分别配置在群落的不同高度上,形成群落的垂直结构。群落中植物的层次性又为不同类型的动物创造了栖息环境,在每一个层次上,都有一些动物特别适应于那里的生活。

陆地群落的分层,主要与光的利用有关。森林群落的林冠层吸收了大部分光辐射。随着光照强度渐减,依次发展为林冠层(canopy)、下木层(under-story tree)、灌木层(shrub)、草本层(herb)和地被层(grand)等层次。

群落的成层性包括地上成层与地下成层,层的分化主要决定于植物的生活型,因生活型决定了该种处于地面以上不同的高度和地面以下不同的深度;换句话说,陆生群落的成层结构是不同高度的植物或不同生活型的植物在空间上垂直排列的结果,水生群落则在水面以下不同深度分层排列。植物群落的地下成层性是由不同植物的根系在土壤中达到的深度不同而形成的。各个层次在群落中的地位和作用各不相同,各层中植物种类的生态习性也不相同。地下(根系)的成层现象和层次之间的关系和地上部分是相应的。最大的根系生物量在表层,土层越深,根系越少。根系成层可以充分利用土壤中的养分和水分。

水体群落的分层主要取决于光照、水温和溶氧等的分层。如水生动物一般可分为漂浮生物(neuston)、浮游生物(plankton)、游泳生物(nekton)、底栖生物(benthes)、附底生物(epifauna)和底内生物(infauna)等类型。

生物群落中动物的分层现象也很普遍。在群落的每个层次中,都栖息着一些可以作为各层特征的动物,它们以这一层次的植物为食料,或以这一层次作为栖息场所。图 4-4 是一个典型热带雨林中动物的空间-时间分布图。

有的学者认为群落的垂直分布格局,还应包括陆生群落不同海拔高度和水体群落不同水域深度上分布的物种和数量。

成层现象的生态学意义在于通过分层利用资源,减少对日光、水分、矿物质营养的竞争,从而扩大群落对资源的利用范围。因此,成层越复杂,对环境资源利用越充分。群落成层性是评价生态环境质量的一种指标。

2. 水平结构

群落内由于环境因素在不同地点上的不均匀性和生物本身特性的差异,而在水平方向上分化形成的不同的生物小型组合,称为群落的水平格局(horizontal pattern)。

陆地群落的水平格局主要取决于植物的内在分布型,有许多因素可导致群落中植被在水平方向上出现复杂的斑块状镶嵌(mossicism)(见图 4-5)。导致水平结构的复杂性主要有三方面的原因:①亲代的扩散分布习性;②)环境异质性;③种间相互作用的结果。

图 4-4 印度尼西亚 Sabah 热带雨林中动物的空间-时间结构(引自 A. Mackenzie 等,2001)

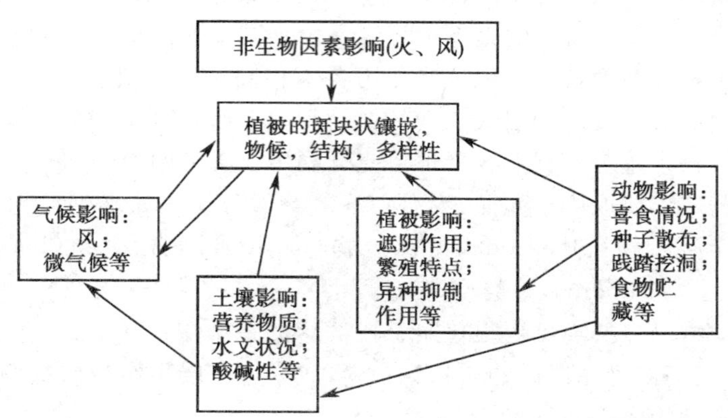

图 4-5 陆地群落中植被的水平格局(镶嵌结构)的主要决定因素

三、群落的时间结构

群落的时间结构是群落的动态特征之一。大多数环境因素(如光照、温度等)具有明显的时间节律,如昼夜节律、季节节律、年节律。群落结构表现出随时间明显变化的特征。这种由自然环境因素的时间节律所引起的群落各物种在时间结构上相应的周期变化称为群落的时间格局(temporal pattern)。

几乎所有的生物都有昼夜节律的变化。如动物有昼行性动物、夜行性动物;淡水藻类一天中为适应阳光的变化生存在不同的水层。

随着气候季节性交替,群落呈现不同的外貌,这就是季相。群落的季相变化是十分显著的。在温带草原群落中,一年中有四或五个季相。早春,气温回升,植物开始发芽、生长,草原出现春季返青季相。盛夏秋初,水、热充沛,植物繁茂生长,百花盛开,色彩丰富,出现华丽的夏季季相。秋末,植物开始干枯休眠,呈红黄相间的秋季季相。冬季季相则是一片枯黄。草原群落中动物的季节性变化也十分明显。例如,大多数典型的草原鸟类,在冬季都向南方迁徙;高鼻羚羊等有蹄类在这时也向南方迁徙,到雪被较少,食物比较充足的地区去越冬;旱獭、黄鼠、大跳鼠、仓鼠等典型的草原啮齿类动物冬季则进入冬眠。有些种类在炎热的夏季进入夏眠。此外,动物贮藏食物的现象也很普遍。例如,生活在蒙古草原上的达乌尔鼠兔,冬季在洞口附近积藏着成堆的干草。所有这一切,都是草原动物季节性活动的显著特征,也是它们对于环境的良好适应。

四、群落交错区和边缘效应

不同生物群落之间往往有过渡地带,这种过渡带称为群落交错区(ecotone),又称生态交错区或生态过渡带(见图 4-6)。例如,森林和草原之间有一森林草原地带;不同森林类型之间或不同草本群落之间也存在交错区。群落交错区的环境条件往往与其邻近群落内部核心区有明显差异。

由于群落交错区的环境条件比较复杂,能容纳不同生态类型的植物定居,从而为更多的动物提供食物、营巢和隐蔽条件。因而在群落交错区中既可有相隔群落的生物种类,又可有交错区特有的生物种类。这种在群落交错区中生物种类增加和某些种类密度增大的现象,称为边缘效应(edge effect)。如我国大兴安岭森林边缘,具有呈狭带分布的林缘草甸,每平方米的植物种数达 30 种以上,明显高于其内侧的森林群落与外侧的草原群落。美国伊利诺斯州森林内部的鸟仅登记有 14 种,但在林缘地带达 22 种。

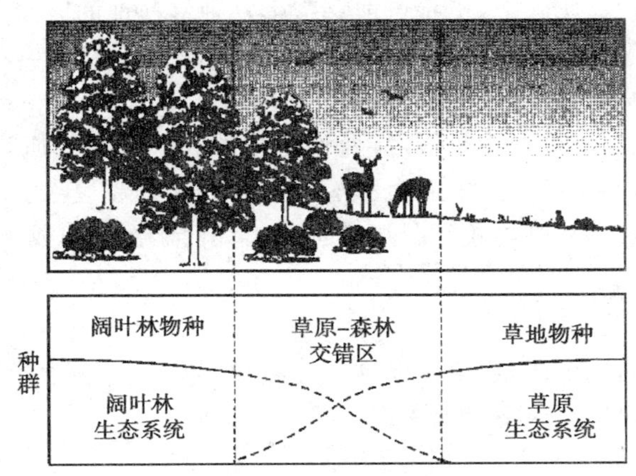

图 4-6　群落交错区示意图(引自 A. Mackenzie 等, 2001)

目前,人类活动正在大范围地改变着自然环境,形成许多交错带,如城市的发展、工矿的建设、土地的开发等,均使原有景观的界面发生变化。这些新的交错带可看作半渗透界面,它可以控制不同系统之间能量、物质与信息的流通。因此,有人提出要重点研究生态系统边界对生物多样性、能流、物质流及信息流的影响,生态交错带对全球气候变化、土地利用、污染物的反应及敏感性,以及在变化的环境中怎样对生态交错带加以管理。联合国环境问题科学委员会(SCOPE)甚至制订了一项专门研究生态交错带的研究计划。

五、影响群落结构的因素

1. 生物因素

群落结构总体上是对环境条件的生态适应，但在其形成过程中，生物因素起着重要作用，其中作用最大的是竞争与捕食。

(1)竞争。竞争引起种间生态位的分化，使群落中物种多样性增加。

(2)捕食。如果捕食者喜食的是群落中的优势种，则捕食可以提高多样性；如捕食者喜食的是竞争上占劣势的种类，则捕食会降低多样性。

2. 干扰

干扰(disturbance)是自然界的普遍现象。干扰不同于灾难(catastrophe)，不会产生巨大的破坏作用，但它反复地出现，使物种没有充足的时间进化。在陆地生物群落中，干扰往往会使群落形成缺口(gap)，缺口对于群落物种多样性的维持和持续发展，起着很重要的作用。不同程度的干扰，对群落的物种多样性的影响是不同的。Conell 等提出中度干扰假说(intermediate disturbance hypothesis)，认为群落在中等程度的干扰频率下能维持较高多样性。其理由是：在一次干扰后少数先锋种入侵断层，如果干扰频繁，则先锋种不能发展到演替中期，使多样性较低；如果干扰间隔时间很长，使演替能够发展到顶级期，则多样性也不很高；只有在中等程度的干扰下，才能使群落多样性维持在最高水平，它允许更多物种入侵和定居。

干扰理论对应用领域有重要作用。因为中度干扰能增加多样性，在生物多样性保护中就不要简单地排除干扰。实际上，干扰可能是产生物种多样性的因素之一。

3. 空间异质性

环境的不一致，导致了群落在空间上的异质性(spatial heterogeneity)。空间异质性的程度越高，意味着有更加多样的小生境，能允许更多的物种共存。研究证明：①环境的空间异质性愈高，群落多样性也愈高；②植物群落的层次和结构越复杂，群落多样性也就越高。MacArthur 等发现鸟类多样性与植被分层结构的相关性比物种组成更明显。

六、岛屿与群落结构

岛屿是相对独立的一个区域，与其周围环境相对隔离。生物学家常把岛屿作为研究进化论和生态学问题的天然实验室或微宇宙。

1. 岛屿的种数-面积关系

岛屿中的物种数目与岛的面积有密切关系。许多研究证实，岛面积越大，种数越多。这种关系可用种数-面积方程(species-area curve)描述：

$$S=cA^z$$

$$\lg S=\lg c+z\lg A$$

式中，S 为物种数；A 为面积；z，c 为常数。z 的理论值为 0.263，通常为 0.18～0.35。Galapagos 群岛上植物种数与岛面积的关系为：$S=28.6A^{0.32}$。West Indies 的两栖动物和爬行动物的种数与面积的关系为：$S=3.3A^{0.30}$。

岛屿面积越大种数越多，称为岛屿效应。通常认为这是由于面积越大，生境多样性越高，可以有更多的物种生活。

2. MacArthur 平衡说

岛屿上的物种数取决于物种迁入和灭亡之间的平衡。这是一种动态平衡，不断地有物种灭亡，也不断地有同种或别种的迁入而补偿灭亡的物种。

当岛上无留居种时，任何迁入个体都是新的，因而迁入率最高。随着留居种数加大，种的迁入率就下降。当种源库（即大陆上的种）所有的种在岛上都有时，迁入率为零。灭亡率则相反，留居种数越多，灭亡率越高。迁入率取决于岛与大陆距离的远近和岛的大小，近而大的岛，迁入率高；远而小的岛，迁入率低。同样，灭亡率也受岛的大小的影响。

迁入率曲线与灭亡率曲线交点上的种数，即为该岛上预测的物种数（见图 4-7）。平衡说包括下列 4 点：①岛屿上的物种数不随时间而变化；②这是一种动态平衡，即灭亡种不断地被新迁入的种所代替；③大岛比小岛能维持更多的种数；④随岛距大陆的距离由近到远，平衡点的种数逐渐降低。平衡可用图 4-7 说明。

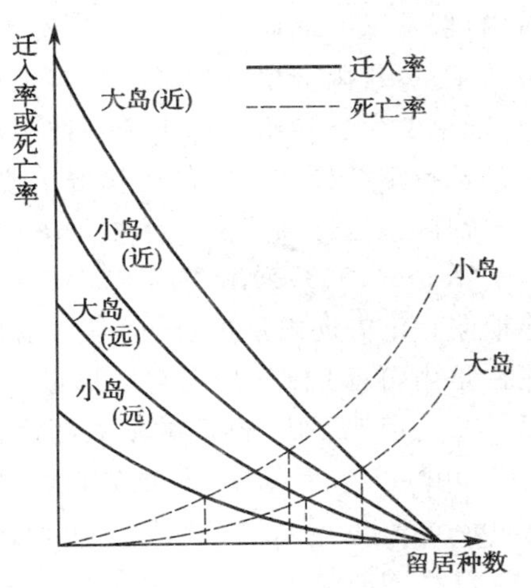

图 4-7 不同岛上物种的迁入率和死亡率（引自 C. J. Krebs，2001）（交点表示平衡时的种数）

MacArthur 平衡模型解释了岛屿面积和距离对迁入率和灭绝率的影响，说明了近岛上的迁入率高，小岛屿上的灭绝率高；岛屿越小平衡物种数越低，面积越大平衡物种数越高。Wilson（1988）等把四个红树林小岛上的所有昆虫、蜘蛛、螨和其他陆生动物杀死，留下红树林植被，观察试验岛陆生节肢动物物种数目的增长过程。发现开始时物种数上升很快，超过原有的物种数目，然后下降到岛屿上原有的种数，与预测的结果一致。这个试验是 MacArthur 平衡理论的有力证据。

3. 岛屿生态与自然保护

自然保护区从某种意义上讲是受其周围生境“海洋”所包围的岛屿。因此，岛屿生态理论对自然保护区的设计具有指导意义。

一般说来，保护区面积越大，越能支持或“供养”更多的物种；面积小，支持的种数也少。但有两点需要说明：首先，建立保护区意味着出现了边缘生境（如森林开发为农田后建立的森林保护区），适应于边缘生境的种类受到额外的支持；其次，对于某些种类而言，小保护区比大保护区可能生活得更好。在同样面积下，一个大保护区好还是若干小保护区好，这决定于下列情况：①若每一小保护区内都是相同的一些种，那么大保护区能支持更多的种；②从传播流行病而言，隔离的小保护区有更好的防止传播作用；③如果在一个相当异质的区域中建立保护区，多个小保护区能提高空间的异质性，有利于保护物种多样性；④对密度低、增长率慢的大型动物，为了保护其遗传性，较大的保护区是必需的。保护区过小，种群数量过低，可能由于近交使遗传特征退化，也易于因遗传漂变而丢失优良物种的特征。

在各个小保护区之间的“通道”或走廊，对于保护是很有帮助的，它能减少被灭亡的风险；细长的保护区，有利于迁入。

第四节 群落的演替

一、群落演替的概念

群落演替(community succession)又称生态演替(ecological succession),是指在一定区域内,群落随时间而变化,由一种类型转变为另一种类型的生态过程。如一块农田弃耕后,最初1～2年内会出现大量的一年生和两年生杂草,随后多年生植物开始侵入并逐渐定居下来,杂草的生长和繁殖开始受到抑制,随着时间的进一步推移,多年生植物取得优势地位,一个具备特定结构和功能的植物群落便形成了。相应的,适应于这个植物群落的动物区系和微生物区系也逐渐形成。生物群落进一步发展,达到与当地环境条件相应的稳定群落。

Odum(1969)列出了群落演替的三个基本观点:①群落的发展是有顺序的过程,是有规律地向一定方向发展的,因而是可以预测的;②演替是由群落引起物理环境改变的结果,即演替是由群落控制的;③它以形成稳定的生态系统,即以顶极群落形成的系统为其发展顶点。在一定地区内,群落的演替过程可分为若干个不同的阶段,称为演替系列群落(serial community)。依其发展程度,群落从演替初期到形成稳定的成熟群落,一般都要经历先锋期(pioneer stage)、过渡期(development stage)和顶极期(serial climax)三个阶段。

群落的演替是生态学上非常重要的理论,因为群落的组合动态是必然的,而其静止不变则是相对的。研究群落的演替不仅可以判明生态系统的动态机理,而且对人类的经济活动和受损生态系统的恢复和重建具有重要的指导意义。

二、群落演替的类型

根据不同的立足点,群落演替可分为不同的类型。

1. 按演替延续的时间可分为世纪演替、长期演替和快速演替

(1)世纪演替:延续时间相当长,一般以地质年代计算。常伴随着气候的历史变迁或地貌的大规模改变而发生,即群落的演化。

(2)长期演替:延续时间达几十年,有时达几百年。森林被采伐后的恢复演替可作为长期演替的实例。

(3)快速演替:延续几年或十几年。草原弃耕地的恢复可作为快速演替的例子。但要以弃耕面积不大和种子传播来源就近为条件;不然,弃耕地的恢复过程就可能延续达几十年。

2. 按演替的起始条件可分为原生演替和次生演替

(1)原生演替(primary succession):这种演替是在从未有过任何生物的裸地上开始的演替。如在裸露的岩石上、在河流的三角洲或者在冰川上所开始的演替。火山喷发所破坏地区上的演替,是研究原生演替最理想的地区。

(2)次生演替(secondary succession):这种演替是在原有生物群落被破坏后的次生裸地(如森林砍伐迹地、弃耕地)上开始的演替。在这种情况下,演替过程不是从一无所有开始的,原来群落中的一些生物和有机质仍被保留下来,附近的有机体也很容易侵入。因此,次生演替比原生演替更为迅速。

3. 按演替的基质性质可分为水生演替和旱生演替

(1)水生演替(hydrosere):开始于水生环境中的演替,一般都发展到陆地群落。如淡水湖或池塘中水生群落向中生群落的演替。典型的水生演替系列是自由漂浮植物群落→沉水植物群落→浮叶根生植物群落→直立水生植物群落→湿生草本植物群落→木本植物群落。

(2)旱生演替(xerosere succession):从干旱缺水的基质上开始的演替。如裸露的岩石表面上生物群落的形成过程。典型的旱生演替系列是地衣群落→苔藓群落→草本群落→灌木群落→木本群落。在这个演替系列中,地衣和苔藓群落延续的时间最长。

4. 按控制演替的主导因素可分为内因性演替和外因性演替

(1)内因性演替(endogenic succession):由群落内部生物学过程所引发的演替。这类演替的显著特点是,群落中生物的生命活动改变其环境,然后改变了的环境又反作用于群落本身,如此相互作用,使演替不断向前发展。一切源于外因的演替最终都是通过内因生态演替来实现的。因此可以说,内因生态演替是群落演替的最基本和最普遍的形式。

(2)外因性演替(exogenic succession):由外部环境因素的作用所引起的演替。气候的变化、地形的变化以及人类的生产和其他改变环境的活动和污染等原因引起的演替就属于外因性演替。

5. 按群落的代谢特征可分为自养型演替和异养型演替

(1)自养型演替(autotrophic succession):在演替过程中,群落的初级生产量(P)超过群落的总呼吸量(R),即 $P/R>1$,群落中的能量和有机物逐渐增加。例如陆地从裸地→地衣、苔藓→草本→灌木→乔木的演替过程中,光合作用所固定的生物量越来越多。

(2)异养型演替(heterotrophic succession):在演替过程中群落的生产量少于呼吸量,即 $P/R<1$,说明群落中能量或有机物在减少。异养型演替多见于受污染的水体。例如,海湾、湖泊和河流受污染后,由于微生物的强烈分解作用,有机物质随演替而减少。

三、群落演替的特征

无论是原生演替,还是次生演替,生物群落在演替过程中,其结构和功能都发生了一系列有序的变化。E. P. Odum 曾总结生态系统发展中结构与功能特征的变化趋势(见表4-2)。

表 4-2　生态系统发展过程中结构和功能的特征变化趋势(引自 E. P. Odum,1969)

生态系统的特征	发展期	成熟期
群落能量学		
1. 总生产量/群落呼吸量(P/R 比率)	大于 1 或小于 1	接近 1
2. 总生产量/现存生物量(P/B 比率)	高	低
3. 生物量/单位能流量(P/E 比率)	低	高
4. 净生产量(收获量)	高	低
5. 食物链	线状,以牧食链为主	网状,以腐食链为主
群落的结构		
6. 总有机物质	较少	较多
7. 无机营养物质的贮存	环境库	生物库
8. 物种多样性——种类多样性	低	高
9. 物种多样性——均匀性	低	高

续表

生态系统的特征	发展期	成熟期
10.生化物质多样性	低	高
11.分层性和空间异质性(结构多样性)	组织较差	组织良好
生活史		
12.生态位宽度	广	狭
13.有机体大小	小	大
14.生活史	短、简单	长、复杂
营养物质循环		
15.矿质营养循环	开放	关闭
16.生物和环境间交换率	快	慢
17.营养物质中腐屑的作用	不重要	重要
选择压力		
18.增长型	增长迅速(r 对策)	反馈控制(K 对策)
19.生产	量	质
稳态		
20.内部共生	不发达	发达
21.营养物质保存	不良	良好
22.稳定性(对外扰动的抗性)	不良	良好
23.熵值	高	低
24.信息	低	高

1.群落结构的特征

群落中物种多样性随着演替的进行而增加,越接近顶极多样性越高;物种均匀性也有相同的趋势。

食物联系也发生了变化,演替初期的食物链结构简单,多是线状的;在成熟期,食物链变成复杂的食物网结构。这种复杂的结构,使它对物理环境的干扰具有较强的抵抗力。

2.能量动力学的特征

在演替初期,初级生产力或总光合作用量(P)超过群落的呼吸量(R),$P/R>1$,呈积累状态;随着演替的发展,P/R 比率逐渐接近于1。换言之,在成熟的群落,固定的能量与维持消耗的能量(即群落的总呼吸量)趋向平衡,这时群落的净生产量就由大变小甚至趋向于零。

3.营养物质循环的特征

演替初期的主要营养物质主要依靠外部供给,即依靠外来的营养物质进行生物生产。而在顶极阶段,对群落内部循环所增加的营养物质的依赖超过对外来供应的依赖。因此,对营养物质循环来说,在演替初期是开放的,到了成熟期则是较封闭的。

在演替发展过程中,有机物和生化物质多样性(biochemical diversity)也是初期低,顶极高。有机物和生化物质多样性的增加是比物种多样性更重要的趋势,它们在生态系统的发育中往往有重要的生态学意义。

4.稳定性的特征

群落演替初期常处于物种数少而不拥挤,具有较高负荷潜力的空间。所以,r 选择的生物有较大生存的可能性。当接近成熟阶段,情况相反,此时系统接近平衡状态,适宜于增殖潜力低、竞争能力强的 K 选择的生物生存。因此,量的生产是幼期生态系统的特征,而质的改善和提高是成熟期生态系统的对策。成熟期生态系统内的生物之间、生物与物理环境之间的联系更加紧密，保持营养物质的能力较强，对外界干扰的抵抗力增大。此时，生态系统基本处于自我维持的稳定状态。

四、顶极群落

随着群落演替的进行，最后形成一个相对稳定的群落，称为顶极群落（climax community）。关于顶极群落的事实已得到普遍的证明，但是，关于顶极群落的形成或解释却有不同的学说。主要有三种演替顶极理论：单元顶极说（monoclimax theory）、多元顶极说（polyclimax theory）和顶极-格局假说（climax pattern hypothesis）。

1. 单元顶极说

单元顶极说是美国生态学家 F. E. Clements 提出的，他认为任何一个特定的气候区，只有一个顶极群落，即气候顶极（climatic climax）群落，其他一切群落类型都朝着这唯一的一种顶极群落发展。并且这个顶极群落的类型决定于那里的气候条件。

2. 多元顶极说

多元顶极说是由英国生态学家 A. G. Tansley 提出的。这个学说认为，如果一个群落在某种生境中基本稳定，能自行繁殖并结束它的演替过程，就可看作顶极群落。在一个气候区域内，群落演替的最终结果不一定都汇集于一个共同的气候顶极。除了气候顶极之外，还可有土壤顶极（edaphic climax）、地形顶极（topographic climax）、火烧顶极（fire climax）、动物顶极（zootic climax）；同时还可存在一些复合型顶极如地形-土壤顶极（topo-edaphic climax）和火烧—动物顶极（fire-zootic climax）等等。一般在地带性生境上是气候顶极，在别的生境上可能是其他类型的顶极。这样一来，一个植物群落只要在某一种或几种环境因子的作用下在较长时间内保持稳定状态，都可认为是顶极群落，它和环境之间达到了较好的协调。

由此可见，不论是单元顶极说还是多元顶极说，都承认顶极群落是经过单向变化而达到稳定状态的群落；而顶极群落在时间上的变化和空间上的分布，都是和生境相适的。两者的不同点在于：单元顶极说认为，只有气候才是演替的决定因素，其他因素都是第二位的，但可以阻止群落向气候顶极发展；多元顶极说则认为，除气候以外的其他因素，也可以决定顶极的形成。单元顶极说认为，在一个气候区域内，所有群落都有趋同性的发展，最终形成气候顶极；而多元顶极说不认为所有群落最后都会趋于一个顶极。

3. 顶极-格局假说

顶极-格局假说（climax-pattern hypothesis）由 R. H. Whittaker（1953）提出，它实际上是多元顶极说的一个变型，也称种群格局顶极理论（population pattern climax theory）。他认为，在任何一个区域内，环境因子都是连续不断地变化着的。随着环境梯度的变化，各种类型的顶极群落，如气候顶极、土壤顶极、地形顶极、火烧顶极等，不是截然呈离散状态，而是连续变化的，因而形成连续的顶极类型（continuouity climax type），构成一个顶极群落连续变化的格局。在这个格局中，分布最广泛且通常位于格局中心的顶极群落，叫做优势顶极（prevailing climax），它是最能反映该地区气候特征的顶级群落，相当于单元顶极论的气候顶极。

五、群落演替的实例

第一个实例是火山喷发迹地上的群落演替。美国华盛顿州 St. Helens 山于 1980 年

5 月18 日发生火山喷发，熔岩破坏了所有的植被。Del Moral 在火山熔岩上进行了长期群落演替定位试验(1981—1998)(见图 4-8)，这是一个典型的原生演替。最先侵入火山熔岩的先锋植物是白羽扇豆(*Lupinus lepidus*)，随后风传种子植物 *Aster ledophyllus* 和 *Epilobium angustifolium* 在白羽扇豆丛上建立，繁衍良好，4～5 年后白羽扇豆死亡。由于火山熔岩上土壤侵蚀严重、营养物质缺乏、干旱和与未干扰植被距离大而有限的大种子传播等因素使群落的演替很慢。在 1982 年就有 18 个种侵入，以后的年份植物种类增加很少。植被盖度增加缓慢，1981 年约 4%，1985 年 5%～6%，1989 年 9%～10%，1992 年约 12%，1998 年约 14%～15%。估计 St. Helens 山恢复群落需 100 年。

图 4-8 美国华盛顿州 St. Helens 山火山喷发迹地上的原生演替(引自 C. J. Krebs, 2001)

第二个实例是内蒙古草原农田弃耕后的恢复演替，这是一种典型的次生演替。草原在耕作前的原始植被为具有稀疏山杏灌丛的贝加尔针茅(*Stipa baicalensis*)草原，开垦后种了几年小麦，后因产量下降而弃耕。弃耕后的 1～2 年内以黄蒿(*Artemisia scopma*)、狗尾草(*Setaria viridis*)、猪毛菜(*Solsola collina*)、苦荬菜(*Iixeris chinensis*)等杂草占优势；第 2～3 年，黄蒿占绝对优势；3～4 年后，羊草(*Aneurolepidium chinese*)、野古草(*Arundinella hirta*)、狼尾草(*Pennisetun alopecuroides*)等根茎禾草入侵，并逐渐占优势，进入根茎禾草阶段。7～8 年后，土壤变坚实，丛生禾草开始定居，并逐渐代替了根茎禾草，恢复到贝加尔针茅群落，这一过程需经历 10～15 年，根据耕作时间长短、土壤侵蚀程度，以及周围原始物种的远近而有所不同。

第三个实例是云杉林采伐迹地上的群落演替(见图 4-9)。在云杉采伐后留下的林间空旷迹地上,首先出现喜光草本植物,尤其是禾本科、莎草科以及其他杂草,形成杂草群落。当环境适合于一些喜光的阔叶树种生长时,在杂草群落中便形成以桦树和山杨为主的群落。同时,郁闭的林冠下喜光植物被耐阴草本取代。随着桦树和山杨等所形成的树冠缓和了林下小气候条件,在阔叶林下开始生长耐阴性的云杉和冷杉幼苗。当云杉的生长超过桦树和山杨,占据了森林上层位置时,桦树和山杨因不能适应上层遮阴而开始衰亡,云杉又高居上层,形成稳定的云杉林。这样,随着群落内光照由强到弱及环境变化由不稳定到稳定,依次发生了喜光草本植物阶段、阔叶树种阶段和云杉阶段的演替过程。

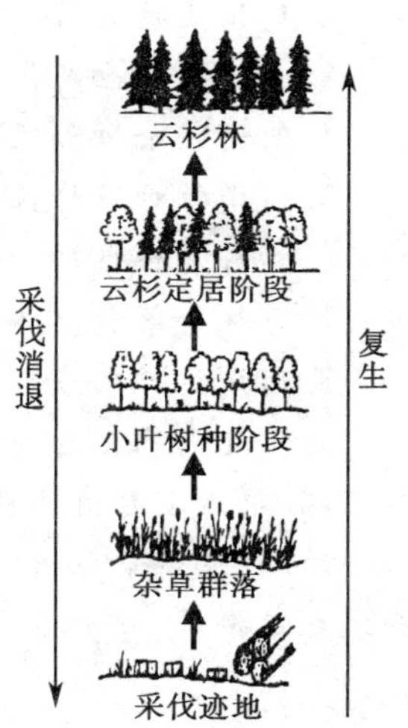

图 4-9　云杉林采伐迹地上的群落演替(引自曲仲湘等,1983)

第四个实例是海中码头、桩柱等表面污损生物群落的演替过程(沈国英等,2002)。它的演替过程大致可分为三个阶段:①初期阶段。放置海中的洁净物体表面,立即有细菌附着,随后出现硅藻和原生动物等。细菌和硅藻分泌黏液,形成了微生物黏膜。②中期阶段。继微生物黏膜形成之后,大型污损生物的幼体开始附着,一些个体密度大、生长迅速的种类即成为群落中期阶段的主导种。如皮海鞘、水螅、盘管虫和藤壶等都可分别成为优势种。这些种类又大致分为两种情况:生长迅速、生活周期短的种类(如水螅类)一般不超过 3 个月即衰退或死亡,被其他生物覆盖或取代;藤壶在温暖季节可继续生长达到性成熟,它们可能继续存活成为稳定群落的一员,也有些个体被其他生物所覆盖。群落形成中期阶段的特点是种类数和个体数不断增多,群落的体积和重量不断增大,种类之间的演替现象明显。③稳定阶段。群落经历中期阶段的发展,一些生长期长、个体大的种类(如贻贝、牡蛎等)得到充分生长,排挤或覆盖了一些已经附着的中、小型种类,独占整个附着基的主要空间,因而成为稳定群落的主导种。

群落演替的理论在自然资源利用、受损生态系统的生态恢复方面有重要作用。例如,受损生态系统的恢复中可仿照群落的演替过程,建立人工模拟群落,加速生态恢复过程。宁夏中卫沙坡头曾经由于流沙的长期侵袭,对包兰铁路沙坡头段的运输造成严重威胁。后来采用人工模拟先锋植物群落的办法,在流动沙丘上种植花棒、沙蒿、柠条,以及半灌木与灌木交叉种植等,使这些先锋植物首先在流沙上安居下来,使流沙减轻并逐渐进入成土过程。在此基础上,再进行下一阶段演替植物的种植。最终恢复了沙坡头区的自然风貌,保证了铁路交通的畅通无阻,成为举世闻名的流沙治理典型样板。

思考题

1. 概念与术语。

生物群落　生态优势种　常见种　关键种　冗余种　冗余假说　多度　盖度　频度　相对显著度　物种丰富度　多样性指数　进化时间理论　辛普森多样性指数　Shannon-Weaver 多样性指数　群落水平结构　外貌　时间结构　营养结构　群落交错区　种数-面积关系　空间异质性　干扰　中度干扰理论　群落演替　原生演替　次生演替　自养型演替　异养型演替　顶极群落

2.何谓生物群落？群落有哪些基本特征？

3.如何区分生态优势种和关键种？

4.何谓冗余种和冗余假说？该假说在生物多样性保护上有什么意义？

5.何谓物种多样性？有哪些指数可表示物种多样性？

6.物种多样性的分布格局如何？哪些因素影响物种多样性？

7.森林群落和水体的垂直结构如何？在实际工作中如何应用生物群落的垂直结构？

8.何谓边缘效应？它是如何形成的？

9.论述岛屿生物地理理论，该理论在生物多样性保护方面有什么意义？

10.群落演替有哪些类型？

11.在亚热带地区，从一块废弃的农田开始直至顶极群落，整个演替过程可能会出现哪些代表性群落，分别有哪些特点？

第五章　生态系统

本章提要　重点介绍生态系统的基本概念、生态系统的组成成分和结构、生态系统的主要类型和生态平衡等生态系统的基本特征，包括：生态系统的概念和生态系统生态学的发展；生态系统的非生物组分、生产者、消费者和分解者及其作用；生态系统的空间结构和营养结构；食物链、食物网和生态金字塔的概念；生态系统的主要类型；生态系统平衡的概念以及维持生态系统稳定的机制。运用生态系统生态学的基本理论，分析有关的生态环境问题。

第一节　生态系统的概念

一、什么是生态系统

地球上的森林、草原、湖泊、海洋等自然环境的外貌千差万别，生物的组成也各不相同，但它们有一个共同特征，即其中的生物与环境共同构成一个相互作用的整体。生态系统(ecosystem)就是指一定时间和空间范围内，生物群落与非生物环境通过能量流动和物质循环所形成的一个相互影响、相互作用并具有自调节功能的自然整体。它是由英国植物生态学家 Tansley 于 1935 年首先提出的，20 世纪 50 年代得到广泛关注，60 年代以后逐渐成为生态学研究的中心。生态系统也可简单地表述为：生态系统＝生物群落＋非生物环境。

前苏联植物生态学家 V. N. Sukachev(1944)曾提出生物地理群落(biogeocoenosis)的概念。这是指在地球表面上的一个地段内，动物、植物、微生物与其地理环境组成的功能单位，强调了在一个空间内，生物群落中各个成员和自然地理环境因素之间是相互联系在一起的整体。实际上，生物地理群落和生态系统是同义语。此外，还有一些与生态系统一词相类似的概念，如生物群落(biocoenosis)、微宇宙(microcosm)、生物系统(biosystem)等，但这些概念都不如生态系统的概念简明，因而未被广泛应用。

生态系统的范围可大可小，通常可以根据研究目的和对象而定。最大的是生物圈(biosphere)，可看作是全球生态系统，它包括了地球上的一切生物及其生存条件。小的如一片森林、一块草地、一个池塘都可看作是一个生态系统。地球上的任何一个生态系统都具有以下共同特点：①是生态学上的一个结构和功能单位，属生态学上的最高层次；②内部具有自调节、自组织、自更新能力；③具能量流动、物质循环和信息传递三大功能；④营养级的数目有限；⑤是一个动态系统。

生态系统生态学(ecosystem ecology)是以生态系统为对象，研究生态系统的组成要素、结构与功能、发展与演替，以及人为影响与调控机制的生态科学。当前，人类与环境的关系问题，如人口增长、资源的合理开发利用等已成为生态学研究的中心课题，而所有这些问题的解决都有赖于生态系统结构与功能、生态系统的演替、生态系统的多样性和稳定性，以及生态系统对于人类干扰的恢复能力和自我调节能力的研究。生态系统生态学是现代生态学发展的前沿，在促进自然资源的可持续利用和保护人类生存环境中发挥极为重要的作用。

二、生态系统概念的发展

生态系统一词是英国生态学家 A. G. Tansley 于 1935 年首先提出来的。他发现气候、土壤和动物对植物的生长分布和丰盛度有明显的影响，于是他提出：生物与环境形成一个自然系统，正是这种系统构成了地球表面上具有大小和类型的基本单位，这就是生态系统。他强调了生物与环境是不可分割的整体，认为生态系统内生物成分与非生物成分在功能上是统一的。他把生物成分和非生物成分当作一个统一的自然实体，这个自然实体——生态系统就是生态学上的功能单位。Tansley 提出生态系统概念后，作为一种理论受到许多人的赞赏，后来他们还对发展生态系统的理论和实践作出了巨大贡献。

20 世纪 30 年代，R. Lindeman 在对 Cedar Bog 湖生态系统进行深入研究的基础上，揭示了营养物质移动规律，创建了营养动态模型，成为生态系统能量动态研究的奠基者。他以科学的数据，论证了能量沿着食物链转移的顺序，提出了著名的“百分之十定律”，标志着生态学从定性向定量发展的新阶段。R. E. Ricklefs(1979)在《生态学》(*Ecology*)一书中提出了生态系统中物质循环和能量流动的基本格局，形象地表明生态系统中生物和非生物成分间相互作用和相互依赖的关系；它们通过物质交换而联系在一起；驱使生态系统物质循环的能量来自太阳。F. B. Golley 在 20 世纪 60 年代曾对陆地生态系统能量流动进行深入研究，揭示了生态系统能流渠道是食物链，能量在沿着各营养阶层流动的过程中是逐级减少的。Golley 于 1990 年在第五届国际生态学大会上作了“生态系统概念的发展——对序(order)的探讨”的报告，强调了人类活动对生态系统、生物圈和全球变化影响的研究。

对生态系统概念的发展作出重要贡献的当代生态学家，首推 Odum 家族。H. T. Odum 对佛罗里达州 Silver Spring 生态系统能流收支的研究，是当今生态系统水平上能量流动分析的一个范例。E. P. Odum 的《生态学基础》(*Fundamentals of Ecology*)一书，对生态系统的发展起到了很大的推动作用。E. P. Odum 提出的大小不同的组织层次谱系(见图 5-1)，进一步把生态系统的概念系统化。生态系统可以按照图谱所示，把研究对象划分为基因(gene)、细胞(cell)、器官(organ)、个体(organism)、种群(population)和群落(community)等几个层次。每个层次的生物成分和非生物成分的相互关系(能量和物质关系)产生了具有不同特征的功能系统。

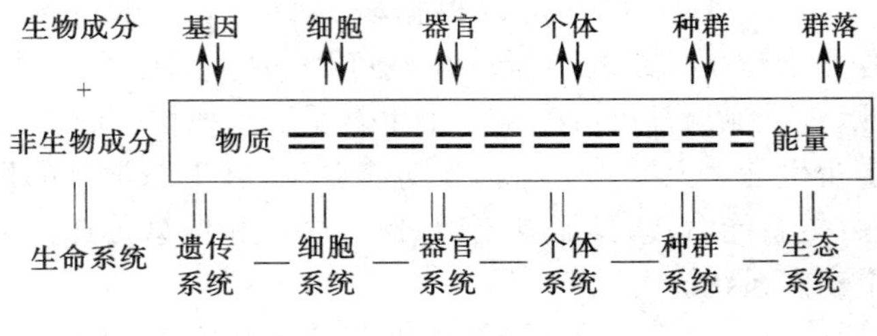

图 5-1 组织层次谱系

H. T. Odum(1983)在《系统生态学》(*Systems Ecology*)一书中创造了一整套能量的符号语言(见图 5-2),以简便的方式来描述复杂的生态系统。在 Odum(1989)提出的生态系统模型中(见图 5-3),显示了生态系统要素的内部结构及其主要功能,充分表明生态系统是个功能单元(functional unit),体现出它的专一性(obligatory relationship)、相互依存性(interdependent)和因果关系(causal relationship)。到 20 世纪 90 年代,Odum 进一步指出,生态系统是一个开放的、远离平衡态的热力学系统,强调生态系统水平的研究是现代生态学的核心。

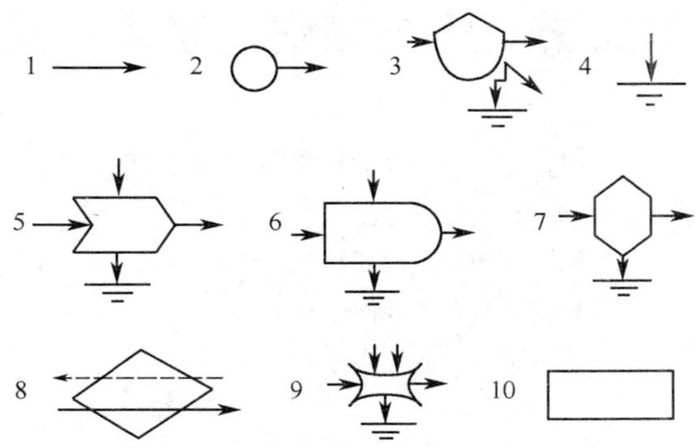

图 5-2　生态系统中常用的符号语言(引自 H. T. Odum, 1983)

1—能流路线,具有一定的数量大小和方向性,也可是物质流路线,反馈路线等;
2—能源,生态系统的外部能量来源,如太阳能、风能、电能、生物能输入等;
3—储存库,能量储存的场所,如生物体、土壤、水体等;
4—热耗散,以热能形式损失,不能再利用的能量,如生物呼吸过程耗散的能量;
5—工作门,表示不同类型的能量流或物质流的相互作用过程;
6—生产者,利用太阳能(或其他能量)和原始物质制造新产品的单元;
7—消费者,利用和消费生产者提供的产品和能量的单元,如人类、城市、动物等;
8—交流阀,表示货币与能量,货币与物质或货币与劳务之间的交换和贸易过程;
9—控制阀,表示对生态过程的控制,如作物播种的时间、收获的季节等;
10—系统边界,表示系统或亚系统的边界,如土壤系统、大气系统、森林系统等

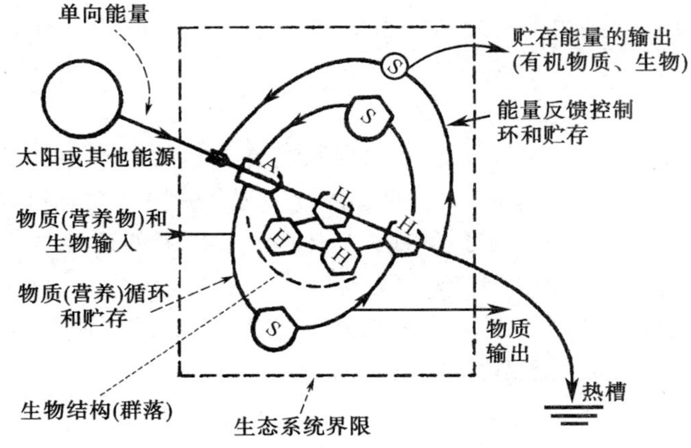

图 5-3　一个生态系统的主要结构和功能图解(引自 E. P. Odum,1989)

H. D. Kumar(1992)指出,生态系统是个超系统,它包括了相互作用的植物、动物、微生物及其依赖的非生物环境。他提出了一个三维生态系统模型,强调生态系统的整体性(holism)、有限性(limitation)和复杂性(complexity)。1993年Schulze和Mooney提出了描述生物多样性与生态系统之间的关系模型。我国著名生态学家马世骏(1993)则提出社会一经济一自然复合生态系统模型。这些学者对生态系统概念的论述表明,生态系统概念还在不断的发展中,有关的新概念、新理论还将不断地出现。

第二节　生态系统的基本组成

生态系统的基本组成可概括为非生物和生物两大部分或非生物环境、生产者、消费者和分解者四种基本成分(见图5-4)。

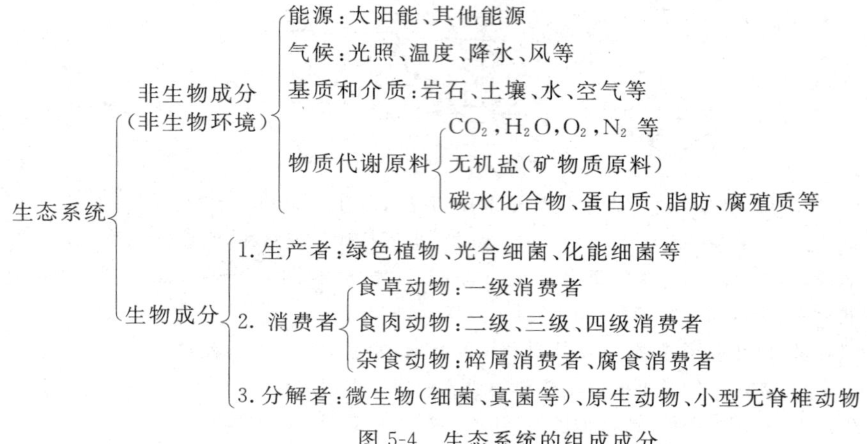

图5-4　生态系统的组成成分

一、非生物环境

非生物环境(abiotic environment)是生态系统的生命支持系统,是生物生活的场所,具备生物生存所必需的物质条件,也是生物能量的源泉。主要包括驱动整个生态系统运转的能源和热量等气候因子、生物生长的基质和介质、生物生长代谢的材料三大方面。

二、生产者

生产者(producer)是指能用简单的无机物制造有机物的自养生物(autotroph),包括所有的绿色植物和一些化能合成细菌。这些生物能利用无机物合成有机物,并把环境中的能量以生物化学能的形式第一次固定到生物有机体中。生产者的这种固定过程又称为初级生产(primary production),因此生产者又称为初级生产者(primary producers)。生产者制造的有机物是地球上包括人类在内的其他一切异养生物的食物源,在生态系统的能量流动和物质循环中居首要地位,是生态系统中最基础的成分。

三、消费者

消费者(consumer)是指不能利用无机物质制造有机物质的生物。它们不能直接利用太阳能来生产食物，只能直接或间接地依赖于生产者所制造的有机物质。这些生物是异养生物(heterotroph)。根据取食地位和食性的不同，消费者可分为草食动物、肉食动物和杂食动物等。

(1)草食动物(herbivore)：指直接以植物为食的动物，如牛、马、羊、兔、某些昆虫等，又称为一级消费者或初级消费者(primary consumer)。

(2)肉食动物(carnivore)：指以草食动物或其他动物为食的动物，也称为次级消费者(secondary consumer)。又可分为一级肉食动物、二级肉食动物、三级肉食动物等。一级肉食动物又称第二级消费者(secondary consumer)，是以草食动物为食的捕食性动物。二级肉食动物又称第三级消费者(third consumer)，是以一级肉食动物为食的动物，例如狼、狐狸、蛇等；三级肉食动物也称第四级消费者，是以二级肉食动物为食的动物，又称为“顶部肉食动物”，如狮子、虎、豹子等。

将生物按营养阶层或营养级(trophic level)进行划分，生产者属于第一营养级层，草食动物居第二营养级层，以草食动物为食的动物是第三营养级层，以此类推。

(3)杂食动物(omnivore)：也称兼食性动物，是介于草食动物和肉食动物之间，既吃植物又吃动物的生物。人就是典型的杂食动物，现代人的食物有80%为植物性产品，其中约20%又为谷类。

消费者在生态系统中起着重要的作用，不仅对初级生产物起着加工、再生产的作用，而且许多消费者对其他生物种群起着重要的调控作用。消费者在生态系统物质循环和能量流动中也起着十分重要的作用。

四、分解者

分解者(decomposer)都是异养生物，主要是细菌、真菌、放线菌、原生动物和一些小型无脊椎动物。它们的主要功能是把动植物的有机残体分解为简单的无机物，归还到环境中，再被生产者利用。因此，这些异养生物也称为还原者(reductor)。

它们在生态系统的物质循环和能量流动中，具有重要的意义。大约有90%的初级生产量，都须经过分解者分解归还大地；所有动物和植物的尸体和枯枝落叶，都必须经过还原者进行分解。如果没有还原者的分解作用，地球表面将堆满动植物的尸体残骸，一些重要元素就会出现短缺，生态系统就不能维持。

上述三种生物成分与非生物环境联系在一起，共同组成一个生态学的功能单位——生态系统。图5-5代表了一个生态系统结构的模型，模型包括3个亚系统，即生产者亚系统、消费者亚系统和分解者亚系统，图中还表示了系统组成成分间的主要相互作用。

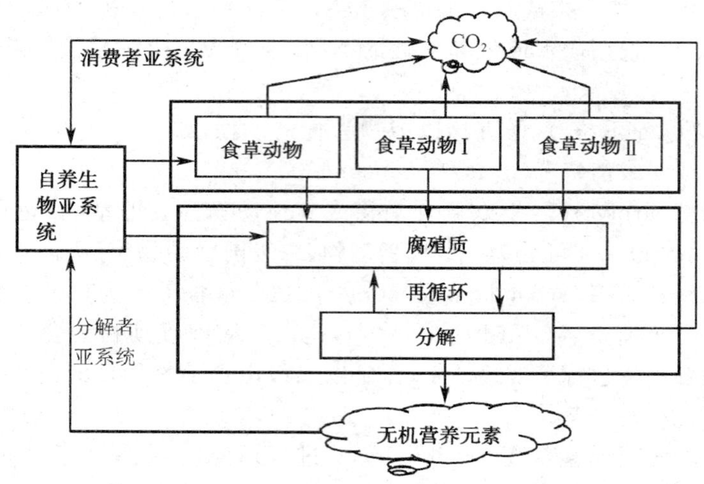

图 5-5 生态系统结构的一般性模型

（粗线画的三个方框表示 3 个亚系统，连线和箭头表示系统成分间物质传递的主要途径。有机物质以方框表示，无机物质以不规则块表示）

第三节 生态系统的结构

有了生态系统的组分，并不能说一个生态系统就可以运转了，生态系统必须要有结构。生态系统的各组分只有通过一定的方式组成一个完整的、可以实现一定功能的系统时，才能称其为完整的生态系统。生态系统的结构可从两方面加以研究，即生态系统的形态结构和营养结构。

一、生态系统的形态结构

从空间结构来考虑，任何一个自然生态系统都有明显的分层现象（stratification）。上层阳光充足，集中分布着绿色植物的树冠或藻类，有利于光合作用，故上层又称为绿带（green belt）或光合作用层。在绿带以下为异养层或分解层，又称为褐带（brown belt）。生态系统中的分层现象有利于生物充分利用阳光、水分、养料和空间。

其次，生态系统中生产者、消费者和消费者之间，以及它们与分解者之间的相互作用、相互联系彼此交织在一起形成网络结构（network structure）。

如果将一个陆地生态系统（草地）和一个水生生态系统（池塘）进行比较（见图 5-6），可以看到，在草地有高高矮矮绿草的分层现象，地下部分由于不同绿草的根系扎入土层的深浅不一也有分层现象。动物在空间的分布也有明显的分层现象，鸟类、昆虫，老鼠、蚂蚁、蚯蚓等分布在草地的不同垂直空间。湖泊、池塘等水域生态系统中，大量的浮游植物（Ⅱ）积集于水的表层（Ⅰ）；浮游动物和鱼、虾等（ⅢA，ⅢB 和ⅢC）生活在水中；蛤、蚌栖息于水底；而底层沉积的污泥层有大量的细菌等微生物生活。

生态系统的结构也会随时间不同而变化，这反映出生态系统在时间上的动态。这种动态可以从三个时间尺度上进行衡量：一是长时间量度，以生态系统进化为主要内容；二是中

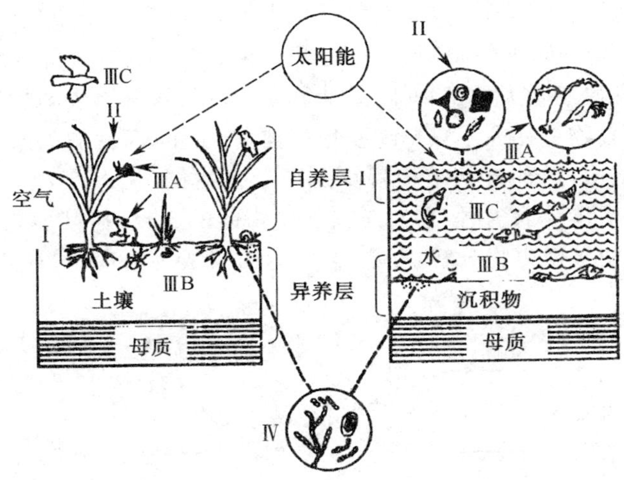

图 5-6　陆地生态系统(草地)和水域生态系统(池塘)的结构比较(引自 E. P. Odum,1983)

Ⅰ.非生物环境:太阳、水等;Ⅱ.生产者:陆地上是绿色植物,水域中是浮游植物;Ⅲ.消费者:(A)陆地上有蝗虫、田鼠等,水域中是浮游动物,(B)食碎屑动物,陆地土壤中有无脊椎动物,水域中多为底栖无脊椎动物,(C)食肉动物(鹰或大鱼);Ⅳ.分解者:细菌和真菌

等时间量度,以群落演替为主要内容;三是以昼夜、季节和年份等短时间量度的周期性变化。

生态系统短时间结构的变化,反映了植物、动物等为适应环境因素的周期性变化,而引起整个生态系统外貌上的变化。这种生态系统结构的短时间变化往往反映了环境质量高低的变化。所以,对生态系统结构的时间变化研究具有重要的实践意义。

地球上生态系统虽然有很多类型,但上述池塘和草地生态系统中已具备了生态系统结构的一般特征。

二、生态系统的营养结构

1. 食物链

生态系统中各种成分之间最本质的联系是通过营养关系来实现的,即通过食物链把生物与非生物、生产者与消费者、消费者与消费者连成一个整体。

所谓食物链(food chain),是指生态系统内不同生物之间通过食与被食形成的一环套一环的链状营养关系。即物质和能量从植物开始,然后一级一级地转移到大型食肉动物。食物链上的每一个环节称为营养阶层或营养级(trophic level)。中国古语中的“螳螂捕蝉、黄雀在后”,实际上说的就是一条食物链。“大鱼吃小鱼、小鱼吃虾米”说的是水域中的一条生物链。

一个生态系统中可以有许多条食物链。根据食物链能量流动的起点和生物成员取食方式的差异,食物链可分成三种:

(1)捕食食物链(predator chain)或牧食食物链(grazing food chain),是以活体绿色植物开始,然后是草食动物、一级肉食动物、二级肉食动物的食物链。如草→蝗虫→蛇→鹰;藻类→甲壳类→小鱼→大鱼。

(2)腐食食物链(detritus food chain)又称碎屑食物链(decompose chain),是以死的动植物残体为基础,从细菌、真菌和某些土壤动物开始的食物链,如动植物残体→蚯蚓→线虫

→节肢动物；海洋中的有机碎屑→浮游动物→鱼类等。

(3)寄生食物链(parasitic food chain)，是以活的生物有机体为营养源，以寄生方式生存的食物链。一般都开始于较大的生物体，如哺乳动物→跳蚤→原生动物→细菌→病毒。

在生态系统中，食物链往往不只单纯表现为捕食、寄生、腐食的关系，而是它们彼此间交错形成的一条链状结构，这种链状结构就称为混合食物链(见图 5-7)。如森林的树叶、草、池塘中的藻类，当其活体被取食时，它们是牧食食物链的起点；树叶、草枯死落在地上，藻类死亡后沉入水底，很快被微生物分解，形成碎屑，这时又成为腐食食物链的起点。

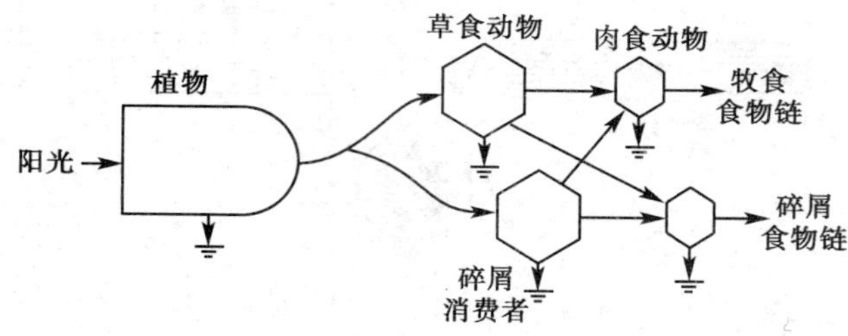

图 5-7 两大类型食物链间的关系(引自 E. P. Odum,1983)

2. 食物网

在生态系统中，各生物之间的取食和被取食关系，往往不是单一的，营养级常常是错综复杂的，一种消费者同时取食多种食物，而同一食物又可被多种消费者取食，食物链之间交错纵横、彼此相连，构成一种复杂的网络结构(network structure)，即食物网(food web)(见图 5-8)。食物网形象地反映了生态系统内各生物有机体之间的营养位置和相互关系。

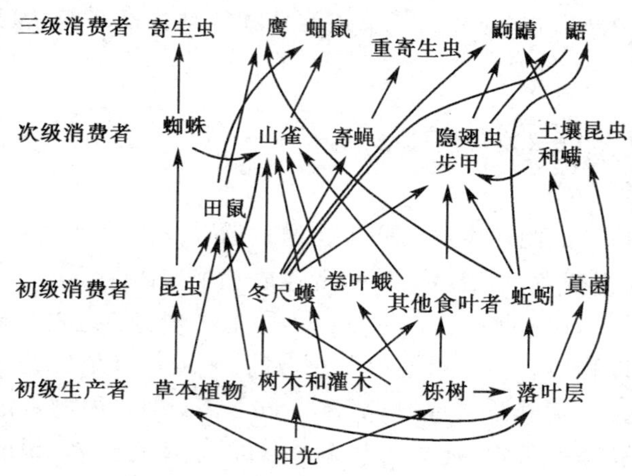

图 5-8 一个简化的森林生态系统食物网结构

食物网使生态系统中的各种生物直接或间接地联系起来。生物种类越多，食性越复杂，形成的食物网就越复杂，也因此增加了系统的稳定性。生态系统内部营养结构也不是固定不变的，如果食物网中的某一条食物链发生障碍，可以通过其他的食物链来进行必要的调整和补偿。有时，营养结构网络上某一环节发生变化，其影响会波及整个生态系统。

食物链和食物网的概念是很重要的。正是通过食物营养，生物与生物、生物与非生物环境才有机地联结成一个整体；生态系统中能量流动和物质循环正是沿着食物链(网)这条渠道进行的。食物链(网)概念的重要性还在于它揭示了环境中有毒污染物质转移、积累的原理和规律。通过食物链有毒物质可以在环境中扩散,增大危害范围。生物还可以在食物链上使有毒物质逐级增大至百倍、千倍,甚至万倍、百万倍。

3. 生态金字塔

生态金字塔(ecological pyramid)是反映食物链中营养级之间数量及能量比例关系的一个图解模型。根据生态系统营养级的顺序,以初级生产者为底层,各营养级的数量与能量比例通常是基部宽、顶部尖,类似金字塔形状,所以形象地称之为生态金字塔,也叫生态锥体(ecological pyramid)。生态金字塔有数量金字塔、生物量金字塔和能量金字塔三种基本类型。

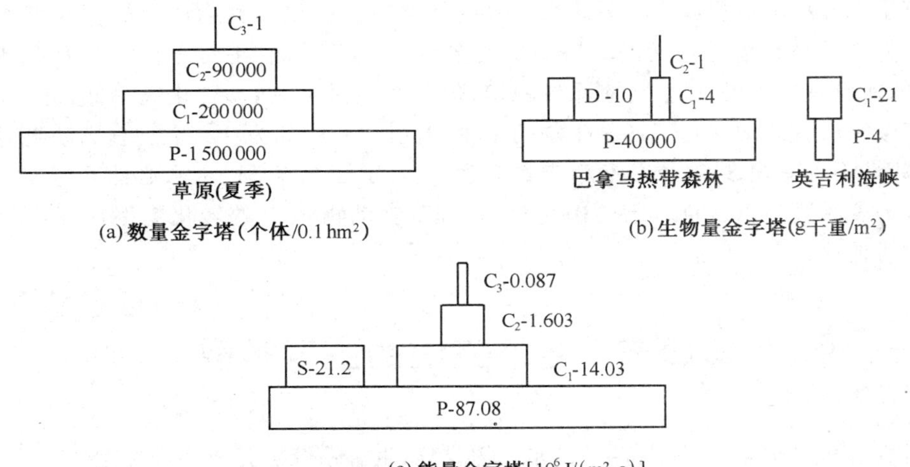

图 5-9 生态金字塔

P—生产者;C_1—初级消费者;C_2—二级消费者;C_3—三级消费者;D—分解者;S—腐食者

数量金字塔数字未包括微生物和土壤动物(引自 E. P. Odum,1983)

数量金字塔(pyramid of numbers)以各个营养阶层生物的个体数量表示,如图 5-9(a)所示。但是,数量金字塔忽视了生物量的因素。例如,同是食草动物,一只大象同一只老鼠相差许多倍,用数量金字塔表示,就失去了可比性,不能正确地表达。

生物量金字塔(biomass pyramid)是以生物量来描述每一营养阶层中生物的总量的,如图 5-9(b)所示。在水域生态系统中,通常浮游动物的生物量超过浮游植物的生物量,出现颠倒的生态金字塔现象。

能量金字塔(energy pyramid)是以各营养阶层所固定的能量来表示的一种金字塔,如图 5-9(c)所示。这种金字塔较直观地表明了营养级之间的依赖关系,比前两种金字塔具有更重要的意义。因为它不受个体大小、组成成分和代谢速度的影响,可以较准确地说明能量传递的效率和系统的功能特点。

这里以 6 种初级消费者为例,将它们的种群密度、生物量和能量作一比较(见表 5-1)。比较表明,密度差别为 17 个数量级,生物量的差别为 5 个数量级,能量的差别为 1 个数量级。从能量角度可以说明这 6 个种群生活在一个营养阶层上,而数量与生物量的角度都没有表明这一点。

表 5-1 6个初级消费者种群密度、生物量和能量的比较(引自 E. P. Odum, 1983)

	密度(个/m^2)	生物量(g/m^2)	能量[10^3J/(m^2·d)]
土壤细菌	10^{12}	0.001	4.18
海洋桡足类(Acartia)	10^5	2.0	10.46
潮间带蜗牛(Littorina)	200	10.0	4.18
盐沼地蚱蜢(Orchelimum)	10	1.0	1.67
草甸田鼠(Microtus)	10^{-2}	0.6	2.93
鹿(Odocoileus)	10^{-5}	1.1	2.09

研究生态金字塔对提高生态系统每一级的转化效率和改善食物链上的营养结构,获得更多的生物产品是有指导意义的。塔的层次多少,同能量的消耗程度有密切关系,层次越多,贮存的能量越少。塔基宽,生态系统稳定,但若塔基过宽,能量转化效率低,能量的浪费大。生态金字塔直观地解释了各种生物的多少和比例关系,如为什么大型食肉动物(如老虎之类)的数量不可能很多;人类要想以肉类为食,则一定面积养活的人数必然不能太多,如果把以粮食为食品改为以食草动物的肉为食品,按草食动物10%的转化效率计算,那么每人所需要的耕地要扩大10倍。

第四节 生态系统的主要类型

根据能量和物质运动状况和生物、非生物成分,生态系统可分成多种类型。

按照生态系统的生物成分,生态系统可分为:植物生态系统(plant ecosystem)、动物生态系统(animal ecosystem)、微生物生态系统(microbe ecosystem)、人类生态系统(human ecosystem)。

按照生态系统结构和外界物质与能量交换状况,生态系统可分为:①开放系统(open ecosystem),生态系统内外的能量和物质都可进行不断的交换;②封闭系统(closed ecosystem),阻止了物质的输入和输出,但不能阻止能量出入;③隔离系统(isolate ecosystem),与外界完全隔绝,物质和能量都不能输入和输出。

按照人类活动及其影响程度,生态系统可分为:自然生态系统(natural ecosystem)、半自然生态系统(semi-natural ecosystem)和人工生态系统(artificial ecosystem)。

以能量为依据,生态系统可分为:①自然无补加的太阳供能生态系统(natural unsubsidized solar-powered ecosystem),包括大洋、森林、草原和深湖,它们几乎完全依赖于太阳的直接辐射,没有或极少辅助或补加能量,这类生态系统生产力很低,但对保持生物圈的稳定性具有重要作用。②自然补加的太阳供能生态系统(natural subsidized solar-powered ecosystem),包括河口湾、潮间带(潮汐作用使营养物质循环加速)、湖泊(河流带入有机物质)和热带雨林(有大量雨水),这类生态系统是具有最高生产力的自然生态系统。③人类补加的太阳供能生态系统(human subsidized solar-powered ecosystem),包括农田、水产养殖等人工经营的生态系统。通过人工补充大量能量(燃料、人力和化肥、农药等投入),生产力可比上述自然补加能量的太阳供能生态系统高得多。但是,这种以人为补加大量能量为基础获取高生产力的人工生态系统耗能过大,且系统自我维持能力很差。④燃料供能的城市工业生态系统(fuel-powered urban industrial ecosystem),这是人口密集的人类生态系统,它们以高大浓缩的化石燃料能量代替太阳能,并且必须依赖于周围的农业和自然生态系统。

按照生态系统的非生物成分和特征,从宏观上又可把生态系统分为陆地生态系统(terrestrial ecosystem)和水域生态系统(aquatic ecosystem)。陆地生态系统主要根据其组成成分、植被特点等作进一步划分;而水域生态系统主要根据地理和物理状态的情况再进一步划分(见表5-2)。这种生态系统的划分在实际中常被采用。

表5-2　地球表面的主要生态系统类型

陆地生态系统	水域生态系统
荒漠:干荒漠、冷荒漠	淡水
苔原(冻原)	静水:湖泊、池塘、水库等
极地	流水:河流、溪流等
高山	湿地:沼泽
草地:湿草地、干草原	海洋
稀树干草原	远洋
温带针叶林	珊瑚礁
亚热带常绿阔叶林	上涌水流区
热带雨林:雨林、季雨林	浅海(大陆架)
农业生态系统	河口(海湾、海峡、盐沼泽等)
城市生态系统	海岸带:岩岸、沙岸

第五节　生态系统的反馈调节和生态平衡

一、反馈调节

自然生态系统是开放系统,必须依赖于外界环境的输入,输入一旦停止,系统也就失去了功能(见图5-10a)。生态系统是通过反馈机制实现其自我调控以维持相对的稳态(homeostasis)的。所谓反馈(feedback),就是系统的输出端通过一定通道,即反馈环(feedback loop)反送到输入端,变成了决定整个系统本来功能的输入。具有这种反馈机制(feedback mechanism)的系统称为控制论系统(cybernetic system)(见图5-10b)。要使反馈系统能起控制作用,系统应具有某个理想的状态或置位点,系统就能围绕置位点进行调节。图5-10c表示具有一个位置点的可控制系统。

反馈是一个复杂过程,可分为正反馈(positive feedback)和负反馈(negative feedback)。具有增强系统功能作用的称为正反馈,具有削弱和减低系统功能作用的称为负反馈。正反馈是增大与中心(位置)点距离的过程,生态系统中某种成分的变化引起其他一系列的变化,反过来是加速最初发生变化成分的变化。因此,正反馈的作用常常是使生态系统远离稳态。例如,某地湖泊生态系统受到了污染,鱼类大量死亡。鱼的死亡和腐烂又会加重水域污染,并引起更多鱼类的死亡。由于正反馈的作用,湖泊的污染越来越重,鱼类死亡速率也会越来

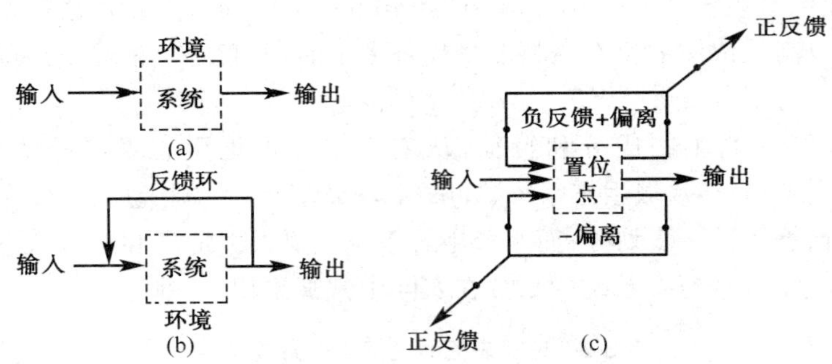

图 5-10 反馈系统示意图

(a)开放系统,表示系统的输入和输出;(b)具有一个反馈环的系统使系统成为控制论系统;(c)具有一个置位点的控制论系统

越快。这个例子表明正反馈具有极大的破坏作用,常常是爆发式的,形成恶性循环。在另一些条件下,正反馈也可成为促成系统稳态的条件。

负反馈是一种不断减少与中心点距离的过程,也是不断趋向中心点的行为过程。因此,负反馈是保持系统稳定性的重要机制,要使系统保持稳定,只有通过负反馈控制。地球和生物圈是一个有限的系统,其空间、资源都是有限的,所以应该考虑用负反馈来管理生物圈及其资源,使其成为能持久地为人类谋福利的系统。

二、生态平衡

1. 生态平衡的含义

由于生态系统具有负反馈的自我调节机制,所以在通常情况下,生态系统会保持自身的生态平衡。生态平衡(ecological equilibrium)是指生态系统通过发育和调节所达到的一种稳定状态,它包括结构上的稳定,功能上的稳定和能量输入、输出上的稳定。生态平衡是一种动态平衡,因为能量流动和物质循环总在不间断地进行,生物个体也在不断地进行更新。在自然条件下,生态系统总是按照一定规律朝着种类多样化、结构复杂化和功能完善化的方向发展,直到使生态系统达到成熟的最稳定状态为止。

当生态系统达到动态平衡的最稳定状态时,它能够自我调节和维持自己的正常功能,并能在很大程度上克服和消除外来的干扰,保持自身的稳定性。有人把生态系统比喻为“弹簧”,它能忍受一定的外来压力,压力一旦解除就又恢复原初的稳定状态,这实质上就是生态系统的反馈调节。

虽然生态系统具有自我调节功能,但是这种调节功能是有一定限度的。只有在某一限度内才可以调节自然界或人类施加的干扰,这个限度就叫做“生态阈限”(ecological threshold)。在生态阈限范围内,生态系统才得以维持相对平衡。当外界压力超过阈限时,生态系统的自我调节功能就会受到损害,甚至失去作用,从而引起生态失调,甚至造成生态系统的崩溃。具体表现在生态系统的营养结构被破坏、有机体的数量减少、生物量下降、能量流动和物质循环受阻等,甚至发生生态危机。例如,森林是生态系统初级生产的主体,对森林的砍伐破坏了生态系统的结构,使原来的生产者从生态系统中消失,消费者也由于生存场所被破坏,食物来源枯竭,被迫转移或消失,分解者和腐殖质也因水土流失而被冲走,生态系统随之崩溃。例如我国西北地区,有的在历史上曾是森林茂盛或水草丰盛之地。我国黄土高原也是因森林破坏,生态系统结构变得单一和缺损的典型,其生态结构失调导致生产结构单一,从而陷入“越穷越垦,越垦越穷”的恶性循环中。

生态危机(ecological crisis)是指由于人类盲目活动而导致局部地区甚至整个生物圈结构和功能的失衡,从而威胁到人类的生存。生态平衡失调的初期往往不容易被觉察,但一旦发展到出现生态危机,就很难在短期内恢复平衡。为了正确处理人和自然的关系,必须认识到整个人类赖以生存的自然界和生物圈是一个高度复杂的具有自我调节功能的生态系统,保持这个生态系统结构和功能的稳定是人类生存和发展的基础。因此,人类的活动除了要讲究经济效益和社会效益外,还必须特别注意生态效益和生态后果,以便在改造自然的同时能基本保持生物圈的稳定和平衡。

2. 生态平衡破坏的因素

引起生态平衡破坏的因素有自然因素和人为因素两类。

生态平衡破坏的自然因素,主要是指自然界发生的异常变化或自然界本来就存在的对人类和生物的有害因素,如地壳变动、海陆变迁、冰川活动、火山爆发、地震、海啸、泥石流、雷击火烧、气候变化等等。这些因素可使生态系统在短时间内受到破坏甚至毁灭。不过,自然因素对生态系统的破坏和影响所出现的频率不高,而且在分布上有一定的局限性。

生态平衡破坏的人为因素是指人类的干扰对生态系统造成的影响甚至灾难性的危害,例如环境污染、过度利用自然资源、修建大型工程、人为引入或消灭某些生物等等。当前,世界范围内广泛存在的水土流失、土地沙漠化、草原退化、森林面积缩小等都是人类不合理利用自然资源引起生态平衡破坏的表现。20 世纪以来,工农业生产中有意或无意地使大量污染物进入环境,从而改变了生态系统的环境因素,影响整个生态系统。由此造成的空气污染、水污染、土壤污染、固体废弃物污染等是生态破坏的另一重要原因。

3. 维持生态平衡的途径

人为因素是地球上生态平衡失调和破坏的主要原因。人类是大自然的主宰,又是生态系统的一员,为了自身的生产与发展,人类必须充分运用和发挥人类的智慧与文明,去主动调节生态系统的各种关系,维护生态平衡。

要维持生态系统的平衡,首先必须实现自然资源的合理开发利用。自然资源是人类生产、生活所需物质与能量的来源,是自然资源的重要组成部分,人类的生产、生活活动把人类、资源与环境紧密联系起来,形成了一个整体。单纯追求经济效益违反生态平衡规律的开发利用,使人类与自然环境的和谐关系尖锐化,加剧了人类—资源—环境之间的不平衡。要避免这种危险,就必须把经济发展建立在合理利用自然资源、保护自然环境的基础上。为了实现自然资源的合理开发利用,要对自然资源进行充分综合考察的基础上,确定资源开发的目标,制订符合生态学原则的开发方案,最大限度地利用自然资源。二是实现生态系统的合理调整。通过对生态系统的全面研究,充分掌握其规律以提高系统的稳定性。人类的发展史告诉我们,人类参与部分自然生态系统的改造和更新是必要的,但是这种参与必须在符合自然规律的情况下进行;必须在改造自然、控制自然方面进行综合治理。为了防止自然灾害对人类生态系统的危害,人类需要有意识地改造自然界,控制自然灾害的发生。例如,我国长江三峡水库的建设、三北防护林体系的建设等。但在进行这些大型生态建设工程时,必须充分研究、论证,谨慎实施,以减少对区域甚至全球生态环境产生不利影响。三是组建新的生态平衡。生态平衡是由各种生物群落所具有的自我调节能力来维持的。因此,只要人类充分认识和掌握生物调节机理，积极地创造生态系统的自我调节能力，及时增补结构和功能上的缺陷，使生态系统内部结构与功能间关系相互适应、协调，那么，在大多数情况下，原来已经破坏了的生态平衡自然可以恢复，重新组建新的生态平衡。我国各地都出现了许多利用生态学和经济学原理来恢复和组建新的生态平衡的成功经验。如云南热带雨林区，利用橡胶—茶叶—药材人工多层复合生态系统恢复破坏的森林生态系统；黑龙江三江平原沼泽地组建以农田生态系统为主的水、田、路、林综合的商品粮基地，以打破低效的自然生态平衡；广东低洼积水地组建基（桑基、果基、花卉等）塘水陆生态系统等等。

思考题

1. 概念与术语。

生态系统　生态系统生态学　非生物成分　生产者　自养生物　消费者　异养生物　分解者　食物链　牧食食物链　碎屑食物链　食物网　营养级　数量金字塔　能量金字塔　自然生态系统　人工生态系统　反馈　正反馈　负反馈　生态平衡　生态危机

2. Tansley，Lindeman，Odum，Ricklefs，Golly，Kumar 和马世骏等对生态系统概念的发展各有哪些贡献？

3. 生态系统有哪些主要成分，各有什么作用和地位？

4. 食物链有哪些类型？在生态系统中有什么意义？

5. 举例说明反馈、正反馈、负反馈各起什么作用，生态系统是如何通过反馈机制维持稳态的？

6. 试将陆地生态系统和水域生态系统的生物种类、数量和生物量作一比较。

7. 生态系统类型是如何划分的？生态系统有哪些主要类型？

8. 生态危机的主要原因是什么？如何维护生态平衡？

第六章　生态系统的能量流动

本章提要　主要阐述生态系统能量流动的基本规律、生态系统的生物物质生产和分解作用，包括：生态系统中能量的来源、能流的基本原理和基本模式；生态系统中能量转化效率的表示方法、能流参数和 Lindeman 十分之一定律；生态系统初级生产的概念、初级生产量的分布和初级生产量的测定方法；生态系统次级生产的概念、次级生产过程和生态效率；生态系统能量流动的模型和水域与陆地生态系统的能量动力学分析；生态系统中有机物质分解作用的意义、生物分解者、有机物质分解过程和影响分解作用的生态因素。

自然界是一个能量世界，能量是一切生命活动的基础，所有生命活动都伴随着能量的转化。能量流动是生态系统的基本功能之一，生态系统中生命系统与环境系统在相互作用的过程中，始终伴随着能量的流动与转化。

第一节　生态系统能量流动的基本原理

一、生态系统的能量

能量是做功的能力。生态系统中能量主要有两种存在状态，即动能和势能。动能(kinetic energy)是生物及其环境之间以传导和对流的形式互相传递的一种能量，包括热和辐射。势能又称潜能(potential energy)，是蕴藏在有机分子键上的能量，它代表着一种做功的能力和做功的可能性。在生态系统中，潜能是通过食物链的关系在生产者、消费者、分解者等有机体之间进行流动和传递的。

生态系统中能量的国际单位是 Joule(焦耳)。过去常用的能量单位是卡(cal)或千卡(kcal)(1 J＝0.239 cal，1 cal＝4.184 6 J)。

地球上所有生态系统的最初能量都来源于太阳。太阳辐射以电磁波的形式投射到地球表面，地球表面所接受的全部能量都来自太阳。在日地平均距离上，地球表面大气外层垂直于太阳射线的每平方厘米面积上每分钟接受的太阳辐射能是一定值，为 8.12 J，也称为太阳常数。进入大气层的太阳辐射能，有 34％被反射回去，19％被大气吸收，只有 47％左右到达地球表面。到达地球表面的辐射是由 24％的直射光，17％的来自云层的散射辐射，以及 6％的来自天空的散射辐射组成。到达地球表面的太阳辐射，只有可见光、红外线、紫外线才起生物学作用，辐射的能量绝大部分作为热吸收，并以长波的形式将热量传给大气。到达地球表面的总辐射，一般只有 1％左右为植物光合作用所吸收，通过绿色植物的光合作用转化成生物产品中的化学潜能，这些能量在生态系统中进行传递，推动物质在生态系统中的流动和循环。

二、能量流动的基本原理

1. 生态系统中的能量流动严格遵循热力学定律

生态系统中能量的传递和转化都遵循热力学定律。热力学第一定律(the first law of thermodynamics)指出，自然界能量可以由一种形式转化为另一种形式，在转化过程中按严格的当量比例进行。能量既不能消灭，也不能凭空创造。热力学第二定律(the second law of thermodynamics)指出，生态系统的能量从一种形式转化为另一种形式时，总有一部分能量转化为不能利用的热能而耗散。

根据热力学第二定律可以知道，任何的能量转换过程，其效率不可能达到100%。因为能量在转换过程中，常常伴随着热能的散失，因此可以说，没有任何能量能够100%地自动转变为另一种能量。在生态系统中，当太阳辐射能到达地球表面时，只有极小部分能量被绿色植物吸收并转化为化学潜能，大部分光能转变为热能离开生态系统进入太空。而当进入生态系统中的能量在生产者、消费者和分解者之间进行流动和传递时，一部分能量同样转变为热而被消散，剩下的能量才用于做功，并合成新的生物组织作为潜能贮存下来。

2. 生态系统中的能量流动是单向流

能量以光能的状态进入生态系统后，就不能再以光的形式存在，而是以热的形式不断地逸散于环境中。就总的能流途径而言，能量只是一次性流经生态系统，是不可逆的。因此，能量在生态系统中的流动是单向的，不能返回，只能称能量流动。后面要介绍的物质则不同，它是可以循环的，这就是两者的主要不同之处(见图6-1)。从图可见，食物链和食物网是生态系统能量流动的渠道。能量以物质作为载体，同时又推动着物质的运动。能量流与物质流是不能截然分开的。

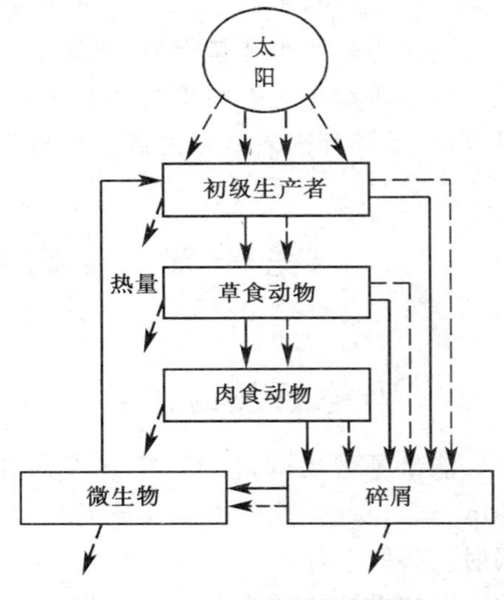

图6-1 生态系统的能量流动
(虚线表示能量流，实线表示物质流)

3. 能量在生态系统中流动的过程，就是能量不断递减的过程

从太阳辐射能到被生产者固定，再经草食动物到肉食动物再到大型肉食动物，能量是逐步递减的。这是因为：①各营养级消费者不可能百分之百地利用前一营养级的生物量；②各营养级的同化作用也不是百分之百的，总有一部分不被同化；③生物在维持生命过程中进行新陈代谢，总要消耗一部分能量，这部分能量变成热能而耗散掉。因此，生态系统要维持正常的功能，就必须有永恒不断的太阳能输入，用以平衡各营养级生物维持生命活动的消耗，只要这个输入一中断，生态系统就会丧失其功能。

由于能量每经过食物链的一个环节，能量都有不同程度的损耗。所以食物链就不可能很长，生态系统的营养级一般只有4～5级，很少有超过6级的。

4. 能量在流动中，质量逐渐提高

能量在生态系统流动中，是把较多的低质量能转化为另一种较少的高质量能。从太阳辐射能输入生态系统的能量流动过程中，能的质量是逐步提高而浓集的。

5. 能量流动速率不同

生态系统中能量流动速率与生态系统类型以及生物类型有密切关系。E. P. Odum 等曾用放射性磷(^{32}P)对一个弃荒地的生物群落进行过研究。研究表明，植食动物在试验开始的头几天就积累了放射性磷。另外一些昆虫在 2～3 周时，积累才达高峰。捕食者直到试验后的第 3 周还没有出现同位素积累的高峰。

第二节　生态效率

生态效率(ecological efficiency)是指各种能流参数中的任何一个参数在营养级之间或营养级内部的比值，常以百分数表示。这种比值关系，在生产力生态学研究中是很重要的。能量在各营养级传递中的转化效率(transfer efficiency)的高低也是评价生态系统功能的重要指标。

一、常用的几个能量参数

为了便于比较生态效率，首先对几个能流参数进行说明。

(1)摄取量(I)。表示一个生物所摄取的能量。对植物来说，I 代表通过光合作用所吸收的日光能。对动物来说，I 代表动物吃进的食物能。

(2)同化量(A)。表示在动物消化道内被吸收的能量，即消费者吸收所采食的食物能。对分解者来说，它是指细胞外产物的吸收。对植物来说，它是指在光合作用中所固定的日光能，常以总初级生产量表示。

(3)呼吸量(R)。指生物在呼吸等新陈代谢和各种活动中所消耗的全部能量。

(4)生产量(P)。指生物呼吸消耗后所净剩的同化能量值。它以有机物的形式累积在生物体内或生态系统中。对植物来说，它是指净初级生产量。对动物来说，它是同化量扣除维持消耗后的能量，即 $P=A-R$。

上述几个能流参数的关系可概括为一个通用模式(见图 6-2)。它适用于个体、种群和群落等不同层次以及动物、植物、微生物等不同生物。

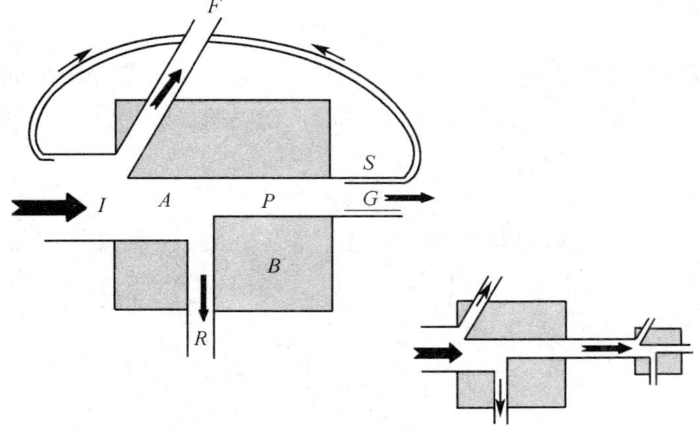

图 6-2　能量流动的基本模式(引自 E. P. Odum，1983)

I—输入或摄取的能量；A—同化的能量；R—呼吸消耗的能量；B—生物量；

F—未被利用的能量；G—生物的生长；P—生产量；S—贮存的能量；U—排泄掉的能量

利用上述这些参数可以计算生态系统中能流的各种效率。营养级位内的生态效率用以度量一个物种利用食物能的效率，可以了解该生物种的生态位及生物学特性等。营养级位之间的生态效率则可以度量营养级位之间的转化效率和能流通道的大小。

二、营养级位之内的生态效率

1. 同化效率

同化效率(assimilation efficiency, AE)是衡量生态系统中有机体或营养阶层利用能量和食物的效率。

$$AE=\frac{A_n}{I_n}$$

式中，A_n 为植物固定的能量，或消费者同化的食物；I_n 为植物吸收的光能，或消费者吃进的食物；n 为营养级数。

一般肉食动物中同化效率比植食动物要高些，因为肉食动物的食物在化学组成上更接近其本身的组织。

2. 生长效率

生长效率(growth efficiency, GE)是指同一营养阶层的净生产量与同化量的比值。

$$GE=\frac{NPP_n}{A_n}$$

式中，NPP_n 为 n 营养阶层的净生产量；A_n 为 n 营养阶层的同化量。

通常植物的生长效率大于动物，小型动物的生长效率大于大型动物，幼年动物的生长效率大于年老的，变温动物的生长效率大于恒温动物的。

三、营养级位之间的生态效率

1. 消费效率

消费效率(consumption efficiency, CE)是指 n 营养阶层摄食的能量与 $n-1$ 营养阶层的净生产能量(NPP)的比值。

$$CE=\frac{I_n}{NPP_{n-1}}$$

消费效率的高低，说明了前一营养级位的净生产量被后一营养级位同化了多少，即被转化利用了多少。动物消费效率一般在 20%～25%，这意味着 75%～80%的净生产量进入了分解者的范畴。

2. 生态效率

生态效率是 Lindeman 最早提出的，所以又称 Lindeman 效率。它是指 n 营养阶层取食、吸收量与 $n+1$ 营养阶层取食、吸收量之比值。它相当于同化效率、生长效率和消费效率的乘积，即

$$\text{Lindeman 效率}=\frac{I_{n+1}}{I_n}=\frac{A_n}{I_n}\times\frac{NPP_n}{A_n}\times\frac{I_{n+1}}{NPP_n}$$

Lindeman 测定了湖泊生态系统的能量转化效率，平均为 10%。也就是说，能量在从一个营养阶层流向另一个营养阶层时，大约损失 90%的能量，这就是所谓的“Lindeman 十分之一定律”，即各营养阶层之间能量转化效率(I_{n+1}/I_n)约为 10%。

Lindeman十分之一定律来自对天然湖泊的研究，所以比较符合一般水域生态系统的情况，但对陆地生态系统并不十分符合。Lindeman十分之一定律虽然只是粗略地对能流效率进行估算，但可作为定量研究能流的基础。

第三节 生态系统中的初级生产

生物物质生产力是生态系统中最基本的数量特征，它标示着生态系统中能量转化和物质循环效率的高低，是生态系统功能的体现。生态系统的物质生产由初级生产和次级生产两大部分组成。绿色植物通过光合作用，吸收和固定太阳能，从无机物合成、转化成复杂的有机物的过程称为初级生产(primary production)，或称为第一性生产。初级生产以外的生态系统的生物生产，统称为次级生产(secondary production)，或第二性生产。

一、初级生产的基本概念

初级生产是指绿色植物的生产，即植物通过光合作用，吸收和固定光能，把无机物转化为有机物的生产过程。初级生产的过程可用下列化学方程式概述：

$$6CO_2 + 12H_2O \xrightarrow[\text{叶绿素}]{\text{光能}} C_6H_{12}O_6 + 6O_2 + 6H_2O$$

式中，CO_2 和 H_2O 是原料；糖类($C_6H_{12}O_6$)是光合作用的主要产物，如蔗糖、淀粉和纤维素等。实际上光合作用是一个非常复杂的过程，人类至今对它的机理还没有完全搞清楚。毫无疑问，光合作用是自然界最重要的化学反应。

植物在单位面积、单位时间内，通过光合作用固定太阳能的量称为总初级生产量(gross primary production，*GPP*)，常用单位 $J/(m^2 \cdot a)$ 或 $gDW/(m^2 \cdot a)$ 表示。

植物的总初级生产量减去呼吸作用消耗的能量(*R*)，余下的有机物质即为净初级生产量(net primary production，*NPP*)。净初级生产量是可供生态系统中其他生物(各种动物和人)利用的能量。总初级生产量(*GPP*)与净初级生产量(*NPP*)之间的关系，可用公式表示：

$$GPP = NPP + R$$

所以

$$NPP = GPP - R$$

生产量和生物量(biomass)是两个不同的概念，生产量含有速率的概念，是指单位时间单位面积上的有机物质生产量；而生物量是指在某一定时刻调查时单位面积上现存的有机物量，常用单位 g/m^2 和 J/m^2 表示。

生态系统初级生产的能源来自太阳辐射能，如果将照射在植物叶面上的太阳能作100%计算，除叶面蒸腾、反射、吸收等消耗外，用于光合作用的太阳能约为0.5%～3.5%，这就是光合作用能量的全部来源。

二、全球初级生产量

全球初级生产量的多少是关系地球上能够养活多少动物和人口的重要依据。许多学者对全球生态系统的生产量进行了估算。估算全球生态系统初级生产量的方法大致有两种：

一是根据各类生态系统的实测数据估算全球初级生产量；另一种方法是根据与气候因素相关联的生产量模型来估算，包括经验回归模型和较为复杂的机制性过程模型。Lieth 和 Whittaker 等(1973)根据全球主要生态系统的实测数据，估算全球净初级生产量为 170×10^9 t/a，其中全球陆地净初级生产量的估计值为 115×10^9 t/a，全球海洋净初级生产量的估计值为 55×10^9 t/a。陆地中农田为 9.1×10^9 t/a，温带草原为 5.4×10^9 t/a，热带稀树草原为 13.5×10^9 t/a，森林为 84.2×10^9 t/a，其余是湖泊、河流、沼泽、苔原、高山和沙漠的初级生产量，合计为 7.47×10^9 t/a(见表 6-1)。

表 6-1 地球上各类生态系统的净初级生产量和生物量

(据 H. Lieth 和 R. H. Whittaker, 1975)

生态系统类型	面积 (10^6 km²)	单位面积的净初级生产量 [g/(m²·a)]		全世界的净初级生产量	单位面积的生产量 (kg/m²)		全世界的生物量
		范围	平均	($\times10^9$ t/a)	范围	平均	($\times10^9$ t)
热带雨林	17.0	1 000～3 500	2 200	37.4	6～80	45	765
热带季雨林	7.5	1 000～2 500	1 600	12.0	6～60	35	260
亚热带常绿林	5.0	600～2 500	1 300	6.5	6～200	35	175
温带落叶阔叶林	7.0	600～2 500	1 200	8.4	6～60	30	210
北方针叶林	12.0	400～2 000	800	9.6	6～40	20	240
疏林及灌丛	8.5	250～1 200	700	6.0	2～20	6	50
热带稀树草原	15.0	200～2 000	900	13.5	0.2～15	4	60
温带禾草草原	9.0	200～1 500	600	5.4	0.2～5	1.6	14
苔原及高山植被	8.0	10～400	140	1.1	0.1～3	0.6	5
荒漠与半荒漠	18.0	10～250	90	1.6	0.1～4	0.7	13
石块地及冰雪地	24.0	0～10	3	0.07	0.02	0.02	0.5
耕地	14.0	100～3 500	650	9.1	0.4～12	1	14
沼泽与湿地	2.0	800～3 500	2 000	4.0	3～50	15	30
湖泊与河流	2.0	100～1 500	250	0.5	0～0.1	0.02	0.05
陆地总计	149		773	115		12.3	1 837
外海	332	2～400	125	41.5	0～0.005	0.003	1.0
潮汐海潮区	0.4	4 000～10 000	500	0.2	0.005～0.1	0.02	0.008
大陆架	26.6	200～600	360	0.6	0.001～0.04	0.01	0.27
珊瑚礁及藻类养殖场	0.6	500～4 000	2 500	1.6	0.04～4	2	1.2
河口	1.4	200～3 500	1 500	2.1	0.01～6	1	1.4
海洋总计	361		152	55.0		0.01	3.9
地球总计	510		333	170		3.6	1 841

从单位面积的年净生产量来看，荒漠、苔原和大洋的生产力不到 200 g/(m²·a)，温带谷物与许多天然草地、北部森林、湖泊、河流相近，为 200～800 g/(m²·a)；杂交玉米和集约栽培的农作物可超过 1 000 g/(m²·a)；沼泽和热带作物可超过 3 000 g/(m²·a)。地球生物圈的光能利用率(占总辐射量的百分比)平均为 0.11%，陆地平均为 0.25%，海洋只有 0.05%，农田一般为 1%～2%，集约化栽培可达 2%～3%。农作物中小麦、玉米、水稻、高粱等作物的平均生长率(*CGR*)可达到 15～20 g/(m²·d)以上，光能利用率可达1.2%～2.4%。

地球上初级生产量的分布是不均匀的。全球初级生产量的分布特点是：①陆地比水域的初级生产量大。主要原因是占海洋面积最大的大洋区缺乏营养物质，其生产力很低，平均仅为125 g/(m^2·a)，有“海洋荒漠”之称。②陆地上初级生产量有随纬度增加而逐渐降低的趋势。陆地生态系统类型中，以热带雨林生产力为最高。由热带雨林向温带常绿林、落叶林、北方针叶林、稀树草原、温带草原、寒漠和荒漠依次减少。初级生产量从热带到亚热带、经温带到寒带逐渐降低。主要由太阳辐射、温度和降水所决定。③海洋中初级生产量由河口湾向大陆架和大洋区逐渐降低。河口湾由于有大陆河流所携带的营养物质输入，其净初级生产力平均为1500 g/(m^2·a)，大陆架次之，大洋区最低。④根据全球初级生产量的分布可以划分为三个等级。一是生产量极低的区域，生产量为$2.09\times10^6\sim4.19\times10^6$ J/(m^2·a)或者更少，大部分海洋和荒漠属于这类区域，它们都是太阳供能系统。辽阔的海洋缺少营养物质，荒漠主要是缺水。二是中等生产量区域，生产量为$2.90\times10^6\sim12.60\times10^6$ J/(m^2·a)。许多草地、沿海区域、深湖和一些农田属于这类中等水平区。三是高生产量的区域。生产量大约为$4.19\times10^7\sim10.50\times10^7$ J/(m^2·a)或者更多。大部分湿地、河口湾、珊瑚礁、热带雨林和精耕细作的农田、冲积平原上的植物群落等属于这类区域。为了增加产量，这些地区还得到了额外的自然能量和营养物质。热带森林仅覆盖地球5%的面积，但生产量几乎占全球总生产量的28%。有的水域、河口湾、海藻床和珊瑚礁等面积虽仅占0.4%，但其生产量达全球的2.3%。

三、初级生产的生产效率

现以一个最适条件下的光合效率为例来说明初级生产的生产效率。假定在某一热带地区，其太阳辐射能的最大输入为2.9×10^7 J/(m^2·d)，扣除55%属紫外或红外辐射的能量，加上一部分被反射的能量，真正能为光合作用所利用的约占辐射能的40.5%，再除去非活性吸收（不足以引起光合作用机理中电子的传递）和不稳定的中间产物，能形成糖类的约为2.7×10^6 J/(m^2·d)，相当于120 g/(m^2·d)的有机物质，这是最大光合效率的估计值，约占总辐射能的9%。但实际测定的最大光合效率的值只有54 g/(m^2·d)，接近理论值的1/2，大多数生态系统的净初级生产量的实测值都远远较此为低。由此可见，净初级生产力不是受光合作用固有的转化光能的能力所限制，而是受其他生态因素限制。如此低的值还是在多种生态因素最适条件和严格控制的实验条件下才获得的。

Transeau(1926)和Golley(1960)对玉米田和荒地生态系统初级生产效率的研究表明，人工栽培玉米田的光能利用效率为1.6%，呼吸消耗约占总初级生产量的23.4%；荒地的日光能利用效率为1.2%，呼吸消耗为15.1%。虽然荒地的总初级生产效率比人类经营的玉米田低，但是它把总初级生产量转化为净初级生产量的比例却比较高。Lindeman(1942)对美国明尼苏达州Ceder Bog湖的测定表明，湖泊生态系统的总初级生产效率仅为0.10%。Juday(1940)对美国威斯康星州Meadota湖的调查结果表明，自养生物（包括浮游植物和沉水植物）总生产量仅占吸收太阳能量的0.35%。以上结果表明，湖泊生态系统的能量利用效率较陆地生态系统低得多，主要原因是光在水中穿透而散失的缘故。

从20世纪40年代以来，对各类生态系统的初级生产效率所做的大量研究表明，在自然条件下，总初级生产效率很难超过3%，虽然人类精心管理的农业生态系统中曾经有过6%～8%的记录。日本国际生物学计划测定，在最适条件下，水稻、大豆、玉米和甜菜的光能利用率分别为1.38%，0.88%，1.59%和1.7%。我国报道的小麦、玉米和高粱高产纪录的光能利用率在 1.2%～2.3%，但在一般栽培条件下，光能利用率在 1%左右。一般说来，在富饶肥沃的地区总初级生产效率可以达到 1%～2%，而在贫瘠荒凉的地区大约只有 0.1%；就全球平均来说，大概是 0.2%～0.5%。

四、影响初级生产量的主要因素

1. 陆地生态系统

影响初级生产量的主要因素有光、CO_2、水、营养物质等理化因素及污染物等，还有植物的类型、品系和消费者等。

在影响初级生产量的理化因素中，水和营养物质最易成为限制因素。降水量与初级生产量有最密切的关系。在干旱地区，植物的净初级生产量几乎与降水量有线性关系。潜蒸发蒸腾(potential evapotranspiration，PET)指数是反映在特定辐射、温度、湿度和风速条件下蒸发到大气中水量的一个指标，而 PET-PPT(mm/a)(PPT 为年降水量)则可反映缺水程度，因而能表示温度和降水等条件的联合作用，可用于陆地生态系统初级生产量的估算。Rosenzweig(1968)认为实际蒸腾可比较准确地预测地上部分的净生产量。影响植物生产力的营养物质中最重要的是 N，P，K，对各种生态系统施加氮肥都能增加初级生产量。

绿色植物本身光合作用类型的不同，直接影响初级生产量。绿色植物同化过程有三种途径：C_3 途径、C_4 途径和景天酸代谢途径(CAM)。植物中三种光合途径的分化，具有重要的生态学意义。首先，充分利用空间资源上的差异，从而保证资源的有效利用；其次，三种光合途径的分化，从时间上有效地避免了种间资源的竞争，也保证了环境资源的充分利用；第三，光合途径的环境适应与资源分隔的重叠。C_4 植物中也有某些种内饰变，可在 C_3 植物通常的生境中与之共存。研究表明，草地的初级生产量强烈地受 C_3 和 C_4 植物比例的影响。

消费者对陆地生态系统初级生产的速率也有影响，如许多有害生物对农作物产量有毁灭性影响。非洲大草原上的有蹄类牧食系统在禾草被植食动物摄食过后，反而生长得更快，使地面草的产量有所提高。这就是所谓的放牧促进(grazing facilitation)现象。

污染也是影响初级生产量的因素。随着环境中污染物增多，往往引起初级生产量的下降。重度污染将使绿色生产者衰亡，使生态系统结构遭到破坏。如 S 是植物必需的元素，大气中含少量 SO_2 对植物生长有利，如果 SO_2 浓度过高就会引起伤害。石油和煤的燃烧所产生的 Pb，Hg 微粒，焚烧矿石、冶炼金属所产生的 Zn，Cu，Cd 微粒等化合物均能使植物的光合作用减弱、生产量降低。

2. 水域生态系统

光是影响水域生态系统初级生产力的最重要因素。美国生态学家 J. H. Ryther(1956)提出预测海洋初级生产力的公式：

$$P=\frac{R}{k}\times C\times 3.7$$

式中，P 为浮游植物的净初级生产力，g/(m^2 · d)；R 为相对光合率；k 为光强度随水深度而减弱的衰变系数(extinction coefficient)；C 为水中的叶绿素含量，g/m^3。

这个公式表明，海洋浮游植物的净初级生产力决定于太阳的日总辐射量、水中的叶绿素含量和光强度随水深度而减弱的衰变系数。实践证明这个公式的应用范围是比较广的。水中的叶绿素含量是一个重要因子，营养物质的多寡是限制浮游植物生物量(其中包括叶绿素)的原因。在营养物质中,最重要的是 N 和 P,有时还包括 Fe 和 Mn。大西洋中 Sargasso 海里的水是世界上最透明的海水,表层的营养物质很低,但试验表明,在这里 N 和 P 并不是限制生产力的因素,相反,Fe 是关键的营养。对照 N+P,N+P+金属元素(不包括 Fe),N+P+金属元素(包括 Fe),N+P+Fe 五种处理,它们的 ^{14}C 相对吸收率分别是 1.00,1.10,1.08,12.90 和 12.00。

决定淡水生态系统初级生产量的限制因素,主要是营养物质、光和食草动物的捕食。营养物质中,最重要的是 N 和 P。国际生物学计划(IBP)研究提供的数据表明,世界湖泊的初级生产量与 P 的浓度相关最密切。小型池塘与陆地生态系统接触之边际相对较大,外来的有机物质输入也高;浅水又能生长有根高等植物,因此浮游植物生产的有机物相对较低。大而深的湖泊则相反,主要以浮游植物在湖泊中自身生产的有机物为主。营养物质对淡水生态系统初级生产量的决定意义,还通过施肥试验得到证明。

五、初级生产量的测定方法

1. 直接收割法

直接收割法(harvest method)是通过收割、称量绿色植物的实际生物量来计算初级生产力,常用于陆地生态系统中农作物、牧草和森林等的生产力估算。该方法的主要优点是简单易行,无需价昂而又复杂的仪器;测定结果也相当准确。此法是 IBP 研究中通用的方法。

近年来,已有使用电测定仪进行非破坏性现存量的测定,其实用性有所提高。

2. 氧气测定法

该法是利用呼吸消耗氧的多少来估算总光合量中的净初级生产量。氧的生成量与有机物质的生成量成一定比例关系。生成 1 mol 氧,将产生 1 mol 有机物,即总光合量=净光合量+呼吸量。在水域生态系统中常用黑白瓶法测氧,黑瓶为不透光的瓶,白瓶可充分透光,再设一瓶作为对照。测定时将黑白瓶沉入水域同一深度,经过一定时间(常为 24 h)取出,进行溶氧测定。根据三种瓶的溶氧量,可估计光合量和呼吸量。这是因为黑瓶中不进行光合作用,其溶氧量的减少就是该水体的群落呼吸量。白瓶能同时进行光合作用和呼吸作用,其溶解氧量的变化反映了总光合作用与呼吸作用之差,即群落的净生产量。

3. CO_2 测定法

这是研究陆地生态系统初级生产力常用的方法。可用二氧化碳吸收法测定叶子或植株的光合作用强度,也可用它来估算整个群落的生产量。这种方法是用塑料棚把群落的一部分罩住,测定进入和抽出的空气中二氧化碳的含量,减少的二氧化碳的量就是进入有机物质中的量。为了克服罩盖改变群落微气候的缺陷,近年来采用了空气动力学方法,如涡流关系法。

4. 叶绿素测定法

由于在一定条件下植物细胞内的叶绿素含量与光合作用产量之间存在一定的关系,因此可以根据叶绿素和同化指数来计算初级生产力。如海洋生态系统初级生产力的测定,是通过超滤膜将一定体积海水中的浮游植物滤出,然后用丙酮提取叶绿素,以分光光度计测定叶绿素在丙酮溶液中的光密度,再通过计算,求出叶绿素的含量。

5. 放射性标记测定法

这是测定海洋生态系统初级生产力的主要方法。将放射性碳酸盐($^{14}CO_3^{2-}$ 或$H^{14}CO_3^-$)加入海水中，经过一定时间的培养，测定浮游植物细胞内有机^{14}C的数量，计算出浮游植物光合作用固定的碳量。

6. 卫星遥感技术的应用

卫星遥感是测定生态系统初级生产量的一种新技术，可测定大范围的陆地区域，提供大尺度生产力和生物量的分布及其动态观测资料。根据遥感测得的近红外和可见光光谱数据而计算出来的 NDVI 指数(normalized difference vegetation index，标准化植被差异指数)是植物光合作用吸收有效辐射(APAR)的一个定量指标。因此，由 APAR 可推算净初级生产量。海洋中 APAR 值与表层的叶绿素含量密切相关。

第四节 生态系统中的次级生产

一、次级生产的基本概念

次级生产也称为第二性生产(secondary production)，它是指生态系统初级生产以外的生物有机体的生产，是消费者和分解者利用初级生产所制造的物质和贮存的能量进行新陈代谢，经过同化作用转化成自身物质和能量的过程。动物的肉、蛋、奶、体壁、骨骼等都是次级生产的产物。

从理论上讲，绿色植物的净初级生产量可以全部被异养动物所采用并转化为次级生产量。然而，任何一个生态系统中的净初级生产量总是有相当一部分不能被利用，在转化过程中要失去一定的能量。造成这一情况的原因很多，如因不可食用，或因种群密度过低而不易采食。即使已摄食的，还有一些不被消化的部分。另外，呼吸代谢要消耗一大部分能量。因此，各级消费者所利用的能量仅仅是被食者生产量中的一部分。次级生产是以现存的有机物为基础，初级生产的质和量对次级生产具有直接或间接的影响。次级生产的过程见图6-3。

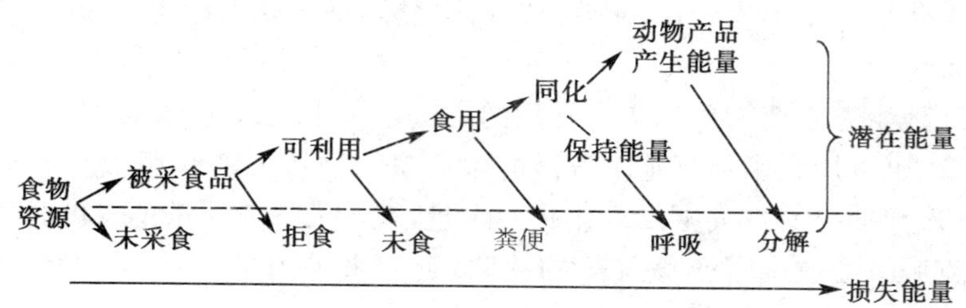

图 6-3 次级生产过程模式图

次级生产水平上的能量平衡可用下式表示：

$$C=A+Fu$$

式中，C 为摄入的能量；A 为同化的能量；Fu 为排泄物、分泌物、粪便和未同化食物中的能量。

A 项又可分解为

$$A=P+R$$

式中，P 为净次级生产总量；R 为呼吸能量。

综合上述两式可以得到

$$P=C-Fu-R$$

在各类生态系统中，次级生产量总要比初级生产量少得多。Whittaker 等（1973）依据 NPP 资料并参照不同地区动物取食、消化的能力，列出了全球各类不同生态系统的次级生产量的估算值（见表 6-2）。

表 6-2　全球各类生态系统年次级生产量（引自 Whittaker 等，1973）

生态系统类型	净初级生产量 (10^9 tC/a)	动物利用量 (%)	植食动物取食量 (10^6 tC/a)	净次级生产量 (10^6 tC/a)
热带雨林	15.3	7	1 100	110
热带季林	5.1	6	300	30
温带常绿林	2.9	4	120	12
温带落叶林	3.8	5	190	19
北方针叶林	4.3	4	170	17
林地和灌丛	2.2	5	110	11
热带稀树草原	4.7	15	700	105
温带草原	2.0	10	200	30
苔原和高山	0.5	3	15	1.5
沙漠灌丛	0.6	3	18	2.7
岩面、冰面和沙地	0.04	2	0.1	0.01
农田	4.1	1	40	4
沼泽地	2.2	8	175	18
湖泊河流	0.6	20	120	12
陆地总计	48.3	7	3 258	372
开阔大洋	18.9	40	7 600	1 140
海水上涌带	0.1	35	35	5
大陆架	4.3	30	1 300	195
藻床和藻礁	0.5	15	75	11
河口	1.1	15	165	25
海洋总计	24.9	37	9 175	1 376
全球总计	73.2	17	12 433	1 748

由表 6-2 可见，一个明显的事实是，海洋生态系统中的植食动物有着高的摄食效率，约相当于陆地动物利用植物效率的 5 倍。这样，虽然海洋的初级生产量约为陆地初级生产量的 1/3，但海洋次级生产量总和却比陆地高得多。所以，对人类的未来而言，研究海洋的次级生产量是具有重要意义的。

二、次级生产的生态效率

各种生态系统中的食草动物利用或消费植物净初级生产量的效率是不相同的。对于肉食动物利用其猎物的消费效率，现有资料尚少。脊椎动物捕食者可能消费其脊椎动物猎物的 50%～100%的净生产量，但对无脊椎动物仅为 5%上下；无脊椎动物捕食者可消费无脊椎动物猎物的 25%净生产量。

草食动物和碎食动物的同化效率较低，而肉食动物较高。在草食动物所吃的植物中，含有一些难消化的物质，因此，通过消化道排遗出去的食物是很多的。肉食动物吃的是动物，其营养价值较高，但肉食动物在捕食时往往要消耗许多能量。因此，就净生长效率而言，肉食动物反而比草食动物低。这就是说，食肉动物的呼吸或维持消耗量较大。此外，在人工饲养条件下（或在动物园中），由于动物的活动减少，净生长效率也往往高于野生动物。

生长效率还随动物类群而异，一般说来，无脊椎动物有高的生长效率，约为 30%～40%（呼吸丢失能量较少，因而能将更多的同化能量转变为生长能量）；外温性脊椎动物居中，约为 10%；而内温性脊椎动物很低，仅为 1%～2%，因为它们为维持恒定体温而消耗很多已同化的能量。因此，动物的生长效率与呼吸消耗呈明显的负相关。表 6-3 是 7 类动物的平均生长效率。个体最小的内温性脊椎动物，其生长效率是动物中最低的，而原生动物等个体小、寿命短、种群周转快，具有最高的生长效率。

表 6-3 各类群动物的平均生长效率（引自 C. J. Krebs, 2001）

类　　群	生长效率（NPP_n/A_n）
食虫兽	0.86
鸟	1.29
小型哺乳动物	1.51
其他哺乳动物	3.14
鱼和社会性昆虫	9.77
无脊椎动物（昆虫除外）	25.0
非社会性昆虫	40.7

Lindeman 效率大约是 10%～20%，即通常所称的十分之一法则。这个法则说明，每通过一个营养级，其有效能量大约为前一营养级的 1/10。这就是说，食物链越长，消耗于营养级的能量就越多。从这个意义上讲，人如果直接以植物为食品，相比以吃植物的动物（如牛肉）为食品，可以供养多 10 倍的人口。据世界粮农组织统计，富国人均直接谷物消耗低于穷国，但以肉乳蛋品为食品的粮食间接消耗量高于贫国数倍。缩短食物链的例子在自然界也有所见，如巨大的须鲸以最小的甲壳类为食。

第五节　能量动态分析

能量动态是指太阳辐射能被生态系统中的生产者转化为化学能并被贮藏在产品中，然后通过取食关系沿食物链逐渐利用，最后通过分解者的作用，将有机物的能量释放于环境之中的能量动态的全过程。

一、水域生态系统

Lindeman（1942）开创了定量描述生态系统能量动态的工作。他在对美国 Cedar Bog 湖进行深入调查研究的基础上，发表了《生态学的营养动态概说》一文，提出生态系统营养动态的基本过程就是能量从生态系统的这一部分转移至另一部分的过程。而生产者是生态系统的能量基础。

Lindeman 的研究结果见图 6-4，表明进入生态系统的太阳辐射能为 5.0×10^5 J/(cm^2 · a)，

除去未吸收的辐射能 5.0×10^5 J/(cm² · a)外，总初级生产量为 467.7 J/(cm² · a)。总初级生产量中能量的 21%，约 96.3 J/(cm² · a)用于呼吸，被分解的为 12.6 J/(cm² · a)，还有 293 J/(cm² · a)不能被利用。剩下 63 J/(cm² · a) 作为下一营养级植食动物的食物而被利用。

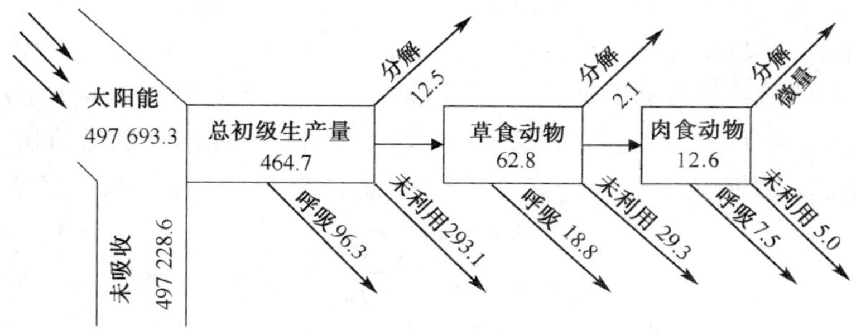

图 6-4　美国 Cedar Bog 湖生态系统的能量流动(据 Lindeman,1942)[单位:J/(cm² · a)]

植食动物阶层也和总初级生产量类似，除分为呼吸、分解、未利用等部分外，余下的 13 J/(cm² · a)被食肉动物消化、吸收。

食肉动物阶层约有 7.5 J/(cm² · a)的能量用于呼吸代谢。食肉动物呼吸消耗远比生产者或者初级消费者要高，这是一个显著的特点，其能量利用率亦较植食动物高。

Lindeman 研究的结果表明，当太阳辐射能进入生态系统后，首先为生产者所吸收的辐射能即成为总输入能量。在通过植食动物、肉食动物等营养阶层时，能量在流动中有了转化。总的来看，这种能量流动和转化情况完全符合热力学第一定律和第二定律。

H. T. Odum(1957)在美国佛罗里达的银泉(Silver Spring)进行了能流分析工作。图 6-5 是以牧食食物链为主的银泉生态系统的能流。银泉中的优势生产者是有花植物慈姑、卵形藻、颗粒直链藻、小舟形藻及少量金鱼藻、眼子菜和单胞藻类。植食动物是一些鱼类、甲壳类、腹足类以及昆虫的幼虫。食肉动物中有食蚊鱼、两栖螈、蛙类、鸟类、水螅和昆虫等。二级食肉动物有弓鳍鱼、黑鲈和密河鳖。此外，还有以动植物残体为生的细菌和一种小虾。图 6-5 表明，在一年中，每平方米水面能接受 1.72×10^9 J 的太阳辐射能，生产者将 8.70×10^7 J 的能量固定为总生产量，其效率相当于入射总能量的 1.2%。植物的呼吸作用消耗 5.01×10^7 J，所以其净生产量是 3.70×10^7 J。草食动物每年每平方米可把 6.18×10^6 J 转为自身组织，呼吸作用消耗 7.9×10^6 J。肉食动物每年每平方米有 3.0×10^5 J的净生产力，呼吸作用消耗 1.4×10^6 J。

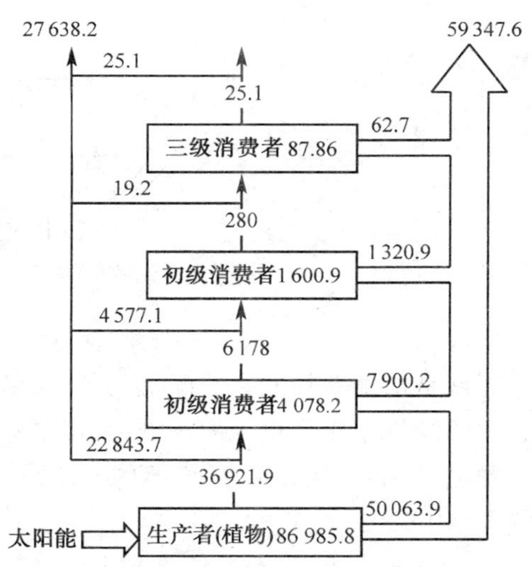

图 6-5　美国 Silver Spring 生态系统食物链的能流分析[kJ/(m² · a)]

从银泉生态系统的能流分析中可以得出这样的结论：从生产者到草食动物的能量转化效率低于从草食动物到肉食动物的能量转化效率。贮藏在肉食动物中的能量只占入射日光能的一个极小的比例。

二、陆地生态系统

F. B. Golley(1960)在美国密执安的弃耕地研究了能量沿食物链流动的情况(见图6-6)。弃耕地的生产者是早熟禾(*Poa compressa*),植食动物是田鼠(*Microtus pennsylvanicus*),主要食鼠动物为鼬,即黄鼠狼(*Mustela rixosa*)。从这一较为简单的食物链可以看到:生产者用于本身消耗的呼吸量(R),占总生产量的15%,净生产量(NPP)占85%;而田鼠和鼬的R占总摄食量的70%和83%。田鼠和鼬都是恒温动物,能量的大部分消耗于维持体温和其他生命活动,只有2%~3%的同化能量用于生长和繁殖后代。

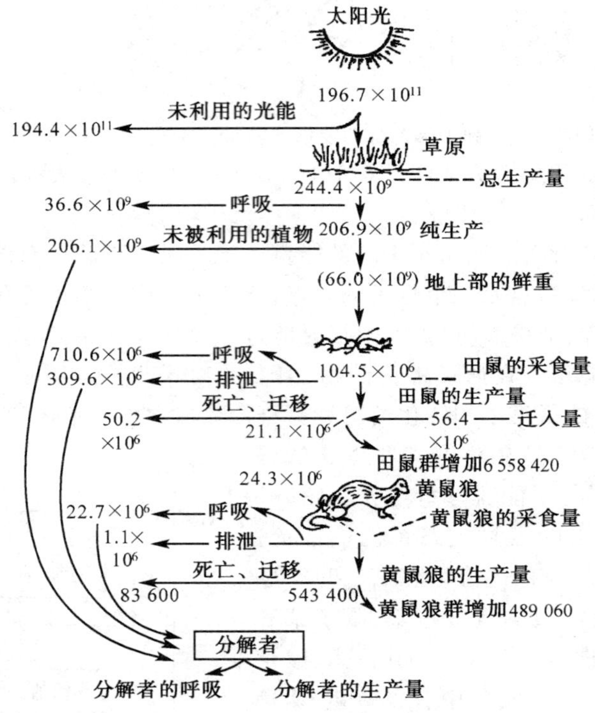

图6-6 弃耕地中的一个食物链的能流[单位:J/(hm² · a)]

这是恒温动物能量分配上的特点:每一营养级所利用的能量与前一营养级所提供的可利用的能量相比是很少的。例如,田鼠只利用了植物净生产力的0.5%(99.5%未被利用),而鼬也只利用了田鼠生产量的35%。鼬积累的能量仅仅是早熟禾光合作用固定能量的1/440 000。

到目前为止,生态系统水平上能量流动分析较有成就的工作是在水域生态系统方面,如Cedar Bog湖和Silver Spring能流分析的工作都是生态学的经典工作。

第六节 生态系统中的物质分解作用

一、有机物质的分解作用及其意义

动植物和微生物死亡以后，它们的残株、尸体就成为其他生物有机体的物质资源。将动植物和微生物的残株、尸体等复杂有机物分解为简单无机物的逐步降解过程，称为分解作用(decomposition)。分解时，无机的营养元素从有机物中释放出来，称为矿化(mineralization)，它与光合作用时无机营养元素的固定正好是相反的过程。从能量而言，分解与光合作用也是相反的过程，前者是放能，后者是贮能。有机物质的分解作用可表示成：

$$C_6H_{12}O_6+6O_2 \xrightarrow{\text{酶}} 6CO_2+6H_2O+\text{能量}$$

实际上，生态系统中的资源分解作用是一个极为复杂的过程，包括降解、碎化和溶解等，然后通过生物摄食和排出，并有一系列酶参与到各个分解的环节中。在分解动物尸体和植物残体中起决定作用的是异养微生物。当然，这种分解作用也是细菌、真菌为它们自身获取食物所必需的。

分解作用的意义主要在于维持生态系统生产和分解的平衡。据估计，全球通过光合作用每年大约生产 10^{17} g 有机物质，而一年中被分解的有机物质大约也是 10^{17} g，即通过分解作用大体上维持着全球生产和分解的平衡。如果没有分解，那么，一切营养物质都将束缚于尸体和残株之中，生态系统的物质循环将停止，也就不可能进行新的生产和生产新的生命。

在建立全球生态系统生产和分解的动态平衡中，物质分解发挥着极其重要的作用，主要有：①通过死亡物质的分解，使有机物中的营养元素释放出来，参与物质的再循环(recycling)，同时给生产者提供营养元素；②维持大气中 CO_2 浓度；③稳定和提高土壤有机质的含量，为碎屑食物链以后各级生物提供食物；④改善土壤物理性状，改造地球表面惰性物质，降低污染物危害程度；⑤其他功能，如在有机质分解过程中产生具有调控作用的环境激素(environmental hormone)，对其他生物的生长产生重大影响，这些物质可能是抑制性的或刺激性的。

二、生物分解者

1. 微生物

微生物中的细菌和真菌是有机物质的主要分解者。在细菌体内和真菌菌丝体内具有各种完成多种特殊的化学反应所必需的酶系统。这些酶被分泌到死的物质资源内进行分解活动，一些分解产物作为食物而被细菌或真菌所吸收，另外一些则继续保留在环境中。

2. 动物类群

陆地生态系统的分解者主要是些食碎屑(detritivore)的无脊椎动物。按机体大小可分为微型、中型和大型动物三大动物区系：①微型动物区系(microfauna)，体宽在 100 μm 以下，包括原生动物、线虫、轮虫、体型极小的弹尾目昆虫和螨类。②中型动物区系(mesofauna)，体宽 100 μm～2 mm，包括原尾虫、螨类、线蚓类、双翅目幼虫和一些小型鞘翅目昆虫，大部分都能侵蚀完整的落叶，但是它们对落叶层总的降解作用并不显著。对分解的主要作用是调节微生物种群数量的大小和对大型动物区系的粪便进行处理和加工。③大型动物区系(macrofauna,2～20 mm),包括各种取食落叶层的节肢动物,如千足虫、等足目和端足目动物、蛞蝓和蜗牛以及较大的蚯蚓。这些动物参与扯碎植物残叶、土壤的翻动和再分配的作用。达尔文(1888)曾分析过蚯蚓对草地的作用,估计 30 年中由于它们的活动而形成了 18 cm 厚的新土层,约 50 t/hm^2,而在尼日利亚西部草原 2—6 月的雨季中形成的新土高达170 t/hm^2。

陆地生态系统中对物质分解有重要作用的是无脊椎动物。它们的分布有随纬度而变化的地带性规律。低纬度热带地区起作用的主要是大型土壤动物,其分解作用明显高于温带和寒带;高纬度寒温带和冻原地区多为中、小型土壤动物,它们对物质分解起的作用很小。土壤有机物的积累主要决定于气候等理化环境。有机物分解速率也随纬度而变化。一般而言,低纬度温度较高、湿度大的地区,有机物分解速率也快;而温度较低和干燥的地区则有利于有机物质的积累。

水域生态系统的分解成员与陆地不同,但其过程也分搜集、刮取、粉碎、取食或捕食等几个环节,其作用也相似。水域生态系统的分解者动物按其功能可分为粉碎者、搜集者、底栖者、滤食者、植食者、肉食者六类。

总之,一个分解者系统具有复杂的食物链系统,如图 6-7 所示。

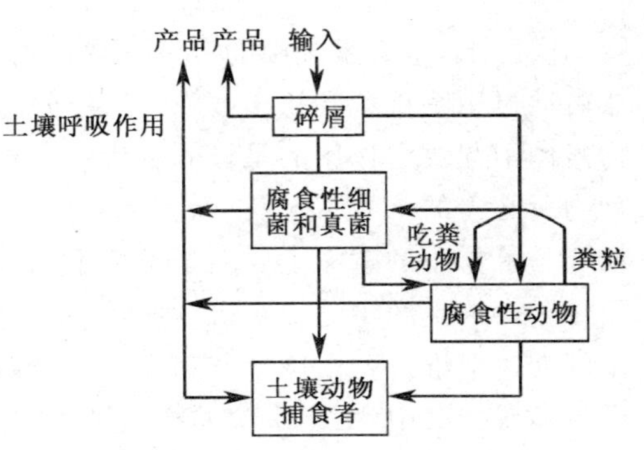

图 6-7 分解者亚系统中生物功能的整体性模型(引自蔡晓明,2000)

三、有机物质的分解过程

生态系统中的分解作用是一个复杂的过程,主要由三个环节组成,即降解过程(K)、碎化过程(C)和淋溶过程(L)。

降解(degradation,K)是指在酶的作用下,有机物质通过生物化学过程,分解为单分子的物质或无机物等的过程。

碎化(break down,C)是指颗粒体的粉碎,是一种物理过程。主要的改变是动物生命活动的结果,当然,也包括了非生物因素,如风化、结冰、解冻和干湿作用等。

淋溶(leaching,L)是指水将资源中的可溶性成分解脱出来。有机体一旦死亡,那些可溶的或水解的物质就很快地溶解出来。这个过程并不一定要有微生物参与。实验证明,不管是在有菌还是无菌条件下,其淋溶速率是一样的。

分解过程(D)实际上是这三个分解过程的乘积,即

$$D = KCL$$

分解作用的模型体现了上述三个过程在一定时间中将资源从一种状态(R_1)转化为另一种状态(R_2)。控制该过程的驱动变量是有机物质的性质(Q)、生物分解者(O)和分解过程中的环境条件(P)。其整个过程可概括为图 6-8。

物质分解作用中,伴随着分化和再循环过程,物质将以不同的速率和过程被分解。分解的早期显示其多途径的分化,物质经降解、碎化和淋溶转化为无机物、碳水化合物和多酚化合物、分解者组织,以及未改变性质的降解颗粒等。这一阶段的产物为生产者提供可利用的

营养元素。长期分解作用的结果是形成相同的产物——腐殖质(humus)。腐殖质是一种分子结构十分复杂的高分子化合物,它可长期存在于土壤中,成为土壤中最重要的活性成分。

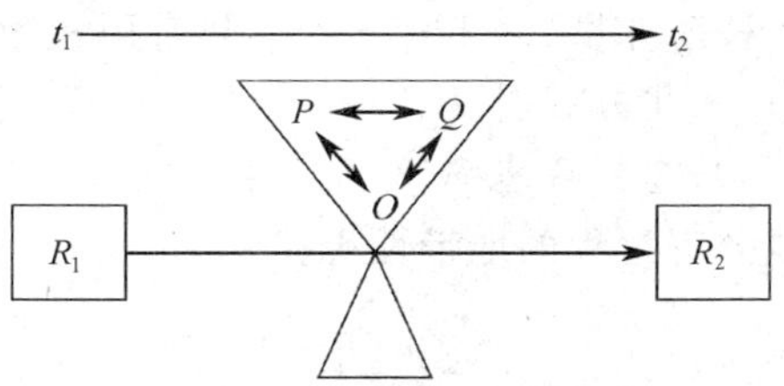

图 6-8　分解过程中资源状态($R_1 \rightarrow R_2$)随时间($t_1 \rightarrow t_2$)的变化

关于有机物质分解过程中腐殖质的形成机理目前并不十分清楚。一种假说认为腐殖质是由有机物质分解产生的多元酚和醌化合物合成,多元酚和醌化合物可直接来自于木质素,也可能是微生物的合成产物。腐殖质在陆地生态系统中起到重要作用,它是地球的主要有机碳库,在促进农作物生长、环境保护和农业可持续发展等方面作用巨大。

四、影响分解作用的生态因素

有机物质分解过程的特征和速率取决于生物分解者、被分解有机物的组成和理化环境条件三个变量。三方面的组合决定分解过程每一阶段的速率。

1.环境条件

陆地生态系统中有机物质的分解都是在微生物参与下进行的。因此,影响土壤微生物活动的因素都是影响有机物质分解的因素。这些因素主要是:

(1)土壤温度。土壤微生物活动的最适温度一般在 25～35℃。高于 45℃或低于 0℃时,一般微生物活动受到抑制。部分高温型微生物的最适生长温度为 45～60℃。

(2)土壤湿度和通气状况。土壤中微生物的活动需要适宜的水分含量,过多的水分影响土壤的通气状况,从而改变有机物质的转化过程和产物。

(3)pH 状况。各种微生物都有各自最适宜活动的 pH 值和可以适应的范围。大多数细菌活动的最适宜 pH 值在中性附近(pH6.5～7.5),放线菌的最适宜 pH 值略偏碱,而真菌适宜在 pH3～6 条件下活动。pH 值过高或过低对微生物活动都有抑制作用。

气候则在较大范围内影响有机物质的分解。一般说来,温度高、湿度大的地带,其土壤中有机物质的分解速率高,而低温和干燥的地带,其分解速率低,因而土壤中易积累有机物质。Swift(1979)的研究表明,由湿热的热带森林经温带森林到寒冷的冻原,其有机物分解率随纬度增高而降低,而有机物的积累过程则随纬度升高而增高。在同一气候带内局部地方有机物质的积累也有区别,它可能决定于该地的土壤类型和待分解资源的特点。例如受水浸泡的沼泽土壤,由于水泡和缺氧,抑制微生物活动,分解速率极低,有机物质积累量很大,这是沼泽土可供开发有机肥料和生物能源的原因。

Olsen(1963)提出了描述不同生态系统的分解指数(K)。在生态系统中,死有机物质输入总量(I)对系统现存有机物质总量(X)之比的分解指数的关系表述如下:

$$K = I/X$$

K 是个很有用的指标。然而,在具体系统中要区分土壤中的活根和死根往往很难。为此,常采用地面枯枝落叶输入量(I_L)和地面的现存量(X_L)之比来计算 K 值。地球上各主要生态系统的 K 值见图 6-9。它大致与陆地生态系统净初级生产量分布特征相平行,这说明气候对生态系统有决定性的影响。Whittaker 等(1975)曾对热带雨林、稀树草原、温带草原、温带落叶林、北方森林和冻原生态系统的分解过程进行了比较。结果表明:①每年输入枯枝落叶量[t/(hm² · a)]，热带雨林为 30、稀树草原为 9.5、温带草原为 7.5、温带落叶林为 11.5、北方森林为 7.5、冻原为 1.5；②分解系数(K_L)，依次为 6.0，3.2，1.5，0.77，0.21，0.03；③分解速率(3/K_L/年)，依次为 0.5，1，2，4，14 和 100a。这一研究结果基本反映了全球分解过程的地带性规律。

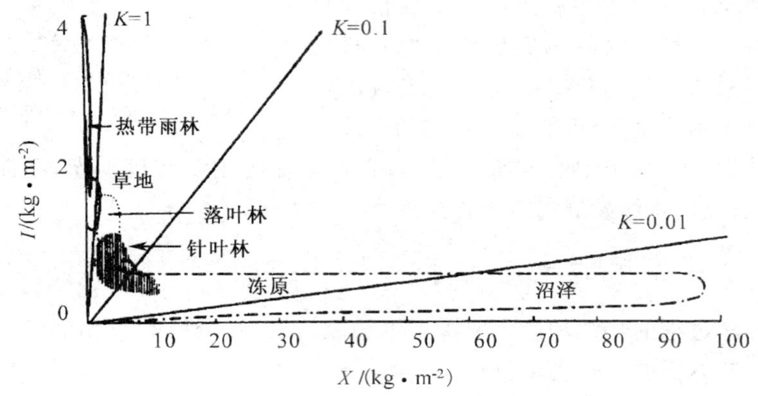

图 6-9 地球上一些生态系统的分解指数(K)(引自 J. M. Anderson，1981)

2. 分解的资源质量

有机物的物理和化学性质均对分解速率有直接的影响。有机物质中各种化学成分的分解速率有明显的差异，一般淀粉、糖类和半纤维素等分解较快，纤维素和木质素等则难以分解。图 6-10 表示了植物有机物质中各种化学成分的分解速率，一年后糖类分解几乎达 100%，半纤维素为 90%，木质素为 50%，而酚只分解 10%。Webster 等(1986)对淡水生态系统中 596 种木质和非木质植物在水中的分解作用进行分析，发现其日平均分解速率相差可超过 10 倍，显然它们的化学成分明显地影响了淡水生态系统的分解速率。Gessner 等(1994)试验了以下几种树叶在水中的分解速率：赤杨(*Alnus glutinosa*)、白蜡树(*Fraxinus excelsior*)、山毛榉(*Fagus sylvatica*)、野樱桃(*Prunus avium*)、榛树(*Corylus avellana*)、枫树(*Platanus hybrida*)和橡树(*Quercus ilex*)。他们发现，具有较高木质素成分的叶子分解得慢。

有机物质中的碳氮比(C/N)对其分解速率影响很大。因为碳是微生物能量的来源，又是构成微生物躯体的材料，氮是微生物合成蛋白质的主要成分。因此，微生物的分解作用需要足够的碳和氮。微生物身体组织中的 C/N 约为 10∶1～5∶1，平均 8∶1。但由于微生物代谢的碳只有 1/3 进入微生物细胞，其余的碳以 CO_2 的形式释放。因此，对微生物来说，同化 1 份 N，就需要有 24 份的 C。但大多数待分解的植物组织其含 N 量比此值低得多，C/N 为(40～80)∶1。因此，N 的供应量就经常成为限制因素，分解速率在很大程度上取决于 N 的供应。而待分解有机物的 C/N 比，常可作为生物降解性能的测度指标。最适 C/N 大约是(25～30)∶1，这已由大量农业实践所证实。

当然，其他营养元素如 P，S 的缺乏也会影响有机物质的分解速率。

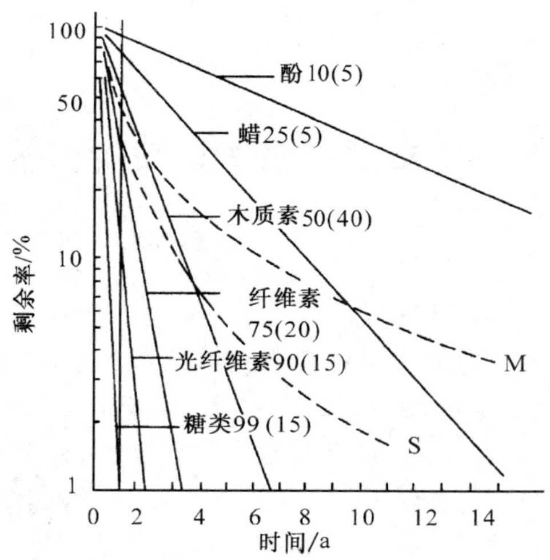

图 6-10 植物枯枝落叶中各种化合物的分解曲线(引自 J. M. Anderson, 1981)
各成分前的数字为每年分解率,成分后面的数字为枯枝落叶各成分原重百分比;
S 为总和曲线,M 为预测分解过程的近似值。

思考题

1. 概念与术语。

能量流 摄取量 同化量 呼吸量 生产量 同化效率 消费效率 Lindeman 十分之一定律 初级生产 总初级生产量 净初级生产量 生物量 次级生产 分解作用 生物分解者 降解 碎化 淋溶 分解指数

2. 生态系统中能量流动有哪些基本规律?

3. 有哪些因素影响初级生产力? 提高初级生产力有哪些途径?

4. 全球初级生产力分布有什么规律? 陆地生态系统和水域生态系统初级生产力的主要限制因素是什么?

5. 初级生产力的测定方法有哪些? 各有什么特点?

6. 分解作用在建立全球生态系统动态平衡中有什么作用和意义?

7. 分解者生物有哪些? 各有什么作用?

8. 论述有机物质分解的过程,分解过程与物质性质、生物分解者和环境理化性质的关系。

9. 画出生态系统能流模式图,并写出初级生产者和次级生产者能量收支方程。

第七章 生态系统的物质循环

本章提要 重点阐述生物地球化学循环的基本概念和规律，水，C，N，P，S以及有毒物质循环的途径、速率和主要特点及其相关的环境生态问题，包括：生物地球化学循环以及水循环、气态型和沉积型循环的概念；水循环的生态学意义、水的分布、水循环的主要过程和全球水资源问题；C循环的主要过程和全球二氧化碳平衡及其全球环境问题；N和P循环的主要过程、特点及与N，P循环有关的环境问题；S循环过程和人类对S循环的干扰与酸雨问题；农药和重金属元素的循环及其对人类健康的影响；应用生物地球化学循环理论，审视人类活动对生态系统物质循环的影响及当今人类面临的全球性生态环境问题。

生命的维持不仅依赖于能量的供应，也依赖于物质的供应。如果说生态系统的能量来源于太阳，那么物质则是由地球供应的。物质是由化学元素组成的，人类现已发现了109种化学元素，其中有30～40种化学元素是生物有机体所需要的。物质在生态系统中起着双重作用，既是维持生命活动的物质基础，又是能量的载体。没有物质，能量就不可能沿着食物链进行传递。因此，生态系统中的物质循环和能量流动是紧密联系的，它们是生态系统的两个基本功能。当前，面临的许多全球性环境生态问题与人类影响下的生态系统物质循环有关，研究生态系统的物质循环，有利于理解和正确处理当今人类面临的全球性环境问题，并有助于改善人类的生存环境。

第一节 物质循环的一般特点

一、生物地球化学循环的概念

各种化学元素包括生命有机体所必需的营养物质，在不同层次、不同大小的生态系统内，乃至生物圈里，沿着特定的途径从环境到生物体，从生物体再到环境，不断地进行着流动和循环，就构成了生物地球化学循环（biogeochemical cycle），即生态系统的物质循环（cycle of material）。那些生命必需元素的循环通常称为营养物质循环（见图7-1）。

生物地球化学循环包括了地质大循环和生物小循环的内容，它们是密切联系、相辅相成的。地质大循环是指物质或元素经生物体的吸收作用，从环境进入生物有机体内，然后生物有机体以死体、残体或排泄物形式将物质或元素返回环境，进入大气、水、岩石、土壤和生物五大自然圈层的循环。地质大循环的时间长、范围广，是闭合式的循环。生物小循环是指环境中元素经生物体吸收，在生态系统中被多层次利用，然后经过分解者的作用，再被生产者吸收利用。生物小循环时间短、范围小，是开放式的循环。

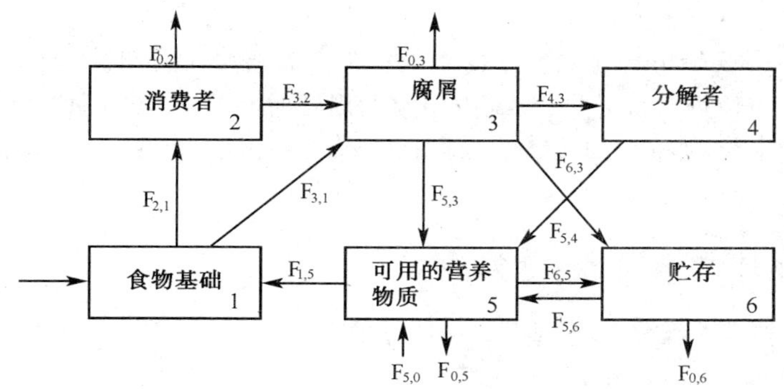

图 7-1　营养物质生物地球化学循环的模型

箭头表示营养物质流动的方向(F)，方框中数字表示分室号数，零(0)代表环境；$F_{2,1}$表示营养物质由第一分室流向第二分室；$F_{0,2}$表示营养物质由第二分室流向环境，依此类推

当前，人类的活动已强烈地干扰了生态系统的物质循环，人类影响物质循环的能力已达到全球规模，并随之带来了一系列复杂的生态环境问题。在过去 100 多年中，人类活动已经显著地干扰了碳、氮、磷、硫等物质的生物地球化学循环。如全球 CO_2 平衡的破坏，将导致全球气候的变化和生物多样性的丧失；SO_2 的过量释放已造成严重国际公害“酸雨”；人类对氮、磷循环的影响，则产生了水体富营养化的结果等。

二、物质循环的几个基本概念

1. 库

库(pool)是指某一物质在生物或非生物环境暂时滞留(被固定或贮存)的数量。生态系统中的各个组分都是物质循环的库，可分为植物库、动物库、大气库、土壤库和水体库。各库又可分为许多亚库，如植物库可分为作物、林木、牧草等亚库。在生物地球化学循环中，根据库容量的不同以及各种营养元素在各库中的滞留时间和流动速率的不同，可把物质循环的库分为两种类型：

(1)贮存库(reservoir pool)，其特点是库容量大，元素在库中滞留的时间长，流动速度慢，一般为非生物成分，如岩石、沉积物等。

(2)交换库(exchange pool)，其特点是库容量小，元素在库中滞留的时间短，流动速度快，一般为生物成分，如植物库、动物库等。

例如，在一个水生生态系统中，水体中含有磷，水体是磷的贮存库；浮游生物体内含有磷，浮游生物是磷的交换库。

2. 流通率

流通率(flow rate)是指在生态系统中单位时间、单位面积(或体积)内物质流动的量[$kg/(m^2 \cdot t)$]。

3. 周转率

周转率(turnover rate)指某物质出入一个库的流通率与库量之比。即

$$周转率=\frac{流通率}{库中该物质的量}$$

4. 周转时间

周转时间(turnover time)是周转率的倒数。周转率越大，周转时间就越短。例如，大气圈中 N_2 的周转时间约近一百万年；大气圈中水的周转时间为 10.5 d，即大气圈中所含水分一年要更新大约 34 次；海洋中主要物质的周转时间，硅最短，约 8 000 年，钠最长，约 2.06 亿年。

三、生物地球化学循环的类型

生物地球化学循环可分为三种类型，即水循环(water cycle)、气体型循环(gaseous cycle)和沉积型循环(sedimentary cycle)。

1. 水循环

水是自然的驱使者，生态系统中所有的物质循环都是在水循环的推动下完成的。可以说，没有水的循环就没有生物地球化学循环，就没有生态系统的功能，也就没有生命。

2. 气体型循环

物质循环的贮存库主要是大气和海洋，循环与大气和海洋密切相关，循环性能完善，具有明显的全球性。凡属于气体型循环的物质，其分子或某些化合物常以气体的形式参与循环过程。属于这一类循环的物质有碳、氮和氧等。气体型循环与全球性的三个环境问题(温室效应、酸雨、臭氧层破坏)密切相关。

3. 沉积型循环

物质循环的贮存库主要是岩石、沉积物和土壤；其分子或化合物主要是通过岩石的风化作用和沉积物的溶解作用，才能转变成可供生态系统利用的营养物质；循环过程缓慢，循环是非全球性的。属于沉积型循环的物质有磷、硫、钠、钾、钙、镁、铁、铜、硅等。

第二节　水循环

一、水循环的生态学意义

水是生物圈最重要的物质，也是生物组织中含量最多的一种化合物，是生命过程的介质，光合作用的重要原料。没有水，生命就无法维持。水也是地球上一切物质的溶剂和运转的介质。没有水循环，生态系统就无法运行，生命就会死亡。因此，水循环是地球上最重要的物质循环之一，它不仅实现着全球的水量转移，而且推动着全球能量交换和生物地球化学循环，并为人类提供不断再生的淡水资源。水循环的主要作用表现在：

(1)水是所有营养物质的介质。营养物质的循环和水循环不可分割地联系在一起。地球上水的运动，还把陆地生态系统和水域生态系统连接起来，从而使局部的生态系统与整个生物圈联系成一个整体。

(2)水是物质很好的溶剂。水在生态系统中起着能量传递和利用的作用。绝大多数物质都溶于水，随水迁移。据统计，地球陆地上每年大约有 36×10^{12} m^3 的水流入海洋。这些水中每年携带着 3.6×10^9 t 的溶解物质进入海洋。

(3)水是地质变化的动因之一。其他物质的循环都是结合水循环进行的。一个生态系统矿质元素的流失，而另一个生态系统矿质元素的沉积，都是通过水循环来完成的。

二、水的分布

水分布于陆地、海洋和大气中，它以固、液、气三种形态存在。根据 V. M. Goldschmid 计算，地球表面每平方米的含水量为 272 L，由海水(268.4 L)、大陆冰(4.5 L)、淡水(0.1 L)和水蒸气(0.003 L)所组成。按照目前的测量，地球上水的分布见表 7-1 所示。

表 7-1　全球水的估计贮量(单位：10^3 km^3)

水资源	体　积	总水量的%
地球总水量	1 460 000	
海洋	1 320 000～1 370 000	97.3
淡水		
冰盖/冰川	24 000～29 000	2.1
大气	13～14	0.001
地下水(5 000 m 内)	4 000～8 000	0.6
土壤水	60～80	0.006
河流	1.2	0.000 09
盐湖	104	0.007
淡水湖	125	0.009

地球的总水量有近 15 亿 km^3，其中海洋的储水量有 13.2×10^8 km^3，约占总水量的 97%以上，陆地上的水只占总水量的 3%左右。在陆地上的水量中，淡水只占陆地水的 73%；而在所有的淡水中，有 2/3 以固体状态存在于南、北两极的冰川、冰盖中，其余大部分为地下水；储藏于江河湖库中的淡水不到 0.5%，江河湖库中还必须保持一定的维持水量。因此，人类真正可利用的淡水资源是十分有限的，大约只有 $0.106\ 5\times10^8$ km^3。

三、全球水循环

地球表面的各种水体，通过蒸发、水气运移、降水、地表径流和下渗等水文过程紧密联系，相互转换，构成了全球水循环。其循环的动力是太阳能和重力的结合：①在太阳能的驱动下，海洋和陆地上水分的蒸发和植被蒸腾作用不断地向大气供应水分，在大气环流运动作用下，大气中的水汽在全球范围内重新分配，然后以雨、雪、雾等形式又重新返回到海洋和陆地。这一过程，称为全球尺度水循环过程。②降至陆地而没有蒸发的水分通过河流、湖泊，或地下水运动及冰川、冰山的崩解又返回到海洋中去。这样，在水分上升(环)和下降(环)的共同作用下，水分川流不息，形成了水的全球循环(见图 7-2)。

大气水分凝结的云和以雨、雪为主要形式的大气降水是全球水循环的主要输入部分。

植被对水循环有很大的影响，可以影响降雨、气候及水的再分配。水分的蒸发对于植物的生长、发育也至关重要。生产 1 g 初级生产量差不多要蒸腾 500 g 水。因此，陆地植被每年蒸腾大约 55×10^{12} m^3 的水，几乎相当于陆地蒸发、蒸腾的总量。这就增加了空气中的水分，促进了水的循环。

水循环是如何维持全球平衡的呢？如果把降落在地球上的水量看作 100 个单位，那么平均来说，海洋蒸发为 84 个单位，接受降水为 77 个单位；陆地蒸发为 16 个单位，接受降水为 23 个单位。从陆地到海洋的径流为 7 个单位，这样就使海洋蒸发亏缺得到补偿。余下的 7 个单位作为在高空环流的大气水分。虽然，海洋上的蒸发量大于海洋上的降水量，但是，从陆地流到海洋的径流，又使海洋和陆地的水循环得到平衡（见图 7-3）。

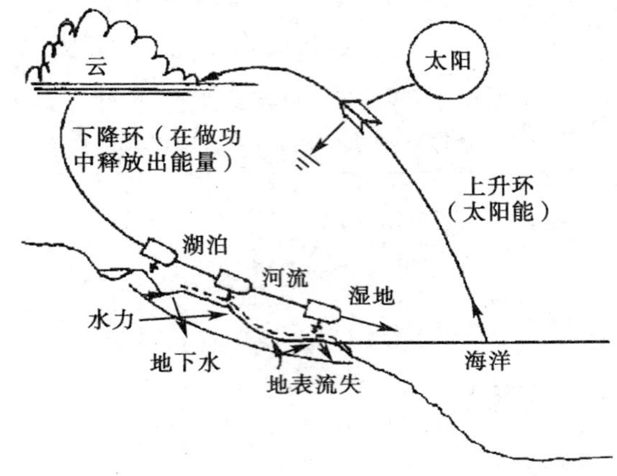

图 7-2　水循环的能量动力学模型（引自 E. P. Odum，1983）
上升环由太阳能驱动，下降环可把能量释放到湖泊、河流等低地，并形成有用的功

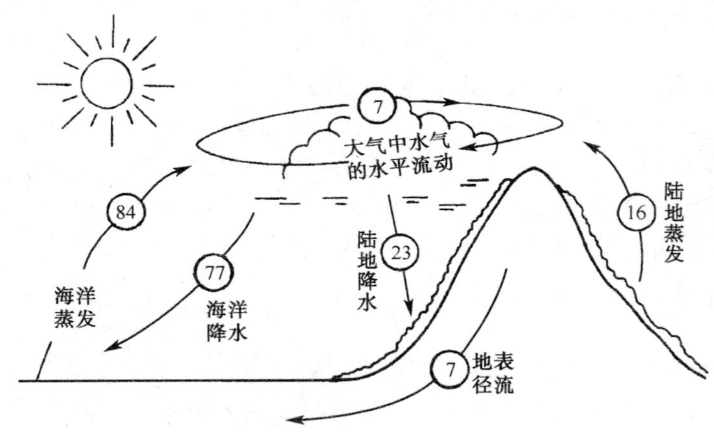

图 7-3　水循环的全球动态平衡

地球上各种水体的周转期是不同的。除生物水外，以大气中的水和河川水的周转期最短，这部分水可以得到不断的更替，并可以在较长时间内保持淡水动态平衡（见表 7-2）。

表 7-2　地球上各种水体的周转期

水体类型	周转期/a	水体类型	周转期/a
海洋	2 500	沼泽	5
深层地下水	1 400	土壤水	1
极地冰川	9 700	河川水	16
永久积雪、高山冰川	1 600	大气水	8
永久带底冰	10 000	生物水	几小时
湖泊	17		

四、全球的水资源危机

虽然地球上的水数量大，分布广，但淡水资源是十分有限的。绝大部分淡水是冰川，80%在南极，10%在格陵兰，水量相当于全球河流年径流量的900倍，剩下的可供人类利用的淡水资源只为总量的0.5%左右。全球淡水资源的地区分布也是极不均匀的，海洋性气候和季风气候区水资源较为丰富，而远离海洋的大陆性气候的干旱或半干旱地区水资源异常缺乏，全世界约55%的耕地分布于干旱地区。

随着人口激增和经济的迅猛发展，缺水已成为世界性问题。据统计，20世纪以来，全球用水量增加了8倍，其中农业用水量增长7倍，工业用水量增长20倍，城市生活用水量增长12倍，每15年用水量翻一番。80年代中期，全球用水量接近35 000亿立方米，到2000年，全球淡水用量达60 000亿立方米。目前，全球已有100多个国家和地区缺水，其中28个被列为严重缺水的国家和地区。世界上面临水源紧张的人口现有3.35亿。再过30年，缺水国家将达40～50个，缺水人口将增加8倍，达28亿～33亿人。同时，水污染进一步加剧了水资源短缺。大量的未经处理的废水、废物直接排入江、河、湖、海，污染了大量的地面水和地下水体，降低了这些水资源的利用价值。全世界每年向江河湖泊排放的各类污水达4 260亿立方米，被污染的水量达5.5×10^{12} m^3，造成全球径流总量的14%被污染。

我国水资源总量虽然相当丰富，但由于人口众多、地区分布不均、水资源利用效率低、水污染严重等因素，水资源缺乏问题十分突出。我国人均淡水资源2 400 m^3，只相当于世界人均量的1/4。全国每年缺水350亿立方米左右，有一半城市缺水，100多个城市严重缺水。全国有2.4亿人口，1.5亿牲畜饮水困难，而且水体污染十分严重，一半水体不符合渔业水质要求，1/4的水体不符合农业灌溉水质要求。

水资源缺乏将带来一系列严重后果，它不仅对生态环境和气候变化产生深刻影响，也使人类的生存和发展受到严重的威胁。预计21世纪的水危机将进一步加剧，水正成为地缘政治中一个具有爆炸性危险的问题。

第三节　碳、氮、磷和硫的循环

一、碳循环

1.碳的属性

碳是构成生物体的主要元素，是一切有机物的基本成分。所以，碳在生命世界里，占有特殊的地位。每年每平方米碳的固定量(g)就是生产力的一个重要指标。

碳在地球上只占地壳总重量的0.4%，只有氧的1/49。据估计，全球碳贮存量约为2.7×10^{16} t，但绝大部分以碳酸盐的形式被固结在岩石圈中，其次是贮存在化石燃料的石油和煤中。这是地球上两个最大的碳贮存库，约占碳总量的99.9%。另外是在生物学上有积极作用的两个碳交换库——水圈和大气圈。在大气圈中以CO_2和CO的形式存在的碳约700×10^9 t。在水圈中碳以多种形式存在，含碳约35×10^{12} t。生物所需要的碳主要来自二氧化碳。二氧化碳存在于大气中或溶解于水中。

2. 碳循环及其主要特点

生态系统中碳循环的主要形式是伴随着光合作用和能量流动的过程而进行的(见图 7-4)。

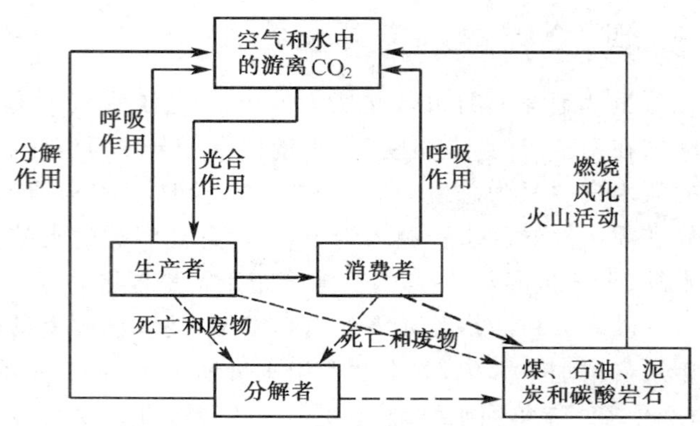

图 7-4 生态系统中的碳循环

绿色植物通过光合作用,将大气中的CO_2固定在有机物中,包括合成多糖、脂肪、蛋白质,而贮存在植物体中。绿色植物每年通过光合作用将大气里的CO_2所含的 1 500 亿吨碳,变成有机物储存于植物体内。在这个过程中,部分碳通过植物的呼吸作用又回到大气中;另一部分碳通过食物链转化为动物体组分、动物排泄物和动植物遗体中的碳,通过微生物分解为CO_2,再返回到大气中,并可被植物重新利用。同样,海洋中的浮游植物将海水中的CO_2固定转化为糖类,通过海洋食物链转移,海洋动植物的呼吸作用又释放CO_2到环境中。这里,不管是陆地还是海洋中合成的有机物中的碳,有一部分可能以化石有机物质(如煤)的形式暂时离开循环。当它们被开采利用时,再重新进入新的循环。

各类生态系统固定CO_2的速率差别很大。热带雨林每年固定碳为 1～2 kg/m^2,温带森林为 0.2～0.4 kg/m^2,而北极冻原和干燥的沙漠区只能固定热带雨林区的 1%。陆地各类生态系统中,森林生态系统是碳的最大储库,全世界森林的储碳量为 400～500 亿吨。

一般认为,海洋从大气吸收的CO_2比释放到大气中的CO_2多。在海洋中,通过浮游植物光合作用固定的CO_2转化为有生命的颗粒有机碳(living POC),这些有机碳通过食物链逐级转移到大型动物。未被利用的各级产品构成大量的非生命颗粒有机碳(non-living POC)向海底沉降。因此,真光层内光合作用吸收的CO_2就有一部分以颗粒有机碳形式离开真光层下沉到深海底。这种海洋中由有机物生产、消费、传递、沉降和分解等一系列过程构成的碳从表层向深层转移,称为生物泵(biological pump)。沉积到海底的一部分有机碳是很难降解的物质,它们可能长期埋藏在那里开始成为化石能源的过程。据估计,有 1.2×10^{16} t 的CO_2以有机沉积物的形式存在。在低温高压和缺氧的海底,细菌分解有机物生成的CH_4可形成白色固体状的天然气水合物,人们称之为“可燃冰”。据估计,“可燃冰”在海底的贮存总量比已知的所有煤、石油和天然气总和还要多,这部分碳暂时离开了再循环过程。某些海洋生物的外壳含有$CaCO_3$,当生物死亡时,这些含$CaCO_3$成分的物质就沉降到海底。此外,造礁珊瑚也构成大量的$CaCO_3$沉积。这些过程都实行碳的向下转移,并使碳离开生态系统的再循环,称之为碳酸盐泵(carbonate pump),它实际上也是一种生物泵,都有去除海水中CO_2的作用。据估计,经过漫长地质年代的积累,已经有 5×10^{16} t 的CO_2以$CaCO_3$的形式存在于海洋中。

生态系统中碳循环的其他途径还有:地质年代时期由动植物尸体长期埋藏在地层中形成的各种化石燃料,经人类开采后,燃烧这些化石燃料时,燃料中的碳氧化成CO_2,重新回到大气中,再被绿色植物重新吸收,又开始新的循环。岩石圈中的碳,通过岩石风化、溶解作用和火山喷发等重返大气圈。

自然生态系统中,植物通过光合作用从大气中摄取碳的速率与通过呼吸和分解作用而把碳释放到大气中的速率大体相同。由于植物的光合作用和生物的呼吸作用受到很多地理因素和其他因素的影响，所以大气中 CO_2 的含量有明显的日变化和季节变化。图 7-5 是大气中 CO_2 浓度的昼夜波动情况。夏季植物的光合作用强烈，从大气中所摄取的 CO_2 超过了在呼吸和分解过程中所释放的 CO_2，冬季正好相反，其浓度差可达 0.002%。

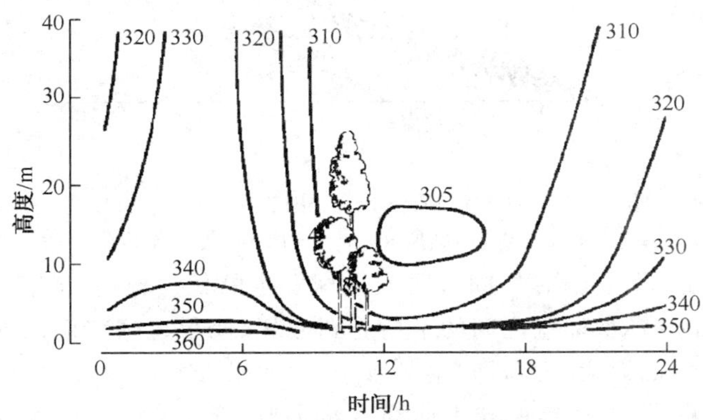

图 7-5 大气中 CO_2 浓度 μL/L 在一昼夜中的动态格局(引自戈峰，2002)

3. 与碳循环有关的环境问题

一般情况下，大气中的 CO_2 浓度基本上是恒定的。但自工业革命以来，人类在生活和工农业生产活动中大量地消费化石燃料，使 CO_2 排放量大幅度增加。另一方面，大量砍伐使森林面积不断缩小，植物吸收利用大气中 CO_2 的量越来越少，使得大气中 CO_2 的含量呈上升趋势。根据苏联南极考察队采集的时间跨度为 160 000 年的 Vostoc 冰芯中气泡的 CO_2 浓度测定，最后一个冰期(20 000 至 50 000 年前)的 CO_2 水平是 180～200 μL/L，显著低于现在的水平。从 A. D. 900 至 A. D. 1750 年大气中 CO_2 浓度是 270～280 μL/L。工业革命后大气中 CO_2 含量的上升是迅速和持续的，且增加的速度在不断地加快，估计到 2050 年将增至 550 μL/L。与此相适应地是，从 19 世纪 80 年代到 20 世纪 40 年代，世界平均气温升高了约0.4℃。根据夏威夷 Mauna Loa 气象台对 CO_2 的精确测定表明，从 1958 年开始按年周期计算的 CO_2 浓度有持续上升的趋势(见图 7-6)。根据全球大气的 CO_2 平衡计算，化石燃料释放的 CO_2 全部在大气中积累，大气 CO_2 浓度每年将增加 0.7%，但实际上只有释放的 56%的 CO_2 在大气中积累，其余部分的 CO_2 去向不明，成为困惑生态学家的难题。大气 CO_2 的平衡情况是：每年化石燃料释放 6.0×10^{15} g，陆地植被破坏释放 0.9×10^{15} g，每年释放的 CO_2 在大气中增加 3.2×10^{15} g，海洋吸收 2.2×10^{15} g，还有 1.7×10^{15} g 不知去向。

另一方面，陆地湿地、农田和海洋向大气释放的 CH_4 也很可观。CH_4 的主要来源是沼泽、稻田和牲畜反刍。在 200～2 000 年前，大气中 CH_4 的含量大约为 0.8 μL/L，100 年前增加到 0.9 μL/L。而近 40 年增加了 30%。1978 年测得浓度为 1.51 μL/L。现在已达到 1.72 μL/L，即大气含有 4 900 Tg CH_4 (1 Tg$=10^{12}$ g)，年增量在 0.8%～1.2% (0.014～0.017 μL/L)，也就是每年向大气中排放 40～48 Tg CH_4。

CO_2 和 CH_4 都是重要的温室气体(greenhouse gas)，其浓度的增加可能会引起“温室效应”(greenhouse effect)，导致全球气候变暖，对全球生态系统和人类生活产生重大影响。

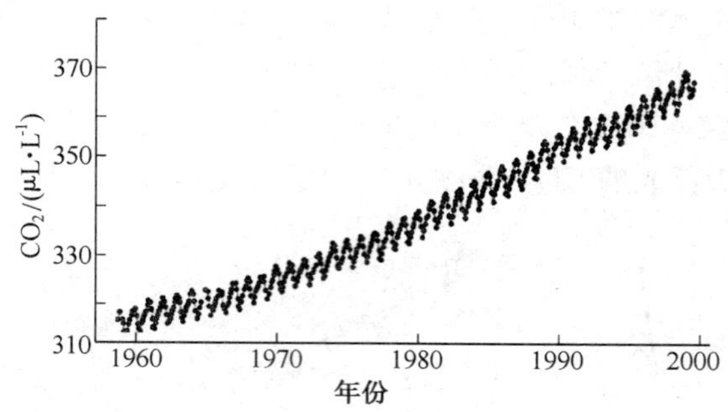

图 7-6 夏威夷 Mauna Loa 气象台测出的大气中的 CO_2 浓度(引自 C. J. Krebs, 2001)

CO_2 浓度的年间振荡是由于陆地植被光合作用和呼吸作用的季节变化引起的

CO_2 能吸收来自太阳的短波辐射,同时吸收地球发生的长波辐射,随着大气中 CO_2 浓度的增加,促使入射能量和逸散能量之间的平衡受到破坏,使得地球表面的能量平衡发生变化,结果是地球表面大气的温度升高,即“温室效应”。如果人类以目前的速度继续排放二氧化碳等温室气体,估计到 2100 年地球表面温度将上升 2℃;这将在全球范围内对气候、海平面、农业、林业、生态平衡和人类健康等方面带来巨大的影响。有关这方面的报道已很多。全球气温上升是当前环境生态学领域研究的热点问题之一。

二、氮循环

1. 氮的属性

氮是氨基酸、蛋白质和核酸的重要成分,是构成一切生命体的重要元素之一。

氮主要以氮气(N_2)的形式存在于大气中,约占大气体积的 78%,总量约 38×10^6 亿吨。氮是不活泼元素,一般很难和其他物质化合。贮量虽然丰富,但是,气态氮不能直接被一般绿色植物利用。因此,氮的贮存库对于生态系统来说,并不具有决定性意义。必须通过固 N 作用将游离 N 与氧结合成为亚硝酸盐和硝酸盐,或与 H 结合成 NH_3,才能为大部分生物所利用,参与蛋白质合成。因此,N 只有被固定后,才能进入生态系统,参与循环。

2. 氮循环及其主要特点

自然界中的固氮作用有三条途径:一是高能固氮。高能固氮是通过闪电、宇宙线、陨星、火山活动等的固氮,其结果是形成氨或硝酸盐后随着降水到地球表面。据估计,高能固氮每年固氮 8.9 kg/hm^2,其中 2/3 包含在氨中,1/3 在硝酸盐中。二是生物固氮。生物固氮每年可达 100～200 kg/hm^2,约占地球上每年固氮量的 90%。生物固氮的机理目前尚未完全明确。能固氮的生物大体可分为两大类:自生固氮生物和共生固氮生物。自生固氮生物是能独立固定氮气的微生物。它们能利用土壤中的有机物或通过光合作用来合成各种有机成分,并能将分子氮变成氨态氮。共生固氮生物的特点是:它们独立生活时,没有固氮作用;当它们侵入豆科等宿主植物后形成根瘤,从宿主植物吸收碳源和能源即能进行固氮作用,并供给宿主以氮源。在农业生态系统中固氮植物约有 200 种,非农业的植物、细菌、蓝绿藻等能固氮的约有 12 000 种。少数高等植物如赤杨、杨梅等也有固氮能力。固氮生物广泛分布于自然界中,甚至海藻和地衣中也有共生的固氮菌。三是工业固氮。工业固氮是随着近代工业的发展而发展起来的。随着石油工业的迅速发展,人们逐渐转入以气体、液体燃料为原料生产合成氨,氨经一系列氧化可生成多种多样的化肥。估计目前全世界工业固氮能力已超过1×10^8 t。

被固定的N，主要以硝酸盐形式存在，被绿色植物吸收，并转化为氨基酸，合成蛋白质。这样，环境中的N就进入了生态系统。草食动物摄食后利用植物蛋白质合成动物蛋白质。在动物代谢过程中，一部分蛋白质分解为含N的排泄物(尿酸、尿素)，再经细菌的作用，分解释放出N。动植物死亡后体内的有机态N经微生物的分解作用，转化为无机态N，形成硝酸盐。硝酸盐可重新被植物所利用，继续参与循环，也可经反硝化作用形成N_2，返回到大气中(见图7-7)。这样，氮又从生命系统中回到无机环境中去。

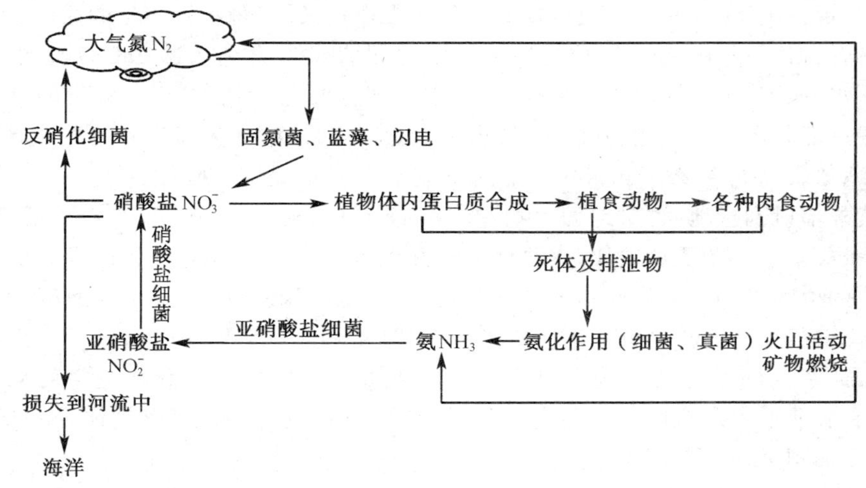

图7-7 生态系统中的氮循环

硝酸盐的另外循环途径是被淋溶，然后经过河流、湖泊，最后到达海洋。海洋中的生物固氮作用，除了参与生物循环以外，还有部分沉入深海，积累于储存库中，这样就暂时离开了循环。这部分氮的损失由火山喷放到空气中的气体来补偿。

氮循环中的四种基本生物化学过程(见图7-8)为：

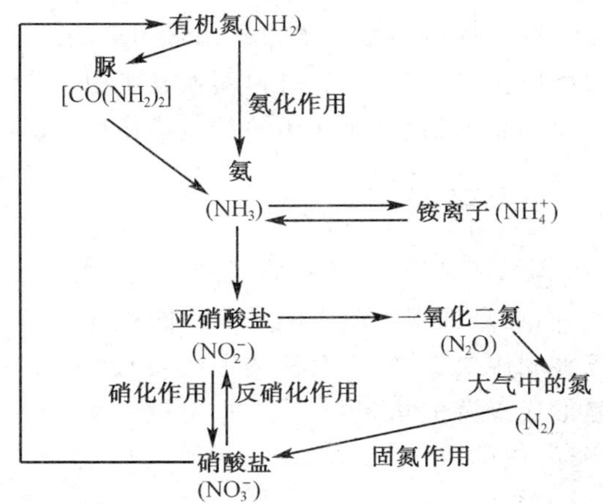

图7-8 氮循环中的四种基本生物化学过程

(1)固氮作用(nitrogen fixation)。它是固氮生物(或高能)将大气中的氮固定并还原成氨的过程，由固氮微生物(或高能)完成。

(2)氨化作用(ammonification)。它是将蛋白质、氨基酸、尿素以及其他有机含氮化合物转变成氨和氨化合物的过程。由氨化细菌、真菌和放线菌完成。如许多动物、植物和细菌可把氨基酸分解成氨。

(3)硝化作用(nitrification)。它是将氨化物和氨转变成亚硝酸盐、硝酸盐的过程。第一步从氨离子氧化为亚硝酸盐，主要由亚硝酸盐细菌(以*Nitrosomonas*为主)参与，第二步从亚硝酸盐氧化为硝酸盐，主要由硝酸盐细菌(以*Nitrobacter*为主)完成。

(4)反硝化作用(denitrification)。又称脱氮作用,指反硝化细菌将硝酸盐还原为 N_2,N_2O 或 NO,回到大气的过程。

因此,在自然生态系统中,一方面通过各种固氮作用使 N 进入物质循环,另一方面又通过反硝化作用使 N 不断返回大气,从而使 N 的循环处于平衡。

3.与 N 循环有关的环境问题

人类活动的干预效应已给氮循环及其平衡带来了新课题。在 20 世纪 70 年代时,全世界工业固氮总量已与全部陆地生态系统的固氮量基本相等。现在每年的工农业固氮量已大于自然固氮量。由于这种人为干扰,使氮循环的平衡被破坏,每年被固定的氮超过了返回大气的氮。据报道,每年固定的 N 比返回大气中的 N 多 680 万吨。这 680 万吨的 N 分布在土壤、地下水、河流、湖泊和海洋。另外,大气中被固定的氮,不能以相应数量的分子氮返回大气,其中一部分形成氮氧化物(NO_x)进入大气,这是造成现在大气污染的主要原因之一。

在离地球表面大约 25～40 km 上空的平流层中的臭氧层能吸收绝大部分太阳紫外辐射,阻挡紫外辐射到达地面,对地面生物和人类起保护作用。20 世纪 70 年代后,人们发现地球的臭氧层正在日益受到破坏,南北极上空都出现了臭氧层空洞。如果没有臭氧层的屏障,地球上的生物界和人类将面临灾难性的毁灭。臭氧层破坏的一个主要原因就是氮氧化物的作用。氮氧化物能与臭氧发生反应生成 NO_2 和 O_2,NO_2 再与自由氧反应生成 NO 和 O_2,打破原来臭氧的平衡,使平流层中的臭氧量减少。大气中氮氧化物的主要来源是工业活动排放和农业上大量施用化肥而产生的。同时,NO_x 也是一种温室气体,NO_x 浓度的增加将进一步加剧全球温室效应。

大量的氮进入河流、湖泊和海洋,使水体出现富营养化(eutrophication)。如进入北大西洋的 N 从 1750 年以来已增加 2～20 倍;密西西比河的 NO_3^--N 浓度自 1965 年来已翻一番,地下水的 NO_3^--N 浓度已达饮用水的高限。水体的富营养化将对生态系统带来一系列的影响,富营养水体中蓝藻和其他浮游生物的极度增殖,使湖水变红发蓝,水质混浊缺氧,使鱼类等难以生存。这种现象在江河湖泊中称为水华,在海洋中称为赤潮,是由于水体富营养化造成的环境问题。水中氮化合物的增加对人畜健康带来危害,亚硝酸盐与人体内血红蛋白反应生成高铁血红蛋白,使血红蛋白丧失输氧功能,使人中毒。硝酸盐和亚硝酸盐等是形成亚硝胺的物质,而亚硝胺是致癌物质,在人体消化系统中可诱发食道癌、胃癌等。

三、磷循环

磷是生物不可缺少的养分,生物的各种代谢都需要它。磷是核酸、细胞膜和骨骼的主要成分,也是细胞代谢中的高能中间产物三磷酸腺苷(ATP)和辅酶的一种成分。磷作为作物三大肥源要素之一,对植物生产力的提高具有决定性意义。在水域生态系统中,它和氮往往是形成浮游植物过度生长的关键元素。所以,在水域的富营养化过程中,磷是一个重要指标。

磷主要有两种存在形态:岩石态和溶盐态。磷循环(phosphorus cycle)的起点始于岩石的风化,终于水中的沉积,是典型的沉积型循环。岩石和沉积物中的磷酸盐通过风化、侵蚀和人类的开采,磷被释放出来,成为可溶性磷酸盐(PO_4^{3-})。植物吸收可溶性磷酸盐,合成自身原生质,然后通过植食动物、肉食动物在生态系统中循环,再经动物排泄物和动植物残体的分解,又重新回到环境中,再被植物吸收。溶解的磷酸盐,也可随着水流,进入江河、湖泊和海洋，并沉积在海底。其中一部分通过成岩作用成为岩石。

陆地生态系统中，磷的有机化合物被细菌分解为磷酸盐，回到土壤中重新被植物利用；有些在循环中被分解者所利用，成了微生物的一部分；还有一部分随水流进入了湖泊和海洋（见图 7-9）。

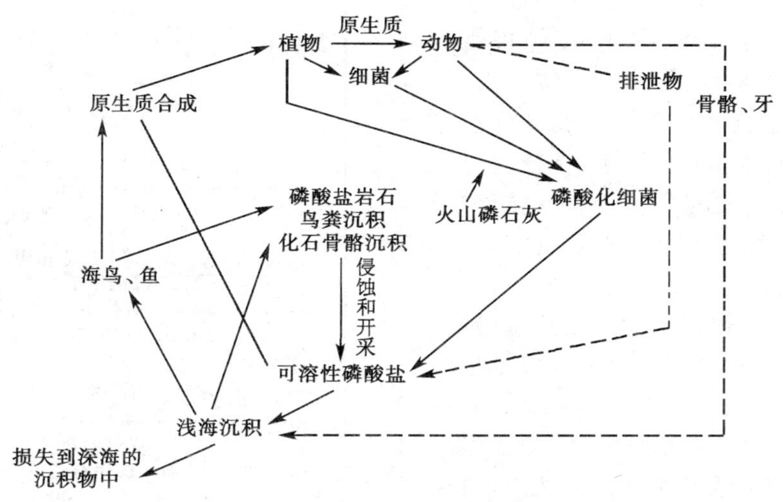

图 7-9　生态系统中的磷循环

在淡水和海洋生态系统中，浮游植物吸收无机磷的速率很快，而浮游植物又被浮游动物和食腐屑者所取食。浮游动物每天排出的磷，几乎与贮存在体内的磷一样多。在水域生态系统中，死亡的动植物体沉入水底，其体内磷的大部分以钙盐的形式长期沉积下来，离开了循环。所以，磷循环是不完全的循环。很多磷进入海底沉积起来，重新返回的磷不足以补偿其丢失的量，使陆地的磷损失越来越大。据估计，全世界磷蕴藏量只能维持 100 a 左右，磷参与循环的数量正在减少，磷将成为人类和陆地生物生命活动的限制因子。

进入深海的磷可通过三个途径重新回到陆地：①被海水的上涌流携带到上层水体中，又被冲到陆地上来；②由海洋变迁成为陆地，磷酸盐重新风化再次进入循环；③捕捞可以使一部分磷重返大陆。

四、硫循环

1. 硫循环及其主要特点

硫(S)是蛋白质和氨基酸的基本成分，是植物生长不可缺少的元素。在地壳中硫的含量只有 0.052%，但是其分布很广。在自然界，硫主要以元素硫、亚硫酸盐和硫酸盐等三种形式存在。硫循环(sulfur cycle)兼有气相循环和固相循环的双重特征，SO_2 和 H_2S 是硫循环中的重要组成部分，属气相循环；被束缚在有机或无机沉积物中的硫酸盐，释放十分缓慢，属于固相循环（见图 7-10）。

岩石圈中的有机、无机沉积物中的硫，通过风化和分解作用而释放，以盐溶液的形式进入陆地和水体。溶解态的硫被植物吸收利用，转化为氨基酸的成分，并通过食物链被动物利用，最后随着动物排泄物和动植物残体的腐烂、分解，硫又被释放出来，回到土壤或水体中被植物重新利用。另外一部分硫以气态形式参与循环，硫进入大气主要以 H_2S 或 SO_2 形式。

硫进入大气的途径有：化石燃料燃烧、火山爆发、海面散发和在分解过程中释放气体等。煤和石油中都含有较多的硫，燃烧时硫被氧化成 SO_2 进入大气。每燃烧 1 t 煤就产生 60 kg SO_2。硫进入大气的初态是硫化氢（H_2S），但很快就氧化成挥发性 SO_2。SO_2 可溶于水，随降水到达地面成为硫酸盐。氧化态的硫在化学和微生物作用下，转变成还原态的硫，反之，也可以实现相反转化。部分硫可沉积于海底，再次进入岩石圈。

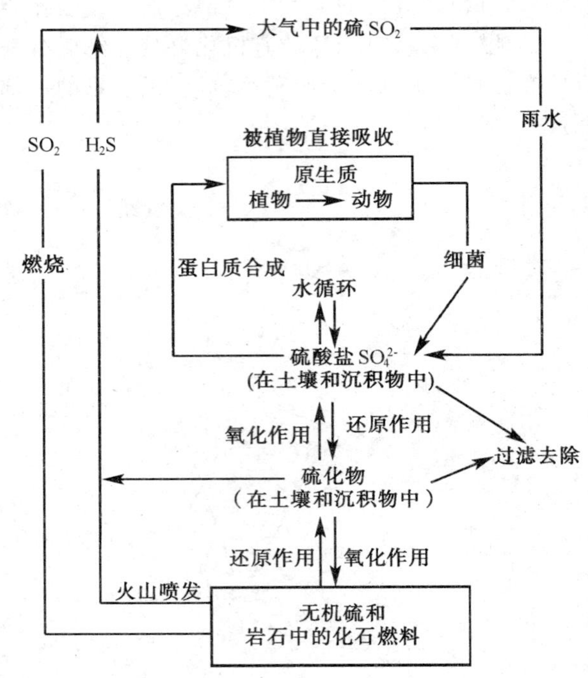

图 7-10 生态系统中的硫循环

硫在大气中停留的时间比较短，如果在对流层，停留时间一般不会超过几天；如果在平流层，可停留 1～2 年。由于硫在大气中滞留的时间短，硫的全年大气收支可以认为是平衡的。然而，硫循环的非气体部分，在目前还处在不完全平衡的状态，因为，经有机沉积物的埋藏进入岩石圈的硫少于从岩石圈输出的硫。

2. 与硫循环有关的环境问题

人类对硫循环的影响是很大的。通过矿石燃料的使用，人类每年向大气输入的 SO_2 已达 1.47×10^8 t，其中 70%来自煤的燃烧。SO_2 一旦进入大气，便与水分子结合形成硫酸，从而造成空气污染。硫酸对人的危害很大，只要有百万分之几的浓度就会对人的呼吸道产生刺激。如果形成细雾状的微小颗粒，还能进入肺部。硫酸浓度过高，就会成为灾难性的空气污染，例如 1930 年比利时马斯河谷、1938 年美国多诺拉、1952 年伦敦以及 60 年代纽约和东京都因大气含硫量过高而造成当地居民支气管哮喘病上升及死亡率增加。

SO_2 污染严重的地区，常因 SO_2 光化学反应形成酸雨（acid rain）。通常将 pH 值低于 5.6 的湿性酸沉降称为酸雨。酸雨的形成主要是化石燃料燃烧产生的硫氧化物（SO_x）和氮氧化物（NO_x）等大气酸性污染物溶入雨水所致。其化学反应过程如下：

$$2NO+O_2 \longrightarrow 2NO_2$$

$$2NO_2+H_2O \longrightarrow HNO_3+HNO_2$$

SO_2 的气相反应 $2SO_2+O_2 \longrightarrow 2SO_3$

$$SO_3+H_2O \longrightarrow H_2SO_4$$

SO_2 的液相反应 $SO_2+H_2O \longrightarrow H_2SO_3$

$$2H_2SO_3+O_2 \longrightarrow 2H_2SO_4$$

根据典型雨水样品计算，美国东北部地区雨水的平均酸度为：硫酸 62%，硝酸 32%，盐酸 6%。据推测，自然来源含硫化合物发生量约为 250 TgS/a（换算为 S）。其中贡献最大的是海洋上空的硫酸盐浓度，但来自海洋的硫酸盐的 90%在短时间内沉降回海洋，只有 10%对大气降水酸化产生作用。由火山活动排放到大气中的硫化合物约为 10 TgS/a，因为火山活动是间歇性的且分布不均，对酸化的影响不大。来源于生物活动的还原态含硫化合物，其发生量约为 70 TgS/a，陆地和海洋各占一半。其中，约 30%以 H_2S 的形式发生。20 世纪 60 年代曾估计自然硫排放量占全球硫总量的 85%左右，而在 70 年代接近 65%。最近，联合国环境规划署(UNEP)估算，自然硫排放量约占全球总量的 50%。在局部地区，人为排放量可占该地区排放量的 90%以上。Moller 推算 1977 年的人为排放量为 75 TgS/a，其中约 50%来源于煤的燃烧，32%来源于石油的精炼和燃烧，10%来源于沥青的燃烧，8%来源于矿石冶炼和制造硫酸。从全球规模发生量看，在过去的 100 年间，人为发生量增加了近 20 倍。发生量的地区分布很不均匀，约近 90%的二氧化硫发生于北半球。

地球上每年有 42.2 TgS/a 的 NO_x 生成。其中，由化石燃料和生物质燃烧生成的 NO_x 量是 28.2 TgS/a，雷电发生 3.0 TgS/a，土壤微生物活动产生 10.0 TgS/a。

造成酸雨的大气酸性污染物不仅影响局部地区，还能随气流输送到远离其发生源数千里以外的广大地区，成为越国界长距离移动的大气污染问题。据称加拿大 50%～70%的酸雨来源于美国东北部工业区，而瑞典和挪威 80%～90%的酸雨来自欧洲大陆。

20 世纪 50 年代以来，酸雨在世界上的分布逐年扩大，几乎遍布各大洲。目前主要集中在北美(美国和加拿大)、欧洲大陆及斯堪的纳维亚半岛、日本、印度和我国长江以南地区。我国目前 SO_2 年排放量约为 1 800 万吨，酸雨已占国土面积的 29%，西南、华南地区已成为与欧洲和北美并列的世界三大酸雨区之一。降水 pH 值最低达 3.0 左右。

酸雨危害严重，可对土壤、水域、森林、农作物、人体健康等造成严重危害，被称为“空中死神”。据欧洲经济委员会报告，全世界每年由于酸雨危害造成的经济损失相当于每人 2～10 美元。酸雨的危害主要有：①直接伤害植物，使植物叶子出现褪色的斑点，生长缓慢，作物产量下降。酸雨对森林生态系统的危害更为严重，是欧洲和我国森林生态系统大面积衰退的原因。据统计，欧洲大约有 6 500 万 hm^2 森林受到酸雨污染危害，仅中欧就有 100 万 hm^2 森林枯萎死亡。②使土壤 pH 下降，导致土壤酸化，破坏土壤结构，引起植物营养元素流失，生物多样性降低，生产力下降。酸雨使土壤中的重金属元素大量释放，通过食物链危害人类。③对湖泊的危害。酸雨引起的湖泊酸化已经成为欧洲和北美水生生态系统的严重问题，酸化后的水体中鱼类的种类和数量大幅度减少，许多湖泊鱼类绝迹。这是因为鱼、贝类对酸较敏感，除个别种类外大部分不能生存在酸性湖泊中。瑞典 1.4 万个湖泊的水生生物已不能生存繁衍，2 200 个湖泊几乎无生物；挪威约有 1.3×10^4 km^2 水域鱼类已经灭绝；美国有 75%的湖泊和大约一半的河流酸化。④腐蚀建筑物和文物等。在欧美，由于酸雨使建筑物的风化速度加剧，特别是以大理石为代表的石灰质岩外观变化尤为突出。⑤对人体健康产生一定的危害。因此，酸雨已成为全球性重大环境问题，与温室效应和臭氧层破坏并称三大全球性大气环境问题。

酸雨发生的主要原因是化石燃料燃烧排放的 SO_2 和氮氧化物等酸性物质。为了防止酸雨，就必须减少主要大气污染物 SO_2 和 NO_x 的排放量。目前，各国采取的防治酸雨危害的对策主要是：①调整能源战略，一方面节约能源，减少煤炭、石油的消耗量，以减少 SO_2，NO_x 等大气污染物的排放量；另一方面，积极开发新能源，尽量利用无污染或减少污染的新能源，如太阳能、水能、地热能、风能等。②解决 SO_2 大气污染问题，并以法律形式加以规定；实施一些具体的国际合作，规定减少各国的 SO_2 排放量。

3. 海洋二甲基硫的产生及其作用

海洋S循环中浮游植物释放的二甲基硫$(CH_3)_2S$(Dimethylsuifide, DMS)与全球气候变化密切相关,成为全球气候变化的重要研究课题之一。20世纪80年代以来,海洋释放的DMS去向及其作用备受人们的关注。

海洋中的DMS主要来源于海洋藻类。海藻摄取环境中的硫合成半胱氨酸、胱氨酸或直接合成高半胱氨酸;经高半胱氨酸进一步合成蛋氨酸。蛋氨酸经脱氨和甲基化作用形成二甲基硫丙酸(DMSP)。DMSP再经酶促反应转化为DMS。浮游植物细胞内的DMS可释入海水中,而未分解的DMSP经浮游动物捕食作用也释入海水中,借助于微生物的活动,通过酶促反应,将DMSP转化成DMS。

DMS广泛分布于海洋水体中,其含量与初级生产力和浮游植物的分布有关。据报道,大洋海水DMS的平均浓度为1.4～2.9 nmol/L,沿岸、河口和极地海的含量高于开阔海洋,而南极海域DMS的产量估计是全球的10%。大洋水体DMS主要分布在真光层,真光层下方的含量极微,深海DMS的浓度为0.03～0.015 nmol/L。

海洋中DMS的消除主要有三个去向(见图7-11):①光化学氧化。海洋表层DMS可通过光氧化形成SO_4^{2-}。据估计,全球表层海水DMS被光氧化破坏的速率约为0.15 mgS/$(m^2 \cdot d)$。②向大气排放。全球平均海-空通量约为0.20 mgS/$(m^2 \cdot d)$。③微生物降解。在热带太平洋海域,DMS通过微生物的降解速率比海-空交换速率要大。微生物的降解一般是海水中DMS消除的主要途径。

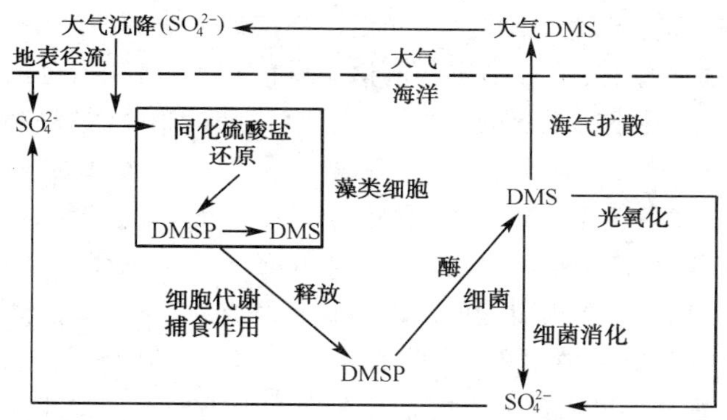

图7-11 海水中DMS的生产和降解过程(引自蔡晓明,2000)

海洋浮游植物释放的DMS在海水中形成一个巨大的DMS库。DMS进入大气后,主要被OH自由基氧化生成非海盐硫酸盐(NSS-SO_4^{2-})和甲磺酸(MSA)。这些化合物是气溶胶和雨水酸性的主要来源,容易吸收水分,可以充当云的凝结核(CCN)。由于CCN对云层的形成是很灵敏的,所以海洋DMS大量进入大气后会直接增加CCN的密度形成更多的云层,从而增加太阳辐射的云反射,使地球表面温度降低;同时,使植物光合作用对太阳能的利用降低。通过不断增加大气中DMS数量的正反馈作用和云层对太阳辐射能反射作用的上升(负反馈作用)形成一个调节气候的封闭性环。这就是R. Charlson(1987)提出的浮游植物—云层气候反馈模型(见图7-12)。

据估计,全球天然(海洋+陆地+火山等)DMS输入大气的量为0.78 Tmol/a,其中由海洋表层输入大气的为(0.5±0.3) Tmol/a,约占总输入量的2/3。

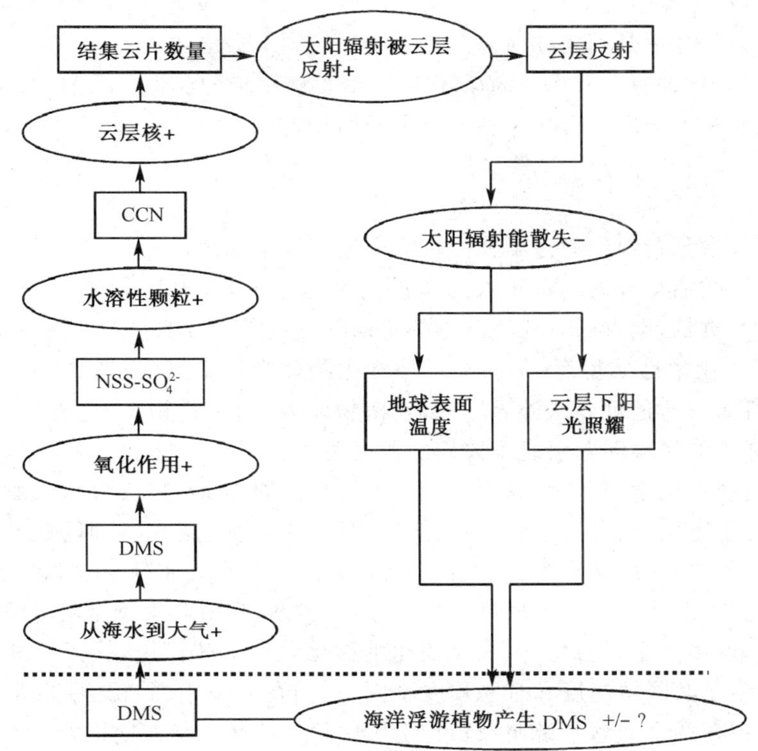

图 7-12　Charlson 浮游植物-云层气候反馈模型(转引自蔡晓明,2000)
方框中表示可定量检测,卵圆形是一些生态过程,"+"或"-"表示正或负的作用

第四节　有毒有害物质的循环

一、概述

进入生态系统后在一定时间内直接或间接地对人或生物造成危害的物质称为有毒物质(toxic substance)或污染物(pollutant)。有毒物质包括有机的和无机的两类。无机有毒物质主要指重金属、氟化物和氰化物等;有机有毒物质主要有酚类、有机氯农药等。

有毒物质种类繁多。据估计,人类已将 7 万多种化学产品投放市场,其中许多是有毒物质。这些物质经过多种途径进入环境后,经历一系列的迁移和转化的过程,有的物质毒性可能降低,而另一些则可能变为剧毒物质。不过大部分物质能为环境吸收或分解,使之变为无害物质,即被环境所净化(purification)。一些有毒物质,尤其是人工合成的大分子有机化合物和不可分解的重金属元素,在环境中具有持久性,它们像其他物质一样,在食物链营养级上进行循环流动。所不同的是它们在生物体内具有浓缩现象。在代谢过程中不能被排除,而是被生物体同化,长期停留在生物体内,造成有机体中毒、死亡。这正是环境污染造成公害的原因。因此,有毒物质的生态系统循环与人类的关系最为密切,但又最为复杂。有毒物质循环的途径、在环境中滞留时间、在有机体内浓缩的数量和速率、作用机制，以及对有机体的影响等问题是十分重要的研究内容。

在生态系统中，有毒有害物质的循环途径因毒物的性质而异。下面以农药和汞为例，分别介绍有机毒物和重金属元素在生态系统中的循环特点。

二、农药的迁移和转化

农药是环境中分布很广的污染物。目前全世界常用农药种类有 420 种，主要是有机氯、有机磷和氨基甲酸酯化合物。每年农药总投入量超过 1.8×10^6 t。虽然，农药为世界农业生产做出了重大贡献，但农药对环境产生的负面影响也是十分明显的。由于连年大量使用，特别是有些农药化学性质稳定，不易在环境和生物体内分解，因而造成大气、水体、土壤污染。同时，有机氯农药还可以从外界进入动、植物体内，通过食物链，危害牲畜和人体健康。因此，农药对环境的污染问题引起了人们的普遍关注。

一般说来，使用化学农药时，黏附在作物上的只占约 10%，其余约 90%则通过各种方式扩散出去，或落于土壤，或飞散于大气，或溶解、悬浮于水体，流入湖、河，随水蒸气蒸发进入大气中，再溶于雨水，然后又降落到地面上来。这样，它们可在水体、土壤和生物中进行迁移和转化。农药在生态系统中的循环过程包括迁移、扩散、降解和生物富集等重要过程。它们进入环境之后，发生一系列的化学、光化学和生物化学的降解作用，残留量减少。环境中不同类型的农药由于其降解速度和难易程度不同，它们在环境中的持久性也是不同的。一般用半衰期和残留期两个概念来说明农药在土壤中的持续性。半衰期指施入土壤中的农药因降解等原因使其浓度减少一半所需要的时间；残留期指土壤中的农药因降解等原因含量减少 75%～100%所需要的时间。如 DDT 的半衰期在一年以上。

农药的生物富集作用是农药在生态系统循环中的重要方面。在生态系统中各种动物为了维持其本身的生命活动，必须以其他动物或植物为食。农药就是在这种生态系统的食物链关系中，被生物富集的。有些农药进入环境后，由于其残留化合物的化学性质稳定，脂溶性强，或者与酶、蛋白质有较高的亲和力，不易被生物消化与分解而排出体外，因此积累在生物体的一定部位，进而沿食物链转移，并逐级积累浓缩。食物链越复杂，逐级积累浓度就越高，呈倒金字塔形。在水域生态系统中，水体中的农药可被浮游生物吸收和被悬浮性颗粒物质所吸附，部分悬浮物质沉积后可成为底栖生物的饵料。至今人类在这方面已对 DDT 的生物富集作用进行过详细的研究。

DDT 是一种人工合成的有机氯杀虫剂，它的问世对农业的发展起了很大的作用，瑞典人 Müller 由于发明 DDT 而荣获 1944 年诺贝尔奖。但 DDT 是一种易溶于脂肪，难分解而残留性强，易扩散的一种化学物质。现在生物圈内几乎到处都有 DDT 的存在，在远离使用地点的南极动物企鹅和北极一些无脊椎动物体内也发现了它，证明 DDT 已进入了全球性的生物地球化学循环。

由于 DDT 化学性质与脂肪类似，因而很容易被吸收而积累于生物体内，通过食物链逐级浓缩，可积累到毒害程度（见图 7-13）。如水中的 DDT 通过浮游生物、小鱼、大鱼、水鸟等捕食生物形成食物链。DDT 在逐个生物体中积累，最终在水鸟体内的含量比水体中高出许多倍。美国的密歇根湖，湖底淤泥中的 DDT 浓度为 0.014 mg/L，浮游藻类干物质中的 DDT 明显升高，在浮游动物体内已增加 10 倍，最后在吃鱼的水鸟体内，DDT 浓度已升高到

98 mg/L，比湖底淤泥中的 DDT 浓度高出 1 000 倍。显然，营养级越高，富集能力越强，积累量越大。又如水草—蜗牛—燕鸥食物链中，水草中的 DDT 质量分数为 0.08×10^6，蜗牛体中升高到 0.26×10^6，到燕鸥就升高到了 $3.15\times10^6\sim6.40\times10^6$，燕鸥中的 DDT 质量分数比水草中的高出 40～80 倍。

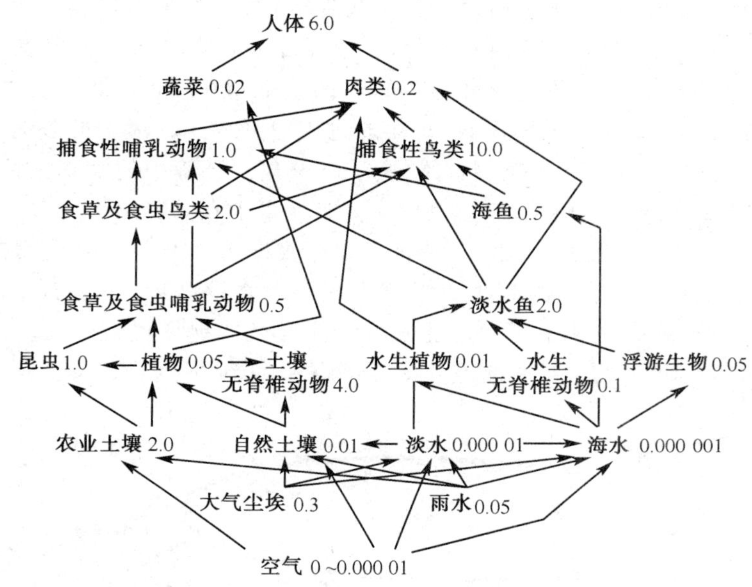

图 7-13　DDT 在食物链中的浓缩作用

根据对各大洲人体脂肪的抽样分析，发现人体脂肪组织中已普遍含有 DDT，英格兰人脂肪中 DDT 的浓度为 2.2 mg/kg，德国人 2.3 mg/kg，法国人 5.2 mg/kg，美国人 11 mg/kg，印度人 12.8～31.0 mg/kg，加拿大人 5.3 mg/kg。根据我国各地调查表明，在各大中城市人体脂肪中也含有不同浓度的 DDT。

在陆地生态系统中，农药还会通过植物的吸收作用转移至植物体内。如吸收了农药的牧草被马、牛、羊等草食动物吃掉后，农药就在它们的肉里和奶里富集，再被人所食，污染人体，对人类健康带来威胁。在草原上喷洒低浓度有机氯杀虫剂 BHC，土壤中含量为 0.93 mg/kg，再加上前一年的残留量 0.05 mg/kg，总计为 0.98 mg/kg。其量虽然微不足道，但被牧草吸收后，在茎叶中含量为 5.98 mg/kg，浓缩了 6 倍多；牛吃牧草，牛肉含量为 13.36 mg/kg，浓缩了 14 倍；牛奶中含有 9.82 mg/kg，浓缩 10 倍；而奶油中含有 65.1 mg/kg，浓缩了 66 倍多；对食用奶油的人进行分析，检出 BHC 为 171 mg/kg。

三、汞循环

汞、镉、铬、砷、铜等重金属污染已成为人类面临的严重环境问题之一。重金属污染物在环境中不能被微生物降解，而只能发生各种形态之间的相互转化，以及分散和富集的过程。从重金属的毒性及对生物和人体的危害方面看，重金属污染有下列特点：①在环境中只要有微量重金属即可产生毒性效应，一般重金属产生毒性的范围，在水体中大约为 1～10 mg/L，毒性较强的金属如汞、镉产生毒性的浓度范围在 0.010～0.001 mg/L；②环境中的某些重金属可在微生物作用下转化为毒性更强的重金属化合物，如汞的甲基化；③生物从环境中摄取重金属可以经过食物链的生物放大作用，逐级在较高级的生物体内成千上万倍地富集起来，然后通过食物进入人体，在人体的某些器官中累积造成慢性中毒。

这里以汞为例，介绍重金属元素的循环。汞污染造成的日本水俣病和瑞典野鸭突然灭迹是汞造成的国际惊人污染事件，因而汞被认为是有毒物质污染环境的"元凶"。

汞循环（mercury cycle）是重金属元素在生态系统中循环的典型代表。汞通过两条途径进入生态系统：一是通过火山爆发、岩石风化、岩熔等自然运动；二是经人类活动，如开采、冶炼、农药使用等。工业化以来，由于工业过程输入的汞不断在增加。世界上大约有 80 多种工业把汞作为原料之一或作为辅助原料，每年通过工业释放至环境中的汞约 1.5 万～3 万吨，超过火山喷发和岩石风化等天然释放量的 4.5～9 倍。环境中的汞有三种价态：元素汞（Hg^0）、一价汞（Hg^+）和二价汞（Hg^{2+}），其中主要是元素汞和二价汞。

汞在土壤中的行为主要是土壤对汞的固定和释放作用。由于土壤对汞有强的固定作用，大部分汞被固定在土壤中。因此，环境中的可溶性汞含量很低。从各污染源排放的汞也是富集在排污口附近的底泥和土壤中。部分可溶性汞经植物吸收后进入食物链或进入水体。进入食物链的汞经由排泄系统或生物分解，返回到非生物环境，参与再循环（见图7-14）。

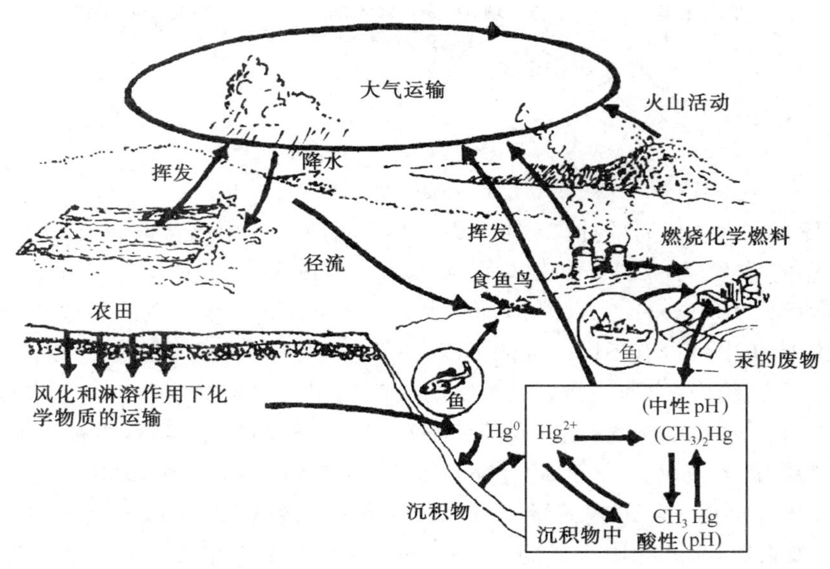

图 7-14　自然界中的汞循环（转引自蔡晓明，2000）

进入水体的汞可随水的流动而运动，或沉降于水底并吸附在底泥中。在微生物的作用下，金属汞和二价离子汞等无机汞会转化成甲基汞和二甲基汞，这种转化称为汞的生物甲基化作用（biological methylation of mercury）。汞的甲基化可在厌氧条件下发生，也可在有氧条件下发生。在厌氧条件下，主要转化为二甲基汞。二甲基汞具有挥发性，易于逸散到大气中，进入大气分解成甲烷、乙烷和汞，其中元素汞又沉降到土壤或水域中。在有氧条件下，主要转化为一甲基汞。一甲基汞是水溶性的，易于被生物吸收而进入食物链。汞的生物甲基化过程可以概括为图 7-15。

元素的生物甲基化是生命系统中重要的生物化学过程。铅、铂、锡、砷和硒等均可发生这样的反应，毒性也有所增大。因此，对金属和类金属的甲基化过程的研究，受到了广泛关注。

汞循环的另一重要途径是生物富集作用。实验证明，水域中藻类对汞和甲基汞的浓缩系数高达5 000～10 000倍。通过食物链，受汞污染水中的鱼体内甲基汞浓度可比水中高上万倍。在日本水俣事件中，螃蟹体内含有24 mg/L汞，受害人体肾中含汞14 mg/L，而鱼的正常允许水平为0.5 mg/L以下。

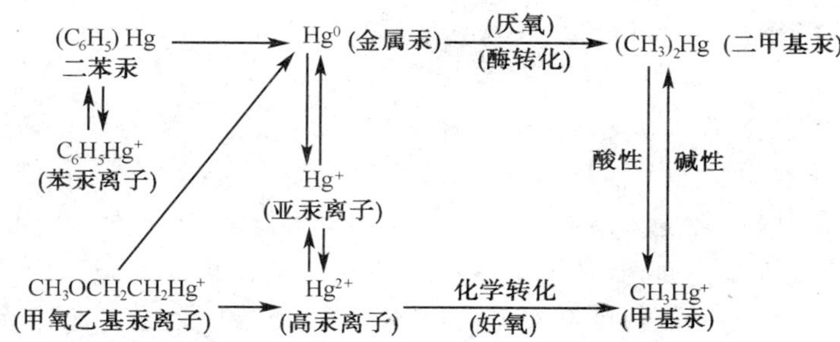

图7-15　水中汞的生物甲基化过程

甲基汞易被人体吸收，而且毒性大。这是因为：甲基汞易溶于脂类中，毒性比无机汞高50～100倍；汞在体内不易分解，由于其分子结构中有碳-汞键(C-Hg)，不易切断；是高神经毒剂，多在脑部积累。

思考题

1. 概念与术语。

生物地球化学循环　贮存库　交换库　流通率　周转率　周转时间　气体型循环　沉积型循环　水的全球循环　生物泵　温室效应　温室气体　固氮作用　硝化作用　反硝化作用　水体富营养化　磷循环　硫循环　酸雨　汞的生物甲基化作用

2. 气体型循环和沉积型循环有何异同？

3. 论述全球水循环的主要过程，循环的动力是什么？

4. 世界范围内水资源利用存在哪些问题？

5. 生态系统中碳循环的主要过程是什么？

6. 碳循环与全球气候变化有什么关系？

7. 人类是如何干扰全球的氮循环的？可能产生哪些环境问题？

8. 硫循环与酸雨的形成有什么关系？

9. 什么叫海洋生物泵？说明海洋生物泵对吸收大气CO_2、缓解全球温室效应的作用机理。

10. 汞的迁移、转化有什么主要特点？生物甲基化过程是什么？产生什么效应？

第八章 陆地生态系统

本章提要 重点介绍陆地生态系统主要类型的分布、特点及利用与保护问题，包括：陆地生态系统的水平和垂直分布格局；森林生态系统主要类型（热带雨林、常绿阔叶林、落叶阔叶林、针叶林）的结构、功能以及森林的生态效益和保护；草原生态系统主要类型的分布、结构、功能以及草原退化问题；荒漠生态系统的特点和荒漠化的概念、发生原因、危害以及防治的主要经验；苔原生态系统的分布、特点与保护。通过陆地生态系统多样性和生态结构与生态学过程的学习，更好地认识森林、草原和荒漠生态系统的合理利用和生态环境保护问题。

第一节 概 述

一、陆地生态系统的类型

地球上的自然生态系统可分为陆地生态系统和水域生态系统两大类。虽然陆地的总面积只占地球总表面积的1/3，但它为人类提供了居住环境以及食物和衣着的主体，是地球上最重要的生态系统类型。陆地的生态环境复杂多变，从气候炎热的赤道到气候严寒的两极，从气候湿润的近海地区到大陆腹地的干旱荒漠，形成了多种多样的陆地生态系统。由于绿色植物是生态系统的初级生产者，也是生态系统的核心。人们往往根据植物群落的性质和结构进行陆地生态系统的进一步划分，一般将陆地生态系统区分为森林生态系统、草原生态系统、荒漠生态系统、高山生态系统、苔原生态系统等。它们的组成、结构、初级生产、能量流动和物质循环等生态过程和功能，均存在较大的差异。另外，由于人类的强烈影响，陆地生态系统中还有某些人工生态系统类型，如农田生态系统、城市生态系统等。

二、陆地生态系统的分布格局

陆地生态系统的空间分布表现为明显的水平分布和垂直分布格局。不少生态学家对陆地生态系统的分布格局进行过概括。如 H. Walter(1964，1968)提出的"均衡大陆"植被分布模式。Walter 把地球上所有大陆合在一起，而不改变它们的纬度，发现全球植被带的分布大致与纬度平行。虽然他所列的只是植被的分布，实际上却反映了不同类型的生态系统。Whittaker(1975)指出，年平均温度和降雨量的交叉作用形成了陆地生物群落的不同类型和分布规律。他还编制了全球主要群落类型与温度和降雨量的关系图（见图 8-1）。

从图 8-1 可以看出，由于热量沿纬度变化，陆地生态系统的类型也随之呈现有规律的更

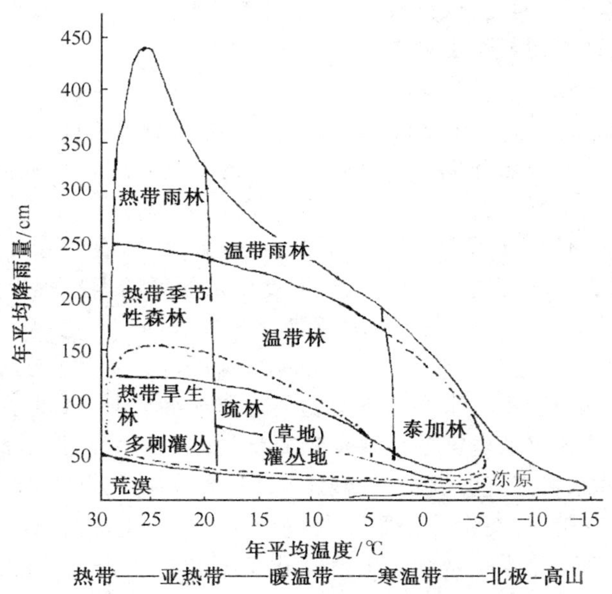

图 8-1　主要群落类型与温度和降雨量的关系

替，从赤道向极地依次出现热带雨林生态系统、常绿阔叶林生态系统、落叶阔叶林生态系统、针叶林生态系统与苔原生态系统。这就是所谓的纬向地带性。

在北美大陆和欧亚大陆，由于海陆分布格局与大气环流的特点，水分梯度沿经向变化，因此导致生态系统的经向分异。即由沿海湿润区向大陆干旱区依次出现森林生态系统、草原生态系统和荒漠生态系统，这就是经向地带性。陆地生态系统的纬向地带性和经向地带性分布共同构成了生态系统的水平分布格局。

陆地生态系统还表现出因海拔高度不同而呈现的垂直分布现象。山地植被随海拔升高发生了垂直地带性变化，其排列是按一定次序出现的，沿山地形成山地垂直带谱。一个山体有一个山体特有的植被垂直带谱。如在热带地区，从山麓到山顶植物群落自下而上依次出现热带雨林-常绿阔叶林-落叶阔叶林-亚高山针叶林-高山灌丛-高山草甸-高寒荒漠带-冰雪带。

三、影响陆地生态系统分布的因素

是什么因素导致陆地生态系统的分布格局的呢？因素是多方面的，其中起主导作用的是海陆分布和由于各地太阳高度角的差异所导致的太阳辐射量的多少及其季节分配，以及与此相联系的水热状况。

1. 纬度

太阳高度角及其季节变化因纬度而不同，太阳辐射量及与其相关的热量也因纬度而异。从赤道向两极，每移动一个纬度（平均为 111 km，在 0～10°低纬度地区一纬度约为 110.57 km，90°时为 11.7 km），气温平均降低 0.5～0.7℃。由于热量沿纬度变化，出现生态系统类型随纬度变化的规律。

2. 经度

由于海陆分布格局与大气环流因素引起水分梯度沿经向变化，导致生态系统类型的经向分异。如我国从东南到西北,依次有湿润、半湿润、半干旱、干旱和极端干旱的气候。植被发生相应的变化,出现生态系统类型随经度变化的规律。

3. 海拔

海拔高度每升高 100 m,气温下降 0.6℃左右。降水量最初随海拔高度的增加而增加,达一定界线后,降水量又开始降低。由于海拔高度的变化,引起生态系统类型在垂直方向的规律性更替,即垂直地带性。

不同自然地带的山地,其垂直带谱是不同的。一般来讲,山麓分布了当地平原上的生态系统类型,在海拔更高一些的地方,它们被对温度要求较低的类型所代替。垂直带谱大致反映了不同生物群落类型沿纬度交替分布的规律。

最理想的山地垂直带谱是热带岛屿上的高山,这里可以看到从赤道至两极的所有生态系统类型。但应指出的是,垂直带永远不能完全符合于水平带。其原因是:①最理想的垂直带是热带岛屿山地,但这里的温度条件缺少年变化;②各地垂直带的降水状况(特别是季节变化),反映了当地降水特点;③大陆性气候区,垂直带往往受到破坏,这是因为山地上部水分缺乏,不会出现森林带;④高山上光照强烈,紫外线多,空气较稀薄,与极地条件有很大的不同;⑤垂直带的厚度远较水平带窄。山地每升高 1 000 m,温度下降 5～6℃,等于北半球平地上北移 600 km。垂直带从赤道往两极移动时,所有各带的界线下降,各自与它相适应的水平带汇合,而缺少它们与赤道之间的水平带。

关于山麓第一个带的上升幅度,因地区而不同。据前苏联地理学家 H. C. Makeef 统计,各地垂直带基带的上界,平均约为 500 m,极地为 0 m,赤道地区达 800～1 000 m。

此外,地形与岩石性质对生态系统的分布也有重大影响。如我国青藏高原的隆起,改变了大气环流,使我国亚热带出现了大面积常绿阔叶林;又如,在同一地区范围内,酸性岩石区与碱性岩石区分布着性质不同的生态系统。

第二节　森林生态系统

森林生态系统(forest ecosystem)是以乔木为建群种或优势种的生物群落与其所在环境相互作用,形成的具有一定结构、功能和自调控功能的自然综合体。

森林生态系统是陆地生态系统中面积最大、最重要的自然生态系统。据估测,历史上森林生态系统的面积曾达到 7.6×10^9 hm^2,覆盖着世界陆地面积的 2/3,覆盖率为 60%。在人类大规模砍伐之前,世界森林面积约为 6×10^9 hm^2,占地球陆地面积的 45.8%。至 1985 年,森林面积下降到 4.147×10^9 hm^2,占陆地面积的 31.7%。至今,森林生态系统仍为地球上分布最广泛的系统。它在地球自然生态系统中占有首要地位,在净化空气、调节气候、保护环境等方面起着重大作用。陆地生态系统每年生产的有机物质约 102×10^9 t,其中森林生产58×10^9 t,占全球有机物质总产量的 56.8%。

地球上森林生态系统的主要类型有四种,即热带雨林、亚热带常绿阔叶林、温带落叶阔叶林和北方针叶林(见图 8-2)。

一、热带雨林生态系统

热带雨林(tropical rain forest)分布在赤道及其南北的热带湿润区域。据估算,热带雨

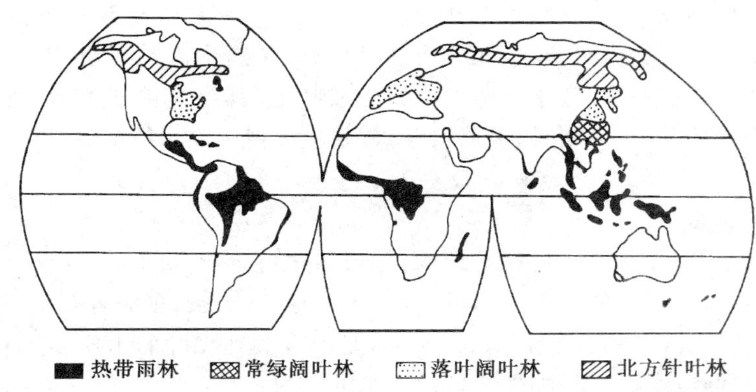

图 8-2 主要森林类型的世界分布(引自李博,2000)

林面积近 1.7×10^7 km^2,约占地球上现存森林面积的一半,是目前地球上面积最大、对人类生存环境影响最大的森林生态系统。热带雨林主要分布在三个区域:一是南美洲的亚马逊盆地,二是非洲刚果盆地,三是印度-马来西亚。我国的热带雨林属于印度-马来西亚雨林系统,主要分布在台湾、海南、云南等省,以云南西双版纳和海南岛最为典型,总面积约为 5×10^4 km^2。

热带雨林生态系统的主要气候特征是高温、多雨、高湿,为赤道周日气候型。年平均气温在 20～28℃,月均温多高于 20℃;降水量 2 000～4 500 mm,多的可达 10 000 mm,降水分布均匀;相对湿度常达到 90%以上,常年多雾。这里风化过程强烈,母岩崩解层深厚;土壤脱硅富铝化过程强烈,盐基离子流失,铁铝氧化物(Fe_2O_3、Al_2O_3)相对积聚,呈砖红色,土壤呈强酸性,养分贫瘠。有机物质矿化迅速,森林需要的几乎全部营养成分均贮备在植物的地上部分。

上述环境条件使雨林群落具有以下特点:

1. 物种组成极为丰富

热带雨林的物种组成极为丰富,而且绝大部分是木本植物。据统计,热带雨林的高等植物在 45 000 种以上。如我国西双版纳的热带雨林,在 2 500 m^2 内有植物 130 种之多;在巴西,一个 777 hm^2 的面积内有 4 000 种乔木树种;马来半岛一地就有乔木 9 000 种。这些乔木异常高大,常达 46～55 m,最高达 92 m,但胸径并不太粗,树干细长,而且少分支(2～3 级)。除乔木外,热带雨林中具有大量藤本植物(liana)和附生植物(epiphytes)。

2. 群落结构复杂

热带雨林不仅生物种类十分丰富,而且群落结构复杂(见图 8-3)。乔木一般可分为 3 层,第一层高 30～40 m 以上,树冠宽广,呈伞形。第二层一般高 20 m以上,树冠长与宽相等。第三层高 10 m 以上,树冠呈锥形而尖,生长极其茂密。再往下为幼树及灌木层,最下层为稀疏的草本层。地面裸露或有薄层落叶。所以,整个雨林群落一般可分为 5～8 层。此外,

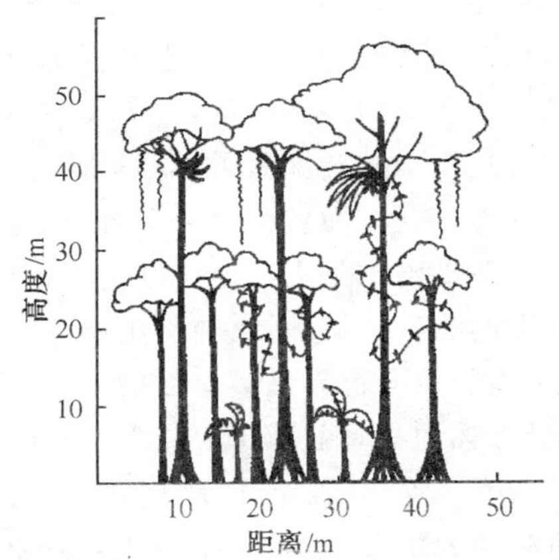

图 8-3 热带雨林群落结构示意图

藤本植物和附生植物发达，成为热带雨林的重要特色。木质藤本植物形状多样，长度惊人，达十米至数十米。而有藤(Calamus)植物可达 300 m，穿插于树冠之间，把树冠紧紧地联系起来。附生植物生长在乔木、灌木或藤本植物的枝叶上，其组成包括藻类、菌类、苔藓、蕨类和高等有花植物。如兰科、凤梨科、萝藦科等，常附生于树干或树枝上，形成“空中花篮”般的独特景观。

3. 乔木的特殊结构

雨林中的乔木，往往具有下述特殊结构：①板状根(plank-buttresses root)，它由地面粗大侧根发育而来，常是扁平的三角形的根，每一树干有 3～5 条，多的可有 10 条，高度可达地面上 9 m，显得壮观。②茎花现象(cauliflory)，是指直接在无叶的木质茎上开花、结果。具有这种茎花现象的植物在雨林中约有 1 000 种，可可树(*Theobroma cocao*)就是其中之一。③裸芽。④乔木的叶子在大小、形状上非常一致，全缘，革质，中等大小。幼叶多下垂，具红、紫、白、青等各种颜色。⑤多昆虫传媒。

4. 无明显季相交替

组成雨林的每一个植物种都终年进行生长活动，但仍有其生命活动节律。乔木叶子平均寿命为 13～14 个月，零星凋落，零星添新叶。多四季开花，但每个种都有一个多少明显的盛花期。

上述植被特点给动物提供了常年丰富的食物和多种多样的隐蔽场所，因此这里也是地球上动物种类最丰富的地区。据报道，巴拿马附近的一个面积不到 0.5 km^2 的小岛上，就有哺乳动物 58 种。但每种的个体数量少，捉 100 种动物容易，但捉一个种的 100 个个体却很困难。这是长期进化过程中，动物生态位选择与类型分化的结果，大多数热带雨林动物均为窄生态幅种类。热带雨林的生境对昆虫、两栖类、爬虫类等变温动物特别适宜，它们在这里广泛发展，而且体躯巨大，某些昆虫的翅膀可长达 17～20 cm，一种巨蛇身长达 9 m。

热带雨林生态系统中能流与物质流的速率都很高，但呼吸消耗量也很大。根据对泰国热带雨林的研究资料，地上部分生物量可达 300 t/hm^2 以上，净初级生产力为 29.8 $t/(hm^2 \cdot a)$。据估计，热带雨林净初级生产力的平均值为 20 $t/(hm^2 \cdot a)$，太阳能固定量为3.4×10^7 $J/(m^2 \cdot a)$，光能利用率约为 1.5%，为农田平均光能利用率的 2 倍。全球热带雨林的净生产量高达 34×10^9 t/a，是陆地生态系统中生产力最高的类型。

热带雨林中的生物资源十分丰富，有许多树种是珍稀的木材资源。有许多是非常珍贵的热带经济植物、药材和水果资源，如三叶橡胶是世界上最重要的橡胶植物，可可、金鸡纳等是非常珍贵的经济植物，还有众多物种的经济价值有待开发。同时，分布着众多的珍稀动物。热带雨林开垦后可种植巴西橡胶、油棕、咖啡、剑麻等热带作物，以及菠萝、荔枝、芒果、番木瓜、榴莲、面包树、腰果、香蕉、龙眼等热带水果。

热带雨林是生物多样性最高的区域，其总面积只占全球面积的 7%，但却拥有世界一半以上的物种。据估计，热带雨林区域的昆虫种数高达 300 万种，占全部昆虫种数的 90%以上；鸟类占全世界鸟类总数的 60%以上。目前，热带雨林的关键问题是资源的破坏十分严重，森林面积日益减少。据 FAO 资料，20 世纪 80 年代，全世界每年毁坏热带雨林 1.13×10^7 hm^2，到 20 世纪 90 年代，每年毁林增加一倍。由于在高温多雨条件下，热带雨林中的有机物质分解非常迅速，物质循环强烈，而且生物种群大多是 K-对策，这样一旦植被被破坏后，很容易引起水土流失，导致环境退化，而且在短时间内不易恢复。因此，热带雨林的保护是当前全世界关心的重大问题，它对全球的生态平衡都有重大影响，例如对大气中 O_2 和 CO_2 平衡的维持、全球气候变化、生物多样性的保护都具有重大意义。

二、常绿阔叶林生态系统

常绿阔叶林(evergreen broad-leaved forest)是指分布在亚热带湿润气候条件下并以壳斗科、樟科、山茶科、木兰科等常绿阔叶树种为主组成的森林生态系统。主要分布在欧亚大陆东岸北纬 22°～40°之间(见图 8-2)。其中我国的常绿阔叶林是世界上分布面积最大，发育最好的林子。

常绿阔叶林生态系统处于明显的亚热带季风气候区。夏季炎热而多雨，冬季少雨而寒冷，春秋温和，四季分明。年平均气温为 16～18℃，最热月平均温度为 24～27℃，最冷月平均为 3～8℃，冬季有霜冻，年降水量为 1 000～1 500 mm，冬季降水少，但无明显干旱。土壤以红壤和黄壤为主。本区域从侏罗纪起，一直保持温暖湿润的气候，海陆分布与气候变化都很小，所以保存了第三纪已基本形成的植被类型和古老种属，著名的如银杏(*Ginkgo biloba*)、水杉(*Metasequoia glyptostroboides*)、鹅掌楸(*Liriodendron chinense*)等。

常绿阔叶林生态系统终年常绿，物种甚为丰富，主要由常绿双子叶植物构成。常绿阔叶林的结构较之热带雨林简单，高度明显降低，乔木一般分为两层，上层林冠整齐，高度在 16～20 m 左右，很少超出 25 m，以壳斗科、樟科、山茶科常绿树种为主；第二层树冠多不连续，高 10～15 m，以樟科、杜英科等树种为主。灌木层多少明显，但较稀疏，草本层以蕨类为主。藤本植物和附生植物仍可常见，主要是草质和木质小藤本，但不如热带雨林繁茂(见图 8-4)。

图 8-4　亚热带常绿阔叶林
(摄自天目山自然保护区)

常绿阔叶林生态系统地上生物量和生产力仅次于热带雨林生态系统，居第二位。据报道，四川常绿阔叶林的优势树种大头茶(*Gordonia acumenata*)地上生物量为 150～176 t/hm²，净初级生产力约为 10 t/(hm²·a)，其中 90%以上为地上部分。

常绿阔叶林生态系统内的野生动物资源十分丰富，脊椎动物达 1000 余种。在我国，属于国家重点保护的动物就有大熊猫、金丝猴、华南虎、云豹、金猫、红腹角雉、扭角羚等 80 余种。由于人为破坏，常绿阔叶林的面积已越来越少，在我国的平原与低丘大多已开垦为农田，是我国粮食的主要产区。原生的常绿阔叶林仅残存于山地。

三、落叶阔叶林生态系统

落叶阔叶林生态系统(deciduous broad-leaved forest ecosystem)，其植物群落为落叶阔叶林，又称夏绿林(summer green forest)。它是温带地区湿润海洋性气候条件下的植被，主要分布在北美大西洋沿岸、西欧和中欧海洋性气候的温暖区和亚洲中部(见图 8-2)。

该生态系统内气候四季分明,夏季炎热多雨,冬季寒冷。年平均气温 8～14℃,1 月平均温度在 0℃以下,7 月平均温度 24～28℃,年平均降水量 500～1 000 mm。由于冬季寒冷,树木仅在暖季生长,入冬前树木叶子枯死并脱落,整个植物群落处于休眠状态。土壤为褐色土与棕色森林土,较肥沃。

这类森林的主要树种是壳斗科中的落叶树种,如栎属(*Quercus*)、栗属(*Castanea*)和山毛榉属(*Fagus*)等为优势种。其次是桦木科中的桦属(*Betula*)、鹅耳枥属(*Carpinus*)和赤杨属(*Alnus*),榆科的榆属(*Ulmus*)、朴属(*Celtis*),槭树科中的槭属(*Acer*),杨柳科中的杨属(*Populus*)等。植物资源丰富,有多种落叶果树,如梨、苹果、桃、李、杏、胡桃、枣、栗、柿子等。

落叶阔叶林生态系统最显著的特征是有了明显的季节更替。夏季叶茂,呈现一片绿色,冬季凋落。森林的结构简单而清晰,一般分为乔木层、灌木层、草本层和地被层。林内木质藤本植物和附生植物均不多见,以草质和半木质藤本为主,攀缘能力不强(见图 8-5)。

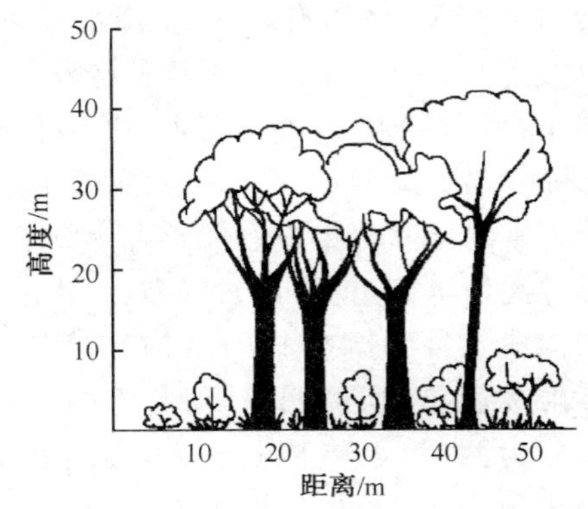

图 8-5 落叶阔叶林群落结构示意图

落叶阔叶林中有脊椎动物 200 多种,消费者中哺乳动物有鹿、獾、棕熊、野猪、狐、松鼠等,鸟类有野鸡、莺等,还有各种各样的昆虫。在我国属于国家重点保护的动物有金钱豹、猕猴、褐马鸡、斑羚、红腹锦鸡等。

落叶阔叶林生态系统内叶面积指数为 5～8,净初级生产力为 10～15 t/(hm^2 · a),现存生物量可达 200～400 t/(hm^2 · a)。据 P. Duvigneaud(1974)报道的林龄为 120 a 的栎＋鹅儿枥林中生产者与消费者的生物量为:乔木层 304 t/hm^2,灌木层 30 t/hm^2,草本层 1 t/hm^2,大型哺乳动物2 kg/hm^2,小型哺乳动物 5 kg/hm^2,鸟类 1.3 kg/hm^2,土壤动物 900 kg/hm^2。表明落叶阔叶林巨大的绿色植物生物量,仅养活着小量的动物,而动物生物量又集中在土壤动物上。蚯蚓的个体数目平均达 100 只/m^2。另外,无脊椎动物在数量上比脊椎动物大得多,作用也极为明显。鳞翅目幼虫大约为 200 000～1 000 000 头/hm^2,猖獗年份数量更大,可达几百万头之多。

目前,原始的落叶阔叶林仅残留在山地,平原及低丘多被开垦为农田,如我国的华北平原、北美东部等,为棉花、小麦杂粮及落叶果树的主要产区。

四、针叶林生态系统

针叶林生态系统(coniferous forest)分布在北半球高纬度地区,面积约 1.2×10^7 km^2,仅次于热带雨林生态系统,居第二位,是寒温带地带性生态系统,它也是森林群落分布的最北界(见图 8-2)。

针叶林生态系统的气候特点是夏季温暖、冬季寒冷。年平均气温多在 0℃以下。夏季最长一个月,最热月平均温度 15～22℃。冬季长达 9 个月以上,最冷月平均温度－38～21℃,绝对最低气温达－52℃,10℃持续期少于 120 d。年降水量一般为 400～500 mm,集中于夏季降落。优势土壤为棕色针叶林土,土层浅薄,以灰化作用占优势。

针叶林生态系统的种类组成较为简单。乔木以松(*Pinus*)、云杉(*Picea*)、冷杉(*Abies*)和落叶松(*Larix*)等属的树种占优势,多为单优种森林,树高 20 m 上下。外貌明显,多呈圆锥形或尖塔形树冠,除落叶松林落叶外,其他针叶林都是常绿的。在外貌色泽方面非常单调一致,一般冷杉为暗绿色,云杉为灰绿色,松林为深绿色,而落叶松林呈鲜绿色。针叶林的结构简单,林下灌木稀疏,以常绿小灌木和草本植物组成的地被层很发达,并常具各种藓类。枯枝落叶层很厚,可达 50 t/hm^2,分解缓慢。下部常与藓类一起形成毡状层,树木根系较浅,这是对土壤冻结层的适应。

针叶林终年常绿,但因冷季长,净初级生产力很低。据 Rodin 等人测定,泰加林的生物量可达 100~330 t/hm^2,但净初级生产力仅 4.5~8.5 $t/(hm^2 \cdot a)$。在中温带地区,针叶林净初级生产力可达 14 $t/(hm^2 \cdot a)$。据 Whittaker(1972)报道,北方针叶林的平均净初级生产力约 8 $t/(hm^2 \cdot a)$,年生产力 9.6×10^9 t/a,占全球森林生态系统总生产力 77.2×10^9 t/a 的 12.4%。

针叶林的动物有驼鹿、马鹿、驯鹿、貂、猞猁、雪兔、松鼠、鼯鼠、松鸡等及大量的土壤动物(以小型节肢动物为主)和昆虫,后者常对针叶林造成很大的危害。这些动物活动的季节性明显,有的种类冬季南迁,多数冬季休眠或休眠与贮食相结合。动物的数量年际波动性很大,这与食物的多样性低而年际变动较大有关。

北方针叶林组成整齐,便于采伐,是人类重要的木材基地,林副产品及其他资源植物也极其丰富。在世界工业木材总产量(约 1.4×10^9 m^3)中,一半以上来自针叶林。但是,如何合理开发利用,如何进一步造林、抚林等,是针叶林生态系统研究的主要问题。

五、森林生态系统的作用和功能

森林生态系统是陆地生态系统中分布最广、生物总量最大的自然生态系统。它不仅对于维持全球的能量流动和物质循环具有不可估量的作用,而且为人类的生活和经济建设提供多种直接和间接的产品。全球森林生态系统每年生产有机物质 58×10^9 t,占全球有机物质总产量 102×10^9 t 的 56.8%(草地生产 20.8×10^9 t,农田生产 10.5×10^9 t)。森林生态系统具有很高的能量转化和物质循环的效率,如生物圈的平均光能利用率为 0.2%~0.5%,而热带雨林的光能利用率可高达 3.5%。因而森林生态系统是全球最重要的绿色能源。

长期以来,人们对森林生态系统的直接经济效益认识较为充分,如森林提供各种木材和林副产品、工业原料、粮油产品、药材、肉类等。实际上,森林生态系统在维持生态平衡和生物圈的正常功能上起着更加重要的作用,森林被誉为地球的"肺",森林覆盖率常作为衡量一个国家和地区生态环境质量好坏和社会经济发展水平的重要指标。据芬兰学者研究,芬兰森林每年的木材价值是 17 亿马克,而生态价值是 53 亿马克。日本森林在涵养水源、防止泥沙流失、保护野生动物和供应氧气与净化空气方面的价值相当于国家财政支出总额。美国森林的生态价值是木材价值的 9 倍。根据 Costanza(1997)等人的计算方法,2003 年我国森林生态系统服务功能总价值为 30878.53×10^8 元,森林所提供的价值量排序为:涵养水源>固碳>净化空气>土壤保持>林木、林副产品等>养分循环维持>生物多样性。

森林生态系统强大的生态功能主要表现在:

1. 森林具有维持生物多样性的作用

森林生态系统作为地球上最复杂的生态系统,是自然界最完善的物种基因库。多种多样的森林生态系统为动植物提供了良好的栖息环境。据估计,热带森林的面积只有全球陆地面积的7%,但至少拥有世界上物种数(约1 400万种)的一半。厄瓜多尔西部、巴西的Cocoa地区、喜马拉雅东部等全球12个热带“热点”地区的面积加起来占热带森林面积的3.5%,但其中的高等植物种类占全球高等植物总种数的27%。巴西拥有世界上最郁闭的热带森林,是世界上物种多样性最丰富的国家。这里有野生动物3 000种,种子植物55 000种。我国西双版纳面积只占全国的千分之二,可据目前所知,仅陆栖脊椎动物就有500多种,约占全国同类物种的25%。我国长白山自然保护区植物种类约占东北植物区系近3 000种植物的1/2以上。

森林中蕴藏的丰富动植物资源是人类生存和发展的基础,是人类宝贵的财富。但是,作为生物多样性资源库的森林正在不断减少,从而引发物种濒危和灭绝,生物多样性锐减。这种损失使生物圈的稳定性变得十分脆弱,最终将危及人类自身的生存。

2.森林生态系统具有涵养水源、保持水土的作用

森林能承接雨水,减少落地降水量,使地表径流变为地下径流,涵养水源,保持水土。据测定,林冠可以截留10%~30%的降水,枯枝落叶层和活的植被可使50%~80%的降雨渗入林地土层,减少地表径流和土壤冲刷。每公顷森林植被含水量可达200~400 t,每公顷森林所含蓄的水分比无林地每年至少可多300 m^3,10 000 hm^2 森林涵蓄的水量,相当于一个容量为300万立方米的水库,故森林有“绿色水库”之称。森林减少地表径流、保持水土的作用是十分显著的。森林强大的根系可把土壤固着在自己的周围,土壤表面都被枯枝落叶所覆盖,提高了水分的渗透,防止土壤被冲刷。据中国科学院华南植物研究所在400 hm^2 强侵蚀丘陵地上的试验,光板地的泥沙流失量为26 901 kg/hm^2,桉林地6 210 kg/hm^2,阔叶混交林仅3 kg/hm^2。

3.森林生态系统具有调节气候的作用

森林的蒸腾作用对调节自然界的水分循环和改善气候有重要作用。大量对有林地和无林地的气候因子的比较证明,夏季和白天林内的气温均比林外低1~3℃,冬季和夜间则相反。据有关资料表明,1 hm^2 的森林每天要从地下吸收70~100 t水,这些水大部分通过植物的蒸腾作用回到大气中。其蒸发量大于海水蒸发量的50%,大于土地蒸发量的20%。因此,林区上空的水蒸气含量要比无林地上空多10%~20%。同时水的蒸腾作用吸收大量热量,使森林上空的空气湿润,气温较低,容易成云致雨,增加地域性的降水量。广东省雷州半岛过去林少,荒凉易旱;建国后造林24万公顷,覆盖率达到36%,年降雨量因之增加32%,改变了过去林木稀少时的严重干旱气候。

4.森林生态系统具有净化空气、防治污染的作用

森林通过绿色植物的光合作用吸收CO_2,放出O_2,维持大气中的CO_2和O_2平衡。这也是人们将森林比喻为“氧气制造厂”(“氧吧”)的原因。1 hm^2 的阔叶林,一天可以吸收1 t CO_2,释放出0.73 t O_2,可供1 000人呼吸;每年每公顷森林吸收碳量,热带林为4.5~16 t,温带林为2.7~11.2 t,寒带林为1.8~9 t。因此,森林的砍伐、燃烧等引起的大气中CO_2浓度的增加,可破坏大气中碳循环的平衡,加剧大气温室效应的严重性。

森林对烟尘和粉尘有明显的过滤、阻滞和吸附作用,植物是天然的空气过滤器和吸尘器。森林的枝叶能够降低风速,吸附飘尘。其作用机理在于,一方面由于树冠茂密,具有强大的减低风速的作用,使得一部分大颗粒尘粒沉降下来;另一方面是叶面吸附的结果。由于

绿色植物的叶面积大大超过树冠的占地面积，森林叶面积的总和是其占地面积的 70～80 倍，因此，其滞尘能力是很强的。树木叶片单位面积的滞尘量为：榆树 12.29 g/m^2、朴树 9.37 g/m^2、木槿 8.13 g/m^2、广玉兰 7.10 g/m^2、重阳木 6.81 g/m^2。一般阔叶林比针叶林吸尘能力强，例如每公顷山毛榉阻尘量 68 t，云杉林仅 32 t。

森林对大气中的 SO_2，CO，HF，O_3，Cl_2 等有害气体都具有不同程度的吸收作用。据测定，松林每天可从 1 m^3 空气中吸收 20 mg 的 SO_2，每公顷柳杉林每年可吸收 720 kg SO_2。夹竹桃、槐树、女贞、海桐、珊瑚树、桑树、木槿、紫穗槐、垂柳、大叶黄杨、龙柏、罗汉松、喜树等对 SO_2 有较大的吸收量和抗性。夹竹桃、海桐、广玉兰、龙柏、罗汉松、泡桐、梧桐、大叶黄杨、女贞及某些果树对 HF 有比较强的吸收作用，是良好的净化空气树种。

空气中的各种有毒细菌多随灰尘传播，森林的吸尘作用可大量减少其传播，另一方面植物本身还能分泌出具有杀菌能力的挥发性物质——杀菌素。如桦木、银白杨的叶子在 20 min内能杀死全部原生动物（赤痢阿米巴、阴道滴虫等），柠檬桉只要 2 min、法桐只要 3 min也都具有杀死全部原生动物的效力。松树可杀死肺结核、伤寒、白喉、痢疾等病菌。有研究结果表明，空气中的含菌量，在树林外为 30 000～40 000 个/m^3，而森林内仅为 300～400 个/m^3。

森林可显著降低噪音，起到较好的隔声和消声作用。据测定，在公路旁宽 30 m，高15 m 左右的林带，能够使噪音减少 6～10 dB；40 m 宽的林带可以减低噪音 10～15 dB。

5. 森林生态系统具有防风固沙、保护农田的作用

森林生态系统具有的涵养水源、调节气候等功能可为农业生产提供生态屏障。在防护林和林带保护下的农田，风灾、旱涝灾害可以得到防止或减轻。据中国林业科研部门多年研究，在农田林网内，一般可以减缓风速 10%～20%，提高相对湿度 5%～15%，增产粮食 10%～20%。据各地观测表明，一条 10 m 高的林带，在其背风面 150m 范围内，风力平均降低 50%以上；在 250 m 范围以内，降低 30%以上。多年经验表明，我国的“三北”防护林建设，对于防止风沙内侵、保护和发展“三北”地区农业与畜牧业，起到了重要贡献。同样，防护林在护堤防台风上也起到重要作用。

六、森林的碳汇生态功能

碳汇（carbon sequestration）是指通过植树造林、森林管理、植被恢复等措施，利用植物的光合作用吸收大气中的二氧化碳，并将其固定在植被或土壤中，从而减少温室气体在大气中浓度的过程、活动或机制。森林碳汇主要是指森林吸收并储存二氧化碳的过程，或者说是森林吸收并储存二氧化碳的能力。森林是陆地生态系统中最大的碳贮库和最经济的吸碳器。森林每生长 1 m^3 木材，约吸收 1.83 t CO_2，具有汇集二氧化碳的功能（即碳汇生态功能）。据联合国政府间气候变化委员会评估，全球陆地生态系统固定的 2.48 万亿吨碳有 1.15 万亿吨贮存在森林中。森林的碳汇功能在减缓温室效应方面起到极重要的作用。《京都议定书》就将被绿色植被固持的二氧化碳纳入其中，并向各国声明，通过绿化、造林等积累的森林碳汇可以抵冲该国的二氧化碳排放量，成为当今与工业减排并行的应对气候变化的方法。

不同类型森林生态系统固碳能力差别很大。热带森林固碳能力为 4.5～16 t/hm^2，温带森林 2.7～11.25 t/hm^2，寒带森林 1.8～9 t/hm^2。各种树木的碳汇能力也不尽相同，如毛竹、杉木、热带雨林、宝枫、黄栌、栎树等的碳汇能力依次下降。据浙江林学院的研究，竹林

的固碳能力十分巨大，1公顷毛竹的年固碳量为5.09 t，是杉木的1.46倍、热带雨林的1.33倍。中国是世界上最大的产竹国，仅浙江省竹林面积就达78.29万公顷。因此，中国森林对世界减轻温室效应的贡献比拥有同样森林面积的国家更大。森林固碳除了具有固碳量大、固碳时间长的特点外，另一优势是固碳的成本低、易施行。据估计，1980—2005年，中国通过持续不断地开展造林和森林管理活动，累计净吸收了46.8亿吨二氧化碳，通过控制毁林减少排放达4.3亿吨二氧化碳。

为了应对《京都议定书》规定，各个国家降低大气中温室气体浓度主要通过两个途径：直接减排即工业减排；间接减排即发挥森林的碳汇功能，通过植树造林增加森林资源等措施来实现。工业减排意味着需要减少能耗、提高能效，这将对一个国家的经济、社会发展产生重大影响。按照美国的分析预测，如果美国签署《京都议定书》，到2012年，其温室气体排放量要比1990年减排7%，这将造成美国4000亿美元的经济损失和490万人失业。因此，森林的碳汇生态功能随着气候变化公约谈判进展越来越受到国际社会的关注。据测算，一个20万千瓦机组的煤炭发电厂每年约排放87.78万吨二氧化碳，可被3.2万公顷人工林在1年中吸收的二氧化碳当量抵消；1辆奥迪A4汽车1年的二氧化碳排放量约为20.2 t，可被0.7公顷人工林在1年中吸收的二氧化碳当量抵消。如日本减排指标为6%，其中3.9%通过森林固碳来完成，2.1%通过工业减排来完成。欧洲许多国家和加拿大等国也在本国通过发展森林和在发展中国家购买林地造林来实现减排。

所谓碳汇交易，就是指发达国家出钱向发展中国家购买碳汇指标。《京都议定书》规定，因发展工业而制造了大量温室气体的发达国家，在无法通过技术革新降低温室气体排放量的时候，可以投资发展中国家造林，以碳汇抵消排放。目前欧美已经形成了部分碳汇交易市场，在欧洲市场上每吨二氧化碳减排量的价格为20欧元。如内蒙古林业碳汇项目，意大利资助1150万元，在内蒙古敖汉旗荒沙地造林3 000公顷，该项目产生的可认证的二氧化碳减排指标，归意大利所有。北京市森林碳汇造林项目，总面积为133公顷，建成后平均每年可吸收二氧化碳1 000 t。中国现有森林面积1.14亿公顷，年均生长量约5亿立方米，每年净吸收二氧化碳约9亿吨，为中国同期排放二氧化碳增量的3倍左右。而中国森林每公顷蓄积量只有84.75立方米，仅为世界平均水平的2/3；每公顷平均生长量只有0.36 m^3，仅为林业发达国家的1/2，这些都有较大的提升空间，可挖掘的吸碳固碳潜力很大。在中国种植1公顷森林，每储存1吨二氧化碳的成本约为122元人民币，这与非碳汇措施减排每吨碳成本高达数百美元形成了鲜明反差。国际森林碳汇交易市场发展迅速，而中国森林碳汇交易市场还处在建立和发展阶段，具有较大的潜力。我国森林发展空间大，森林固碳能力增长潜力大，开展森林碳汇项目具有许多优势。

第三节 草原生态系统

一、草原生态系统的分布和类型

草原生态系统(grassland ecosystem)是以各种多年生草本占优势的生物群落与其环境构成的功能综合体，是地球上最重要的陆地生态系统之一。草原不仅是畜牧业的生产基地，而且在防止水土流失、土壤沙化及防风固沙等方面也起到极其重要的作用。草原是内陆半干旱到半湿润气候下的产物，这里降水不足以维持森林的成长，却能支持耐旱的多年生草本植物的生长，所以这里辽阔无林。

世界草地总面积约 5×10^7 km²，占陆地总面积的 33.5%，仅次于森林生态系统。草原是一种地带性的类型，可分为温带草原与热带草原两类生态系统（见图 8-6）。

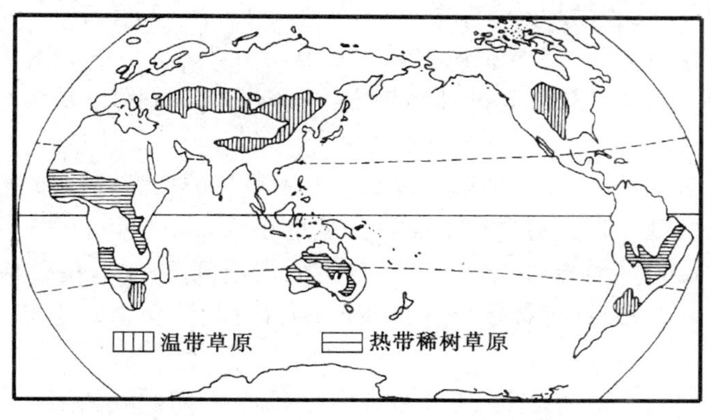

图 8-6　世界草原的分布（引自李博等，2000）

温带草原生态系统分布在南北两半球的中纬度地带，主要有欧亚大陆草原（steppe）、北美草原（prairie）和南美草原（pampas）。这些地区夏季温和，冬季寒冷，春季或晚夏有一明显的干旱期。由于低温少雨，草群低矮，其地上部分高度多不超过 1 m，以耐寒旱生禾草占优势。热带、亚热带草原生态系统主要分布于非洲、南美洲和澳洲的半干旱地区。多以高大禾本科植物（常达 2～3 m）为主，其中常散生一些不高的乔木和灌木，故称为热带稀树草原，又叫萨王纳（savnna）。这些地区终年温暖，降水量常达 1 000 mm 以上。土壤受到高温多雨的影响，强烈淋溶，以砖红壤化过程占优势，比较贫瘠。一年中存在一到两个干旱期。此外，草原生态系统还分布在高山和高原上。

草原生态系统的形成与其气候（主要是水分和温度）有密切关系。水分与热量的组合状况是影响草原生态系统分布的决定性因素。从地理分布上可以看出，草原处于湿润的森林区与干旱的荒漠区之间。靠近森林一侧，气候半湿润，草群繁茂、种类丰富，有时还出现岛状森林。如欧亚大陆的草甸草原和北美的高草草原。而靠近荒漠一侧雨量减少，草群低矮稀疏，种类组成简单，并常混生一些旱生小半灌木或肉质植物，如北美的矮草草原与欧亚大陆的荒漠草原。介于上述两者之间的为辽阔的典型草原。

我国的草原生态系统是欧亚大陆温带草原生态系统的重要组成部分。它的主体是东北—内蒙古的温带草原，绵延约 4 500 km，南北延伸纬度 17°（N35°～52°），东西跨越经度 44°（E83°～127°）。面积约 4×10^6 km²。在如此辽阔的区域内，地带分异明显，根据自然条件和生物学区系的差异，大致可将我国的草原生态系统分为三个类型：草甸草原、典型草原、荒漠草原。

草甸草原（meadow steppe）是草原生态系统中最湿润的类型，如呼伦贝尔等地，多分布在森林与干草原的中间地带，这里年降水量为 350～420 mm，年均温为 −2.8～3.1℃。草原的建群种为中旱生植物和广旱生的多年生草本植物。优势植物有贝加尔针茅（*Stipa baicalensis*）、羊草（*Aneurdepidium chinensis*）和线叶菊（*Filifolium sibiricum*）等。还有花色艳丽而高大的杂草类，如奇特芍药（*Paeonia anomala*）、马先蒿（*Pedicularis resuptnata*）等，群落茂密而高大，有人称为"高草草原"（tall grass prairie），生产力较高，经营方式以放牧畜牧业为主。

典型草原（typical steppe）生态系统分布在比草甸草原更干燥的地区，以锡林郭勒草原为代表类型。这里年降水量为 218～400 mm，年均温为 －2.3～4.5℃，建群种为旱密丛禾草植物，以大针茅（*Stipa grandis*）、克氏针茅（*S. krylovii*）、羊茅（*Festuca ovina*）和冰草（*Agropyron cristatum*）等为优势植物群落。层次分化明显，第一层由羊草及高杂草组成，高 50 cm 左右；第二层由丛生禾草的叶丛构成，高 20～25 cm；第三层为寸草苔等，高度多在 10 cm 以下。

荒漠草原（desert grassland）生态系统是草原中最旱的类型。分布在锡林郭勒往西到二连浩特、鄂尔多斯西部一带。建群种由强旱生丛生小禾草组成，这里气候越来越干燥，年降水量仅 150～280 mm，年均温 2.6～4.7℃，草丛低矮不到 20 cm，覆盖稀疏，不足 20%。以戈壁针茅（*Stipa gobica*）、石生针茅（*S. kleinenzii*）等为优势植物。这里生产力较低，但草原质量较好。

此外，在我国西北和西南地区，还分布有山地和高寒草原生态系统。山地草原生态系统是指新疆原来气候非常干旱的荒漠地区，但在山地由于地面海拔升高，气候变冷的条件下形成的草原生态系统。高寒草原（alpine meadow）生态系统是在高山和青藏高原寒冷条件下，以非常耐寒的旱生矮草本植物为优势的草原。

二、草原生态系统的结构和功能

草原生态系统中生产者的主体是禾本科、豆科和菊科等草本植物。尤其是禾本科，现在约有 4 500 种，其中有些是草原植被的主要建成者。针茅属（*Stipa*）有"草原之王"的称号，植物最为丰富，"steppe"一词就是由此得来的。莎草科、黎科等植物亦占相当大的比重。

草原优势植物以丛生禾本科为主。因为禾本科植物叶片能够充分利用阳光，能忍受环境的激烈变化，对营养物质的需求比其他植物少。它还具有耐割、耐放牧和耐火的特性。

草原植物的另一个特点是都具有耐旱的形态和生理，如有绒毛、卷叶、叶面狭窄、气孔下陷、机械组织发达等。依其草的高度，群落结构一般分为三层：高草层、中草层和矮草层（下层）。植物的地下部分强烈发育，其郁闭度和层次结构远远超过地上部分。

气候（温度）对草原植物有明显的影响。温带草原以耐寒旱生多年生草本植物占优势。如针茅属、羊茅属（*Festuca*）等植物，还混生耐旱的小灌木和小半灌木。在高山和高原寒冷条件下，由非常耐寒的旱生矮草本植物为主组成的植物群落，占优势的如针茅属、苔属（*Carex*）、羊茅属等植物，并经常混生一些垫状植物和其他高山植物。热带、亚热带稀树草原以及温带草原的暖温带地区，以黍系禾草为主，并混生一些耐旱的乔木和灌木。

不同草原生态系统植物种类的多样性不同。生态条件越适宜种类越丰富，群落结构也较复杂，有地上及地下层的分化。反之，生态条件越严酷，种类越简单，群落结构也较简化。如我国草甸草原生态系统每平方米约有种子植物 20～30 种以上；典型草原生态系统每平方米约有 15～20 种；干旱的荒漠草原生态系统每平方米仅 8～14 种左右。荒漠草原群落结构简化，地上部分常不能郁闭，盖度多在 30%以下，但其地下部分却是郁闭的。

草原生态系统丰富的植物种类为各类草食动物提供了多样性的食物，因此草原动物区系十分丰富。草原动物区系中最引人注目的是大型草食动物，它们是草原生态系统中最主要的消费者。如热带稀树草原上的长颈鹿（*Giraffa camelopardalis*）、斑马（*Equus burchelli*）、瞪羚（*Gazella thornpsoni*）、野牛（*Syncercus caffer*）；温带草原上的野驴（*Equus hemionus*）、黄羊（*Procapra gutturose*）、野骆驼（*Camelus bactrianus*）等。还有众多的啮齿类，如黑线仓鼠（*Cricetulus barakansis*）、达乌尔鼠兔（*Ochotona daurica*）、五趾跳鼠（*Allactaga sibirica*）、达乌尔黄鼠（*Citellus dauricus*）、莫氏田鼠（*Microtus maximowiczii*）。它们既可采食植物茎、叶、果实，也取食植物地下部分，是草原生态系统食物链的主要成分和环节，在整个草原生态系统中具有重要意义。

草原中小型草食动物的种类甚多而且数量可观，它们遍布于草地的地上与地下部分，并以植物的茎、叶、汁液、果实、根为食。除营穴洞生活的啮齿类以外，草地昆虫的数量最引人注目。在英国石灰岩草原，鳞翅目昆虫密度达 42～197 个/m^2；波兰人工草原的鳞翅目昆虫达 29～618 个/m^2。其他无脊椎动物的数量亦甚多，北美草原的蜘蛛类达 220～1 090 个/m^2，非洲稀树草原的无脊椎动物达 19～32 种/m^2，其中土壤中的无脊椎动物生物量达6 g/m^2。

草原上数量最多的鸟类是云雀（*Alauda*）、百灵（*Melanocorypha mongolica*）和毛腿沙鸡（*Syrrhaptes paradoxus*）等。草原爬行动物以沙蜥、麻蜥、锦蛇和游蛇为常见种。

草原食肉动物以狼、狐、獾、黄鼬、香鼬及鹰等占优势，它们可以调节某些植食动物的种群数量，从而维持草原生态系统的稳定。热带草原上的雄狮、猎豹等食肉动物在该生态系统中也起着显著的作用。草原猛禽以苍鹰、雀鹰、草原雕（*Aquila rapax*）、鸢等最为常见，它们以小型食草动物为食。

高寒草原分布的野生动物主要为藏羚（*Pautholops*）、野牦牛（*Bos grunniens*）、雪豹和啮齿类。家畜主要是牦牛。

草原生态系统的净初级生产力变动较大，对温带草原而言，变幅在 0.5 t/(hm^2 · a)（荒漠草原）到 15 t/(hm^2 · a)（草甸草原）。热带稀树草原净初级生产力在 2 t/(hm^2 · a)到 20 t/(hm^2 · a)，平均达 7 t/(hm^2 · a)。北美国际生物学计划（North America International Biological Program）测定的六种类型草原的平均初级生产力在 100～600 gDW/(m^2 · a)。我国东北羊草（*Leymus chinensis*）地上部分净初级生产 170 gDW/(m^2 · a)。草原生态系统的生产力主要受到草地植物组成、水分、温度等因素的限制。如草原上的 C_3 植物，其单叶最大光合速率为 15～35 mgCO_2/(dm · h)，而 C_4 植物可达 40～80 mgCO_2/(dm · h)，比前者高出 1～2 倍。从荒漠草原至草甸草原，随雨量增大，初级生产力随之有规律地上升。如北美草原降雨量从 174 mm 到 857 mm，相应地，净生产力从 56.1 gDW/(m^2 · a)到 1003 gDW/(m^2 · a)。在草原生物量中，地下部分常常大于地上部分，气候越是干旱，地下部分所占比例越大。据 IBP 资料，草原地下生物量与地上生物量之比为 2～13，沿湿润到干旱的环境梯度而增高。值得注意的是，草原生态系统中分解者的生物量是相当高的，如加拿大南部草原，当植物生物量为 434 g/m^2 时，30 cm 土层内土壤微生物生物量达 254 g/m^2。

在热带稀树草原上，植物组成的饲用价值不高，植物中含有大量粗纤维和二氧化硅，N，P 含量很低，N 仅为 0.3%～1.0%，P 仅为 0.1%～0.2%。因此，初级生产量虽高，但草原动物生物量仍很低。如非洲坦桑尼亚稀树草原上，主要草食动物为野牛、斑马、角马、羚羊与瞪羚，当植物量为 24 t/hm^2 时，草食动物量仅为 7.5 kg/hm^2。

关于草原生态系统的能量流动，据祖元刚(1990)对羊草草原的研究：每年到达羊草群落的太阳辐射能为2 321 827.10 kJ/(m^2 · a)，其中被羊草群落反射掉约18.44%，经羊草群落入地表约38.84%，被羊草群落吸收约42.72%。经羊草光合作用固定占3.02%；群落净光合作用积累35 139.36 kJ/(m^2 · a)的能量，占太阳辐射能的1.51%。第二个例子是F. B. Golley(1959)对美国密执安地区禾草草原的研究。这是一个极简化的食物链，生产者为禾草，第一级消费者为田鼠及蝗虫，第二级消费者为黄鼠狼。植物对太阳能的利用率约为1%，田鼠消费植物总净初级生产力的约2%，由田鼠转移给黄鼠狼约2.5%，大部分能量损失于呼吸消耗。

草原生态系统初级生产所固定的能量，通过食物链转入草食动物与肉食动物，各营养级之间的转化效率高低不一，低的小于1%，高的则达20%或更高。以牛为例，一年中所采食的植物能中，约有48%因维持正常生理活动而消耗掉，43%的能量以粪便形式排出，只有9%用于躯体组织的建造。P. Duvigneaud(1974)关于英国草原上饲养肉牛的研究表明，草原的净初级生产量为干草16 t/hm^2，饲养1.2头350 kg的肉牛，只有29%的草被牛吃掉，吃掉部分的4%转化为净次级生产量，其他以粪便形式和呼吸作用消耗。肉牛之外的其他消费者消耗33.6%的植物物质，其余部分留给分解者。

三、草原退化

草原退化(grassland degeneration)是全球性的环境生态问题之一。在我国，20世纪60年代以来，草原生态系统普遍出现了草原退化现象，约有90%以上草原处于不同程度的退化之中。据《中国环境状况公报》数字表明，全国草地退化、沙化、盐碱化呈发展趋势。草原严重退化面积7.36×10^5 km^2，沙化面积超过1.5×10^6 km^2。现在全国草原以每年130万～200万公顷的速度退化着。以水草丰美著称的呼伦贝尔草原已有23%退化，鄂尔多斯高原草原已有68%退化。草原退化是草原生态系统在其演化过程中，其结构特征和能流与物质循环等功能过程的恶化，即草原生态系统的生产与生态功能衰退的现象。它既包括“草”的退化，也包括“地”的退化。它不仅反映在构成草原生态系统的非生物因素上，也反映在生产者、消费者、分解者三者的生物组成上。因而草原退化是整个生态系统的退化，是指土地物理因子和生物因子的改变所导致的生产力、经济潜力、服务性能和健康状况的下降或丧失。草原退化已成为制约我国北方地区农业和国民经济发展的重要因素。

导致草原退化的原因有自然因素，如长期干旱、风蚀、水蚀、火灾、沙尘暴、鼠、虫害等，但最主要的是人为因素，如过牧、滥垦、过伐等。由于长期的不合理利用甚至掠夺式利用，从草原不断带走大量的物质，又得不到补偿，违背了生态系统中能量与物质平衡的基本原理，导致生态系统功能的紊乱、失调和衰退，使草原的生态与生产力不断下降。草原的退化一般可分为三个阶段：①草群变矮，盖度、产量下降，这时的草地如果给予适当的利用或休歇，可望短期内恢复；②植被组成成分发生变化，劣质、低质杂草及毒草大量滋生，这时采取一定的管理措施尚可在较长时期内恢复；③生草土层完全破坏，这时植物成分和生境都发生了变化，难以恢复。图8-7是热带草原由于火烧和过度放牧引起的草原退化过程示意图。

我国20世纪60年代以来，普遍出现的草原退化现象的主要特征是：①草原群落的优势种和结构发生改变。草群变矮、变稀，可食性牧草减少，有毒草和杂草增加，原来以优质牧草为优势种的草地演变为以毒草为优势的植物群落。②生产力低下，产草量下降。退化草原

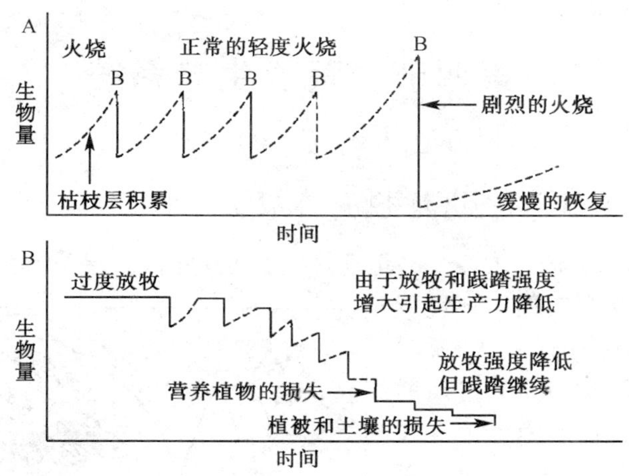

图 8-7　热带稀树草原对火烧和过度放牧的反应(引自 A. Mackenzie，2001)

A. 短期的轻度火烧，草原可恢复；剧烈的火烧，草原难以恢复

B. 过度放牧破坏植被和土壤，导致草原退化

的产草量比 20 世纪 50—60 年代下降了 20%～50%，优质牧草的比重下降了 60%～70%。③草原土壤生态条件发生巨变，出现沙化(sandification)、盐碱化和沙尘暴(sandstorm)。20 世纪 30 年代的美国、20 世纪 50 年代的前苏联都曾发生过草原破坏后的沙尘暴。1934 年 5 月 11 日美国东部飞来浓密昏黄的沙尘，遮住了天空，纽约一片朦胧，空气中含土量是平时的2.7倍，芝加哥全城积满了 1 200 万吨土。失去了草原植被的保护，狂风将 35 000 万吨肥沃的泥土刮起形成了这场黑色风暴。④固定沙丘复活，流沙掩埋草场。⑤老鼠、蝗虫危害猖獗。据调查，青海省的高原鼠、兔达 6 亿只，鼢鼠 1 亿只，年消耗饲草 84.5 亿千克，使本已退化的草群遭受更大灾难。⑥动植物资源遭破坏，生物多样性下降。如草原上著名的药材——甘草(*Glycyrrhiza inflata*)近年来迅速减少。新疆巴楚县已有 2 万公顷被挖掘一空；驰名中外的黄芪，在草原上已很少见到。野生动物的滥杀乱捕十分严重，许多种类濒于灭绝。如野马、野骆驼已在草原上绝迹，紫貂、盘羊和白鹳等已濒临灭绝，鹿科动物及黄羊等数量锐减。过去在草原上到处游荡的地鸨，现已几乎绝迹。

鉴于我国大部分草地处于严重退化的状态，并且草原生态系统脆弱，加强对草原生态系统的保护，合理利用草地资源，对我国的生态环境建设是十分必要的。保护对策为：首先，加强草原生态系统的保护。针对各地草原退化的态势，制订合理的草畜比，防止过度放牧。制止滥垦、滥牧，恢复退化草场。对某些草地可实行封禁或建立自然保护区，恢复生产力。在重要地区或生态脆弱区，实现有计划的退耕还草还林。二是治理恢复退化草地，建立人工草场。对退化草原采取一定技术措施，如封育、围栏、轮牧、飞播牧草、灌溉和施肥等，促进牧草生长，提高生产力。同时，大力进行人工草地建设，缓解草畜矛盾，实现畜牧业的集约经营。三是加强草原科学研究，实现草原的科学管理。开展草原生产潜力、草原生态功能分区、草畜关系、草原减灾、草原生物多样性、草地退化机制等科学问题的研究，制订草原生态系统合理开发利用的措施，以实现草原的科学管理。

第四节 荒漠生态系统

一、荒漠生态系统的分布和基本特征

荒漠生态系统(desert ecosystem)是地球上最耐旱的,以超旱生的小乔木、灌木和半灌木占优势的生物群落与其周围环境所组成的综合体。荒漠有石质、砾质和沙质之分。人们习惯称石质和砾质的荒漠为戈壁,沙质的荒漠为沙漠。在地球上,荒漠占有很大的面积,全球荒漠化土地面积有 3.6×10^7 km²,占地球陆地面积的 28%。荒漠主要分布在亚热带干旱区,往北可延伸至温带干旱地区(见图 8-8)。世界上最大的荒漠区在北半球,包括非洲北部的大西洋岸,往东的撒哈拉沙漠;亚洲的阿拉伯半岛,伊朗、印度和巴基斯坦的沙漠,中亚沙漠,中国西北和蒙古等。南半球有澳大利亚中部沙漠、智利和南非的一些沙漠。

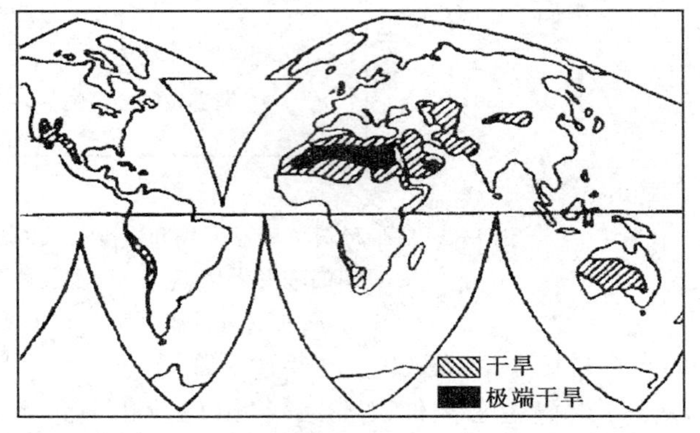

图 8-8 世界干旱区域的分布(引自李博,2000)

我国的荒漠生态系统以温带荒漠为主体,面积达 3.327×10^6 km²,占国土面积的 34%。我国的荒漠生态系统呈弧形带状分布,自西向东横跨 50 多个经度,分属于几个不同的自然地带。主要分布在新疆、甘肃、青海、宁夏和内蒙古等 11 个省区,以新疆分布面积最广,约占全国荒漠总面积的 60%左右。

荒漠生态系统的生态环境十分严酷。全球荒漠气候特征为:①年降雨量稀少,且变率大。一般年平均降水量只有 50～150 mm,少的不到 20 mm,最多也不超过 200～300 mm。②蒸发强烈,一般年蒸发量在 2 500～3 000 mm,超过降水的 10 倍、数十倍甚至上百倍。③气温变化大,日温差一般在 10～20℃,高的可达 40℃以上。最热月平均温度达 40℃,最高温度达 46～57℃。④日照充足,太阳辐射能丰富。有的全年日照时数在 2 500～3 500 h。⑤多风沙,沙暴和尘暴天气日数占全年的 1/3～1/2。

二、荒漠生态系统的结构和功能

荒漠生态系统的生产者——绿色植物分布稀疏,以超旱生小乔木和半木本植物为优势物种。超旱生草本植物和短生植物也具有一定季节的优势,几乎全为旱生类型,种类较为贫乏,但植物的生态类型仍较为丰富。我国荒漠生态系统的植物区系超过 91 科,420 种以上。

为了适应干旱环境,荒漠植物具有一系列旱生的生理生态特性:①叶的特殊形态有利于减少蒸腾。叶面有密的绒毛,以减少蒸腾作用,如蒿属(*Artemisia*)、滨藜属(*Atriplex*);叶面积大大缩小,如驼绒藜属(*Ceratoides*)、沙拐枣属(*Calligonum*);有的植物近于无叶,以绿色茎干进行光合作用,如麻黄属(*Casuarina*);叶面角质层加厚,气孔密度小而下陷,以减少蒸腾作用，如桉属(*Encalyptus*)、沙冬青属(*Ammopiptanthus*)等。②荒漠多年生植物有强大根系以增加对干旱土壤中水分的吸收。荒漠中土壤含水量仅1%～3%。植物根系具有追水特性。它们的侧根可向四方扩展，通常植物根深和根幅都比株高、株幅大几倍、几十倍。如骆驼刺地上部分只有几厘米，而地下部分达15 m。有些生长在盐化土壤上的植物，其叶、茎肉质化而含盐，可从盐度高的土壤中吸收水分，如假木贼属(*Anabasis*)、猪毛菜属(*Salsola*)等盐生植物(*halophyte*)。还有许多植物的萌蘖性强，能耐风沙袭击。如柽柳被沙埋后仍可生出不定根，生长得更加旺盛。沙漠中的苔藓、地衣，在缺水时能够缩成干枯状，一遇水很快恢复生机。③许多肉质植物，白天在强烈日照下，它们的气孔完全关闭，到晚间才开放气孔吸收CO_2，以特殊的景天酸代谢途径(CAM)进行光合作用。肉质植物主要分布在南美及非洲的荒漠中，如仙人掌科与百合科的一些种。④短命植物与类短命植物。前者为一年生，后者系多年生，它们利用较湿润的季节迅速完成其生活周期，以种子或营养器官度过不利生长时期。

荒漠生态系统的消费者主要是爬行类、啮齿类、鸟类以及蝗虫等。它们如同植物一样，也以各种不同的方法适应水分的缺乏。一些抗旱动物，它们能一次饮水后，3～5 d甚至7 d不饮水而能正常生活。骆驼、羚羊等都具有储藏和节约水的特殊能力，它们可凭灵敏的嗅觉闻到远处飘来的水汽去寻找水源。羚羊在夏季毛色变成白色，以反射阳光。一些耐旱动物，一生中很少喝水或不喝水，它们靠所采食的植物体或种子中所含的水分而生存。如更格卢科(*Hetetromyidae*)的啮齿类动物，能无限地以干种子为生而不需要饮水，也不需要用水调节体温，白天在洞穴内排出很浓的尿以形成一个局部具有较大湿度的小环境。例如Schmidt-nielsen(1949)研究发现，洞穴内的相对湿度为30%～50%，而夜间荒漠地面上的相对湿度为0%～15%。这样，这些动物夜间从洞穴里爬出来，荒漠地面相对湿度大致和夜间洞穴的湿度相等，白天则在洞穴内度过。

鼠类、蜥蜴和蚁类等都各有其节水机制。如大沙鼠(*Rhombomys opimus*)能浓缩尿，尿的含盐量可达23%，粪便极干燥。还有一些躲避干旱的动物，这类动物在白天高温时躲在荫蔽处或洞穴中，夜晚出来取食和活动。蛇类能用皮肤吸收夜间空气中的水汽以补充水分。爬行动物中最多的是沙蜥和麻蜥，它们有一种特殊的适应特征。它们身上没有汗腺，从来不会出汗；眼睛具有防风的眼帘；烈日下会爬上灌丛以躲避地面的高温。挖洞居住的啮齿类具有特长的后肢，足底有硬毛垫，适于在荒漠上跳跃。在漫长的冬季，它们则以冬眠的形式度过。

荒漠生态系统初级生产量取决于可利用的有效水量和植物利用水的效率。生产力与降雨量之间呈线性函数关系。一般荒漠生态系统初级生产量非常低。Noy-mier(1974)分析了世界上各种荒漠生态系统的资料后认为，在干旱地带，地上植物的净初级生产量在30～200 g/(m^2·a)，地下根系的生产量也很低，为100～400 g/(m^2·a)；在半干旱地带，地上植被则为100～600 g/(m^2·a)，地下根系则为250～1 000 g/(m^2·a)。他还发现，积累的生物量总量和周转的速率(产量与生物量之比)常因植物类型而有不同：由乔木、灌丛和仙人掌占优势的荒漠，每年的生产量是地上现存量300～1 000 g/m^2的大约10%～20%；在有多年生植物的荒漠，每年的生产量是生物量150～600 g/m^2的20%～40%；而在一年生植物组成的荒漠，其周转率可达100%，每年的生产量和最大生物量是一样的。地衣、绿藻和蓝藻能增加荒漠的初级生产量，它们在地表生存，数量很多。其中蓝藻是非常有益的植物，生物量可达 240 kg/hm^2，这是因为它们的固氮速率非常高，可达 10～20 g/(m^2·a)。

由于初级生产力低下，所以能量流动受到限制并且系统结构简单。通常荒漠动物不是特化的捕食者，因为它们不能单靠一种类型的食物，必须寻觅可能利用的各种能量来源。荒漠生态系统中营养物质缺乏，因此物质循环的规模小。即使在最肥沃的地方，可利用的营养物质也只限于土壤表面 10 cm 范围之内。由于许多植物生长缓慢，动物也多半具有较长的生活史，所以物质循环的速率很低。

荒漠中食肉动物都是广食性的。蜥蜴以蚂蚁为食，狐狸和狼吃野兔和爬行动物，而它们常以更杂的食物为食，包括叶子、果实；还有那些以昆虫为食的鸟类和啮齿类也大量取食植物性食物。这足以表明，荒漠生态系统中以杂食性动物为主，形成了一个较为复杂的食物网。

三、荒漠化

荒漠生态系统由于生物种类极度贫乏，种群密度稀少，脆弱而不稳定。在人类的不合理开发和利用下，很容易引发整个生态系统的破坏。荒漠化是全球性的重大生态环境问题之一。

1. 全球荒漠化概况

荒漠化(desertification)是指在干旱、半干旱地区和一些半湿润地区，生态环境遭到破坏，植被稀少，土地生产力有明显的衰退或丧失，呈现荒漠或类似荒漠景观的变化过程。荒漠化是当今世界性的重大环境生态问题，在发展中国家尤为严重。在 1992 年联合国环境与发展大会上，防治荒漠化被列为国际社会优先采取行动的领域。1994 年在巴黎签署了《联合国关于在发生严重干旱和/或荒漠化的国家特别是在非洲防治荒漠化的公约》。从 1995 年起，每年 6 月 17 日为“世界防治荒漠化和干旱日”。据联合国环境规划署的资料，全球荒漠化土地面积有 4 560 万平方千米，其中亚洲和非洲占了绝大多数，分别占 32%，北美洲占 12%，澳大利亚占 11%，南美洲占 8%，欧洲占 5%。世界上每年平均就有 5～7 万平方千米的土地沙漠化，至少有 100 多个国家、15%的人口受到荒漠化的影响和威胁，全世界每年由荒漠化带来的直接经济损失约 260 亿美元。综观全球，目前沙漠正在向草原、农地和城镇侵犯，对人类社会的生存已造成威胁(见图 8-9)。

我国是世界上受荒漠化危害最严重的国家之一。全国荒漠化土地总面积为 3.4×10^5 km^2，其中已荒漠化了的土地 1.76×10^5 km^2，潜在荒漠化土地 1.58×10^5 km^2。有近 4 亿人受到荒漠化的威胁，每年损失 540 亿元，且还在不断扩大中。20 世纪 60—70 年代每年扩大约1 560 km^2，20 世纪 80 年代每年扩大约 2 100 km^2。我国的荒漠化土地广泛分布在北方干旱、半干旱地区及部分湿润、半湿润地区。

2. 荒漠化的成因与危害

荒漠化的原因是多方面的，除了气候原因之外，最主要的原因是过度开发土地资源造成的。由于人类的开发活动加速了水资源的枯竭，加剧了土地的干旱化；过度的农垦和放牧，破坏了地面的植被覆盖，促进了土地的风蚀性。中国科学院的调查表明，在我国北方地区现代荒漠化土地中，94.5%由人为因素所致，即由于人为活动破坏了生态系统的平衡，从而导致土地荒漠化。水土流失是荒漠形成的重要过程，全国目前水土流失面积近 179 万平方千米，每年流失土壤达 50 亿吨。许多实例表明，绿洲边缘沙地植被覆盖率低于 10%，农区周边防护林网面积低于农区面积的 10%以上时，沙害威胁就明显了。据中国科学院兰州沙漠

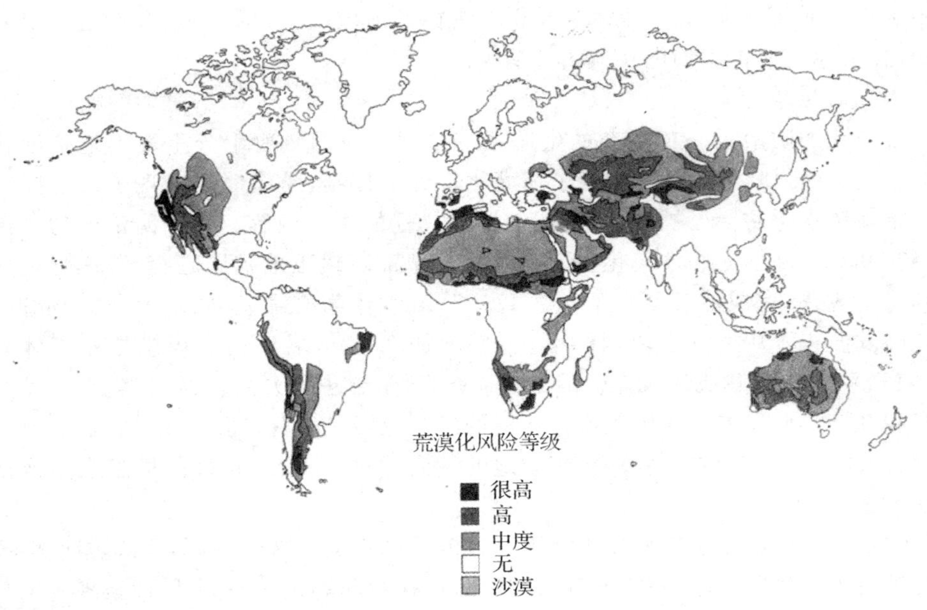

图 8-9　世界潜在沙漠化区域的分布

研究所研究，引起现代沙漠化过程的人为因素，大致可分为滥垦、滥牧、滥砍、工矿城市建设破坏植被和水资源利用不当五种类型。这五种类型所形成的沙漠化土地分别占我国北方地区沙漠化土地面积的 23.3%，29.4%，32.4%，0.8%和 8.6%。

荒漠化已被列为当今世界十大环境问题之一，并总是居首。荒漠化的主要危害是：①土地资源的损失。根据我国北方荒漠化的发展和预测表明，局部有所改善，总体荒漠化在扩大，从 20 世纪 70 年代荒漠化造成土地丧失 17.6 万平方千米增加到 20 世纪 80 年代的 20.1 万平方千米，年平均增加 2 100 km^2。据预测，今后 10 年内若不采取有效措施，荒漠化土地还将以每年平均增加 1.3%的速度发展，每年扩大 2 300 km^2。②使大面积土地失去生产力。20 世纪 90 年代以来，受荒漠化严重影响的农田产量普遍下降 70%～80%。以内蒙古东部、中部草原为例，由荒漠化所造成的土地生产量及肥力的损失，每年约 4.456 亿～4.558 亿元。估计全国的各类荒漠化土地，年损失营养成分就达 13.39×10^8 t。③使草原质量下降。我国北方牧区 2.24×10^8 hm^2 可利用的草原中，已有 $0.133\,3\times10^8$ hm^2 退化为沙漠，并以每年 1.33×10^6～2.00×10^6 hm^2 的速度在不断扩大，草地生产力普遍下降。由于荒漠化的危害，畜牧业发展受阻，不少地区出现下降趋势。④毁坏各种建设工程，危害交通运输和通讯电力设施。我国有 1 000 多公里的铁路和数千公里的公路以及水库、水渠、水井受荒漠化威胁。⑤对环境造成污染和破坏。由于土地大面积沙化，使风携带大量沙尘在近地面大气中运移，极易形成沙尘暴。北方的沙尘暴 50 年代到 90 年代每年平均 0.5～7.3 次，2000 年一年就发生了 12 次。1991 年，我国西北地区的一场沙尘暴就影响了 110×10^4 hm^2 的土地，300 多人伤亡，37×10^4 hm^2 农田受灾，直接经济损失达 5.4 亿元。近几年，我国北方的沙尘暴十分严重，甚至影响到长江中下游地区。

荒漠化造成的土地贫瘠、环境恶化，威胁着人类的生存，导致历史上许多古文明的湮没。土地沙漠化是巴比伦文明、撒哈拉文明、丝绸之路沿线文明衰灭的直接原因。如历史上我国西北是不少古国的所在地,如塔里木河是楼兰古国的地域,大约在1 500年前还是魏晋农垦之地,但现在上述文明古国均已从地图上消失。

3.荒漠化的防治对策

土地荒漠化的防治是一项复杂的生态系统工程。我国政府十分重视土地荒漠化的防治,至20世纪90年代约有10%的地区荒漠化得到了控制,局部地区出现了“人进沙退”的新局面。土地荒漠化防治已被列为中国21世纪议程的主要内容。我国防治土地荒漠化的目标是:到2010年基本遏制沙漠化土地和其他类型荒漠化土地扩展趋势,荒漠化地区生态环境得到一定改善,完成治理开发面积2 473.7 hm^2,林草覆盖率增加2.5%。到2030年,完成治理开发面积3 081万公顷,林草覆盖率增加3.1%,形成初具规模的生态体系。到2050年,在荒漠化地区建成比较完善的生态体系,科学合理地开发沙区自然资源,使荒漠化地区生态和经济协调发展。我国荒漠化防治的经验主要是采取以防为主、防治结合的方针,重点是制止农牧交错带和农林牧交错带土地的荒漠化进程,采取正确的措施恢复或重建荒漠化土地生态系统。

我国的荒漠化防治处于世界先进水平。目前采取的主要措施有:①营造防沙林带,阻止荒漠化的扩展。如我国实施的“三北”防护林建设,在东起黑龙江的宾县,西至新疆的乌孜别里山口,全长7 000 km,宽400~1 700 km,总面积4.07×10^6 km^2的土地上采取人工造林、飞机播种造林、封山封沙、育种育草等多种方法,营造防风固沙林、水土保持林、农田牧草防护林、水源涵养林以及薪炭林、经济用材林。逐步形成乔木、灌木、草本植物相结合,林带、林网、片林相结合,多林种合理配置、农林牧协调发展的防护林体系,提高森林覆盖率,恢复并促进良性生态循环。该工程第一期已造林6.05×10^6 hm^2,保护了8×10^6 hm^2的农田。整个工程将历时70年,是当今全球最大的生态工程。②实施生态工程,建立生态复合经营模式。我国已在不同自然带采取生物和工程相结合的方法建立了沙漠化土地治理的多种生态模式,成功探索一系列综合治理荒漠化土地的方法,如引水拉沙造田、生物固定流沙、沙地飞播造林种草、沙障固沙造林、农田防护林网等。在华北、东北的土地荒漠化地区建立林农草复合生态模式等。③合理开发水资源,控制荒漠化的发展。水资源的枯竭是土地荒漠化的动因之一,合理规划水资源,调控流域的水资源分配,对控制荒漠化的进一步发展至关重要。

第五节 苔原生态系统

苔原或冻原生态系统(tundra ecosystem)是由分布在北美和亚欧大陆的北极边缘地带的苔原生物群落与其生存环境所组成的综合体。严寒的气温、较少的降水、生物种类贫乏、生长期短、酸性土壤下多年冻土层(permafrost)的存在,以及低地常形成大量积水洼地或沼泽是这里的主要特征。在所有纬度的高山上部,即在树木生长线之上和冰雪裸岩带之下的高山地带,常常发育了高山苔原(alpine tundra),其自然特点与极地苔原类似。全球苔原面积约8×10^6 km^2,约占陆地面积的5.3%。

由于苔原严酷的生态环境,苔原生态系统的植被种类少,群落结构简单。植物多是寒带植被的种类,数目约100~200种,主要由苔藓、地衣、多年生草本植物和矮小的石楠科灌木、柳树、桦树等组成，无乔木。群落结构一般分为三层：灌木层、半灌木草本层和苔藓地衣层。其中苔藓地衣层特别繁盛，在群落中占优势。由于环境条件不利，植物生长十分缓慢而较矮小（一般不超过 10～20 cm），多呈匍匐状或垫状。

苔原生态系统的动物种类也比较稀少，有盛产于池沼中的蚊、蝇类，小的食草动物如旅鼠（*Lemmus trimucronatus*）也很常见。驯鹿（*Rangifer arcticus*）和麝牛（*Ovibos moschatus*）是苔原上的主要大型食草动物，主要以地衣和其他植物为食。苔原的食肉动物有北极狐、北极熊、狼等。夏季候鸟很多。

苔原生态系统的食物链比较简单。最重要的第一性生产者是藓类和多种地衣。除驯鹿外，还有旅鼠、松鸡和兔等，是重要的食草动物。狐、狼等则属于第二性消费者的食肉动物。在夏季，丰富的昆虫就成了迁移来的候鸟的不可缺少的食物来源。

苔原生态系统的生物生产力很低。苔草、羊胡子草、石南和灌木-石南群落地上部分净生产量为 40～100 $g/(m^2 \cdot a)$；苔属和苔属-禾草草地的地下净生产量为 130～360 $g/(m^2 \cdot a)$。活的植物地上部分现存量与其地下部分现存量之比为 1∶5～1∶11。苔原初级生产量的一个特点是，植物生长大部分在地下进行。据 R. H. Whittaker(1970)估计，苔原生态系统生物量为 5×10^9 t，占世界陆地生态系统总生物量的 0.27%；苔原生态系统每年提供的初级生产量为 1.11×10^9 t，占世界陆地每年提供的总数的 0.01%。苔原生态系统的动物生产量也很低，通常不到植物生产量的 1%。阿拉斯加苔原以麝牛和北美驯鹿为代表的食草动物的平均现存量为 0.17 kg/km^2。夏天麝牛每公斤体重需消耗 30～34 kg 左右植物，同化率 56%。

人类对极地苔原生态系统的影响相对较小。过去只有爱斯基摩人居住在这里，并饲养驯鹿和采食野生植物的可利用部分。现代在北美的阿拉斯加等苔原地带，已经开始建设道路、机场、房屋和铺设油管等，对苔原生态系统产生了较大的干扰和破坏。由于苔原生态系统与其他生态系统不同，结构简单，对外界的抗干扰能力差，要从变化或破坏中恢复过来是很慢的；低温也大大妨碍了废弃物的降解过程和植被自然发生的演替过程。因此，必须十分注意苔原的合理开发利用和环境保护问题。

思考题

1. 概念和术语。

纬向地带性　经向地带性　垂直地带性　森林生态系统　热带雨林　常绿阔叶林　落叶阔叶林　针叶林　碳汇　碳汇交易　草原生态系统　稀树草原　草甸草原　典型草原　荒漠草原　高寒草原　草原退化　荒漠生态系统　荒漠化　苔原生态系统

2. 论述陆地生态系统类型的水平分布和垂直分布规律。

3. 为什么说森林生态系统是最重要的自然生态系统？

4. 森林生态系统有哪些主要类型，各有什么特点？

5. 森林有哪些生态效益？

6. 森林的碳汇功能在二氧化碳减排中有什么作用？

7. 草原生态系统主要分布在哪些地方，它们有什么特点？

8. 我国草原生态系统有哪些主要类型？它们的分布有什么特点？

9. 草原退化有哪些危害？引起草原退化的因素有哪些？

10. 荒漠生态系统的环境有哪些特征？

11. 什么是荒漠化？为什么荒漠化是当今世界性的生态环境问题？

12. 简述苔原生态系统在世界上的分布规律和主要特点。

第九章　城市生态系统

本章提要　重点介绍城市生态系统的概念、组成、结构和功能，以及城市生态环境问题和生态建设，包括：城市、城市生态系统和城市生态学的概念；城市生态系统的组成、空间结构、营养结构、社会结构和经济结构，重点是城市空间结构的三种模式；城市生态系统的主要特点；城市生态系统的生产功能、能量流动、物质循环和信息传递功能及其特点；城市生态系统平衡的概念、城市环境问题和城市生态建设的内容与途径；生态城的概念。

第一节　城市和城市生态系统

一、城市和城市化

城市是人类聚集的中心，是人类社会经济、政治、科学文化发展到一定阶段的产物，也是人类技术进步、经济发展和社会文明的标志。在地理学上，城市是指具有一定的人口和建筑、绿化、交通等用地规模，第二及第三产业高度集聚的、以非农业人口为主的居民点。城市开始出现于手工业和农业的分离，原始社会向奴隶社会发展的过程中，距今已有 5 000 多年历史。古代城市的职能多以政治中心、军事城堡和商业集市为主要标志。现代城市的形成和发展以工业化为主要推动力，是现代大工业、现代科学技术和商业、文化教育事业高度集聚的产物。现代城市以社会化的城市生活方式和人口、建筑物高度密集的城市景观为主要特征。通常，现代城市是各类地区的政治、经济或文化中心，是区域社会经济发展赖以依托的支撑点。

18 世纪中叶以来，随着大工业的发展和工业化的进程，农村人口大量流入城市，城市数目迅速增加，而且规模越来越大，促进了城市化的发展。城市化（urbanization）是指由于社会生产力的发展而引起的城镇数量增加及其规模扩大，人口向城镇集中的过程。20 世纪以来，随着现代工业化的飞速发展，城市的发展进程更加迅速。1950 年城市人口占世界总人口的 29.2%，1985 年上升到 41%，2000 年城市化率平均达 50%，发达国家的城市化率达 81%，有的国家达 100%（新加坡），发展中国家城市化率也达 41%。目前全世界大中城市的占地面积约为地球土地面积的 0.3%，但却集聚了世界总人口的 40%。城市化已成为当今世界的普遍现象。由于人口的急剧膨胀，许多城市的人口已呈饱和状态，于是出现了卫星城及围绕城市的“城市区域”或“大城市连绵区”（megalopolitar region）。它们一般呈带状分布、规模很大的城市集聚区，以若干个数十万以至百万人口以上的大城市为中心，大小城市连续分布，形成城市化最发达的地区。这里集中了全国相当大一部分人口和经济活动，多具有世界意义，并常拥有国际性大海港。如美国东北部大西洋沿岸的城市带，该地带长约1 000 km，宽约200 km，集中了波士顿、纽约、费城、巴尔的摩和华盛顿这五大城市为中心的连片城市区，总人口约3 700万，占美国人口的1/5和全美制造业的70%。在我国，也初步形成了京津唐环渤海区、沪宁杭长江三角洲区和广州—香港—深圳珠江三角洲区三大城市群。

随着城市化的发展，人口、资源、环境之间的矛盾也越来越复杂，出现了综合性的"城市病"，如住房紧张、交通阻塞、环境污染、居民生活质量和健康水平下降等等。这些城市生态环境问题，不仅影响着居民的生存，也严重地制约着城市本身的可持续发展。

二、城市生态系统

城市生态系统(urban ecosystem)是城市空间范围内居民与其自然环境系统和人工建造的社会环境系统相互作用形成的网络结构，属于人工生态系统。城市生态系统是一个以人为核心的系统，它不仅包含自然生态系统的组成要素，也包括人类及其社会经济等要素，因此，城市生态系统是一个社会—经济—自然复合生态系统。马世骏(1984)等将其称为SENCE(social-economic-natural complex ecosystem)，认为城市的自然及物理组分是其赖以生存的基础；城市各部门的经济活动和代谢过程是城市生存发展的活力和命脉；而人的社会行为及文化观点则是城市演替与进化的动力泵。在研究城市生态系统的人与生物圈计划(MBA)中，将城市生态系统定义为：凡拥有10万或10万以上的人口，从事非农业劳动人口占65%以上，其工商业、行政文化娱乐、居住等建筑物占50%以上面积，具有发达的交通线网和车辆，为人类生存聚居的区域，这样一个复杂的生态系统，称为城市生态系统。

从传统生态学的观点看，城市本身并不是一个完整的、自我稳定的生态系统。但按照现代生态学观点，城市也具有自然生态系统的某些特征，具有某种相对稳定的生态功能和生态过程，生态学的普遍规律在城市中同样适用。因此，把城市看作一个生态系统，研究其物质能量的高效利用，社会、自然的协调发展，系统动态的自我调节，不仅有益于城市本身的发展、管理和规划，也有利于处理和协调城市与周围地区的关系。城市生态学(urban ecology)是以生态学理论为基础，应用生态学的方法研究以人为核心的城市生态系统的结构、功能、动态，以及系统组成成分间和系统与周围生态系统间相互作用的规律，并利用这些规律优化系统结构，调节系统关系，提高物质转化和能量利用效率以及改善环境质量，实现系统结构合理、功能高效和关系协调的综合性科学。

第二节 城市生态系统的组成、结构及其特点

一、城市生态系统的组成

城市生态系统是一个以人为中心的自然、经济与社会复合的人工生态系统，所以城市生态系统的组成首先是人，另外包括自然系统、经济系统与社会系统(见图9-1)。

自然系统包括城市居民赖以生存的基本物质环境，如太阳、空气、淡水、森林、气候、岩石、土壤、动植物、微生物、矿藏、自然景观等。它以生物与环境的协同共生及环境对城市活

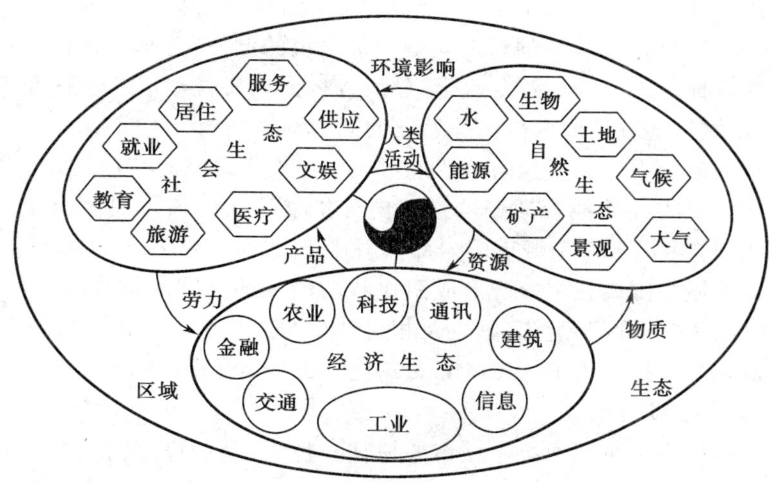

图 9-1　城市生态系统的组成和结构示意图(引自王如松,1988)

动的支持、容纳、缓冲及净化为特征。经济系统涉及生产、流通与消费的各个环节,包括工业、农业、交通运输、金融、建筑、通讯、科技等。它以物资从分散向集中的高密度运转,能量从低质向高质的高强度集聚,信息从低序向高序的连续积累为特征。社会系统涉及城市居民的物质生活与精神生活诸方面,它以高密度的人口和高强度的生活消费为特征,包括居住、饮食、服务、医疗、旅游等,还涉及文化、艺术、宗教、法律等上层建筑范畴。社会系统是人类在自身的活动中产生的,主要存在于人与人之间的关系上,存在于意识形态领域中。

二、城市生态系统的结构

城市生态系统的结构是系统组成要素相互连接、相互影响的方式和秩序。城市生态系统的结构不同于自然生态系统,因为除了自然系统本身的结构外,还有以人类为主的社会结构和经济结构。

1. 空间结构

城市由各类建筑物、街道、绿地等组成,形成一定的空间结构。城市的空间结构主要有同心圆(concentric zone structure)、扇形(sector structure)和多核心式(multiple nuclei structure)三种模式(见图 9-2)。它们可能在不同的城市出现,也可能在同一城市的不同地点出现。

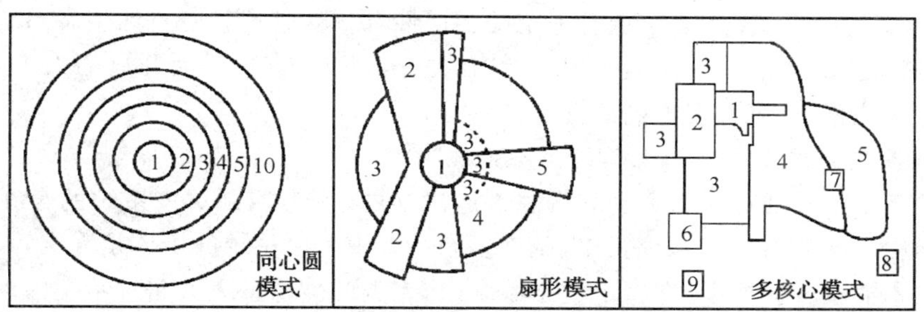

1—中心商业区;2—轻工业;3—下层社会住宅区;4—中层阶级住宅区;5—上层阶级住宅区;6—重工业;7—外国商业区;8—住宅郊区;9—工业郊区;10—往返地区

图 9-2　城市生态系统空间结构模式示意图

同心圆模式是环绕市中心呈同心圆带向外扩展的结构模式。1925年美国社会学家R. E. Park和E. W. Burgess等通过对美国芝加哥市的调查,总结出城市人口流动对城市功能地域分异的5种作用力:向心、专业化、分离、离心、向心性离心。它们在各功能地带间不断交叉变动,使城市地域形成由内向外发展的同心圆式结构。

扇形模式是城市从中心商业区向外放射形成扇形地带的空间结构模式。即城市发展由市中心沿主要交通干线或其他较通畅的道路向外扩展形成。该模式由美国土地经济学家R. M. Hurd研究了美国200个城市的内部资料后于1924年提出。

多核心模式是城市围绕几个核心形成团块状功能区的空间结构模式。如中心商业区、文化区、轻工业区、重工业区和近郊区,以及相对独立的卫星城镇等各种功能中心,并由它们共同构成城市地域。该模式由R. D. Mckerzie于1933年提出,1945年经C. D. Harris和E. L. Ullman进一步发展而成。

城市的空间结构模式主要取决于城市的地理条件、社会制度、经济状况、种族组成等因素。E. Shevky和W. Bell(1955)根据因子生态学原理,使用统计技术进行综合的社会地域分析,作出的城市空间结构表明,家庭状况符合同心圆模式,经济状况趋向于扇形模式,民族状况趋向于多核心模式。

2. 营养结构

城市生态系统是以人类为中心成分的复合生态系统,它有两种不同的食物类型,一种是自然食物链,即传统意义上的食物链。另一种是人工食物链,即经过人工加工的食品、饮用品、药品供人类直接食用。城市人口消费的食物大部分依靠周围环境系统供应,从而形成不同于自然生态系统的营养结构。

3. 社会结构

社会结构包括人口、劳动力和智力结构。城市人口是城市的主体,其数量往往决定着城市的规模和等级。劳动力结构是指不同职业的劳动力所占的比例,它们反映出城市的经济特点和主要职能。智力结构是指具有一定专业知识和一定技术水平的那部分劳动力,它反映出城市的文化水平和现代化程度,也是决定城市经济发展的重要条件。

4. 经济结构

经济结构由生产系统、消费系统、流通系统几部分组成。各部分的比例因城市不同而异,取决于城市的性质和职能。

三、城市生态系统的特点

城市生态系统与自然生态系统有一定的相似性,因此,它也具有自然生态系统的一般特点。然而,城市生态系统作为以人为中心、结构复杂、功能多样、巨大开放的人工生态系统,与自然生态系统相比,有许多不同的特点。

1. 城市生态系统是以人为主体的生态系统

城市生态系统是通过人的劳动和智慧创造出来的,人工控制对该系统的存在和发展具有决定性作用。同自然生态系统相比,城市生态系统中生命系统的主体是人类,人是城市生态系统的主要消费者。所以,在城市生态系统中,人类的生物量大大超过系统内动物的生物量,也大大超过绿色植物的生物量。据北京、东京、伦敦三个城市人口生物量与植物生物量的比较,北京、东京、伦敦三城市的人类生物量(a)分别是976,610,410 t/km^2,植物生物量

(b)分别是 130,60,280 t/km²,$a:b$ 分别是 8∶1,10∶1 和 10∶7。

在城市生态系统中,城市居民既是自然人,又是社会人。人类是生态系统中的消费者,处于营养级的顶端,人类的生命活动是生态系统中能流、物流、信息流的一部分。人类同时又是经济生态系统中的生产者,是生产力诸要素中最积极、最活跃的部分,参与生产经营,创造物质财富,参与这些物质财富的交换、分配与消费。人类为了延续,也为了保证社会源源不断需要的劳动力,需要进行自身的再生产。在上述自然的、经济的、社会的再生产中,人类都是核心,是主体。

城市生态系统中的环境都受到人为的强烈干扰,有许多环境因素本身就是人类创造的。人类创造的大量人工设施叠加于自然环境之上,形成了显著的人工化特点,如人工化地形、人工化地面、人工化水系(给排水系统)、人工化气候等。人类的生产生活活动消耗了大量的能源和物资,伴随形成大量的废弃物,使城市成为污染最严重的地区之一。

人类是城市生态系统的主体,其主导作用不仅仅是参与生态系统的上述各个过程,更重要的是人类为了自身的利益对城市生态系统进行着控制和管理。人类的经济活动对城市生态系统的发展起着重要的支配作用。

2. 城市生态系统是高度开放的生态系统

城市生态系统中人类的消费需要大量的食物能量和物质,需要依靠其他生态系统(如农田、森林、草原、海洋等生态系统)的人为输入。同时,城市生态系统中的生产、建设、交通、运输等都需要能量和物质供应,这些也必须从外界输入,并通过加工、改造,如将煤、原油等转化为电力、煤气、蒸汽、各种石油制品等,将原材料转化为钢材、汽车、电视机、塑料、纺织品等,以满足人类的各项需要。实际上,城市生态系统从系统外输入的能量和物质所生产的产品只有一部分供城市中人们消费,另外一部分还需要向外界输出,这种向外输出的产品也包括能被外系统消费使用的新型能源和物质。城市也向外部系统输出人力、资金、技术、信息等(见图 9-3)。

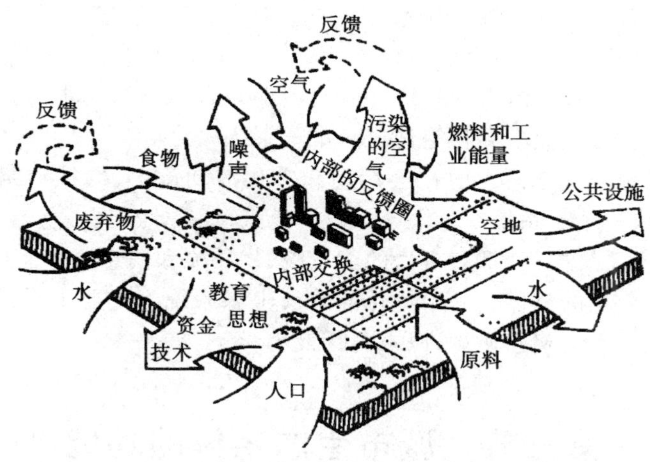

图 9-3　城市生态系统的输入和输出示意图(引自康慕谊,1997)

城市生态系统的开放性还表现在系统内缺乏分解者,也没有足够的空间,所以城市人类生活和生产过程产生的大量废弃物不可能在系统内分解和容纳,还要输送到其他生态系统中去消化处理。例如,美国百万人口城市每天需输入水 625 000 t,食品 2 000 t,燃料

95 000 t,排放废水 500 000 t,固体废弃物 2 000 t,大气污染物 950 t。

城市生态系统具有大量、高速的输入输出量,能量、物质和信息在系统中高度浓集,高速转化。如果从开放性和高速输入的性质来看,城市生态系统又是发展程度最高、反自然程度最强的人类生态系统。这种与周围其他生态系统相比有高速而大量的能量和物质交换,主要是靠人类活动来协调,使之趋于相对平衡,从而最大限度地完善城市生态系统,满足居民的需要。正是由于城市生态系统的这种非独立性和对其他生态系统的依赖性,使城市生态系统显得特别脆弱,自我调节能力很小。

3. 城市生态系统是人类自我驯化的系统

自然生态系统有一自我调节机制以维持生态系统的稳定性,但城市在一个很小的土地内,集中了大量的物质和能量,建立了大量的人类技术物质(包括建筑物、道路、桥梁、构筑物和其他城市设施),并产生大量的污染物质,改变了原来的生态和生态平衡。同时,城市的地理环境也发生深刻的改变,地形、地貌失去了原来的面貌,人工地面的形成,改变了自然土壤的结构和功能,改变了地面受热状况,致使城市气候发生明显变化,形成城市"热岛"等,破坏了原有的自然调节机能。因此,城市生态系统的自我调节机能脆弱。

在城市生态系统中,人类在为自身创造舒适生存条件的同时,抑制了绿色植物和其他生物的生存与活动,污染了自然环境,反过来影响人类的生存和发展。如环境与人体之间生态平衡的破坏,引起诸如抵抗力减弱、身体肥胖、神经衰弱、心血管病和癌症等所谓的"城市文明病"或"现代建筑综合征"。城市居民长期生活在低剂量的污染环境中,引起慢性中毒,危害健康和寿命,甚至影响子孙后代。

4. 城市生态系统是多层次的复杂系统

城市生态系统是一个典型的复杂系统,它是一个多层次、多要素组成的复杂大系统。据估计,城市生态系统包含的要素数量数以亿计。仅以人为中心,即可将城市生态系统划分为三个层次的子系统:

(1)生物(人)—自然环境系统。只考虑人的生物性活动,人与其生存环境的气候、地形、食物、淡水、生活废弃物等构成一个子系统。

(2)人—经济系统。只考虑人的经济(生产、消费)活动,由人与能源、原料、工业生产过程、交通运输、商品贸易、工业废弃物等构成一个子系统。

(3)人—社会系统。只考虑人的社会活动和文化活动,由人的社会组织、政治活动、文化、教育、服务等构成一个子系统。

以上各层次的子系统内部,都有自己的能量流、物质流和信息流。而各层次之间又相互联系,构成一个不可分割的整体。一个优化的城市生态系统不仅要求系统功能多样性以提高其稳定性,还要各子系统相互协调,以求内耗最小。

第三节　城市生态系统的功能

城市生态系统的基本功能在于满足城市居民生产、生活的需求,具体体现在生产功能、能量流动功能、物质循环功能、人口流动功能和信息传递功能等方面。

一、城市生态系统的生产功能

城市生态系统的生产功能是指城市生态系统具有利用区域内外自然的与其他各种资源生产出物质的和精神的产品的能力。有目的地组织生产和追求产量最大化是城市生态系统的显著特点之一。城市生产活动的特点是:空间利用率高,能流、物流高强度密集,系统输入输出量大;主要消耗不可再生资源,且利用率低;"食物链"呈线状而不是网状;系统对外界的依赖性大。城市生态系统的生产可分为生物性生产和非生物性生产两大类。

1.生物性生产

城市生态系统的生物初级生产是由城市内的绿色植被(包括森林、草地、苗圃和少量的农田等人工或自然植被)通过光合作用生产有机物的过程。和自然生态系统相比,城市生态系统的生物初级生产是微不足道的,城市本身的生物初级生产不能满足城市居民的生活需要,需从系统外输入,表现出明显的依赖性。虽然城市中绿色植物的初级生产不占主导地位,但城市植被的景观作用功能和环境保护功能对城市生态系统来说是十分重要的。也就是说,城市生态系统的生物初级生产功能,已由为消费者提供食物转变为景观作用功能和环境保护功能。因此,搞好城市的绿地建设,扩大城市的森林、草地等绿地面积,保留和保护城市的森林、草地、郊区农田系统是非常必要的。

城市的生物次级生产者主要是人,一切过程都是在人的控制下,营养结构简单而直接。同时,城市生物的次级生产表现出强烈的社会性,它是在一定的社会规范和法律制约下进行的。为了维持一定的生存质量,城市生态系统的生物次级生产在规模、速度、强度和分布上应与城市生态系统的生物初级生产和物质、能量的输入、分配等过程保持协调一致。

2.非生物性生产

城市生态系统的非生物性生产是人类生态系统特有的生产功能,为满足城市人类的物质消费与精神需求。城市生态系统的非生物生产,包括物质的与非物质的两大类,这也是城市生态系统不同于自然生态系统的明显特征。

物质生产是指满足人们物质生活所需的各类有形产品及服务设施。包括:①各类工业产品;②基础设施产品,指各类为城市正常运行所需的城市基础设施,如道路、交通、给水排水等;③服务性设施产品,指服务、金融、医疗、教育、贸易、娱乐等各项活动得以进行所需要的各项设施。城市生态系统的物质生产产品不仅为本城市地区的人们服务,更主要的也是为城市地区以外的人们服务。因此,城市生态系统的物质生产量是巨大的,所消耗的资源和能量也是惊人的,对城市区域及外部区域自然环境的压力也是不容忽视的。

非物质生产是指满足人们的精神生活所需的各种文化艺术产品及相关的服务。如小说、绘画、音乐、电影电视、戏剧、雕塑等,用以满足人们的精神文化生活需求。

二、城市生态系统的能量流

城市生态系统的能量流动是指能源在城市生态系统内外的传递、流通和耗散过程。城市生态系统中的能量流动是以各类能源的消耗与转化为其主要特征,能量由低质能向高质能转化和消耗高质能量的过程(见图 9-4)。其中一部分能量被存储在产品中,而一部分损耗的所谓"废能"则以热能、磁能、放射性等形式耗散于环境中,成为城市的热、光、微波污染的污染源。

城市的能源按其对环境的影响程度，可分为清洁型和污染型，前者如水能、太阳能、风能等，后者如煤炭、柴油等；按其形式可分为一次能源（又称原生能源）和二次能源（又称次生能源）；按能否再生可分为可再生能源和不可再生能源；按技术发展水平可分为常规能源和新能源。

城市的能量流动效率与城市的能源结构、生产结构、消费结构、城市所在地区、城市经济结构等特征密切相关。城市的能源形式主要有煤、石油、天然气等，还有太阳能、水力、风能、生物能、核能等。我国城市的能源构成以煤炭为主，其次是石油。与发达国家的石油、天然气为主的能源构成形成明显的差异。城市的能源消费结构与城市的环境污染关系密切，这是因为燃料的有效利用系数一般只有1/3，其余的2/3作为废料排放到环境中去。据统计，80％的环境污染来自燃料的燃烧过程。

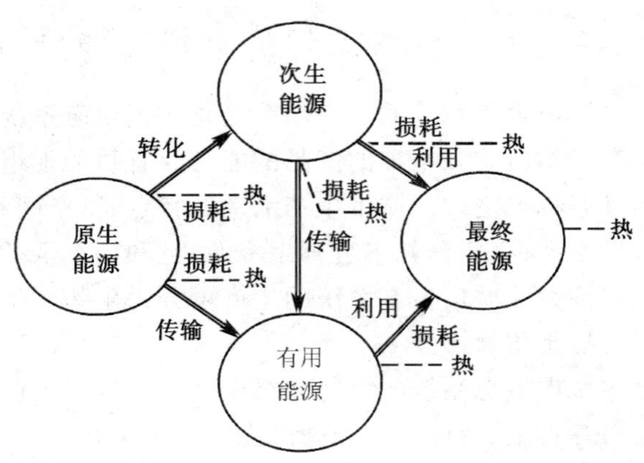

图9-4 城市生态系统能量流动的基本过程

城市生态系统的能量形式中，原生能源只有少数可以直接被利用，如煤、天然气等，大多数都要经过加工转化为次生能源才能被使用。在能源的转化、传输、利用过程中都有能量的损耗。原生能源转化为次生能源的过程（如煤、石油转化为电力、柴油），也是最容易产生污染的环节。如我国每燃烧1 t煤排放二氧化硫4.9 kg，烟尘1～45 kg，氧化物3.6～9.2 kg，一氧化碳0.2～22.7 kg。因此，应尽量选用清洁的原生能源如天然气、核能等。此外，利用新技术新工艺提高原生能源转化为次生能源的转化效率，提高次生能源向有用能源、最终能源传输和利用的效率，也是提高能源利用率、减少城市环境污染的途径。

城市能源的消耗主要分为工业生产、居民生活和交通运输三大部分。

三、城市生态系统的物质流

城市生态系统中物质循环是指各项资源、产品、货物、人口、资金等在城市各个区域、各个系统、各个部门之间以及城市与外部之间的反复作用过程。它的功能是维持城市的生存和运行、生产功能，维持城市生态系统的生产、消费、分解还原过程。城市生态系统的物质流包括自然物质流、人工产品流、人口流和废物流等。

城市生态系统的自然物质流是由自然力推动的物质流，主要是指空气、水的流动等。自然流具有数量大、状态不稳定、对城市生态环境质量影响大的特征，尤其是对城市大气质量和水体质量起着重要的影响作用。城市的空气流中，由于城市人口和工业生产的高度集中，耗氧量巨大，而城市植被少，产氧量很低，造成氧的不平衡，需要空气流从外界带入大量氧气。与此相反，城市中产生的二氧化碳和其他各种污染源产生的废气远远大于城市本身的容纳量，需要空气流每天把城市中的多余二氧化碳带出界外。如北京的空气流中，氧气输入量$65\ 580\times10^4$ t，输出量$65\ 542\times10^4$ t，氧气产生量3.34×10^4 t，消费量41.5×10^4 t，产生和消费量相差38.16×10^4 t；二氧化碳输入量130×10^4 t，输出量182×10^4 t，产生量57×10^4 t，消费量5×10^4 t，产生多于消费量52.05×10^4 t。这个情况反映了北京的绿地生物量太小,以致 O_2-CO_2 的平衡被严重破坏。

水是城市里流量最大、流动速度最快的物质。它既是食物和原料,又是传递物质和能量的载体,是城市生产、生活和还原功能作用中必不可少的物质。随着现代城市生产和生活水平的提高,人们对水的需求愈来愈大。从人的生理需要讲,每人每天至少需要 2～2.5 L 水,一般生活需要 5 L 水,再加上其他需要,至少需要 40～50 L 水。发达国家城市居民每人每天平均需水为 300～500 L,发展中国家为 100～300 L。

城市中的人工产品流是保证城市功能正常发挥所涉及的各种物质资料在城市中的各种状态及作用的集合。它是物质流中最为复杂的,它不是简单地输入和输出,还要经过生产(有形态和功能的改变)、交换、分配、消费、积累以及排放废弃物等环节和过程。不同规模、不同性质的城市,其物质的输入和输出规模、性质和代谢水平也不同。因此,一个城市的物质输入和输出的状况反映了这个城市的生态经济态势和发展水平。

城市的人口流是一种特殊的物质流,包括时间上和空间上的变化,前者体现在城市人口的自然增长和机械增长上;后者体现在城市内部的人口流动和城市与相邻系统之间的人口流动上。此外,人口流还包括劳力流和智力流。劳力流为一种特殊的人口流,它反映劳动力在时间上的变化,即由于就业、失业、退休等导致劳力数量的变化,以及劳动力在空间上的变化,即劳动力在各职业部门的分布。劳动力在一定程度上反映了社会经济发展的现状与趋势。智力流则是一种特殊的劳力流。它表明了智力和知识资源在时间上的变化,即智力的演进、开发以及智力结构的改变过程,以及空间上的变化,即人才在不同部门和地区的分布。人口流动的结果,给城市带来了生气,创造了财富,也产生了一系列城市问题,如交通问题、住房问题、供应问题、环境问题和社会问题等。

综上所述,城市生态系统物质循环具有以下特点:

(1)系统内外物流量大。绝大多数城市都缺乏维持城市生存发展的各种物质,需要从城市外部输入城市生产、生活所需的各类物质。城市生态系统在输入大量物质满足城市生产和生活的需求的同时,也输出大量的物质(产品及废物),其物流量是巨大的。其中生产性物质远远大于生活性物质,这是因为城市的最基本的特点是经济集聚(生产集聚),城市首先是一个生产集聚区。

(2)城市生态系统的物质流缺乏生态循环。因为城市生态系统是高度人工化的生态系统,系统内的分解者数量很少,作用微乎其微,再加上物质循环中产生的废物数量巨大,故城市生态系统中废物难以分解、还原,物质被反复利用、周而复始循环的比例是相当小的。

(3)物质流在人为控制状态下进行。城市生态系统的高度人工化,决定了物质流的全过程都受到人为因素的影响。城市生态系统物质循环从物质输入到物质处理、利用等过程皆由人为控制。

(4)物质循环过程中产生大量废物。由于管理、技术的限制,城市生态系统物质利用的不彻底导致了物质循环的不彻底,物质循环的不彻底又导致了物质循环过程中产生大量废弃物,从而造成环境污染,降低城市环境质量。

四、城市生态系统的信息流

城市是现代政治、经济、文化的中心,也是信息的中心。城市生态系统的信息传递功能是将无序的、分散的信息经过集中、分析,加工得出方向性、指导性的信息,再传递到其他城市、乡镇、农村中去。城市信息包括功能性信息和结构性信息两类，功能性信息又包括经营信息（生产信息、流通信息）、生活信息（物质生活信息和精神生活信息）、科技信息（科技情报、专利等）、社会信息（政治、军事信息）等有商品价值的信息；结构性信息又包括城市各条条块块间的纵向控制信息（上、下级关系，家庭关系等）横向反馈信息（部门之间、同事之间、亲戚之间以及城市外部环境之间关系）等。城市的信息流是通过形象的文字、图形、报纸、图书、杂志、邮电和各种电声信号、电报、电话、传真、电视电台广播及现代最庞大的信息高速公路——计算机网络系统来实现的。

城市生态系统信息流的最基本功能是维持城市的生存与发展。因为有了信息流的串联，系统内的各种成分和因素才能被组成纵横交错、立体交叉的多维网络体，不断地演变、升级、进化、飞跃。城市是信息的集聚点，对周围地区具有辐射力和凝聚力的体现之一是信息。城市中人口流动、生产、交通、金融、娱乐等活动的集中都需要大量的信息，吸收各方面信息使城市形成高度集聚场所。城市的重要功能之一就是对输入的分散的、无序的信息进行加工处理。城市拥有集中的信息处理机构、设施和人才，如城市有新闻传播网络系统（通讯社、报社、电台、电视台、出版社等）、邮电通讯系统（邮电局、计算机网络系统等）、科研教育系统（各类学校、科研机构等）以及相应的高水平的信息处理人才，形成一个现代化的信息处理中心。分散、无序的信息经处理后，输出时却是经过加工的、集中的、有序的信息。

信息流是城市生态系统的重要资源，各种信息在城市中得到了最充分的利用。城市也只有不断地提高从外部环境接受信息、处理信息、利用信息的能力，才能不断地自我调控，对城市进行有效的管理。城市信息流反映了城市的发展水平和现代化程度。

第四节　城市生态系统的平衡与调控

城市生态系统的平衡，是指城市这一社会—经济—自然复合生态系统在动态发展过程中，保持自身相对稳定有序的一种状态。其表现为城市中人类与自然环境间相互协调，城市各个组成部分结构合理，系统的输入和输出均衡，城市的功能得到正常发挥，城市经济的各个部门有计划地按比例发展，城市社会安定，人民安居乐业。

一、城市生态环境问题

城市生态系统是以人口、建筑的高度密集和资源、能源的高消耗为特征。在城市大量物质和能量高速流动的同时，也产生大量的污染物与能量耗散，给城市生态环境带来了巨大的压力。这种压力的最明显特征是城市人类生存环境质量的下降以及这种环境质量下降引起的城市人类生存危机。目前的城市，尤其是发展中国家的城市，面临着城市化进程对自然环境的破坏，气候变化，大气、水、固体废弃物和噪声污染等以及人口、交通、住房等环境问题。我国的城市生态系统问题又有自身的特点，如水资源短缺、人口高度密集、绿地缺乏、乡镇企业造成严重污染等。具体来说，城市生态系统的环境问题主要表现在：

1. 自然生态环境遭到破坏

城市化不可避免地影响了自然生态环境，由此而引起了一系列的变化。例如城市的高楼大厦代替了自然的森林，城市的输水管网代替了天然的水系，沥青、水泥地面代替了自然的土壤地面。这些变化对人们的影响是长期的、潜在的。另外，人类在享受现代文明的同时，却抑制了绿色植物、动物和其他生物的生存，改变了它们之间长期形成的相互关系。人类将自己圈在自己创造的人工化的城市环境中长期隔离，加之城市规模过大、人口过分集中，其结果是，许多“文明病”、“公害病”相继产生。

2. 土地的变化

在发展中国家，城市化的进程方兴未艾，城市在迅速扩大，新城市在不断出现。在发达国家，城市群的形成和城市人口由市区向郊区的扩展，也加快了占用农业用地的速度。城市土地中，由于高密度的建筑物和城市地面硬化，阻止了雨水向土壤的渗透，使得城市地下水位下降。而大量抽取地下水，又会使地面发生沉降。城市地面沉降会造成房屋破坏、地下管线扭曲破裂等事故，还会对城市造成其他影响。我国已有 50 多座城市出现地面沉降。

城市土壤污染严重。城市废弃物对土壤的破坏，主要表现在对土壤的化学污染和垃圾占用大量土地。我国城市垃圾的无害化处理率仅为 2.3%，97%以上城市的生活垃圾只能运往郊区长年露天堆放。我国已有 200 多座城市陷入垃圾的包围之中。被污染的土壤会进一步对地面水和地下水造成污染。

3. 气候和大气环境的变化

城市内由于污染源集中，污染量大而复杂，引起的城市大气生态环境变化是十分明显的。城市气候在气温、湿度、云雾状况、降水、风速等方面发生了变化，出现诸如城市热岛效应(heat island effect)、温室效应、城市风等。城市气候情况的变化，对城市生态环境以及城市居民的生活有很大影响。据研究，随城市的人口规模、面积以及城市性质不同，热岛效应强度大约在 2～7℃。

大气污染是城市的一个主要问题。大气中的污染物主要有颗粒物、一氧化碳、硫氧化物、氮氧化物、光化学氧化剂等。近年来，随着工业的发展，一些有毒重金属如铅、镉、汞等也进入大气。据 1995 年监测，我国城市大气中总悬浮微粒日均值浓度，北方地区超过世界卫生组织规定标准的 4～5 倍，南方地区也达 3 倍多，全国几乎没有一座城市的空气达标。值得注意的是，随着城市家庭的日益现代化，室内的空气污染和化学性污染也日益严重，即所谓的“第三次污染”。

4. 淡水短缺和水污染

城市生态系统水环境问题主要是水资源短缺和水体污染严重。随着城市化进程的加快，城市水资源短缺已成为世界范围的问题。城市居民人均日需水量 200～800 L 左右，工业用水是生活用水的 2～4 倍，一般一个 50 万人口的城市每天需水量 100×10^4～200×10^4 m^3。我国有 300 多个城市缺水，其中严重缺水的城市 50 个。虽然有的城市所在地区并不缺乏水资源，但由于水资源受到污染，使得可供利用的清洁水源严重不足。

由于城市污染源集中，污染物排放量大，城市地表水普遍都受到不同程度的污染。引起城市水体污染的原因是城市中的工业废水和生活污水未经处理或处理不够，通过下水系统流入江河湖海造成的。针对目前城市水污染问题，防治水质恶化，控制和治理污染源是十分重要的。

5. 人口密集

人口密集是城市尤其是大城市、特大城市的普遍现象。据有关资料，国外 42 个大城市人口平均密度为每平方公里 7 918 人。而我国城市的人口密度一般都高于国外，例如，上海市10个市区的人口密度高达每平方公里22 615人。城市人口密度大是我国大城市的一大特点。城市人口的高度密集，大大超过了城市的环境容量，是导致城市众多环境问题的根源。综合多种因素，城市中较合理的人口密度是10 000～12 000人/km^2（中等），市中心不大于20 000人/km^2。

6.绿地缺乏

联合国提出的城市人均绿地面积标准是50～60 m^2，我国规定人均绿地标准是7～11 m^2。但是，1993年我国重要城市的人均绿地面积平均值只有4.2 m^2。城市绿地具有调节气体平衡、改善小气候、净化空气、消除噪声、美化环境等多种功能。城市绿地的缺乏是城市生态质量恶化的主要因素。

二、城市生态建设

城市生态建设是在世界范围内环境污染、资源浪费日益严重，城市发展受到前所未有挑战的情况下提出的。城市生态建设是按照生态学原理，去协调人与环境的关系，协调城市内部结构与外部环境的关系，使人类在空间的利用方式、程度、结构、功能等方面与自然生态系统相适应，为人类创造一个安全、清洁、美丽、舒适的生活环境。我国城市生态建设的目标是：①促进传统农业经济向资源型、知识型和网络型高效、持续的生态经济的转型，以生态产业为龙头带动区域经济的腾飞；②促进城市及区域生态环境向绿化、净化、美好的可持续的生态系统演变，为社会经济发展建造良好的生态基础；③促进城乡居民传统的生产、社会方式及价值观念向环境良好、资源高效、系统和谐、社会融洽的生态文化转型。

城市生态建设是21世纪城市化进程中城市建设的重要内容。城市生态建设的主要内容包括：

1.适宜的人口容量

适宜的人口容量，是指在一个时期某一特定区域内与物质生产和自然资源相适应的，并能产生最大社会效益的一定数量的人口。适宜的人口容量是社会发展水平、消费水平、自然资源和生态环境的函数。

2.适宜的土地利用

适宜的土地利用指土地利用应符合生态规律，在土地开发利用的过程中不仅要考虑经济上的合理性，也要考虑与其相关的社会效益和环境效益。土地利用适宜性的研究即是寻求某种能最大限度地发挥土地潜力，并减少其生态限制的土地利用方式，以制订科学的、合理的、永续的城市土地利用规划。不同国家对土地面积与人口规模要求不同。国外城市平均人口用地面积为200 m^2/人，其中俄国200 m^2/人，美国150 m^2/人，英国100 m^2/人；中国仅为73 m^2/人，上海市26 m^2/人。这个面积容量仅包括人们的居住面积、公共建筑、绿化、基础设施及交通道路，就占地面积而言，尚不包括能源、资源及生活营养消耗所需占用的面积。

3.优化产业结构

城市产业结构是城市生产功能的具体表现形式之一。城市的产业结构体现了城市的职能和性质，决定了城市的基本发展方向和空间分布，对城市发展产生深刻的作用力。城市合理的产业结构模式应遵循生态学原理，使其内部各组分综合利用资源、互相利用产品和废弃物，形成循环利用的统一体。

4. 建立市区和郊区复合生态系统

为了增强城市生态系统的自律和协调机制，必须对市区和郊区作统一规划、统一调控，建立一个完整的复合生态系统。生态农业是郊区农业较理想的生产方式，它不但能提高农业的生产效率，还能净化和重复利用市区工业和生活废弃物，为城市提供更多的生物产品。

5. 防治城市环境污染

城市环境污染的防治是城市生态建设的重要内容。其重点是城市大气、水、噪声、固体污染物污染的防治和治理。应在做好环境污染预测的基础上，研究选用适宜的处理方法和程序，使污染控制能力与经济增长速度相协调，形成并维持高质量的城市生态系统，使城市得以可持续发展。

6. 城市生物保护

城市的出现和发展使得除人类以外的生物大量、迅速地从城市环境中减少、退缩以致消亡，这是城市生态环境恶化的重要原因之一。生物尤其是绿色植物在城市生态环境中担负着重要的功能，城市绿化程度以及人均绿地面积是表征城市生态系统建设水平的重要指标。城市生物保护应制订科学合理的规划，包括城市绿地系统规划，森林公园、自然保护区规划，珍稀及濒临灭绝动植物保护规划等。

7. 提高资源利用效率

提高资源利用效率是改善城市乃至区域环境质量的重要措施，应贯穿于资源开发、生产等各个环节，主要体现在水资源、能源、再生资源的利用和保护等方面，它是城市生态系统建设的一个重要组成部分。城市是资源高强度集中消耗的区域，其利用效率既反映了城市的科学技术水平及经济发展水平，同时也影响和反映了城市环境质量水平。

三、城市生态系统调控的途径

根据生态控制论原理，城市生态调控的目标是高效和谐，即高的经济效益和发展速度与和谐的社会关系和稳定性。城市生态调控的目的是利用一切可以利用的机会，充分提高物质能量的利用效率，使系统风险最小，而综合效益最高，达到社会、经济和环境的协调发展。城市生态调控的途径有三种：

1. 生态工艺的设计和改造

生态工艺设计是根据自然生态系统最优化原理来设计和改造城市生产生活和还原再生的工艺流程，以疏浚物质、能量流通渠道，开拓未被占用的生态位，提高系统的经济和生态效益。其基本内容包括：能源结构的改造、生物资源的利用、物质循环与再生、共生结构的设计、化学生态工艺以及景观生态设计等。

2. 生态关系的规划与协调

运用系统科学方法、计算机工具和专家的经验知识，对城市生态系统的结构和功能、优势与劣势、问题与潜力，进行辨识、模拟和调控，为城市规划、建设和管理提供决策支持。其目标是调整、改革城市管理制度，增强和完善城市共生功能，改善城市决策手段，建立灵敏有效的决策支持系统。

3. 生态意识的普及与提高

当今许多城市生态环境问题是由于决策者、规划者、管理者缺乏生态环境意识而引起的。因此，在城市管理部门及市民中普及和提高生态意识，包括系统意识、资源意识、环境意识和可持续发展意识，倡导生态哲学和生态美学，最终克服决策、经营及管理行为的短期性、盲目性、片面性及主观性，从根本上提高城市的自组织、自调节能力，是城市生态调控最迫切、最重要的一环。

思考题

1. 概念和术语。

城市　城市化　城市区域　城市生态系统　同心圆模式　扇形模式　多核心式模式　社会—经济—自然复合生态系统　城市文明病　自然物质流　人口流　信息流　城市生态平衡　城市生态建设　适宜人口容量　生态工艺设计　生态城

2. 城市生态系统的组成是什么？

3. 城市生态系统空间结构的基本模式是什么？

4. 为什么说城市生态系统是一个高度开放的生态系统？

5. 城市生态系统的物质循环有哪些特点？

6. 与自然生态系统比较，城市生态系统中植被的功能有什么不同？

7. 城市生态系统能量流动有什么特点？它与城市环境污染有什么关系？

8. 城市生态系统存在哪些环境问题？

9. 城市生态建设的主要内容是什么？

10. 城市生态系统调控的主要途径有哪些？

第十章　水域生态系统

本章提要　重点介绍水域生态系统的主要类型、环境特征、生物群落、初级生产力、能量流动以及生态环境问题和防治对策，包括：湿地的概念、湿地的主要特点、湿地生态系统的主要服务功能、湿地生态系统保护和可持续利用的途径；静水生态系统的环境特征和生物群落的分布规律；水体富营养化的概念、产生原因、危害和防治对策；流水生态系统的概念和特点；海洋环境的分区，海洋浮游生物、游泳生物和底栖生物三大生态类群的特征，海洋初级生产力及其分布；海洋生态系统主要类型（河口区、沿岸浅海区、沿岸上升流区和大洋区生态系统）的环境和生物群落的基本特征；赤潮的概念、危害、发生原因和预防对策。

地球上的水域包括陆地上的地表水域和海洋水域。地表水主要包括湖泊和河流两种水体，还有冰川和沼泽湿地。冰川是“天然固体水库”，也是河流的重要补给水源。沼泽湿地是最富生物多样性和生态功能的生态系统。海洋是面积最大的水域，广阔的海洋蕴藏着丰富的资源。

水域生态系统（water ecosystem）可分为淡水生态系统和海洋生态系统两大类。淡水生态系统包括静水生态系统、流水生态系统和湿地生态系统三种类型。海洋生态系统可进一步分为河口区、沿岸浅海区、沿岸上升流区和大洋区生态系统等类型。

第一节　湿地生态系统

一、什么是湿地

湿地生态系统（wetland ecosystem）是指地表过湿或常年积水，生长着湿地植物的地区。湿地是介于陆地和开放水域之间过渡性的生态系统，它兼有陆地和水域生态系统的特点，具有独特的结构和功能。

由于湿地有许多特性，目前对湿地有多种定义。1971 年在伊朗 Ramsar 通过的全球政府间湿地保护公约《关于特别是作为水禽栖息地的国际重要湿地公约》（Convention on Wetlands of International Importance Especially as Waterfowl Habitat）（简称《湿地公约》）指出：湿地是不论其为天然或人工、长久或暂时性的沼泽地，泥炭地或水域地带，静止或流动的淡水、半咸水、咸水水体，包括低潮时水深不超过 6 m 的水域；同时，还包括邻接湿地的河湖沿岸、沿海区域以及位于湿地范围内的岛屿或低潮时水深不超过 6 m 的海水水体。国际生物学计划（IBP）中对湿地的定义是：陆地和水域之间的过渡区域或生态交错区，由于土壤浸泡在水中，所以湿地特征植物得以生长。该定义特指生长有挺水植物的区域，是一个狭义的概念。另外，文献中关于"湿地"的术语也不相同。矿质土壤的湿地，以草本植物为主的是marsh，以木本植物为主的是swamp，而富含泥炭的沼泽湿地是bog。

据统计，全球湿地面积为$7\times10^6\sim9\times10^6$ km²，约占地球表面的4%～6%（Mitsch和Gosselink，2000）。湿地分布广泛，类型各异。除了南极洲外，每个洲均有湿地的分布。其中藓类沼泽占30%、草本沼泽26%、森林沼泽20%、洪泛平原15%和湖泊2%；另有约6.0×10^5 km²的珊瑚礁和2.4×10^5 km²的红树林。我国湿地面积为6.5×10^7 hm²以上，占全球湿地面积的10%。我国湿地的主要类型有：①海岸湿地，其中大陆海岸线1.4×10^4 km，岛屿海岸线1.8×10^4 km，包括浅海水域、珊瑚礁、河口、三角洲、盐水湖、咸淡水湖、红树林、盐沼、咸淡水沼泽、泥滩等；②湖泊湿地，其中面积在100 hm²以上的湖泊2 848个，总面积8.0×10^6 hm²；③河流湿地，大小河流总长度4.2×10^5 km，流域面积在1.0×10^4 hm²以上者达5.0×10^4条以上；④沼泽湿地，森林沼泽、灌丛沼泽、草本沼泽、藓类沼泽、泥炭沼泽均有分布；⑤人工湿地，如稻田、水库等，其中稻田是最主要的人工湿地，也是我国面积最大的一类湿地，其面积达3.9×10^7 hm²。

湿地生态系统生物多样性丰富，生产量很高。它对一个地区、一个国家乃至全球的经济发展和人类的生存环境都有重要意义。因此，对于湿地生态系统的保护和利用已成为当前国际社会关注的一个热点。截止到2000年9月，全球已有131个国家和地区参加了《湿地公约》，有1 177块湿地列入国际重要湿地名录，面积1.02×10^8 hm²。我国于1992年正式加入《湿地公约》，目前有21个湿地进入国际重要湿地名录。

二、湿地的主要特点

湿地生态系统最主要的特点是湿地水文、湿地土壤和湿地生物三者。其中湿地水文是最重要的特征，是湿地生态系统区别于陆地生态系统和深水生态系统的独特属性。湿地水文条件包括水的输入、输出，水位，水流，淹水持续期和淹水频率等，它决定了湿地土壤、沉积物和水分的物理与化学性质，并进一步影响湿地植物、动物和微生物。而生物群落对其栖息的物理化学环境和湿地水文环境进行反馈调节，湿地物理化学环境特征的改变反过来也会改变湿地的水文状况，三者形成一个互为因果的有机整体。

湿地水文条件是影响湿地生态系统形成、发育和维持的首要环境因子，是湿地类型和湿地过程的控制者。湿地水的输入来自降水、地表径流、地下水、泛滥河水及潮汐。水的输出包括蒸散、地表外流、注入地下水以及感潮外流。通常，过量的降水，即降水量超过蒸散量，是形成湿地所必需的。地下水是某些湿地的水分来源，在干旱地区的湿地、山坡坡脚的湿地和海边半咸水湿地（没有河流存在），主要靠地下水补给水分。湿地水文通过产生滞水土壤（waterlogged soil）和厌氧环境限制了湿地生物的物种组成，仅有少量植物适应了湿地水环境，尤其是扎根植物少。潮汐和洪水创造的均质环境，往往使单个物种在群落中占据优势，如几千公顷的芦苇沼泽和互花米草沼泽，其植被通常由1个种组成。潮汐和洪水通过物质再分配、加速物种迁移等途径，也有创造异质环境和建立新生态位的能力，因而促使湿地生态系统物种多样性的增加。静水湿地和连续深水湿地的生产力都不高。湿地有机物在无氧条件下分解缓慢，并逐渐积累下来。湿地生物群落通过泥炭的形成、沉积物的获取、蒸腾作用、降低侵蚀和阻断水流等机制进一步影响水文条件。

湿地土壤是湿地的另一主要特征，通常称为水成土，即在淹水或水饱和条件下形成的无氧条件的土壤。湿地土壤中有机物质的矿质化作用受到缺氧的制约，动植物残体不易分解，土壤中有机质含量很高。泥炭沼泽土的有机质含量可高达60%～90%。其草根层的潜育沼泽持水能力为200%～400%，草本泥炭在400%～800%，藓类泥炭一般都超过1 000%。

湿地有一般水生生物所不能适应的周期性干旱，也有一般陆地植物所不能忍受的长期水淹。因此，湿地的周期性干旱对水生生物、长期水淹对陆生生物均是生物胁迫因子。湿地生物在长期的自然选择下逐步形成了不同的适应机制，如生物化学、生理学、结构和行为等物种适应机制以及物种之间互惠共生等群落机制。湿地植物通过形成通气组织，发育特殊器官如不定根、延长的茎、皮孔、呼吸根等，增加气流输导压力，以特殊的生理变化如无氧呼吸、苹果酸生产途径等适应策略应对缺氧环境。湿地动物也以两栖类和涉禽占优势。涉禽具有长嘴、长颈、长腿，以适应湿地的生态环境。湿地生态系统位于水陆交错的界面具有显著的边际效应，所以也经常出现一些特殊适应的生物物种，构成了这类地带丰富的物种现象。

三、湿地生态系统的初级生产和物质循环

1.湿地的生产力

湿地生态系统的水陆过渡特点，决定了它的结构和功能具有明显的水陆兼相性和过渡性。以淡水沼泽湿地为例，沼泽生物群落包括沼泽植物、沼泽动物、细菌和真菌4个类群。沼泽植物群落包括乔木、灌木、小灌木、多年生禾本科、莎草科和其他多年生草本植物以及苔藓和地衣。沼泽动物种类有涉禽、游禽、两栖、哺乳和鱼类等，其中有的是珍贵的或有经济价值的动物，如黑龙江扎龙芦苇沼泽中的世界濒危物种丹顶鹤(*Grus japonensis*)，三江平原沼泽中的白鹤(*Grus lencogeranns*)、白枕鹤(*Grus vipio*)、天鹅(*Cygnus Cygnus*)等。和自然界其他生态系统一样，沼泽也是一个物质循环和能量流动的系统。能量通过沼泽中绿色植物的光合作用进入沼泽生态系统，然后沿着食物链从绿色植物移动到昆虫、软体动物、小鱼、小虾等草食动物，再流到游禽、两栖、哺乳等肉食动物，一直到顶部肉食动物，最后由微生物将它们分解的有机物质分散返回到环境。同时，由于呼吸作用，在各营养级都有能量的损失，即部分能量逸散到外界。

湿地生态系统能流过程的特点是植物残株不能完全分解，一部分在厌氧条件下以半分解形式转化为泥炭，将能量储存在地下。沼泽类型不同，生产量也不同。富养沼泽营养丰富，群落结构复杂，生产力较高；贫养沼泽营养不足，群落结构也简单，往往限制了植物的生长，其生产力也就不会高。

盐沼生态系统(salt marsh ecosystem)是全球初级生产力最高者之一，净生产达到8 kg/(m^2·a)，其中地上部分94～3 700 kg/(m^2·a)，地下部分220～6 200 kg/(m^2·a)。红树林(mangrove)是分布在热带、亚热带海岸的木本沼泽，它的初级生产力以C计约2 450～5 100 g/(m^2·a)，净初级生产力约为570～2 700 g/(m^2·a)。泥炭藓的生产量因地而异。阿拉斯加的贫养泥炭藓沼泽中，泥炭藓年产量为150～180 g/m^2，有的地上部分只有73～90 g/m^2，而中国小兴安岭贫养兴安落叶松泥炭藓沼泽中，泥炭藓生产量为150～153 g/(m^2·a)；欧洲英国北部、爱尔兰泥炭、沼泽生产量为272～328 g/(m^2·a)，而英国中部泥炭藓生产量较高，可达638 g/(m^2·a)。

草丛沼泽中以芦苇的生产量较高。中国新疆博斯腾湖的芦苇高达3～5 m，生产量达

3.3～15 t/(hm^2·a)，而辽宁盘锦沼泽芦苇生产量为2.25～11 t/(hm^2·a)。而苔草沼泽生产量为15.86 t/(hm^2·a)。

2.湿地的物质循环

湿地的周期性水渍特征，产生了间歇性厌氧和好氧环境，使湿地生态系统的物质循环过程复杂多变。同时湿地中大量水分的快速输入与输出，带动了物质和能量在区域范围内的迁移和分配。因而，湿地的生物地球化学循环颇为特殊。如湿地生态系统的碳循环过程为：①植物从大气中吸收二氧化碳进行光合作用，合成碳水化合物。一部分碳水化合物经植物呼吸作用消耗，产生二氧化碳，返回土壤和大气中。植物死亡或部分死亡后，形成颗粒有机碳(particulate organic carbon)和可溶性有机碳(dissolved organic carbon)。在水土交界的氧化层，有机碳被呼吸过程利用，形成二氧化碳；在土壤还原层，有机碳经过发酵，形成乳酸和乙醇，并进一步被还原为甲烷或氧化为二氧化碳。②大气—水—土壤间二氧化碳的扩散过程。③水体碳酸根离子(来源于水体、沉积物和大气降水)与水体二氧化碳之间的可逆性转化过程。

湿地生态系统中氮的转化过程是：氮在沉积物的厌氧环境下，作为电子接受者，被固氮生物(蓝绿藻、固氮菌等)转化为铵根离子；土壤和水体中的硝酸根离子和铵根离子被生物(主要是植物)吸收利用，并在水土及其界面之间按浓度梯度自由扩散；在水体和水土界面的有氧环境下，来源于植物尸体的有机氮被微生物分解为可溶性有机氮(soluble organic nitrogen，SON)，进一步矿化和氨化为铵根离子，后者或被生物吸收利用，或在硝化细菌的参与下进行硝化作用形成亚硝酸根离子，直至硝酸根离子；在沉积层的厌氧环境下，来源于植物尸体的有机氮被微生物分解为可溶性有机氮，进一步矿化和氨化为铵根离子，后者被生物吸收利用，同时，可溶性有机氮和铵根离子从高浓度的沉积层向低浓度的水体扩散；在沉积层的厌氧环境下，硝酸根离子在反硝化细菌的参与下，经过反硝化作用转化为氮和氧化二氮，这些惰性气体大部分通过水体逸散到大气中，水体的硝酸根离子经常向沉积层扩散，以弥补沉积层中该离子的不足；水体中的铵根离子、亚硝酸根离子和硝酸根离子被浮游藻类吸收利用：当pH＞8时，铵根离子转化为氨，逃逸到大气中。由于反硝化作用强度很高，氮在湿地生态系统中始终是个主要的限制因子。

湿地生态系统中硫的转化过程也颇为特殊和复杂，主要过程是：来源于生物尸体的有机硫，在脱硫细菌的参与下转化为硫化氢，后者逐步向大气层挥发，或与铁结合形成硫化铁、二硫化铁，沉积在缺氧的土壤中；来源于生物尸体的有机硫在缺氧的沉积层分解为小分子有机物——硫化二甲基[$(CH_3)_2S$]，然后挥发到大气中；在有氧的水体和水土界面，在硫细菌的参与下硫化氢被氧化，首先形成硫，进而彻底氧化成硫酸根离子；在有光线和厌氧环境的界面层，光合细菌在进行光合作用时以硫化氢代替水分子作为电子供体，使硫化氢还原为原子态的硫；来源于大气、水体和土壤的硫酸根离子被植物吸收，或被土壤黏粒吸附；硫酸根离子和硫在沉积层中被还原为硫化氢；在微生物的参与下，硫化氢和硫酸根离子可直接转化为颗粒有机硫。

四、湿地生态系统的主要服务功益

湿地被认为是自然界最富生物多样性和生态功能最高的生态系统。湿地的生态服务功益体现在生物多样性保护、抵御与调节洪水、调节气候、滞留与降解污染物、提供天然产品等方面。

1. 生物多样性保护功能

湿地是重要的物种基因库，是众多珍稀濒危物种栖息和繁衍的场所，因而在保护生物多样性方面有极其重要的价值。美国湿地占国土面积的5%，但维系着43%的受胁和濒危物种，而且大约80%的定居鸟和400种值得保护的迁徙鸟类都依赖湿地生活。湿地是多种珍贵湿生植物和湿生药用植物的基地。我国有湿生药用植物250余种之多。我国著名的杂交水稻所利用的野生稻(*Oryza rufipogon*)也来源于湿地。湿地是多种鱼、虾、贝类的生产、繁殖基地，也是多种水禽、野生动物的栖息地，特别是丹顶鹤、白鹤、扬子鳄等的独特的生境。据统计，我国内陆湿地有高等植物1 540多种，高等动物1 500种，其中水禽约300余种，占全国鸟类总数的1/3左右，主要包括了鹤形目、鹳形目、雁形目和鸥形目等的一些鸟类。40余种国家一级保护的鸟类中有一半生活在湿地。

2. 气候和水文调节功能

湿地生态系统在全球和区域水循环中起着重要的调节和缓冲作用。湿地是一个巨大的贮水库，是居民用水、工业用水和农业用水的水源。湿地地表积水，底部有良好的持水性，将过量的水分储存起来并缓慢地释放，从而将水分在时间和空间上进行再分配。过量的水分，如洪水，被储存在土壤中或以地表水的形式(湖泊、水库等)保存着，从而减少下游的洪水量。据研究，沼泽可保存其土壤重量3～9倍的水分。我国三江平原沼泽和沼泽化土壤的草根层和泥炭层，孔隙度达72%～93%，最大持水量达400%～600%，饱和持水量达830%～1 030%，全区沼泽湿地的蓄水量达38.4×10^{8} m^3。湿地生态系统通过强烈蒸发和蒸腾作用，把大量水分送回大气，调节降水，改善局部气温、湿度等气候条件。

湿地具有削减洪峰，蓄纳洪水，调节径流的功能，在防御洪水和调控区域水平衡中起到了重要作用。我国长江和淮河下游的湖泊具有显著的洪水控制和水量调节功能。湿地面积的大幅度减少被认为是长江流域1998年和1999年发生特大洪水的原因之一。

湿地释放的甲烷、硫化氢、氧化亚氮、二氧化碳等微量气体，对全球变化具有重要意义。庞大的泥炭沼泽是极具潜力的碳库，初步估计它每年库存约8×10^{13} g的碳，湿地作为碳库可以降低大气中的CO_2，缓解温室效应。

3. 净化功能

湿地具有很强的降解和转化污染物的能力，被誉为“地球之肾”。它主要通过以下途径发挥作用。

(1)吸纳水中的营养物。进入湿地的氮、磷等营养物质可通过植物、微生物的吸收、沉降等作用而将其从水中排除，并可将水中的金属物质及一些有毒物质一同消除。湿地能吸纳过量营养物，净化水质，主要是通过以下作用：①降低水流速，促使物质沉积，沉积物吸附化学物；②多样化的好氧与厌氧过程、分解者的分解过程促进硝化-反硝化反应、化学沉降和其他化学反应，除去水体中的化学物；③高生产力导致高矿物质吸收量，进而储存在湿地沉积物中等。

(2)降解有机物。湿地的pH都偏低，有助于酸催化水解有机物。浅水湿地为污染物的降解提供了良好的环境。湿地的厌氧环境又为某些有机污染物的降解提供了可能。在美国佛罗里达，城镇废水经过柏树沼泽后98%的氮和97%的磷被吸收净化。湿地植物还能够富集许多重金属，如芦苇净化铅、锰、铬的能力分别是80%，95%和100%。研究证明，湿地水生植物对多种污染物质有很强的吸收净化作用。凤眼莲每天每平方米可去除 BOD 42.8 kg,N 9.92 kg,P 2.94 kg。水葱可在浓度高达 600 mg/L 的含酚废水中正常生长,每 100 g 水葱经 100 h 后可净化一元酚 202 mg。由于湿地具有如此强大的净化作用,加之其建造和运行费用低廉,因而成为污水处理的重要方法。世界上已有不少湿地污水处理系统,如佛罗里达州 Walt Disney 综合企业附近的一处天然湿地是美国最大的湿地污水处理系统。湿地也用于有效地处理农业非点源污染,如美国将农场地下排水与地表坡地漫流导入构建的人工湿地处理系统,湿地出水储存于蓄水池中,用于地下灌溉农田,这就是湿地蓄水地下灌溉系统(wetland reservoir subirrigation system, WRSIS)。湿地用于污水净化具有广阔前景。

4. 湿地的天然产品

湿地生态系统是许多粮食植物的重要生境。生长在水淹土壤的水稻是世界 50%以上人口的粮食,占世界总耕地的 11%。湿地还为人类提供丰富的水产品、肉食、毛皮、木材、药材、水果、造纸材料等。湿地植物中有许多可供食用的种类,有些是名食佳肴,如莼菜(*Brasenia schreberi*)、荸荠(*Eleocharis dulcis*)、莲(*Nelumbo nucifera*)、慈姑(*Sagittaria trifolia* var. *sinensis*)、菰(*Zizania caduciflora* Hand)等;芦苇、席草(*Lepironia articulata*)等是轻工业原料;睡莲属(*Nymphaea*)、莲(*Nelumbo*)等是观赏花卉;水浮莲(*Pistia stratiotes*)、水花生(*Alterneanthera philoxeroides*)、红萍(*Azolla imbricata*)等是优质饲料和绿肥;湿地也有丰富的中药材资源,历史上很早就有湿地植物入药的记载,产于湿地的常用中药就有几十种。此外,湿地还为我们提供一些独特的产品,如泥炭和生物活性物质。据估计,我国沼泽地储存着 3.3×10^{12} kg 的泥炭。全球生态系统每年提供的 33 万亿美元的各种产品和服务中,由湿地提供的为 4.9 万亿美元(Costanza et al., 1997)。

5. 社会功能

湿地是科研、教育、旅游等的重要基地。在多湿地的国家,水运是最有效和有利于环境保护的运输和交通方式。湿地是休闲旅游的理想之地,可为潜水、游泳、垂钓等旅游项目提供多样化场地。加勒比海浅海湿地每年从潜水旅游中收入近 10 亿美元;美国每年观鸟人数达 2 400 万人,1991 年消费 52 亿美元。香港的米埔湿地自然保护区占地 380 hm^2,是一个半自然的海岸湿地生态系统复合体,包括海岸红树林、基围鱼塘、淡水沼泽等,是重要的水禽越冬地,越冬鸟总数可达 7.5 万只,其中有多种珍稀濒危鸟类。该保护区是香港重要的生态环境教育和自然保护教育基地,每年有 400 所中小学校的学生前来学习和参观。湿地生态旅游将是 21 世纪旅游业的发展方向之一。生态旅游(ecotourism)是在满足自然保护前提下,从事对环境和文化结构影响较小的旅游活动。另外,湿地在宗教、历史、生态美学等方面也具有一些独特的功能。

五、湿地生态系统的保护与可持续利用

目前人类活动对湿地的破坏严重,湿地是属于生态系统中受威胁最严重的系统之一,面积丧失严重。过去 30 年,在所有国家,湿地的转化十分迅速。据估计,全球湿地已经损失了 50%(Dugan,1993),尤其在欧洲和居住全球 70%以上人口的海岸带,湿地损失率极高。美国大陆原有湿地 0.87 亿公顷,现剩下不到一半。泰国在 1961 年至 1979 年丧失 30%的红树林湿地,菲律宾近 100 年已有超过一半的红树林被毁灭。我国湿地生态系统在外来因素

作用下退化和丧失也十分严重。

1. 加强湿地保护、制止湿地面积的日益缩减

湿地损失的主要原因是排水后，被用作农田、建筑用地、道路等。将湿地排水后改作农田，一直是全球范围内湿地损失的主要原因。在亚洲，狩猎威胁32%的湿地、排水农耕威胁23%的湿地、污染威胁20%的湿地；在中、南美洲，狩猎和污染各威胁31%的湿地、排水农耕威胁19%的湿地。湿地环境的改变，如为了控制洪水、防治蚊虫、提高交通效率而修建的运河、防洪大堤、排水沟渠等改变了原有的湿地水位、水流速率、流向等自然属性，从而降低了湿地的自然功能和稳定性，也促使湿地退化。水污染，无论是有机物还是无机物污染，均会改变湿地生态系统的组成和结构，导致湿地退化。我国的滇池、太湖、巢湖等大型湖泊，由于污染导致其生态系统几近崩溃。

保护湿地应该优先从法律法规着手，制订适宜的湿地保护、利用和管理条例；同时，必须进行广泛的宣传，提高全民，尤其是政府管理部门关于湿地保护的意识。目前，我国还没有专门针对湿地保护的法律法规，但与其有关的法律法规较多，可用以保护湿地。

2. 合理利用与自然保护相结合

我国湿地生态系统的退化主要表现在湿地面积的日益缩小、湿地水文状况的改变(湿地流域水状况改变和湿地水状况改变)、湿地水污染、湿地产品的不可持续开发、外来物种的侵入等。我国对湿地的合理利用和自然保护主要在以下几方面作了努力。

(1)实施《中国湿地保护行动计划》提出的湿地保护目标，即全面加强湿地及其生物多样性的保护，维护湿地生态系统的生态特性与基本功能，重点保护好在国际和国家领域内具有重要意义的湿地，保持和最大限度地发挥湿地生态系统的各种功能与效益，保证湿地资源的可持续利用。

(2)加强对湿地水文和水质状况的管理。水是湿地生态系统存在的基础，水位是湿地生态系统的重要特征。通过控制湿地生态系统的水量和水位增加生物多样性，以恢复退化了的湿地，增强湿地的净化功能。

(3)建立各类自然保护区是保护湿地生态系统和湿地资源最有效的措施。林业部自20世纪70年代开始在青海湖鸟岛和黑龙江扎龙建立了两个湿地自然保护区。经过20余年的努力，我国已建立各种类型的湿地自然保护区152处。其中吉林向海、黑龙江扎龙、青海鸟岛、海南东寨港、江西鄱阳湖、湖南洞庭湖、香港米埔、黑龙江洪河、黑龙江兴凯湖、黑龙江三江、内蒙古赉湖、内蒙古鄂尔多斯、辽宁大连、江苏大丰、江苏盐城、湖南汉寿东洞庭湖、湖南南洞庭湖、上海崇明岛、广东惠东港、广东湛江、广西山口这21个自然保护区已被列为国际重要湿地。

3. 加强湿地生态系统可持续性的研究

为了可持续地利用湿地资源，国内外积累了丰富的经验和教训。我们应在充分调查国内外湿地可持续利用成功经验的基础上，结合各种湿地资源的特点，发展适宜的湿地生态恢复和重建模式。

在湿地的恢复和重建中必须注意尊重湿地生态过程，恢复与重建一个具有自我组织、自我维持以及自我设计的湿地生态系统；充分利用自然能源，尽量减少人为的输入和管理的强度；湿地生态系统具有多重功能，提供多种效益；要注重湿地生态功能的恢复，模拟自然系统的形状和生物系统的分布格局，而不是形式的恢复和重建。设计湿地生态系统要遵循生态

工程学的原理和设计原则与要求，如整体性原则、生态位原则、物种多样性原则、因地制宜原则、时间节律原则、种群匹配原则等。

湿地可持续利用的模式可有多种形式，如湿地生态旅游、湿地植物种植、湿地养殖、污染物湿地处理、城市人工景观湿地等模式。

第二节 淡水生态系统

全球的淡水生态系统(freshwater ecosystem)面积约为 4.5×10^7 km²，占水域面积的2%～3%。虽然淡水水面不大，但在整个生物圈中占有重要地位，是生物圈中最活跃和最富生机的生态系统。自古以来，人类傍水而居，世代相传，是人类的发源地。所以，淡水流域一直是人类社会经济文化优先发展的地区。

淡水生态系统可以划分为静水生态系统(standing water 或 lentic water ecosystem)、流水生态系统(running-water 或 lotic water ecosystem) 和湿地(wetland)三种类型。其中湿地生态系统已在第一节介绍。

一、静水生态系统

静水生态系统(lentic ecosystem)是指那些水的流动和更换很缓慢的水域，如湖泊、池塘、水库等。这里以湖泊为例来说明静水生态系统的基本特征。

1. 静水生态系统的环境特征

湖泊生态系统是一个典型的静水生态系统，它的基本特征是：

(1)界限明显。一般地说，湖泊、池塘和水库的边界较明显，远比陆地生态系统易于划定，在能量流、物质流过程中属于半封闭状态。所以，常作为生态系统功能研究的对象。

(2)面积较小。世界湖泊主要分布在北半球的温带和近北极地区，除了少数湖泊具有很大的面积或深度外，大多数都是规模较小的湖泊。我国天然湖泊面积在 1 km² 以上的有2 800余个，但是面积在 500 km² 以上的湖泊并不多，绝大多数湖泊的面积均不足 50 km²，其中面积较大的有青海湖、鄱阳湖、洞庭湖、太湖等。除天然湖泊外，还有人工兴建的成千上万个大小不等的人工湖泊——水库。

(3)湖泊的分层现象。温带湖泊有明显的热分层现象。湖泊水的表层为湖上层(epilimnion)，底层为湖下层(hypolimnion)，两层之间形成一个温度急剧变化的层次，为变温层(thermodine)。湖泊系统的温度和含氧量，随地区和季节而变动。温带湖泊春季气温升高。湖水解冻后，水的各层温度平均都在 4℃，其含氧量除表面略高和底部略低外，均接近13 mL/L。进入夏季，湖面吸收热量，湖上层温度上升，可达 25℃左右，但这时湖下层温度仍保持在 4℃，而在上、下层之间的变温层的温度则不断发生急剧变化。当从夏季转入秋季，湖上层温度下降，直至表层与深水层温度相等，最终湖下层与湖上层的温度倒转过来。当温度继续下降到冰点，湖上层水温反比湖下层水温低。这时，湖上层有一层冰覆盖在下层的上面。这种生态系统内部的循环有明显的规律。

(4)水量变化较大。湖泊水位变化的主要原因是进出湖泊水量的变化。我国一年中最高水位常出现在多雨的 7—9 月，称丰水期；而最低水位常出现在少雨的冬季，称枯水期。水位变幅大，湖泊的面积和水量的变化就大，常出现"枯水一线，洪水一片"的自然景象。

(5)演替、发育缓慢。淡水生态系统发育的基本模式是从贫营养到富营养和由水体到陆地。

2. 静水生物群落

以湖泊为代表的静水生物群落在水平方向上具有明显的成带现象，可以按区域划分为沿岸带(littoral zone)、敞水带(limnetic zone)和深水带(profundal zone)。

(1)沿岸带(littoral zone)。从岸边开始，一直延伸到有根植物所能生长的最里面。这一带湖水较浅，阳光较强，氧气充足，温度也高，营养物质丰富。因此，沿岸带聚集着大量的动物和植物。其中，水生绿色维管束植物和浮游植物尤为繁盛，并且由湖岸向湖心的方向形成同心圆状分布，一个类群取代另一个类群，顺序为：挺水植物带→浮叶植物带→沉水植物带(见图 10-1)。

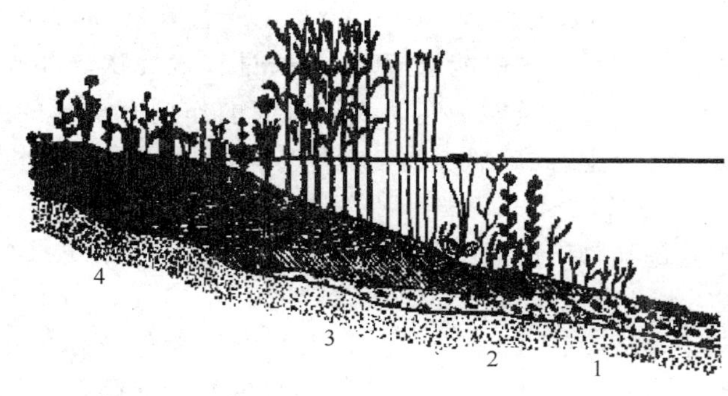

图 10-1　湖泊沿岸带的各个植物带分布

1—沉水植物带；2—浮叶植物带；3—挺水植物带；4—陆生植物带

挺水植物(emergent macrophyte)：主要是有根植物，这些植物的根和下部及茎处在水中，进行光合作用的大部分叶面出露在水面。如香蒲(*Typha* spp.)、芦苇(*Phragmites communis*)、莲(*Nelumbo nucifera*)等。

浮叶植物(floating-leaved macrophyte)：这些植物的根着生在水底，而漂浮的叶、茎或花暴露在水面上。如睡莲(*Nymphaes tetragona*)和菱(*Trapa bispinosa*)。

沉水植物(submergent macrophyte)：是些有根或固生的植物，它们完全或主要是沉在水中。如眼子菜(*Potamogeton*)、金鱼藻(*Ceratophyllum*)、苦草(*Vallisneria*)等。

沿岸带的浮游植物主要是藻类，主要类型有硅藻、绿藻和蓝藻。

沿岸带的消费者种类较多，所有淡水中有代表性的动物门都分布于这一带。

(2)敞水带(limnetic zone)。占有除沿岸带以外的全部水面，一直向下延伸到阳光所能穿透的最大深度。该带的环境条件也是阳光充足，温度较高，浮游植物及其他自养生物占优势。藻类主要是硅藻、绿藻和蓝藻等，它们的光合作用旺盛。大多数种类是微小的，但它们每个单位面积的生产量有时超过了有根植物。这些类群中有许多具有突起或其他漂浮的适应性。这一带浮游植物种群数量具有明显的季节性变化。水域中的氧气含量高，吸引了许多消费者，如浮游动物中的原生动物、桡足类(Copepada)、枝角类(Cladoceran)、轮虫类(Rotifer)等。而浮游动物又为游泳生物——各种鱼类提供了丰富的饵料。我国人工经营的水体中，鱼类已成为优势种群。

(3)深水带(profundal zone)。比敞水带更深的水域。由于光线微弱,不能满足绿色植物光合作用的需要,所以深水带生物群落主要由水和淤泥中间的细菌、真菌和无脊椎动物组成。这些生物都有在缺氧环境下生活的能力。主要的无脊椎动物有摇蚊(*Chironomus*)的幼虫、环节动物颤蚓(*Tubificids*)、小型蛤类、幽蚊(*Chaoborus*)幼虫等。

3. 初级生产力和能量流

淡水生态系统的初级生产力取决于水体的营养状况、光照强度及其他环境条件,其生产力水平依水体的类型、地理分布和发育年龄而有很大的差别。据调查表明,世界湖泊总初级生产量为 2 093(北极湖)~41 868 kJ/(m^2 · a)(某些热带湖泊)。植物的平均初级生产量在 100~8 500 gC/(m^2 · a),其中漂浮植物最低,约 100~900 gC/(m^2 · a);挺水植物最高,生产量在 3 000~8 500 gC/(m^2 · a);沉水植物居中,为 400~8 500 gC/(m^2 · a)。

鱼类生产量通常每平方米有几十克。温带静水水体在单种种群占优势时,鱼类年生产量多为 1~20 g/m^2。热带区域因生长期较长,鱼类生产量都较高,有些水域的生产量可达每平方米几百克。淡水生态系统中的能量流动,是通过牧食食物链和碎屑食物链共同实现的。但是,在不同的水域中,这两类能量流动线路所起的作用有明显的差别。通常,大型湖泊和水库中以牧食食物链为主,而碎屑食物链在水生高等植物繁茂的水体中起主导作用,约有 90%的初级生产量是通过碎屑线路被利用的。

微型浮游动物和底栖动物的次级生产量在水域的生产过程中也具有极大的作用。浮游原生动物的年产量达 142 351.2 J/m^2,其他浮游动物总年产量为 184 219 J/m^2。轮虫的年产量一般低于原生动物,前苏联中部地带湖泊和水库中约为每平方米几十克。在温带底栖动物的现存生产量平均为 0.1~13.0 g/m^2,产量一般随水深而降低,沿岸带常高于深水带。底栖动物的生产量通常仅为浮游动物的 1/5~1/10。

4. 贫养湖和富养湖

按照湖泊水体维持动植物数量的多少,即它的生物学生产量的高低,通常将湖泊分为贫养湖(oligotrophic)和富养湖(eutrophic)。贫养湖养分少,生物有机体的数量不多,因此生产力低。深水层由于输入的有机物不多,耗氧微生物数量少,所以溶解氧含量较高。一般说来,高山地区和水温较低的深水湖,大多是贫养湖。大多数营养丰富、生产量高的湖与其体积相比,都具有大片的湖岸带。在这里,阳光充足,并可达到大部分湖水中,为自养生物提供能源,有根的水生植物大量发展。在水中和底部,由于底栖微生物降解了大量有机物质,产生高浓度的无机养分,因而造成浮游植物的繁荣。深水层的氧气浓度较低。这种相对浅而高生产率的湖泊称为富养湖。我国东部平原地区的湖泊,多数是富养型湖泊。

从湖泊的演变规律来看,贫养湖向富养湖发展是湖泊演变的方向。从河流中输入的沉积物和营养物质,使贫养湖变得愈来愈浅,生产率变得愈来愈高,最后变成富养湖。富养湖进一步由于河流的输入物以及本身有机碎屑的堆积作用而逐渐被充填起来,逐渐变为沼泽,最终变为陆地。

5. 湖泊富营养化

湖泊的富营养化作用(eutrophication)实质上是一种缓慢的自然过程。可是,在许多情况下,人类却无意识地加速了这一过程的进行。富含氮、磷等营养物质的工业废水和生活污水,直接或间接进入湖泊水体,是造成富营养化的最主要来源。另外,湖面上航行的船只及湖区旅游活动等排入湖泊的废弃物,湖泊水产养殖投入的饵料,周围地区农田施用农药、化肥等，经地表径流流入湖泊等，都是导致水体富营养化的原因。湖泊中高浓度的营养物资刺激了某些浮游植物，特别是某些蓝藻、绿藻和各种硅藻的大量发展。结果，常于水面形成稠密的藻被层，即出现“水花”现象。同时，大量的死亡藻类物质以及其他有机物沉积到湖底，底部水中这类物质的分解，大量消耗水中的溶解氧，加上活有机体代谢产物的积累，引起鱼类和其他动物大量死亡。于是，生物区系成分逐渐发生改变。受污染严重的湖泊，甚至使生物种类和数量大大减少，湖泊生态系统功能严重受阻。

湖泊富营养化已成为全球各国面临的严重环境问题之一。我国湖泊的富营养化近几十年来已进入非常严重的阶段，特别是城市附近湖泊的富营养化更为严重。从洞庭湖、太湖、西湖到“高原明珠”滇池，一个又一个湖泊受到了污染的危害，一颗颗明珠正黯然失色。如太湖由于有机物污染，水体中N，P严重超标，湖水中藻类大量滋生，湖面被厚厚的蓝藻覆盖，景区的湖水变绿，并能闻到随风散发的阵阵腥臭味。全国由于湖泊富营养化，造成淡水鱼每年损失约8万吨。

关于水体富营养化问题的成因有不同的见解。多数学者认为氮、磷等营养物质浓度升高，是藻类大量繁殖的原因，其中又以磷为关键因素。影响藻类生长的物理、化学和生物因素（如阳光、营养盐类、季节变化、水温、pH，以及生物本身的相互关系）是极为复杂的，因此，很难预测藻类生长的趋势，也难以定出表示富营养化的指标。目前一般采用的指标是，富营养化水体中氮含量超过0.2～0.3 μg/g，生化需氧量大于10 μg/g，磷含量大于0.01～0.02 μg/g，pH7～9的淡水中细菌总数每毫升超过10万个，表征藻类数量的叶绿素a含量大于10 μg/L。

水体富营养化会引起水域生态系统发生一系列变化。富营养化会影响水体的水质，造成水的透明度降低，使得阳光难以穿透水层，从而影响水中植物的光合作用；富营养化水体中藻类及其他浮游生物的大量繁殖，消耗水中溶解氧，鱼、贝类因缺氧而大量死亡；富营养化水体中有机物质厌氧分解会产生有害物质以及一些浮游生物分泌的生物毒素也会伤害鱼类；同时，富营养化水中含有硝酸盐和亚硝酸盐，人畜长期饮用这些物质含量超标的水，也会中毒致病；富营养化也影响水体的观赏价值。

富营养化的防治是水污染处理中最为复杂和困难的问题。可以从两方面来进行：一是控制外源性营养物质输入，主要应用环境技术，消除进入湖泊水体的营养物质和有机污染物；二是减少内源性营养物质负荷，主要应用生态技术，减少或降解水体中的营养盐和有机污染物。

绝大多数水体富营养化主要是外界输入的营养物质在水体中富集造成的。如果减少或者截断外部输入的营养物质，就使水体失去了营养物质富集的可能性。为此，首先应该着重减少或者截断外部营养物质的输入。控制外源性营养物质，应从控制人为污染源着手，应准确调查清楚排入水体营养物质的主要排放源，监测排入水体的废水和污水中的氮、磷浓度，计算出年排放的氮、磷总量，为实施控制外源性营养物质的措施提供可靠的科学根据。

输入到湖泊等的营养物质在时空分布上是非常复杂的。氮、磷元素在水体中可能被水生生物吸收利用，或者以溶解性盐类形式溶于水中，或者经过复杂的物理化学反应和生物作用而沉降，并在底泥中不断积累，或者从底泥中释放进入水中。减少内源性营养物质负荷，有效地控制湖泊内部磷富集，可采取不同的方法。主要的方法有：工程性措施，包括挖掘底泥沉积物、进行水体深层曝气、注水冲释、在底泥表面敷设塑料等；化学方法，这是一类包括凝聚沉降和用化学药剂杀藻的方法;生物性措施,水生植物修复是目前国内外治理湖泊水体富营养化的重要方法。此种方法是利用大型水生植物吸收利用水体中过量的氮、磷元素,以达到去除水体中氮、磷营养物质的目的。如用大型水生植物吸收利用水体中过量的N,P元素,以净化富营养化水。可利用的大型水生植物有凤眼莲(*Eichhornia crassipes*)、喜旱莲子草(*Alternanthera philoxeroides*)、浮萍(*Lemna minor*)、芦苇(*Phragmites communis*)、狭叶香蒲(*Typha angustifolia*)等。

利用大型水生植物吸收富营养水体中过量的营养物质,从而控制藻类生长是一种自下而上(bottom-up)的生物控制(biomanipulation)技术。另一种控制水体富营养化的生物控制技术是所谓自上而下(top-down)的技术。其基本原理是,通过改变水体某种环境条件或投放某种肉食性鱼类的方法使食物链中捕食浮游动物的小鱼种群下降,浮游动物相应增加,从而使作为食物的浮游植物减少。结果导致水体透明和溶解氧增加,细菌减少,水质得到改善。

二、流水生态系统

流水生态系统(lotic ecosystem)是指那些水流流动湍急和流动较大的江河、溪涧和水渠等。

1. 流水生态系统的环境特征

流水环境与湖泊的静水环境不同。流水的最重要特征是:

(1)水流不停。流水给生活在河流中的生物输送来营养,同时输出有机体的废弃物。因此,流水的生产力比静水高。河流中不同部分和不同时间水流有很大的差异。同时,河流的不同部分(上、下游)也分布着不同的生物。

(2)陆-水交换。河流的陆水连接表面的比例大,也就是说,河流与周围的陆地有较多能量和物质交换。河流、溪涧等形成了一个较为开放的生态系统,成为联系陆地和海洋生态系统的纽带。

(3)氧气丰富。由于水经常处于流动状态,又因为河流深度小,和空气接触的面积大,致使河流中经常含有丰富的氧气。因而,河流生物对氧的需求较高,许多生物对含氧量下降很敏感,因而常把它们作为监测河水受污染程度的指标。

2. 流水生物群落

流水生物群落一般分为两个主要类型:急流生物群落和缓流生物群落。在流水生态系统中河底的质地对河流的动植物区系影响很大。一条河流的上游和下游的生物特征也有很大差异。

急流生物群落是河流的典型生物代表,它们一般都具有流线型的身体,以使在流水中产生最小的摩擦力;或者许多急流动物具有非常扁平的身体,使它们能在石下和缝隙中得到栖息。此外,它们还有其他一些适应性:①持久地附着在固定的物体上。如附着的绿藻、刚毛藻(*Cladaphora*)、有壳和硅藻铺满河底的表面。少数动物是固着生活的,如淡水海绵(*Spongia*)以及把壳和石块黏在一起的石蚕。②具有钩和吸盘等附着器,以使它们能紧附在物体的表面。③黏着的下表面。如扁形动物涡虫(*Turbellaria*)等动物能以它们黏着的下表面贴附在河底石块的表面。④趋触性。有些河流动物具有使身体紧贴其他物体表面的行为。如河流中石蝇幼虫在水中总是和树枝、石块或其他任何物体接触,如果没有可利用的物体，它们就彼此抱附在一起。

3. 河流污染

河流是人类的宝贵资源，它在灌溉、航运、发电、水产、供水等方面有着重要的作用。但是人类活动也对河流产生了很大的影响。水库、电站的修建和城市建设改变了河流的水文特征，如对洪峰的流量和时间控制等。而大量工业废水和生活污水的排入则改变了天然水体的物理、化学性质。特别是含有大量有机物质和含有氮、磷等营养元素的污水，以及含有某些有毒物质的工业废水的排入，当其数量超过河流本身净化能力时，造成富营养化现象或危害水生生物的生存，直至危及人的身体健康，这就是河流的污染。据水利部门调查，我国有测试数据的 874 条河流中，有 141 条河流近 2 万千米的河段受到严重污染。全国 27 条主河流中有 15 条受到比较严重的污染。据统计，全国鱼虾绝迹的河长达 2 400 km。我国最大的河流长江每天接纳近亿吨污水，几乎随处可见连绵数千米甚至几十千米或黑或白的污染带。全流域水质符合地面Ⅰ，Ⅱ类标准的仅占 42%，属于Ⅲ，Ⅳ类的已达 29%。淮河污染问题由来已久，造成淮河水体污染的主要原因是上游地区污染企业发展较快，大量污水未经处理就直接排入河道。

河水污染后，不仅改变水生生物的种类组成，个体数量，有机体的生理、形态和繁殖等特性，破坏河流生态系统的平衡，而且还通过破坏鱼类的产卵场和切断其洄游路线，使水产资源减少。

第三节 海洋生态系统

一、海洋生态系统的基本特征

海洋蓄积了地球上 97.6%的水，其面积为 362×10^6 km^2，约占地球面积的 71%，平均深度为 3 800 m，最深处超过 11 000 m。海洋的空间总体积达 1 370×10^6 km^2，比陆地和淡水中生命存在空间大 300 倍。

海洋生态系统(marine ecosystem)的主要环境特征是：①面积巨大，它覆盖 71%左右的地球表面。②海洋是深的，生物扩大至所有深度，虽然海洋中还没有明显的无生命区，但生命在大陆和岛屿边缘较多。③所有海洋都是相连的。对自由运动的海洋生物，温度、盐度和深度是限制其自由运动的主要因素。④海洋有连续和周期的循环。海洋产生一定的海流。总的说，它在北半球，以顺时针方向流动，而在南半球，则以逆时针方向流动。海洋有潮汐，潮汐的周期性大约是 12.5 h。潮汐在海洋生物特别稠密而繁多的沿岸带特别重要。潮汐使这些海洋生物群落形成明显的周期性。⑤海水含有盐分。海水的平均盐度为 3.5%，其中以 NaCl 为主，约占 78%；Mg，Ca 和 K 盐等共占 22%。⑥海洋是一个容纳热量的“大水库”。夏天海水把热量储存起来。到了冬天，海水又把热量释放出来。所以，海洋对整个大气圈具有重要的调节作用。

二、海洋环境的主要分区

总的来看，海洋是一个连续整体，但在海洋的不同区域，其环境要素有很大区别。海洋可分为水层和海底两部分，前者指海洋的整个水体，后者指整个海底，它们各自又可分成不同的环境区域(见图 10-2)。

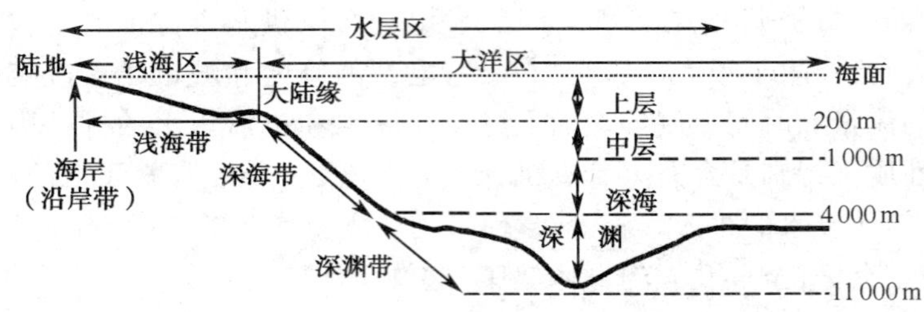

图 10-2　海洋环境主要分区(转引自沈国英等，2003)

1. 水层部分

水层部分(pelagic division)分为浅海区和大洋区。

(1)浅海区(neritic province)。指大陆架上的水体，平均深度一般不超过 200 m，宽度变化很大，平均约为 80 km。由于受大陆影响，本区的水文、物理、化学等要素相对来说比较复杂多变。

(2)大洋区(oceanic province)。指大陆缘以外的水体，是海洋的主体，其环境条件比浅海区较为稳定。但在大洋区的不同深度，其环境条件存在很大不同，从垂直方向可把大洋水体分为上层、中层、深海和深渊四个层次。

上层(epipelagic zone)指从表层至 150～200 m 深的水层，这里光照强度随深度增加而呈指数式下降，有的海区温度也有明显的昼夜和季节变化。

中层(mesopelagic zone)指从上层的下限至约 800～1000 m 深的水层，这里光线极为微弱或几乎没有光线透入，温度梯度不明显，且没有明显的季节变化，常出现氧最小值和硝酸盐、磷酸盐最大值的层次。

深海(bathypelagic zone)指从 1 000 m 至 4 000 m 的深水层，这里除了生物发光以外，几乎是黑暗的环境，水温低而恒定，水压大。

深渊(abyssopelagic zone)指超过 4 000 m 的深海区，这里是又黑暗又寒冷、压力最大、食物最少的世界。

2. 海底部分

海底部分(benthic division)包括海岸(seashore)和海底(sea bottom)。

(1)滨海带(littoral zone)，或称海岸带。包括潮间带和高潮时浪花可以溅到的岸线。它是海洋与陆地之间一个狭窄的过渡带，交替地受到空气和海水淹没的影响。

(2)浅海带(sublittoral zone)。指海岸带(潮间带)下缘到大陆架边缘的大陆架(continental shelf)海底。地形平缓，坡度小，大陆缘是其外限。

(3)深海带(deep sea zone)。指大陆架以外的海底，包括：深海带(bathyhenthic zone)，大陆缘至约 4 000 m 深的海底；深渊带(abyssobenthic zone)，超过 4 000 m 深的海底，主要包括深海平原(abyseal plain)和更深的海沟(trench)，最深处超过 10 000 m。

三、海洋生物

海洋生物根据其生活习性可分为浮游生物、游泳生物和底栖生物三大生态类群。

1. 浮游生物

海洋中的浮游生物(plankton)是指在水流运动的作用下,被动地漂浮于水层中的生物类群。它们一般个体微小,缺乏发达的运动器官,运动能力薄弱或完全没有运动能力,只能随水流移动。浮游生物根据其营养方式可分为浮游植物(phytoplankton)和浮游动物(zooplankton)两大类别。

浮游植物是海洋中的生产者,种类组成较复杂,主要包括原核生物的细菌和蓝藻,真核生物的单细胞藻类,如硅藻、甲藻、蓝藻、绿藻、金藻、黄藻等。

(1)硅藻类(diatom)。这是一类很重要的浮游植物,细胞具有硅质外壳(上面、下壳),细胞较大(2~200 μm),个别可达 1 000 μm,单个细胞或组成链状。由于种类多,数量大,广布于世界各海洋,被誉为海洋的"草原"。它是海洋动物及其幼体的饵料。因此,浮游硅藻是海洋食物网中不可缺少的一个环节,它的生产量也就必然影响到浮游动物、鱼、虾和贝类的产量。

(2)甲藻类(dinoflagellate)。这是海洋浮游藻类中的一个重要成员,属甲藻门,分布几乎遍及世界的各个海区,尤以热带的种类多,寒带种类少,但寒带的数量较大。

(3)蓝藻(cyanophyta)。这是一类单细胞的、群体的或是丝状体的藻类植物。在全球广泛分布,但生活在海洋中的种类较少。蓝藻在温暖的海洋水域中繁殖较快。我国主要分布在南海和东海边缘。

(4)绿藻(chlorophyta)。这是一个复杂的类群,包括的种类很多。但是,90%的种类生活于淡水,只有10%左右为海生,而其中海洋浮游种类所占比例更小。它们的有些种类是海产经济动物的重要饵料之一。

海洋浮游动物指多种营异养生活的浮游生物,它们在食物网中参与几个营养阶层,有植食的,有肉食的,还有食碎屑的和杂食性的等等。浮游动物的种类比浮游植物复杂得多,主要成员是节肢动物的桡足类和磷虾类。这些动物虽然会自己运动,但动作很缓慢,它们常聚集成群,浮在海水表层,随波逐流。

2. 游泳生物

游泳生物(nekton)是一些具有发达运动器官和很强游泳能力的一类大型动物,包括海洋鱼类、哺乳类(鲸、海豚、海豹、海牛)、大型甲壳动物、龟类和海洋鸟类等。这个类群组成食物链的第二级和第三级消费者。海洋中游泳动物的种类与数量都非常多,个体一般都比较大,游泳速度也很快。如须鲸最大个体体长 30 m 以上,体重约 150 t。海豚游泳速度每小时可达到 90 km 以上。

鱼类是游泳动物中的主要成员。在海洋的上、中、下层都有鱼类生活,甚至在 10 000 m 的深海里,也还有鱼类存在。鱼的种类(约有 2 000 多种)或个体数量都远远超过了其他游泳生物。海洋性鱼类有两个重要的生态特点:一是它们具有明显的集群性。集群除了满足交配、产卵和觅食的需要外,在防御和猎食的策略上也是有利的。在没有隐蔽的开阔水面上成群游动,无疑是一种重要的适应性。鱼类的另一特点是洄游(migration)。大多数鱼类在其一生的生命活动中有一种周期、定向和群体性的迁徙活动。这分为产卵洄游(spawning migration)、索饵洄游(feeding migration)和越冬洄游(overwintering migration)三种类型,往往代表游泳动物生命过程中的三个主要环节。

游泳生物中还有各种虾类。它们虽然常年栖息在海底,但都行动敏捷,善于游泳。另外，头足纲的乌贼、鱿鱼、章鱼都是中国海上常见的动物。

3. 底栖生物

底栖生物(benthos)由生活在海基底表面或沉积物中的各种生物所组成，是一个很大的水生生态类群。种类很多，包括了一些原始的多细胞动物，如海绵(*Leucosolenia*)和海百合(*Metatinus*)。底栖生物群落有多种生产者、消费者和分解者。通过底栖生物的营养关系，水层沉降的有机碎屑得以充分利用，并且促进营养物质的分解，在海洋生态系统的能量流动和物质循环中起着很重要的作用。此外，很多底栖生物也是人类可直接利用的海洋生物资源。

根据生活方式可将底栖生物分为固着生活的种类、底埋生活的种类、穴居生活的种类、钻蚀生活的种类等等。按照个体大小可将底栖生物划分为：①微型底栖生物(microbenthos)，可通过 0.1 mm 筛网的种类，包括细菌、微型藻类、原生动物；②小型底栖生物(meiobenthos)，可被 0.1～1.0 mm 筛网截留的种类，通常由少数较大的原生动物(特别是有孔虫)以及线虫、介形类、涡虫类、腹毛类和猛水蚤类组成，也含有大型底栖生物的幼体；③大型底栖生物(macrobenthos)，不能通过 1.0 mm 筛网的种类，除在滨海带之外，大型底栖生物都是动物。

四、海洋生态系统的初级生产力和能量流动

1. 海洋的初级生产力

海洋初级生产力几乎全部为浮游植物所承担。N. Steeman(1957)根据放射线碳测定，得出海洋初级生产力约在 0.01～3.00 gC/(m^2 · d)之间。Ryther(1969)把世界海洋分为大洋区、沿岸区和上升流区三种类型，估计它们的平均生产力分布为 50，100 和 300 gC/(m^2 · a)。他认为全世界海洋最可能的初级产量约为 20×10^9 tC/a。Koblentz-Mishke 等(1970)估计全世界浮游植物的初级产量为 23×10^9 tC/a；Platt 等(1975)和 Berger 等(1989)估计为 30×10^9 tC/a；Shushkina(1985)估计为 56×10^9 tC/a；Lalli 和 Parsons(1997)的估计值约为 37×10^9 tC/a(见表 10-1)。

表 10-1 海洋浮游植物的初级生产力估算(引自 Lalli 和 Parsons，1997)

海洋生态系统类型	占海洋总面积/%	年平均初级生产力/ $gC\cdot m^{-2}\cdot a^{-1}$	年总初级产量/ $10^9\ tC\cdot a^{-1}$
大洋区	89	75	24
沿岸区	10	300	11
上升流区	1	500	1.8

注：海洋总面积＝362×10^6 km^2。

现在估计的海洋初级生产力比过去高得多，原因主要是：①海洋初级生产的产品不仅以颗粒有机碳(particulate organic carbon，POC)的形式存在，还有相当部分(5%～50%)是直接以溶解有机碳(dissolved organic carbon，DOC)的形式释放到水中的，这种光合作用过程中释放的 DOC 可通过自由生活的异养微生物再次转化为 POC。但在海洋初级生产力测定中，这部分碳被忽略了。②最近发现海洋中那些非常小的原核和真核超微型自养浮游生物在海洋初级生产中占有极重要的地位，有时候它们对初级生产力的贡献高达 60%。

从世界海洋初级生产力的分布看：在太平洋，初级生产力较高的水域位于美洲的中、南部沿岸，沿加拿大—美国沿岸，千岛海脊到日本东部。在大西洋，则是非洲的西南部和东北岸

附近海区。在开阔大洋中，生产力较高的海区是赤道上升流区和南极辐射区。另据报道，三大洋中印度洋的平均生产力最高，达 80 gC/(m² · a)，大西洋次之，平均为69 gC/(m² · a)，而太平洋的平均生产力最低，仅 46 gC/(m² · a)。

2. 海洋的能量流动

图 10-3 简要说明了一个海洋生态系统的能流情况。实际上，海洋中的营养关系远比此复杂，食物链的构成长度也很不一样。

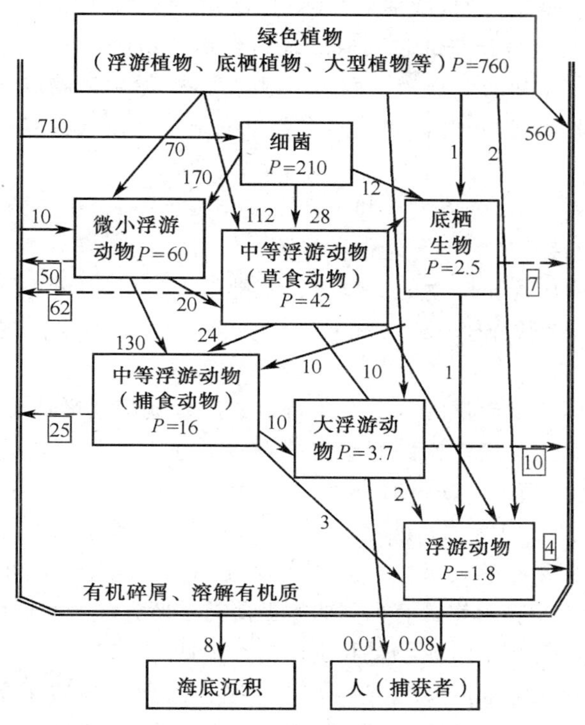

图 10-3　海洋生态系统的能量流动(转引自蔡晓明，2000)

图中箭头旁的数字是食物网连线的比例或者是进入次级营养级的数字，方框中的数字表示未消化食物量，下划线中数字为未取食的生产量。单位：4.18×10¹⁶ kJ/a

海洋水层的牧食食物链可分为三种基本类型。①大洋食物链(6 个营养级)，微型浮游生物(小型鞭毛藻)→小型浮游动物(原生动物)→大型浮游动物(桡足类)→巨型浮游动物(毛颚动物、磷虾)→食浮游动物的鱼类(灯笼鱼)→食鱼的动物(金枪鱼、鱿鱼)。②沿岸、大陆架食物链(4 个营养级)，水层：小型浮游动物(硅藻、甲藻)→大型浮游动物(桡足类)→食浮游动物的鱼类(鲱鱼)→食鱼的鱼类(蛙鱼、鲨鱼)；底层：小型浮游动物(硅藻、甲藻)→(蛤、蚌)→底栖肉食者(鳕鱼)→食鱼的鱼类(蛙鱼、鲨鱼)。③上升流食物链(3 个营养级)，大型浮游植物(链状硅藻)→食浮游生物的鱼类(鱼)，或大型浮游植物(链状硅藻)→巨型浮游动物(大型磷虾)→食浮游生物的鲸(须鲸)。海洋中的这些食物链，构成了海洋生态系统能流的主体。

海洋中的碎屑食物链，如碎屑(浮游植物及水底大型植物，其中有原生动物和细菌等)→碎屑取食者(如线虫、多毛类、腹足类、小螃蟹、虾类和小鱼)→小型食肉动物(鲤科小鱼)→大型食肉动物(游钓鱼类)。研究发现,碎屑食物链在海洋生态系统的物质循环和能量流动中的作用比陆地上的重要得多,而且碎屑的存在可加强生态系统的多样性与稳定性。因为不同来源和成分的碎屑,其分解率差别很大,分解过程中间产物的形式也多种多样(溶解有机质、粒状有机质、细菌、真菌、原生动物等),因而各种不同大小的碎屑不仅对不同消费者的能量供应比较稳定,并且有助于扩大种的多样性(如大洋深处的底栖生物群落)。碎屑的另一个重要功能是对近岸和外海、大洋表层和底层的能量流(和物质流)起联结作用。

海洋中的碎屑数量是很大的,特别是在河口、港湾中的数量更为可观。从总体上估计,那里大约有50%的总初级生产是通过碎屑形式结合到食物链中去的。在开阔大洋中,总的碎屑现存量也大大超过年初级生产量。而且经过微生物、原生动物的作用后,碎屑的营养价值是逐渐提高的。因此,海洋碎屑食物链的重要意义绝不亚于牧食食物链。

3. 海洋的次级生产

由于海洋动物类别复杂,个体大小和生活史类型很不一致,生产力的调查测算存在很多困难,迄今对各类消费者产量的了解还很不全面。

(1)浮游动物:海洋中浮游动物的产量变化范围很大,可以从小于5 mgC/(m^2·d)到大于150 mgC/(m^2·d),多数介于5～50 mgC/(m^2·d)。在营养丰富的近岸水域,产量比外海较深水区的高。

(2)底栖动物:底栖动物产量的一个重要特点是产量随深度增加而呈明显下降趋势。沿岸浅水区和整个大陆架区的产量比深海底的高得多。在大陆架区,次级产量也随深度增加而下降。例如,在长岛滩浅水区(6～31 m深),底栖动物群落的产量可达29.6 gC/(m^2·a),而在北海80 m深处的产量只有1.7 gC/(m^2·a)。沿岸浅水区产量较高的主要原因是有丰富的食物,因为沿岸水域浮游植物初级生产力较高,而且由于水较浅,有机物质到达底部之前没有大量的分解损失,加上很多沿岸区有很高的大型藻类生产。深海底栖动物由于食物稀少,加上在低温条件下生长缓慢,因而其生物量和生产量都很低。超过2 000 m的大洋深处,平均生物量湿重不超过2 g/m^2,相当于0.2 gC/m^2,估计这种面积广阔的深洋底部,年产量不超过50 mgC/(m^2·a)。据估计,整个海洋的底栖动物年产量大约为13×10^9 t。

(3)鱼类:根据新近估计的海洋初级生产力以及营养级数目和生态效率来推算的鱼类产量列于表10-2。从表中可以看出,沿岸和上升流区单位面积鱼产量大大超过大洋区。

表10-2 海洋生态系统中初级生产量与鱼产量的关系(引自 Lalli 和 Parsons, 1997)

海洋生态系统类型	大洋区	沿岸区	上升流区
占海洋面积的百分数/%	89	10	1
平均初级生产力/gC·m^{-2}·a^{-1}	75	300	500
植物总产量/10^9 tC·a^{-1}	24	11	1.8
营养级之间转换的次数	5	3	1.5*
平均生态效率/%	10	15	20
平均鱼产量/mgC·m^{-2}·a^{-1}	0.75	1 000	44 700
鱼总产量/10^6 tC·a^{-1}	0.24	36.2	162

* 上升流区的营养级数可能为2(若鱼是主要的食植动物)或3;1.5代表能量转换次数的平均值。

五、海洋生态系统的主要类型

1.沿岸、浅海生态系统

沿岸、浅海区包括从潮间带至大陆架边缘内侧的水体和海底。

(1)生境特征

潮间带(intertidal zone)是海洋与陆地之间的过渡带,交替地暴露于空气和淹没于水中,这里温度和盐度的变化幅度很大,波浪、潮汐的冲刷作用明显,底质复杂。沿岸潮间带有岩岸、沙滩和泥滩及其混合过渡底质。不同类型的底质栖息着与之相适应的生物,形成各具特点的生物群落。潮间带之外至大陆架边缘的浅海区,盐度、温度和光照的变化也比外海的大,且这些变化的程度从近岸向外海方向逐渐减弱。由于本区水文、物理、化学、底质等要素相对比较复杂,因此,对生物(特别是底栖生物)的组成和分布影响很大。另一方面,浅海区由于有大陆输送的营养物质,波浪和潮汐作用也可能影响到海底,不少地方还有上升流存在,使营养物质得到充分供应。因而水域生产力水平高,生物资源丰富,而且平均食物链较短,所以终级产量较大洋区高得多,常形成重要的渔场。

(2)生物群落

沿岸、浅海区浮游植物的主要类别是硅藻和甲藻,硅藻在北方水域及近岸、上升流区比较重要,而甲藻常是热带、亚热带水域的重要种类。在温带海区,甲藻经常在硅藻之后大量出现。此外,超微型的自养生物也是很重要的类群。近岸浮游植物(至少在温带地区)的数量有季节周期变化,初级生产力比大洋区的高,平均达 300 gC/(m^2 · a)。浮游动物种类繁多,其中一个重要的组分是季节性浮游动物。这是由于大多数底栖生物和很多游泳生物在幼体阶段是营浮游生活的,从而参与浮游生物的组合。

终生浮游动物主要是桡足类、磷虾类等甲壳动物,其他浮游动物还有属于原生动物的孔虫类、放射虫类和砂壳纤毛虫,软体动物的翼足类和异足类,小型水母类和栉水母,浮游性被囊类(如纽鳃樽),浮游多毛类和毛颚类等。

底栖生物中,植物方面的底栖硅藻和大型海藻是沿岸区的重要种类,后者包括绿藻类、褐藻类和红藻类等。在北温带和温带潮下带的硬质底部,常生长着繁盛的褐藻类大型海藻(称大型海藻场)。在多数潮下带软质底上,有根开花植物(海草)常形成海草场,其潮上带有沼草(温带)或红树林(热带)生长,这些大型植物有很高的产量。

底栖动物方面,几乎包括各个门类的代表。它们与底质类型关系密切,因此,在一个特定的地区,由海岸到大陆架边缘,根据底质类型,可以看到一系列底栖亚生物群落的互相替代现象。例如,在岩岸有滨螺带(高潮区)、藤壶或贻贝带(中潮区)、海藻带(低潮区)。当然,在滨螺带和藤壶带也有大量藻类,而海藻带也有许多动物。沙质海底也可分出潮上带、潮间带和潮下带,各垂直带上都有其特有的优势种类。

浅海区的游泳生物包括鱼类、大型甲壳类、爬行类(龟、鳖)、哺乳类(鲸、海豹等)和海鸟组成的主动游泳者和海洋表层居住者。其中主要是各种鱼类,尤其以食浮游生物的鲱科鱼类(包括鲱鱼、沙丁鱼、鳀鱼等)特别重要,世界主要渔场几乎全部位于大陆架或大陆架附近。大部分鱼类都有集群洄游的习性。

我国近海主要的传统经济鱼类是大黄鱼、小黄鱼、带鱼、墨鱼(软体动物)以及鲱鱼、马面鲀、鲳鱼、鲐鱼等。

2.河口生态系统

河口区(estuary)是海水和淡水交汇和混合的部分封闭的沿岸海湾,它受潮汐作用的强烈影响。河口是地球上淡水生态系统和海洋生态系统的过渡带。

(1)生境特征

河口环境的一个重要特点是盐度的周期性和季节性变化。周期性变化与潮汐有密切的关系,其变化呈现从高潮区至低潮区递减。盐度的季节性变化与降雨有关,在热带和亚热带海区,通常低盐出现在春、夏的雨季,高盐出现在秋、冬的旱季;而温带水域,由于冰雪融化时产生的淡水,低盐可能出现在冬春季。盐度的季节变化也与蒸发有关。

河口的温度变化较开阔海区和相邻的近岸区大。一般河口水温在冬季比周围的近岸水温低,而夏季则比周围近岸水温高。表层水比底层水温度变化范围大。

大多数河口区的底质是柔软的泥质,它们由海水和淡水带入河口的泥沙沉积而成。实际上,海洋很多泥岸是位于河口附近的。在河口区沉积下来的颗粒有许多有机物,因此,河口底质的又一个特点是富含有机质,这些物质可作为河口生物的重要食物来源。

河口的波浪作用和水流相对平稳。由于河口三面被陆地包围,这样,由风产生的波浪较小,因而相对来说是个较平静的区域。河口区的水流主要受海洋潮汐和入海河流的影响。河道上的流速有时每小时可达数千米,在河道中央流速最大。大部分河口区有淡水连续注入,与海水进行不同程度的混合。某给定体积的淡水从河口排出的时间称为冲洗时间(flushing time)。这个时间间隔可作为河口系统稳定性的一个测度。较长的冲洗时间对维持河口浮游生物是很重要的。

河口水中有大量的悬浮颗粒,其浑浊度较高。特别是在有大量河水注入的时期,其主要生态效应是透明度下降,浮游植物和底栖植物的光合作用率也随之下降。在混浊度很高时,浮游植物的产量能达到忽略不计的程度,这时有机物的生产主要来自盐沼植物(温带和北方河口区)。

河口区的另外一个特点是营养物质的富集。河口区除了有来自陆地的营养盐补充之外,更重要的是具有滞留营养物的水文和生物机制。在距离岸边较远的向海一侧,浮游植物因营养盐供应充足和海水透明度较高,浮游植物常产生水华。在水华之后植物死亡沉降到盐度较高的下层,通过潮流和河口的特殊水文模式相结合,这些沉降和分解的植物碎屑产生的营养盐又被向岸和向上运动的咸水流带到表面,补充表面流带走的营养盐,成为一个"自我富营养化"的系统。因此,河口区是一个生产力水平很高的区域。

(2)生物群落

由于河口区环境条件比较恶劣,所以生物种类组成较贫乏。广盐性、广温性和耐低氧性是河口生物的重要生态特征。河口区的生物组成主要有三种成分:①海洋动物,来自海洋入侵种类(主要的);②半咸水动物,是已适应于低盐条件的特有种类;③淡水动物,由广盐性淡水生物移入(少数)。

河口湾有利于各种各样的植物在整年内都能进行光合作用,它们包括浮游植物、小型底栖藻类和海草、沼泽草和海藻等大型水生植物。另外,河口湾和其他富营养系统一样,有时候会由于一些甲藻突然大量繁殖而形成"赤潮"。

河口浮游动物的特点是季节浮游动物种类较多,而终生浮游动物的种类较少。

栖息在河口区的底栖动物多是广盐性种类,能忍受盐度较大范围的变化。例如,泥蚶、牡蛎、蟹等主要经济种类都是营河口湾生活的。许多端足类和沙蚕原来就是半咸水种。

游泳生物终生生活在河口区的只有鲻科鱼类等一些少数种类，而阶段性生活在河口区的却是大量的。因为很多浅海种类在洄游过程中常以河口区作为索饵育肥的过渡场所，特别是许多海洋经济动物的产卵场和幼年期的索饵肥育场都在河口附近水域，如鳗鲡，梭鱼和大、小黄鱼等在河口区进行生殖的鱼类。

由于河口区底部有大量有机碎屑，因而底栖动物的碎屑食性和滤食性种类较多，但也有不少捕食性动物。

河口生物群落的特征之一是种类多样性较低，而某些种群的丰度却很大。

(3)人类活动对河口区环境的影响

河口受到人类和自然的双重影响，与人类的活动密切相关。一方面，河口区是重要的水产养殖区，是一些经济海产品(如牡蛎、缢蛏、虾、蟹和大型海藻等)的养殖基地。据报道，美国一些河口湾养殖蛤类(*Rangia cuneat*)年产量达每公顷 2 900 kg 肉和 13 900 kg 壳，可以和高度集约管理及人工施肥的池塘鱼产量相比。我国在利用河口区的滩涂水面进行人工养殖生产的历史悠久，产量不断得到提高。在海洋传统渔业不能大幅度增长的条件下，利用河口湾发展水产养殖有重要的意义。因此，从水产的角度来看，河口湾有重要的经济价值。另一方面，河口区也是最易受人类活动破坏的区域，这是由于：①随着河口区城市人口的急剧增加，工厂的污水和居民生活废水大量倾泻到河口海区，使河口水域各种污染物质含量很高；②河流所经过的农田施用的肥料和农药有相当部分被冲刷，经河流流入河口区；③河口湾过度的人工养殖产生的废水(包含人工投饵的残饵、养殖对象的各种排泄物和养殖过程中使用的各种药物)通过进排水交换进入河口海区；④围海造地和修堤筑坝阻碍河口区的水流畅通和增加淤泥沉积；⑤停留在河口湾的船舶所产生的燃油泄漏和生活废水倾倒入海，等等。

3. 近岸上升流区

上升流(upwelling)是深层海水涌升到表层的过程。近岸上升流是由特定的风场、海岸线或海底地形等特殊条件所引起的。五个生产力最高的近岸上升流区是南美西岸秘鲁、非洲西南部、美国西海岸、非洲西北部和阿拉伯海上升流区。我国渤、黄、东海陆架区，台湾海峡以及海南岛近岸都存在上升流区。

(1)生境特征

由于上升流区存在深层海水的涌升，因此上升流区的环境表现出如下主要特征：①低温，上升流区表层水温比同纬度海区的表层水温低；②低溶氧，如美国俄勒冈上升流区表层水溶氧的饱和度只有 60%～70%；③高营养盐含量，因为底层(或次表层)海水无机氮、磷等营养盐较丰富；④高盐度、高密度。

我国闽南上升流区表层水温与外缘海水比较偏低 2～4℃，盐度偏高 0.5～1.5，上升流区的溶氧含量也较低，常呈不饱和状态。

(2)生物群落

上升流区通过富含营养盐的深层水涌升过程，使表层水变得肥沃，从而提高生物的生产力，是海洋渔业生产的主要地区。此外，海鸟种群也十分丰富。其主要生态特征包括：高的浮游植物生物量和初级生产力，单细胞浮游植物的粒径相对较大；浮游动物中冷水性种类和数量比例增加；群落多样性较低，由于气候变化，加上常常爆发赤潮，导致鱼类死亡；食物链环节较少，一些在远洋区属于食肉动物的甲壳类和鱼类在上升流区成为食草动物；游泳生物

（主要是鱼类）生命周期较短，偏向于 r 选择的类型。

4. 大洋生态系统

大洋区是大陆架之外的整个水体和海底。

(1)生境特征

相对于近岸浅海区而言，大洋区的环境是相对稳定的。大部分大洋表层的阳光充足，浮游植物可以在那里进行光合作用。透光层的深度一般在 200 m 以上，透光层以下的水域由于光线微弱或因无光而不能进行光合作用。大洋区的水温，在表层水和深层水之间常有温跃层存在，其厚度从几百米至上千米。在温跃层的下方，水温低、变化小。1 500 m 以下的水温基本上是恒定的低温（－1～4℃）。

大洋区的表层溶解氧含量是高的，都接近饱和状态，在 500～800 m 出现氧最小值的水层，这主要是由于生物的呼吸消耗和缺少与富氧水交换的机会。大洋更深的水体是由北极和南极富氧表层冷水下沉而来的，加上深水区生物数量少，氧的消耗相应减少的缘故，所以含氧量增高。到了深海底部，氧含量又有所下降，因为那里生物栖息密度相对高一些。

大洋区的盐度基本上是恒定的。压力随深度的增加而增加，每隔 10 m 深度，压力就增加 1 个大气压，深海区的压力介于 200～600 个大气压之间。

深海底部的广大面积都覆盖以微细的沉积物，通常称为"软泥"(softooze)。在北方主要是硅藻类的外壳；在其他水域主要是含钙质的外壳，特别是原生动物的球房虫属(*Globigerina*)。

(2)生物群落

大洋的生物群落组成，上层生产者以"微微型浮游植物"占优势，在贫营养大洋区，蓝细菌和固氮蓝藻是重要的自养性浮游生物。大洋上层的动物最为丰富，经济价值比较大的有乌贼、金枪鱼、鲸等。大洋中层(200～1 000 m)的浮游动物主要是大型磷虾类，它是重要的食物链环节，常与鱼类（主要是有鳔鱼类）结成大群，形成深散射层。白天，深散射层能深达 600 m 甚至 1 000 m。这一层的鱼类大约有 850 种。

由于初级生产者个体都很微细，因而大洋水层食物链长（平均可达 6 个环节），营养物质基本上在透光层矿化和再循环。

深海鱼类有角鮟鱇、宽咽鱼、深海鳗和其他多种鱼类。无脊椎动物主要是甲壳类（如等足类、端足类）、多毛类、棘皮动物等。

深海底栖动物种类很丰富，大部分门类都有深海底栖种类。在超过 6 000 m 的超深渊也有很多种类，即使在 10 000 m 的深处，也发现有海葵、海参、多毛类、等足类、端足类、双壳类等底栖动物。从数量上看，那些穴居的小型多毛类在大型底栖动物中最占优势。甲壳类（端足类、等足类、异足类）、软体动物（蛤类为主）以及各种各样的蠕虫都是常见底栖种类。有的海域海蛇尾在大型底栖动物中占最重要地位。

(3)深海生物的适应

大洋区的深海生物对其特殊的环境有特殊的适应方式。①对黑暗的适应。许多深海动物通过发光器产生它们自己的光线，如灯笼鱼、星光鱼和乌贼腹部都有发光器。在深海中层，虽然没有足够的光线进行光合作用，但还有少量光线透入很深的水层（特别是在清澈的热带海洋）。有些动物有特别发达的眼睛，如 *Myclophidae* 科的鱼类。生活在 200～700 m 深的一些乌贼(*Histiothidae* 科)的两只眼睛中有一个特别发达，大眼朝上，小眼朝下。前者可对从上层来的微弱光线产生反应，而小眼可对其本身的发光器发出的光产生反应。在更深的完全黑暗的水层，不少种类的眼睛很小或完全退化，并产生与此相应的体色适应。生活于海洋中层的鱼类多呈银灰色或深暗色，无脊椎动物则为紫红或亮红色，甲壳动物也常为红色。这些体色都是与海洋中层基本上是没有光线的条件一致（例如，红光很快被海水吸收）。再深的大洋深处的动物则常是无色或白色的。②对食物稀少的适应。深海食物稀少，动物特别是鱼类，常具有很大的口、尖锐的牙齿和可高度伸展的颌骨，能吞食很大的捕获物。还有一些鱼类，如鮟鱇（*Leratoidea*）的背鳍高度延伸特化，其上有发光器官起诱饵作用以吸引它们的猎物。③对种群稀少的适应。在深海种群稀少和黑暗的条件下，有的种类的雌性个体具有"补雄"，即雄性个体寄生在雌体上。这种现象对种群的延续有重大的生物学意义。④对高压的适应。由于深海常年低温高压以及高的二氧化碳含量，使得钙的沉淀产生了困难，因此多数深海动物是柔软的，缺少钙质骨骼。此外，多数深水鱼类没有鳔，这样可以减少动物体和外界环境的压力差。⑤对柔软底质的适应。由于深海多为软泥底质，因此，深海底栖生物都具有长的附肢，丰富的刺、柄和其他的支持方式。例如，深海蟹类的附肢特别长，海绵、水螅虫、海百合都具有长柄，鼎足鱼的胸鳍和尾鳍条都特别细长，能以三角鼎立之势站在海底，还可以跳跃前进。

六、海洋赤潮

1. 赤潮和赤潮生物

赤潮（red tide）是海洋中某些微小的浮游生物在一定条件下暴发性增殖而引起海水变色的一种有害的生态异常现象，是一种危害性大而广的海洋污染现象。赤潮在我国沿海海域时有发生，并且发生的频率和范围有不断扩大的趋势。20 世纪 80 年代我国海洋渔业遭受赤潮危害的记录有 12 起，1989 年就发生 3 起危害很大的赤潮。2000 年我国近海共发生 28 次赤潮，面积超过 10 000 km^2，严重威胁我国海域生态环境，同时也给渔业生产和人民健康造成极大损失。

赤潮生物是指能形成赤潮的浮游生物。据报道，全世界已记录的赤潮生物有 300 种左右，隶属于 10 个门类。我国海域分布的约有 127 种，隶属于 8 个门类。其中在我国沿海发生赤潮的赤潮生物有 30 多种，主要是甲藻类（15 种），其次是硅藻类（7 种）和蓝藻类（4 种）。另外，外海的赤潮生物种类较少。而在近岸、内湾、河口发生的赤潮种类较多，具有一定的地区性差异。

由于形成赤潮的生物种类不同，赤潮可呈现出不同的颜色。例如，夜光藻（*Noctiluca scientillens*）、红海束毛藻（*Trichodesmium erythracum*）、中缢虫、红硫菌等种类形成的赤潮可以是红色、粉红色的；裸甲藻赤潮呈黄色、茶色或茶褐色；绿色鞭毛藻类形成的赤潮通常呈绿色；硅藻类赤潮多为土黄、黄褐或灰褐色，等等。因此，所谓赤潮是各种色潮的统称。日本学者安达六郎（1973）根据各海区赤潮的实例统计，提出以不同生物体长的赤潮生物密度作为判断赤潮的标准。

2. 赤潮发生的原因

赤潮的发生主要与海洋的富营养化和海区的环境条件有关。

（1）富营养化。海洋的富营养化是引发赤潮的物质基础，因为赤潮生物在其增殖过程中需要营养物质，其中最主要的是氮、磷营养盐类。由于工农业生产和人类活动将大量的营养物质输入海洋，为赤潮生物提供了营养盐。如北海沿岸的8个国家，由于农用化肥的使用，每年经河流注入北海的氮有 9×10^5 t，每年还有 4×10^5 t 氮随雨水进入北海。根据日本水产环境水质标准的规定，为了避免在暖流系内的近岸内湾连续长期发生赤潮，要控制无机氮在 7 μmol/L 以下，无机磷在 0.45 μmol/L 以下。我国提出将无机氮 0.2～0.3 mg/L，无机磷0.045 mg/L，叶绿素 a 1～10 mg/m^3，初级生产力 1～10 mgC/(L·h)作为富营养化的阈值。

(2)促进赤潮生物生长的有机物。除了氮、磷等无机营养盐类外，有些可溶性有机物(DOM)也有利于赤潮生物的增殖，它们除了作为赤潮生物的营养物质外，更重要的是充当促进赤潮生物增殖的促生长物质。

(3)微量金属元素。赤潮生物的生长也需要微量金属元素，如 Fe，Mn，Mg，Cu，Mo，Co 等。在这些微量金属元素中，Fe 和 Mn 最为重要，因为一方面这两种元素对赤潮生物增殖有强烈的刺激作用；另一方面它们在海水中的溶解度很低，只有当它们与某些有机物结合形成螯合物时溶解度才有所提高。

(4)温度和盐度。国内外很多有关赤潮的报道表明，赤潮的发生往往与该海区的温度、盐度变化状况有密切关系。如我国赤潮多发生在水温较高、盐度较低的环境中。南方海区的赤潮多发生在春夏之交，而北方海区的赤潮多见于7—10月，都与水温升高以及因雨季而引起的海区盐度降低相符合。温度、盐度的变化速率也与赤潮发生有关。温度在短时间内增高较快，水体表层温度的成层现象以及盐度较急剧下降被认为是发生赤潮的重要条件。

应当指出，由于发生赤潮的原因是多方面的、综合的，目前尚未完全了解清楚。

3. 赤潮的危害

赤潮是引起人们高度重视的海洋环境灾害之一，其危害主要表现在：

(1)赤潮生物大量繁殖，覆盖在海面或附着在鱼贝类的鳃上，使它们的呼吸器官难以正常发挥作用而造成呼吸困难甚至死亡。

(2)赤潮生物在生长繁殖的代谢过程和死亡细胞被微生物分解的过程中大量消耗海水中的溶解氧，使海水严重缺氧，鱼、贝类等海洋动物因缺氧而窒息死亡。

(3)有些赤潮生物体内及其代谢产物中含有生物毒素，引起鱼、贝中毒或死亡。如链状膝沟藻(*Gonyaulax catenella*)产生的石房蛤毒素就是一种剧毒的神经毒素。

(4)居民通过摄食中毒的鱼、贝类而产生中毒。目前已知的赤潮毒素有麻痹性贝毒、神经性贝毒和泻痢性贝毒这三大类。目前，有关赤潮引起渔业损失甚至造成人体中毒死亡的报道很多。

4. 赤潮的预防

赤潮的危害很大，但治理却很困难。目前，国内外除了对赤潮的预报比较成功外，对赤潮的防治进展不大。对于赤潮的防治必须坚持“以防为主”的方针。

(1)控制营养物质输入量

海洋中的营养盐是赤潮发生的物质基础，所以控制海域的富营养化水平就能有效防止赤潮发生或大大减少赤潮发生的机会。沿岸、内湾富营养化物质的主要来源是城市生活污水、工厂排出的污水、畜牧业排水和农田肥料流失这四个方面。因此必须严格控制各种污水入海量，减少海洋中营养物质的负荷。

(2)控制海区养殖业的污染

近岸、内湾的自身污染主要来自沿岸区的水产养殖。我国近10多年来，海水养殖业获得突飞猛进的发展，仅对虾养殖的面积就已超过200万亩，有些地方已出现局部过度养殖的现象，对虾养殖中通过进排水过程加速邻近海区的富营养化进程。养殖1 t对虾，水中可残留3～4 t粗蛋白，从而成为养殖水体中的主要污染源。据福建海区调查，围垦区虾池的营养盐和叶绿素a含量很高，无机氮含量7.90～88.46 μmol/L，无机磷0.04～1.20 μmol/L，叶绿素a多数超过20 mg/m^3。COD多数为海区的3倍以上。控制海区养殖业污染的途径首先是要合理规划养殖面积的布局，避免出现局部过度养殖的局面。同时，发展生态养殖业以减轻养殖水体自身污染程度。生态养殖是以适宜的鱼、虾、贝、藻科学合理搭配的混养方式进行生产。将养殖池塘的各种生态位充分利用起来，既可达到提高产量（不增加投饵量），又可减轻各种有机质污染负荷，从而有可能形成一个相对平衡的自我循环系统。

(3)富营养化水体和底质的改善

对富营养化海区可利用各种不同生物的吸收、摄食、固定、分解等功能，加速各种营养物质的利用与循环来达到生物净化的目的。利用海生植物吸收剩余的营养盐类，利用浮游动物和底栖动物摄取各种碎屑有机物，利用细菌同化、分解有机物等等，其中，植物的净化作用特别重要。例如，在水体富营养化的内湾或浅海，有选择地养殖海带、裙带菜、羊栖菜、紫菜、江篱等大型经济海藻，既可净化水体，又有较高的经济效益。

思考题

1. 概念与术语。

水域生态系统　湿地生态系统　湿地土壤　红树林　生态旅游　静水生态系统　挺水植物　沉水植物　贫营养湖　湖泊富营养化　流水生态系统　海洋生态系统　浮游生物　游泳生物　底栖生物　潮间带　河口区　近岸上升流　大洋区　赤潮　赤潮生物

2. 论述湿地的定义，湿地主要有哪些类型？

3. 湿地生态系统的C,N,S元素循环有什么特点？

4. 湿地生态系统有哪些主要服务功能？

5. 湿地为什么能降解污染物？如何利用湿地的净化功能来处理城市废水？

6. 我国湿地生态系统主要存在哪些环境问题？如何做好湿地生态系统的保护和可持续利用？

7. 静水生态系统（以湖泊为代表）的生物群落分布有什么特点？

8. 比较静水生态系统和流水生态系统环境特征的主要不同点。

9. 水体富营养化是如何产生的？它有哪些危害？

10. 论述如何应用生态技术防治水体富营养化，以及这些技术的生态学原理。

11. 海洋生物有哪些生态类型，它们的基本特征是什么？

12. 说明海洋生态系统初级生产力的水平和它们的分布规律。

13. 论述海洋生态系统的主要类型和它们的主要特点。

14. 论述河口生态系统的主要生境特征，为什么说河口区是最易受人类活动破坏的区域？

15. 论述赤潮发生的原因和危害以及如何预防赤潮。

16. 分析人类活动（如海涂围垦、海水养殖等）对海洋生态系统的影响。

第十一章　环境污染的生态效应

本章提要　介绍环境污染、污染物的基本概念以及污染物在环境中的迁移方式和转化途径。重点阐述污染物的生物浓缩、生物积累、生物放大及其机理。污染物对生态系统在各级生物学水平上的影响，重点介绍污染物在种群、群落和生态系统水平上的影响，具体包括：污染物对种群动态、种间关系和进化的影响，污染物对生态系统结构和功能的影响；污染物的毒性效应、毒性参数和毒性试验方法；污染物生态系统效应的生物指数、生物多样性指数和生产力；研究污染物生态效应的模型生态系统法的基本原理、类型和方法；生物监测的概念、基本原理和基本方法。

第一节　环境污染概述

环境污染(environmental pollution)是指有害物质或因子进入环境，并在环境中扩散、迁移、转化，使环境系统结构与功能发生变化，对人类以及其他生物的正常生存和发展产生不利影响的现象。其中引起环境污染的物质或因子称为环境污染物，简称污染物(pollutant)。它们可以是自然界释放的，也可以是人类活动产生的，环境科学研究的主要是人类活动产生的污染物。在通常情况下，环境污染主要是指人类活动所引起的环境质量下降。在实际工作中，常以环境质量标准为尺度，来判断环境是否被污染和被污染的程度。

环境污染有不同的类型，因目的、角度的不同而有多种划分方法。按环境要素可分为大气污染、水体污染、土壤污染等；按污染物的性质可分为物理污染、化学污染和生物污染；按污染物的形态可分为废气污染、废水污染和固体废弃物污染，以及噪声污染、辐射污染等；其他的还可按污染产生的原因、污染影响的范围等进行不同的分类。

环境污染问题由来已久，18 世纪末到 20 世纪初的工业革命，给人类带来巨大生产力的同时，也给人类环境带来污染和破坏。20 世纪 50 年代后工业和城市化的迅速发展，产生了一系列重大环境污染事件(或称为“公害”)，如向大气中排放 SO_2 及烟尘形成的马斯河谷烟雾事件、多诺拉烟雾事件、伦敦烟雾事件、洛杉矶光化学烟雾事件和四日市哮喘事件；由于海湾受含汞废水污染，并通过食物链而危害人体的日本水俣事件，因含镉废水污染土壤和作物而造成危害人体的日本富山骨痛病事件，因有害有毒化学物质多氯联苯进入食品造成食品污染而危害人体的日本米糠油事件，等等。这些震惊世界的公害事件，在短时间内导致人群大量致病和死亡，产生了不利于社会、经济发展的社会效应，引起了人类对环境污染问题的广泛关注，环境污染成为一个全球社会性的问题而被人们所重视。1972 年联合国在斯德哥尔摩召开人类环境会议，通过了《人类环境宣言》，该宣言对推动人类环境保护事业具有重大意义，发达国家的环境质量从此有了比较明显的改善。但是，近20年来世界范围的环境污染仍频繁发生，且正以一种新的形态在发展，其影响已从局部向区域性乃至全球性发展。环境保护事业任重道远。

第二节　环境污染物在生态系统中的行为

污染物主要通过三条途径进入环境：①人类活动过程中无意释放，如交通事故和火灾；②废物的排放，如工业废水、废气和固体废物排放；③人类活动过程中故意的应用，如杀虫剂的应用。进入生态系统的污染物，在生态系统中的行为一般可能经历三类具体过程，即迁移(translocation)、转化(transformation)和矿化(mineralization 或降解 degradation)。

一、污染物在环境中的迁移

污染物的迁移是指污染物在环境中发生的空间位置的移动及其存在形式或存在状态的变化。如进入环境的污染物可以在水、土、气相中发生迁移；在迁移过程中污染物的形态也可发生变化。污染物本身的特性以及环境的温度、介质的 pH 值、氧化还原电位、吸附剂种类和数量等，均会影响污染物的迁移强度和速度。

环境中污染物的迁移转化主要有以下三种方式：

(1)机械迁移。包括污染物在水体中的扩散作用和机械搬运作用，污染物在大气中的扩散和搬运作用，重力迁移作用。

(2)物理化学迁移。包括污染物与环境中其他物质产生化学反应，如溶解-沉淀、氧化-还原、水解、络合、吸附-解吸等。对有机污染物而言，除上述作用外，还有化学分解、光化学分解、生物化学分解等。物理化学迁移是污染物在环境中迁移的最重要的形式，这种迁移的结果决定了污染物在环境中的存在形式、富集状况和潜在的生态危害程度。

(3)生物迁移。包括生物的吸收、转移、排泄和通过食物链的传递，以及生物的代谢降解过程。如污染物经生物体内的生物化学作用而发生形态变化，产生代谢物或分解成简单的无机物分子、CO_2 和水。

并非所有污染物的迁移都涉及这三个具体过程。例如，重金属污染物是以原子(离子)形态起作用的，因而不经历像有机污染物那样的生物降解过程。此外，某些污染物在迁移中可能进入沉积库。所谓沉积库是指生态系统中的一个区室或区室的一部分，进入其内的污染物暂时地或永久性地失去了重新进入其他区室的能力。

污染物的迁移作用使得污染物可以传送到很远的距离，由局部性污染引起区域性污染，甚至造成全球性的污染。这也是环境污染成为当代主要环境问题的原因之一。例如，工业废水点源排放造成江河污染，进入海洋引起局部海洋污染，最终可以导致全球海洋污染；又如，大气中微量污染物有机氯农药、多氯联苯(PCBs)、氟利昂(CFCs)等通过大气环流的搬运输送到很远的地方，现已在南北极地区监测到它们的存在。

二、污染物在环境中的转化

污染物在环境中通过物理、化学或生物的作用由一种存在形态转变成另一种存在形态的过程称为污染物的转化。污染物的转化与迁移虽然是两个不同的概念,但污染物的迁移过程往往同时伴随着污染物本身的形态转变,反之亦然。

各种污染物在环境中的转化过程取决于它们的理化性质和所处的环境条件。从污染物转化的形式看,可分为物理转化、化学转化和生物转化三种类型。污染物的物理转化是通过蒸发、渗透、凝聚、吸附以及放射性元素的蜕变等一种或几种过程来实现的;污染物的化学转化是通过各种化学反应发生的转化,如氧化还原反应、水解反应、络合反应、光化学反应等;污染物的生物转化是通过生物的吸收和代谢作用而发生的变化。污染物在环境中的转化结果,一方面可使污染物对生物的毒性降低,甚至转化为无毒物质或形成易降解的结构;另一方面可以增加污染物的生物可利用性,使污染物的生物毒性增强,或形成难降解的结构。不同形态的污染物在环境中有不同的化学行为,并表现出不同的污染生态效应。例如,六价铬有强烈毒性,而三价铬毒性较弱;有机汞如甲基汞的毒性远远超过无机汞;多环芳烃的致癌活性与其化学结构有相应关系等。因此,研究污染物的形态转化是环境污染化学中的一个重要内容。

环境中各种污染物的迁移转化规律是环境生态学研究的一个重要内容,主要分三个层次开展:①把自然界作为统一整体,研究污染物在环境中的迁移转化过程;②研究污染物在气-固-液三个界面间的微观迁移规律;③研究污染物在水、气、土、生物中的迁移转化规律。目前,对诸如水体和土壤植物系统中的 Hg,Cd,Cr,As,Pb,PCBs,DDT,BHC 和 PAH 等生物累积毒物、氮氧化合物、碳氢化合物、O_3 等大气中的光化学氧化剂都进行了深入研究。

三、污染物在食物链中的转移

污染物在食物链中的转移是指污染物经生物的取食与被食关系沿食物链从低营养级传递到高营养级生物体内的过程。污染物的食物链转移途径是污染物环境行为的重要部分。由于这种转移发生在生物相内,并且直接对食物链中各个环节的物种产生效应,因而与污染物在无机介质(土壤、水体和大气)中的转移相比,这种转移具有特殊的生态毒理学意义。

1. 生物浓缩

进入生物体内的污染物,经过体内的分布、循环和代谢,部分生命必需的物质构成了生物体的成分,其余的生命必需和非生命必需物质中,易分解的经代谢作用排出体外,不易分解、脂溶性较强、与蛋白质或酶有较高亲和力的,就会长期残留在生物体内。如 DDT 和狄氏剂等农药、多氯联苯(PCBs)、多环芳烃(PASs)和一些重金属,性质稳定,脂溶性很强,被摄入动物体内后即溶于脂肪,很难分解排泄。随着摄入量的增加,这些物质在体内的浓度会逐渐增大。

生物浓缩(bioconcentration)是指生物机体或处于同一营养级上的生物种群,从周围环境中蓄积某种元素或难分解的化合物,使生物体内该物质的浓度超过环境中浓度的现象,又称为生物学富集。生物浓缩的程度可用浓缩系数或富集因子(bioconcentration factor,BCF)来表示,即生物体内某种元素或难分解的化合物的浓度同它所生存的环境中该物质的浓度比值。在实际环境中,同一种生物对不同物质的浓缩系数会有很大差别;不同种生物对同一种物质也会有很大差别。例如金枪鱼对铜的浓缩系数是 100,对镁的浓缩系数却是 0.3;褐藻对钼的浓缩系数是 11,对铅的浓缩系数却高达 70 000,相差悬殊。生物浓缩对于阐明污染物在生态系统中的迁移转化规律,评价和预测污染物对生态系统的危害,以及利用生物对环境进行监测和净化等均有重要意义。

2. 生物积累

生物积累(bioaccumulation)是指生物在其整个代谢活跃期通过吸收、吸附、吞食等各种过程,从周围环境中蓄积某些元素或难分解的化合物,以致随着生长发育,浓缩系数不断增大的现象,又称生物学积累。生物积累程度也用浓缩系数表示。例如有人研究牡蛎在 50 μg/L 的氯化汞溶液中的积累,观察到第 7 天,牡蛎(按鲜重每公斤计)体内汞含量为 25 mg,浓缩系数为 500;第 14 天达 35 mg,浓缩系数为 700;到第 42 天达 60 mg,浓缩系数增至 1 200。研究表明,环境中物质浓度的大小对生物积累的影响不大,但生物积累过程中,不同种生物,同一种生物的不同器官和组织,对同一种元素或物质的积累浓度和时间可能有很大差别。甚至同种生物的个体大小相同,其生物积累程度也各不相同。生物体对化学性质稳定物质的积累可作为环境监测的指标,用于了解污染物对生态系统的影响及其在环境中的迁移转化规律等。

3. 生物放大

在生态系统中,由于高营养级生物以低营养级生物为食物,某种元素或难分解化合物在生物机体中的浓度随着营养级的提高而逐步增大的现象称为生物放大(biomagnification)。生物放大的结果使食物链上高营养级生物机体中这种物质的浓度显著地超过环境浓度。生物放大的程度,同生物浓缩和生物积累一样,也用浓缩系数来表示。

生物放大现象得到了许多研究者的支持。他们的研究表明,有机氯农药及某些金属元素不仅能沿着食物链转移,而且在转移中其浓度逐级增加。一个典型的例子是 20 世纪 60 年代在美国长岛 Carmans 河口地区盐沼生境中对各种生物体内 DDT 含量分布的研究。分析表明,河口水的 DDT 浓度为 0.000 05 μg/mL,鱼类为 0.3 μg/g,鸬鹚体内浓度则高达 25 μg/g,说明随着生物所属营养级的升高,其体内 DDT 含量也明显上升。此后,对不同地点生物体内氯化烃类物质的残留量分析,大多显示类似的生物放大趋势。据报道,某些金属和类金属元素也有生物放大现象。例如,测定格陵兰以西海域海洋生物体内砷浓度时发现,浮游动物为 6.0×10^{-6},贻贝 $(14.1\sim16.7)\times10^{-6}$,虾 $(2.9\sim80.2)\times10^{-6}$,鱼 $(43.4\sim188.0)\times10^{-6}$。这些资料表明,进入环境中的污染物,即使是微量的,也会由于生物放大作用,使污染物在高位营养级上的生物中积累,并通过食物链进入人体,最终威胁人类健康。

但是,随着研究工作的逐步深入,人们发现许多事实不能用生物放大理论解释。一些研究实例表明,污染物浓度在食物链的较高环节不但没有上升,反而下降,显示出与生物放大相反的趋势。例如,植食性昆虫体内重金属的浓度差不多总是低于被取食的植物体本身的浓度。有人用放射性同位素 ^{65}Zn 研究其在衣藻(*Chlamydomonas* sp.)(营养级Ⅰ)→盐水丰年虫(*Artemia salina*)(营养级Ⅱ)→细须石首鱼(*Micropogon undulatus*)(营养级Ⅲ)→底鳉鱼(*Fundulus heteroclitus*)(营养级Ⅳ)实验食物链中的转移,结果发现 ^{65}Zn 浓度随营养级的升高而下降。根据实验条件的不同,只有 1.1%到 3.8%的 ^{65}Zn 转移到第Ⅳ营养级。对大多数重金属、放射性物质及石油烃的研究证实,这些污染物在生态系统中均未显示出生物放大现象。

污染物在食物链转移过程中究竟出现浓度上升还是下降可能受到多种因素的影响。一般认为,污染物浓度能否沿食物链放大取决于其本身的三个条件,即污染物在环境中必须是稳定的,污染物必须能被有机体吸收,污染物不易被有机体分解或以其他形式排出体外。其次,有机体的生命周期的长短也可能是影响因素之一。寿命较长的物种体内污染物的蓄积量比短寿命物种自然高一些。即使对于同一物种的幼体和成体,体内污染物的蓄积量差别也很显著。例如,一只 25 岁的灰海豹(*Halichoerus grypus*)肝脏中汞的含量可高达 387×10^{-6},而小海豹仅为 0.58×10^{-6}。一般来说,较高营养级的物种有较长寿命。因而其体内污染物浓度可能高于低营养级短寿命物种的浓度。

四、环境污染的生态效应

环境污染对生态系统内生物种群和群落的生态效应直接关系到各种生物和人类的生存和发展,是人们十分关注的问题。在实践工作中,人们通常把环境污染引起的一些不利于生态系统进化的现象称为生态效应。实际上,传统意义上的生态效应包括两个方面的含义,一是指有利于生态系统中生物体生存和发展的变化,即良性的生态效应;另一方面是指不利于生态系统中生物体生存和发展的变化,即不良的生态效应。目前,人们习惯于将不利于生态系统中生物体生存和发展的现象称为生态效应(ecological effect)。

进入生物体的污染物,通过生物体内的代谢作用,一些污染物被代谢成无毒的物质排出体外,另一些污染物或一些污染物的代谢产物产生对生物的不利的影响。大量的研究表明,污染物对生物体的作用首先是从生物大分子开始的,然后逐步在细胞→器官→个体→种群→群落→生态系统各个水平上反映出来,如图 11-1 所示。这里主要阐述污染物在种群、

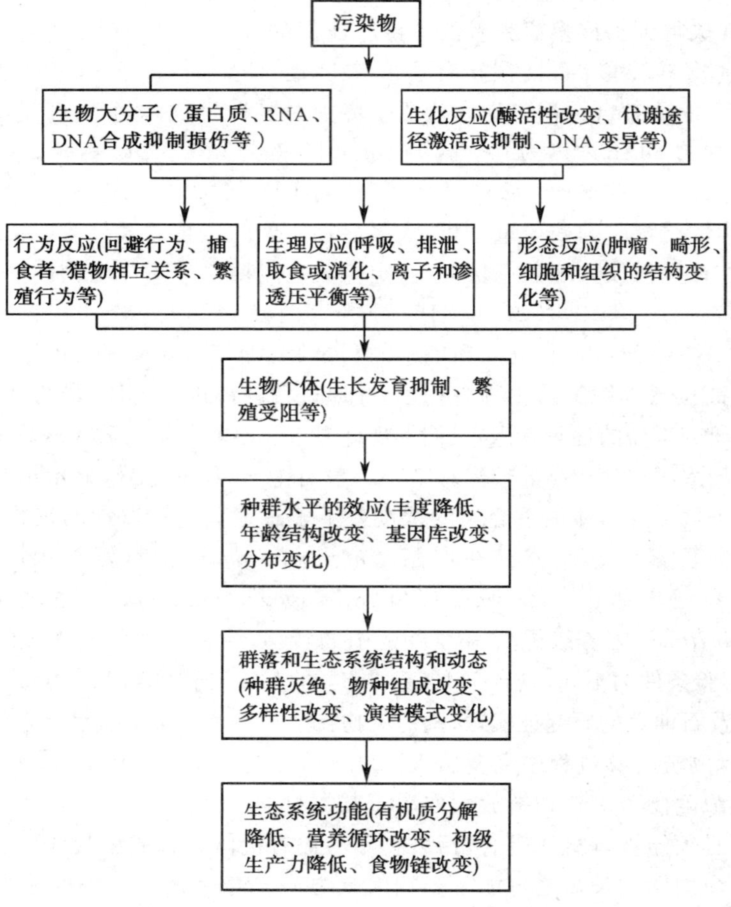

图 11-1 环境污染生态效应的示意图

群落和生态系统水平上的生态效应。①个体生态效应：污染物在生物个体水平上的影响，如行为改变、繁殖下降、生长和发育受阻、产量下降、死亡等；②种群生态效应：污染物在种群层次上的影响，如种群的密度、繁殖、数量动态、种间关系、种群进化等的影响；③群落和生态系统效应：污染物对生态系统结构和功能的影响，包括生态系统组成成分、结构以及物质循环、能量流动、信息传递、系统动态进化等。

第三节　环境污染的种群生态效应

种群是生态系统中一个重要的组织层次，它具有三个基本特征：空间特征、数量特征和遗传特征。污染物通过对生物体在分子水平、细胞水平、组织器官水平和个体水平上的影响，在种群水平上表现出污染物的影响。大量的研究表明，环境污染已对种群的生态学、遗传学和进化过程产生了深刻影响。这里主要介绍环境污染对种群动态、种间关系和种群进化方面的影响。

一、污染对种群动态的影响

种群动态是指种群数量在时间上和空间上的变动规律，也就是种群的密度、种群的分布、种群数量变动、种群调节等，它是种群生态学的核心内容。同样，环境污染影响下的种群动态是生态毒理学的重要内容之一。污染物对种群动态的影响主要表现为种群数量的改变、种群性比和年龄结构的变化、种群增长率的改变、种群调节机制的改变等。

种群密度是指单位面积或单位空间内的个体数量。一般来说，污染物可导致个体数量减少，种群密度下降。如有毒污染物引起生物个体死亡率增加、繁殖率下降，最终导致种群密度下降，甚至导致种群灭绝。污染物对动物的生态毒理学研究表明，动物一般表现为产卵(仔)数、孵化率和幼体存活率下降以及繁殖行为变化等。如有机磷杀虫剂可影响家燕的精子数量，在连续 4 次 1.5 h 喂食含有机磷杀虫剂的食物后，家燕精子数下降了 30%。在鸟类中，污染物影响鸟类繁殖的一个典型效应是鸟蛋壳变薄。如 DDT 能引起某些鸟类的蛋壳变薄，使得蛋易碎和易破，导致鸟类繁殖损害。最早发现使鸟类蛋壳变薄的污染物是有机氯杀虫剂，随后人们又发现许多污染物能产生鸟蛋壳变薄的效应，如多氯联苯、汞、铝等。目前，蛋壳变薄已作为一个敏感指标来评价污染物对鸟类繁殖的影响，被称为蛋壳的厚薄指数(thinness index)，它等于壳的重量(mg)与壳长宽积(mm^2)之比。

污染物也能导致种群数量的增加和种群密度的上升。在富营养化的水体中，由于存在高浓度耗氧有机物和氮、磷元素，为某些种群生长提供良好的生长条件，种群密度上升，特别明显的是某些藻类的种群密度上升，甚至可导致种群的暴发。农药的滥用造成天敌减少，也易引起害虫种群数量的暴发。

环境污染可以通过改变种群的生活史进程而影响种群的动态。高等生物的个体发育大致可分为胚胎发育阶段、幼体发育阶段和性成熟与生殖生长阶段。不同的发育期对环境污染的敏感性是不同的。这种不同发育阶段生物对污染物的敏感性差异可对种群动态产生重要影响。污染物作用于发育中的胚胎可以直接使胚胎死亡，或者使胚胎发生畸形。前一种情形对出生率产生直接影响，而后一种情形则对出生后个体的生长、生育和死亡产生不利影响，从而影响到种群的增长率。生物个体生活史中随着发育进程，机体对污染物的抵抗力有逐渐增强的规律。大量的生态毒理学研究证实，一个种群对污染物胁迫的反应与种群同污染物接触时所具有的生理状态和年龄结构密切相关。对于某些种群，幼年个体的死亡率增加10%对种群大小几乎不产生什么影响；然而，若成年雌性个体的死亡率增加10%，将会对随后的种群大小产生重大影响。因此，污染物对种群的影响如果发生在对生育期很重要的时期，那么对种群动态就会产生重大影响，这种影响对于那些一生只有一次生育机会的物种尤其严重。一些物理性或化学性污染因素能够延缓和阻滞生物体的生活史进程，或者相反，加速生物的生活史进程，从而影响到种群动态。这些污染因素影响生活史进程的方式是多种多样的，如改变生物的生长模式，改变性成熟期生物的个体大小等。其具体的作用机制可能与污染因素的性质和生物的特性相关。

种群增长率是描述种群特征的重要参数之一。污染物如果对出生率和存活率等参数产生影响，它必然会对种群增长率也产生相应的影响。许多研究者研究了多种污染物，包括重金属、杀虫剂、除草剂以及各种其他有机化合物对种群增长率的影响。这些实验生物主要集中在动物，也有一部分藻类。

对一个具有简单生活史的有机体来说（只进行一次生殖的情形），死亡率、躯体生长率和出生率共同决定种群增长率。可以绘制以躯体生长率和死亡率为坐标轴的种群增长率等位线图（isoline）来说明污染物对种群增长率的影响，图11-2即提供了一个污染效应的分析模式。污染物将从两个方面影响种群增长：一方面，在污染物作用下，死亡率将上升（见图12-2A），死亡率上升意味着种群增长率轨迹垂直上升，脱离 $r=0$ 的稳定区而进入 $r<0$ 的区域。如果轨迹不再返回到 $r=0$ 的等位线区而使 r 保持负值，则种群将走向灭绝。另一方面，污染物会降低躯体的生长率（如污染物通过降低植物的光合作用或动物的合成代谢而使躯体生长率下降）。在图11-2A中，躯体生长率下降则种群增长率轨迹脱离 $r=0$ 的稳定区而水平移动进入 $r<0$ 的区域。与污染物导致死亡率增加的情形类似，如果污染物使躯体生长率持续下降而使种群长期处于负增长状态，则种群将趋于灭绝。但是，在许多情况下，除了某些受到特别严重污染的种群可能走向灭绝外，许多种群并不一定灭绝，而可能回复到相对稳定的状态。如通过种群的密度调节等方式。根据图11-2B，种群密度调节可以通过两种途径起作用。第一条途径，由于环境污染物使死亡率上升，种群密度下降，使幸存者能够获取更多的食物而增加躯体生长率，导致种群增长率轨迹水平向右移动。当轨迹移至 $r=0$ 的等位线区域时，种群将不再下降，而是在一种新的状态下保持稳定，种群避免了灭绝。第二条途径，由于污染物降低躯体生长率，导致种群密度下降，同样使种群中的幸存者能够获取较多的食物而使其躯体增长率增加，导致种群增长率轨迹水平向右移动而恢复到接近原来的稳定状态，从而避免灭绝。

污染物能影响种群的性别比例和年龄结构。环境中一些天然物质和人工合成的污染物具有动物和人体激素的活性，这些物质能干扰和破坏野生动物和人的内分泌功能，导致野生动物繁殖障碍，甚至能诱发人类重大疾病，如肿瘤。这些物质被称为环境激素，或外源性雌激素（xenogenous estrogen），或环境内分泌干扰物（environmental endocrine disrupter）。环境激素可导致野生动物性逆转，雌性雄性化和雄性雌性化，改变种群的性别比。研究表明，31种类固醇激素（16种雄性激素和15种雌激素）可诱导9科34种雌雄异体鱼类和6科13种雌雄同体鱼类的性逆转。大量研究表明，鱼类的早期生命阶段比成鱼对污染物更敏

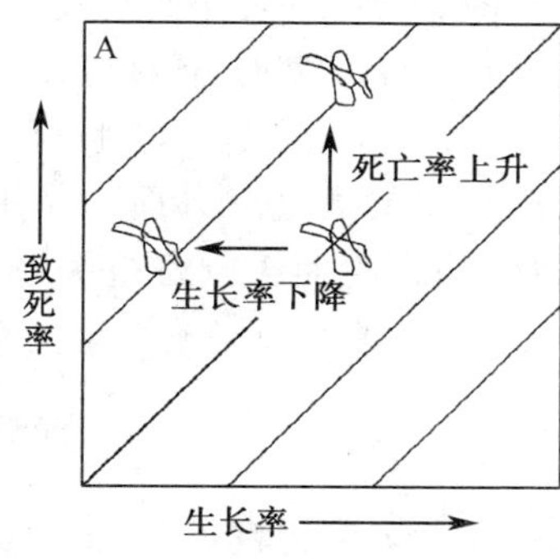

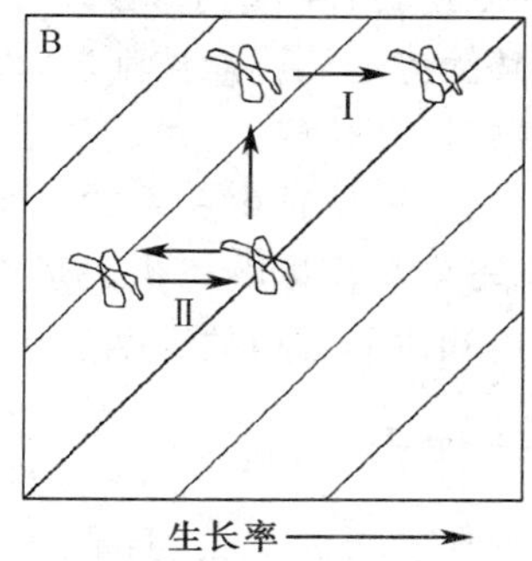

图 11-2　污染物对种群增长率影响的模式

A. 污染可能通过增加死亡率或减少生长率来影响种群增长轨迹，若轨迹越过 $r=0$ 等位线进入 $r<0$ 区域，则种群将灭绝；B. 种群通过Ⅰ和Ⅱ箭头所示的生态补偿途径可以阻止种群发生灭绝

（引自 M. C. Newman，C. H. Jagoe，1996）

感，可导致鱼类的孵化率下降、胚胎死亡、幼鱼死亡率增加等，长期污染使得某种鱼种群的年青个体减少，老年个体比例增大，死亡率大于出生率，种群年龄结构趋于老化。此外，由于污染导致捕食-被捕食性关系的改变也会改变种群的年龄结构。

二、污染对种间关系的影响

种间关系包括捕食、竞争、寄生和共生等。污染物通过影响生物体的生理代谢功能，使之出现各种异常生理、心理及行为反应，从而改变原有的种间关系。例如，污染物毒害会影响到动物取食能力、捕获猎物的能力以及逃脱捕食者的能力等。

捕食过程是由一系列捕食行为组成的。在此过程中，捕食者和被捕食者的行为均能对捕食作用的结果产生影响。由于污染物能通过多种途径改变捕食者或被捕食者的行为，污染物对捕食过程中任何一种有关行为的作用都将影响到捕食的最终结果。污染物引起的捕食行为的破坏可导致生物机体获得资源减少，最终引起生产量的下降或发育和繁殖受阻。对水生生物来说，它的捕食能力取决于许多因素，其中最重要的是搜索猎物的策略和感觉系统。化学污染物可影响搜索猎物的策略和感觉系统，降低捕食能力。化学污染物也可影响对猎物的选择，降低捕捉猎物的效率。污染物还可以影响捕捉后处理的时间，降低捕食能力。例如，用铜喂蓝鳃鱼、用铅和锌喂斑马鱼和用烷基苯磺酸去垢剂喂旗鱼，均发现捕捉后处理时间被这些重金属所延长，最终导致拒食和捕食能力下降，这可能是由于污染物引起动物的味觉阻断而产生的。这些捕食动物用味觉来鉴别、搜寻和捕捉、处理它们的猎物，例如拒食可能是由于缺乏味觉而不能证实这一被捕猎物是否可食。将两种猎物草虾（*Palaemonetes pugio*）和羊肉鲷（*Cyprinodon varigatus*）与捕食者海湾杀手鱼同时暴露于甲基对硫磷污染环境中，猎物之间的捕食风险发生变化：在无污染的正常环境中，羊肉鲷的捕食风险比草虾高；但在污染环境中，草虾的捕食风险上升。其原因是草虾在污染环境中活动性提高，导致其更易于被捕食者发现和捕获。将草虾（*P. vulgaris*）与针鱼（*Lagodon rhomboides*）同时暴露于有机氯农药污染环境中，与正常环境相比，草虾的捕食脆弱性在污染条件下显著地提高。

种间竞争是另一个影响种群增长率和生物群落结构的重要生态学过程。一些资料表明，污染可以改变或逆转种间竞争关系。如在正常的非污染环境中具有竞争优势的物种，当环境受到污染后其优势地位可能被削弱，而原先处于竞争劣势地位的物种则取而代之成为优势物种。污染物对种间寄生关系的影响也有不少报道，如大气污染物(SO_2，O_3，酸雨等)对森林、农作物及其病原体寄生关系的影响。污染物主要通过三方面的作用影响种间寄生关系：①通过影响寄生物而影响寄生关系；②通过影响寄主而影响寄生关系；③通过影响与寄生物有拮抗作用和协同作用的其他有机体与寄生物的平衡而影响寄生关系。

三、污染与种群进化

进化是生物界最基本和最重要的生物学过程。一切生物都始终处于自然选择压力之下，自然界的各种非生物因素(如温度、水分、光照等)和生物因素(如捕食、竞争、寄生、共生等)构成了种群的自然选择压力，从而促进种群进化。环境污染是一种人为选择压力，毫无疑问，这种人为选择压力遵循进化的基本规律，对生物产生影响，导致种群的进化。

大量的研究表明，生物对污染物的抗性是污染胁迫下种群进化的基本过程。污染胁迫下种群进化过程实质上即抗性基因频率逐渐增加的过程。抗性(resistance)是指有机体暴露在逆境(如有毒物质、低温、干旱、病虫害等)时成功进行各项固有活动的能力。有机体对污染物的抗性是其对这种人为逆境的一种抵抗能力。而有机体对环境污染的敏感性(sensitivity)可理解为抗性的反义词。生物有机体对污染物的抗性通常有两种基本类型，即回避性(avoidance)和耐受性(tolerance)。对于污染物而言，回避性是指有机体阻止环境中过量污染物进入体内的能力。例如，机体的表皮组织对大气污染物的阻挡能力就是一种避性，生长在盐碱地或重金属污染环境中的植物其体内盐分或重金属含量仍然保持正常水平也是具有避性的结果。耐受性是指有机体处理过量蓄积在体内的污染物的能力。例如，生长在受到重金属严重污染环境中的超量蓄积植物其体内有很高含量的重金属，但仍然能正常生长发育，就是因为此类植物对重金属具有很强的耐性。

目前，生物体对污染物的抗性研究以针对植物种群对大气污染物和重金属的为主。20 世纪 70 年代中期开始，许多研究者在一些工业排放的大气污染源附近开展了这方面的研究。例如在以煤为燃料的火力发电厂、金属冶炼厂、无烟燃油厂及石油精炼和化工企业附近的空气中，SO_2 浓度通常较高并呈现随着离污染源距离增加，SO_2 浓度逐渐降低的浓度梯度变化。生长在这种 SO_2 浓度梯度中的若干物种，清楚地显示出它们对 SO_2 胁迫的抗性变异。一般表现为，污染源附近的种群对 SO_2 有较强的抵抗力，而随着与污染源距离的增加，种群的抵抗力下降。在重金属污染区，物种同样发生抗重金属变异，形成抗性种群。自 1935 年 Prat 在铜矿区首次发现森林女娄菜(*Melandrium silvestre*)的抗铜种群以来，至今已在真菌、藻类、地衣、苔藓、蕨类、被子植物、水生动物等多种类群中发现抗重金属污染的变异。在欧洲，某些地衣群落以生长在铁、铜、铅和银含量很高的基质上而著名，其体内能蓄积很高含量的重金属。生长在斯堪的那维亚半岛一处铜矿废弃地附近的地衣(*Acarospora rugulosa* 和 *Lecidea lactea*)，其体内蓄积的铜浓度分别高达 5.9%和 5.3%。生长在中欧一些葡萄园中的地衣(*Lecanora vinetorum*)，其体内铜浓度可高达 5 000 μg/g，对含铜杀菌剂有很强抵抗力。在受到冶炼厂排放的重金属严重污染的地区，某些具有抗性的地衣种类常成为优势种。对禾草类植物的研究，也发现有若干种对铜、锌等重金属具有抗性的生态型。在农作物品种中也发现有抗重金属类型。某些抗性种群仅对单一重金属具有抗性，而另一些种群则同时对多种重金属具有抗性。例如,生长在铜矿区的普通绳子草(*Silene vulgaris*)的抗铜种群同时对锌、镉、铅及镍也有抗性。生长在锌、镉及铅污染区的抗性种群亦表现出对钴和镍的抗性。事实上,抗重金属生态型不仅仅发生在人为污染的地区,也可发生在土壤重金属本底含量很高的地带。例如,在非洲津巴布韦等土壤重金属含量很高的地区,许多植物种类成为抗重金属的当地特有种。在环节动物、软体动物、甲壳动物、昆虫及鱼类中均发现在重金属污染环境中出现抗性种群。

第四节 污染物的群落与生态系统效应

进入环境的污染物对群落与生态系统的结构与功能都会产生作用和影响。在整个生态系统内,其影响是污染物在种群、个体及以下水平产生影响的集合。

一、污染物对生态系统结构的影响

污染物可导致群落组成和结构的改变,包括优势种变化、生物量、丰度、种的多样性等。群落的结构由其中各个物种(种群)决定,物种组成的变化导致群落结构改变。污染物对群落物种组成的影响是由于不同物种对污染物的敏感性不同引起的。对某一种特定的污染物(农药、重金属、SO_2 等),不同物种具有不同的敏感性。污染物可导致敏感种的消失,使群落中物种的数量下降,严重污染时将导致物种的绝迹,使物种多样性下降。耐污种类个体数增多,种类组成由复杂到简单,种类数量由多到少,生物多样性减少或丧失。污染物也可导致群落中种的相对密度的变化,改变物种的多样性。敏感物种在污染物胁迫下消失,抗性物种则成为群落中的优势种。在某些情形下,污染环境中的群落出现一些正常条件下并不出现的物种。因此,污染导致群落物种组成及结构改变,并可能在适当的条件下形成一种新的、具有抗性的群落。

耐污种是只在某一污染条件下生存的物种。如颤蚓、蜂蝇幼虫等仅在有机物丰富的水体中生活、繁衍。这类生物具有独特的结构与机能,适于在低氧条件下生活。颤蚓头部钻在污泥中摄食,尾部露在污水中不停摆动进行呼吸;蜂蝇幼虫具有长的尾巴露在水表面,通过尾部的气管进行呼吸活动。敏感种是对环境条件变化反应敏感的物种。这类生物对环境因素的适应范围比较狭窄,环境条件稍有变化即不能忍受而死亡。如大型水生无脊椎动物中石蝇稚虫、石蚕蛾幼虫、蜉蝣稚虫等都喜在清洁的水体中生活,一旦水体受污染、溶解氧不足时就不能生存。

1. 水生生态系统

水生生态系统的试验表明,环境污染物能改变水生生物群落的物种组成,使群落结构发生变化。在污染环境中,群落中的耐污种增多,敏感种逐渐消失,狭污性种群被广污性种群所代替。例如,1982 年的研究结果表明,在受严重污染的第二松花江的哈达湾江段,喜污性的普通等片藻(*Diatoma vulgare*)代替了喜清水性的颗粒直链藻(*Melosira granulata*),并出现了耐污种泥污颤藻(*Oscillatoria limosa*),耐污性的绿眼虫(*Euglena viridis*)代替了清水性的浮游动物,还出现了耐污性的萼花臂尾轮虫(*Braehionus calyciforus*)和壶状臂尾轮虫(*Brachionus urceus*)。同时鱼类区系也发生了变化。用盛水和底泥的玻璃水箱模拟微系统并人工添加不同浓度除草剂的培养试验证实，在除草剂的作用下，微系统中水和底泥的硅藻群落种类组成发生显著改变。在低浓度下，群落中部分优势种消失；而高浓度条件下，原有优势种多度急剧下降，而原非优势种成为新的优势种。而且在污染条件下幸存的物种多为个体较小的小型种。

水体富营养化引起的赤潮和水华实际上是水体被营养物质污染后浮游生物群落组成与结构改变的一种现象。例如，福建沿海围垦区赤潮发生前，浮游植物种类较多，且优势种不很明显，其中硅藻类占有一定优势。赤潮发生后，原有硅藻类或基本消失或数量迅速减少，引起浮游植物多样性迅速下降。而在赤潮发生前只少量存在的一些裸藻和甲藻类的数量随赤潮发生而迅速增加，其中静裸藻(*Euglena deses*)的数量由赤潮前的 3.8×10^4 迅速增至 4.0×10^6，甲藻类的原多甲藻(*Protoperidinium* sp.)由从未检出很快增至 3.8×10^5。

污染物对群落结构的影响除了直接毒性作用外，还可能包括间接影响，即通过影响种间关系(如竞争、捕食、寄生、共生等)而起作用。如重金属污染物(如铜、汞等)往往会改变水体中浮游植物的种类组成，浮游植物种类变化可能导致植食性动物种类组成变化，甚至使群落中食物链(网)发生改变。

自然水体受到严重污染后，往往在很短时间内就能使群落组成和结构发生显著改变。若干海洋石油溢漏事故提供了此类实例，如 1970 年 1 月英国东海岸油污染，一次就使 5 万只鸟因窒息和体内油中毒而死亡。

2. 陆生生态系统

环境污染对陆地生态系统结构的影响与其强度有直接关系。高浓度的污染物可直接引起生物体严重的病态和死亡。对森林生态系统，污染物作用下的典型变化是以乔木为优势的系统逐渐转变为以灌木为优势，再转变为以草本植物为优势，最后成为没有高等植物的裸地。加拿大安大略省某炼铁厂附近森林生态系统的变化是大气 SO_2 污染对群落结构影响的一个例证。该地区混交北方针叶林的优势层由白云杉、黑云杉、香脂冷杉、班克松、白扁柏、落叶松和美国五针松组成。在距炼铁厂 8 km 以内无连续的植被覆盖；8～19 km 处以草本植物占优势；在 19～27 km 区域以灌木层占优势；27 km 以内乔木的树冠层消失；在 37 km以内树冠层便不连续；在 37 km 处树冠层是完整的。

污染物对陆地生态系统结构的影响还可以通过影响种间关系而起作用。如农药污染对陆地生态系统结构变化的影响，使生物种类由复杂变简单。在农业生态系统中，农药对有益生物的伤害是导致“害虫越治越多”的原因之一。农药对土壤微生物和无脊椎动物也有很大影响。

污染对有益昆虫的伤害也是影响生态系统结构的重要因素。传粉类昆虫对虫媒花植物繁殖具有重要作用。据测定，在污染严重地区活动的传粉昆虫，如野蜂、蜜蜂、天蛾及蝶类体内污染物含量增高，其毒性作用可能直接影响到昆虫的生长速度、生育力、活动能力及死亡率。对传粉昆虫的这些不利影响可能导致植物群落中虫媒物种的竞争力下降，从而使群落组成发生改变。

国内外许多研究者都报道了重金属污染对土壤微生物群落结构和物种多样性的影响。由于不同微生物种类对不同污染物胁迫作用的抵御能力不同，土壤中污染物的存在无疑会对土壤微生物的群落结构造成一定的影响，甚至会引起优势种群的改变，同时还会使微生物的多样性降低。Ruhling(1983，1984)研究发现土壤中 Cu 浓度小于 100 mg/kg 时，土壤中真菌种类为 35 种，而中等污染土壤(Cu 为1 000 mg/kg)中下降为 25 种，在重污染条件(Cu 为10 000 mg/kg)下，仅有 13 种真菌可以存活。在冶炼厂周围，当 As，Cd，Cu，Pb 和 Zn 这 5 种重金属总浓度小于 8 μmol/g 时，每 100 m^2 地块中平均有大真菌 4.4 种；当总浓度介于 8～20 μmol/g时，大真菌种类为 3.2 种；而在靠近冶炼厂的土壤中，污染物总浓度大于 50 μmol/g时，仅能发现大真菌 1.3 种。因此污染物对真菌的群落结构和多样性有显著影响。

环境污染也可通过影响食物链结构而导致群落结构的破坏。在自然界，不同营养级的物种之间长期以来已经建立起一种相对稳定的食物链结构，这对维持生态系统的正常功能具有重要作用。然而，污染物可破坏已经形成的食物链或使食物链缩短。假设一条牧食性食物链由 5 个环节组成。对进入生态系统的某种污染物，这 5 个环节上物种的抗性不大可能完全相同。其中某些物种的抗性强些，而另一些物种的抗性弱些。其结果是抗性弱的物种在污染物的作用下种群大小减小甚至消失。如果食物链中某个环节的物种因抗性最弱而消失，其前一个环节的物种因失去牧食压力其种群大小可能上升；其后一个环节的物种因失去食物，可能亦随之消失或被迫改食其他食物。其结果是，原有食物链缩短或形成新的食物链，并导致次级生产量变化。

由于污染物对群落和生态系统的结构效应主要反映在群落的物种组成和物种多样性的变化上。因此，可以反过来利用生物种群和群落对环境污染或变化所产生的反应，来阐明环境污染状况，这就是生物监测的理论基础。目前，生物监测的主要手段有：①利用指示生物进行监测。即利用对污染物质有敏感反应的生物和耐污染的生物来监测和评价环境质量。这种对环境中的污染物质产生各种反应或信息而被用来监测和评价环境质量的生物称为污染指示生物(indicator organism)。②利用生物群落结构的变化进行监测。根据环境受污染时，生物群落的种类组成会发生变化，应用群落中生物种类多样性指数的变化来评价环境的质量。

二、污染物对生态系统功能的影响

由于生态系统的组成与结构发生变化，生态系统的能量流动、物质循环、信息流动也将发生相应的变化。另一方面，污染物作用于生态系统，也会直接对生态系统的能量流动、物质循环、信息流动发生变化。如重金属作用于农田，直接造成作物产量的降低以及重金属元素在体内的累积，系统的物流特征发生变化；重金属对植物的光合作用的影响则直接影响了生态系统的能流特征。有些有机污染物被称为环境激素，其存在大大干扰了各种动植物之间的信息传递等等。

1. 污染对初级生产量的影响

生产量是生态系统功能中最重要的特征之一。当进入环境中的污染物达到足够数量时，初级生产者会受到严重伤害，并反映出可见症状，如伤斑、枯萎直至死亡，导致初级生产量下降。这种情况在工业发达地区频频发生。例如，冶炼厂排放的大量 SO_2 废气严重影响附近的农作物、果树等的生长，使其降低产量，甚至死亡；工矿企业排放废水中含有的高浓度重金属对附近作物的危害，导致减产；矿山和冶金重金属废水污染的湖泊生态系统中，浮游植物和高等植物因重金属毒害其种类和生物量均会显著下降。

在中等强度的污染情形中，污染物可能不会显示出对初级生产者的急性伤害，但能通过各种不产生明显症状的直接或间接作用影响初级生产量。污染物也可以通过减少重要营养元素的生物可利用性、减少光合作用、增加呼吸作用、增加病虫害胁迫等途径而使初级生产量下降。以污染物对光合作用的影响为例,光合作用是决定初级生产量的关键因素,也是确定生长和生物量积累的主要指标。大量研究表明,多种污染因素,如重金属、农药、大气污染物(如 SO_2,O_3,氟化物,粉尘)等都表现出对光合作用的抑制作用。例如,Cd 对水稻生长的影响首先表现在光合作用的降低,当 Cd 浓度达 5 mg/kg 时,光合效率降低 59%,光合效率的降低使初级生产量下降。在水生生态系统中,光合作用因污染抑制而使藻类和水生维管束植物生物量减少。

2. 污染对物质循环的影响

在生态系统的营养循环中,生产者吸收环境中的营养物质构成生命体,并随着食物链进行营养物质传递;同时,生产者和消费者产生废弃物及动植物残体等被分解者分解和矿质化,重新进入循环。污染物能在营养循环的一些作用点上影响营养物质的动态,如改变有机物质的分解和矿化速率、营养物质吸收状况等而影响生态系统的物质循环。

有机物质的分解是生态系统中物质循环的一个重要环节。该过程分若干阶段进行,并涉及复杂的生物类群。污染物能够通过影响这些分解者(细菌、放线菌、真菌、原生动物、无脊椎动物等)而降低有机质的分解和矿化速率。例如,重金属能降低并延长微生物的对数生长期,降低微生物的呼吸率,抑制真菌孢子的形成,诱发异常的微生物形态,抑制细菌的转化及减少真菌孢子萌发等,使重金属污染生态系统中的微生物种群受到抑制,而降低有机质的分解和矿化速率。

污染物对分解者的伤害导致对土壤中各种分解过程的冲击,许多表征有机物质分解作用的生物化学作用强度受到抑制。首先,污染物能抑制土壤的呼吸作用。土壤呼吸作用的大小通常与土壤微生物总量有关,一般通过测定氧气消耗或二氧化碳释放来评价污染对土壤呼吸的影响。当土壤呼吸被污染物抑制时,其氧气消耗和二氧化碳释放均减少。在实验室控制条件下,土壤二氧化碳释放率与铅、镍、铜和钒的浓度之间呈高度显著负相关。对森林土壤的实际测定亦证实重金属污染物能抑制其呼吸率。其次,污染物能抑制土壤中的氨化、硝化作用,不利于氮的循环和转化。国外曾报道,当土壤含 5%的油类污染物时,1 周内氨化作用降低 40%~50%,10 d 降低 30%~35%。将土壤连续以过量的 SO_2(10 μg/kg)熏气,其硝化作用即降低。以 5 μg/kg 的 NO_2 持续熏气,土壤铵消失的速率即下降。在土壤中加入浓度为 5 μmol/g 的各种痕量金属,经实验室培养 10 d 后,硝化作用的平均抑制率达 14%~96%,其中 Hg,Ag,Se,As(Ⅲ),Cr,B 的抑制率在 80%以上。研究表明,多种污染物能损害固氮生物,并抑制其固氮作用。重金属污染物对固氮菌有显著抑制作用。以 Cd,Ni,Cu 和 Zn 处理砂培大豆,Cd 显著地减少大豆的根瘤数、干重和固氮作用。Ni 处理植株的固氮作用大大降低。

胞外酶在有机物分解和营养循环中有重要作用。这些酶的来源包括动物、植物和微生物,其中微生物是最重要的来源。在土壤中,胞外酶不仅包括自由胞外酶和结合于土壤中的酶,也包括死细胞内的活性酶和其他与非生活细胞碎片有关的酶。重金属是多种酶的强烈抑制剂。在受到重金属污染的地区,多种土壤酶的活性被抑制,如脱氢酶、磷酸酶、β-葡萄糖苷酶、尿素酶、淀粉酶、纤维素酶、木聚糖酶、转化酶、芳香基硫酸酯酶及多酚氧化酶。这些土壤酶的抑制直接影响到土壤中与其相关的各种生物化学过程。

污染也可通过改变营养物质的生物有效性和循环的途径而影响生态系统的物质循环。如酸雨能改变生态系统中的营养循环过程，表现在养分加速从植物叶片和土壤淋失的过程，同时能改变土壤矿物的风化速度等。

三、污染与生态系统演替

生态系统演替是生态系统从建立初期的不稳定状态在系统内各种调控因素作用下逐渐达到一个相对稳定状态的生态学过程。随着人类活动的加剧，环境污染作为影响生态系统演替的外源性因素已显得十分重要。在污染严重的地区，由于污染引起的初级生产力下降和环境条件的改变，已造成整个生态系统的退化，群落朝着逆向演替的方向，甚至可能造成整个生态系统的崩溃。因此，污染对生态系统的演替过程、动态机制的效应已引起人们的高度重视。

中国科学院水生生物研究所对武汉东湖生态系统的演替过程进行了长期定位观察。由于人为过量地输入营养物质，东湖的浮游植物大量繁殖，浮游植物年平均总数几十年以来成倍增长。相应地，以浮游植物为主的初级生产量逐年上升。群落中优势种发生明显变化。从以甲藻和硅藻为主演变为以蓝藻和绿藻为主。蓝藻中常见的优势种，如水华微囊藻(*Microcystis flosaquae*)、铜绿微囊藻(*M. aeruginosa*)、螺旋鱼腥藻(*Anabaena spiroides*)、水华束丝藻(*Aphanizomenon flosaquae*)、泥生颤藻(*Oscillatoria limosa*)和颗粒直链藻(*Melosira qranulata*)因大量滋生而形成水华。绿藻中的优势种类包括栅藻(*Scenedesmus*)、衣藻(*Chlamyodomonas*)、弓形藻(*Schroederia setigera*)和十字藻(*Crucigenia*)等。同时，一些种类数量减少或消失，如金藻中的维囊藻(*Dinobryon*)，棕鞭藻(*Ochromonas*)、硅藻中的窗纹藻(*Epithemia*)和桥弯藻(*Cymbella*)以及鼓藻中的鼓藻(*Cosmarium*)和角星鼓藻(*Stauroastrum*)等。同时，水生高等植物群落逐年缩小，生产量随着浮游植物产量的上升而下降。

森林生态系统的演替也是环境污染效应的典型例子。研究表明，欧洲和北美森林演替与工业高速发展产生的大气污染物密切相关。特别是 SO_2，由于物种间的敏感性差异，长期污染胁迫使敏感物种消失，进而影响到演替进程。

第五节　污染物生态效应研究方法

环境污染对群落与生态系统结构与功能的影响是污染物在个体和种群及其以下水平产生影响的整合。这是一种综合效应，其研究方法也表现出十分明显的特点。

一、污染物的毒性试验

1. 毒物与毒性效应

在一定条件下，能够对生物体造成损害的物质称为毒物(toxicant)。因其固有的特性，毒物能在机体内发生生物化学反应，干扰或破坏机体的正常生理功能，引起暂时或持久性的病理变化，甚至危及生命。然而，毒物与非毒物之间并不存在绝对的界限，而只能以引起中毒的剂量大小相对地加以区别。

毒性效应(toxic effect)是指化学物引起生物体损害的总和。毒性效应可以发生在不同的水平,如器官、组织、细胞等。毒性效应的测量指标有致死性、生长、发育、生殖、形态、行为等。另一个表达毒性效应的术语称为中毒(intoxication),指机体与毒物接触后引起的疾病。根据病变发生发展的快慢,可区分为急性中毒、亚急性中毒和慢性中毒。

2. 污染物毒性参数

污染物的毒性大小及比较不同污染物的毒性,通常应用一些毒性参数。在比较不同污染物的毒性时,所用的毒性参数在量的概念上必须具有同一性和等效性。常用的毒性参数有:

(1)绝对致死剂量或浓度(absolute lethal dose, LD_{100}; absolute lethal concentration, LC_{100})。表示一群动物全部死亡的最低剂量或浓度。

(2)半数致死剂量或浓度(median lethal dose, LD_{50}; median lethal concentration, LC_{50})。在一定的观察时间内,引起试验生物群体的50%死亡的最低剂量或浓度。如48 h LC_{50}=2 mg/L表示在48 h内试验生物死亡50%的浓度为2 mg/L。半数致死剂量或浓度是急性毒性试验中最常用的参数。

(3)最小致死剂量或浓度(minimum lethal dose, MLD; minimum lethal concentration, MLC)。能使一群动物中仅有个别死亡的最高剂量或浓度。

(4)最大耐受剂量或浓度(maximum tolerance dose, LD_0; maximum tolerance concentration, LC_0)。能使一群动物虽然发生严重中毒,但全部存活无一死亡的最高剂量或浓度。

(5)最大无作用剂量(maximum no-effect level)。指化学物在一定时间内,按一定方式与机体接触,按一定的检测方法或观察指标,不能观察到任何损害作用的最高剂量。

(6)最小有作用剂量(minimal effect dose)。指能使机体发生某种异常变化所需的最小剂量。

(7)半数效应浓度(median effect concentration, EC_{50})。指能引起50%受试生物的某种效应变化的浓度。通常指非死亡效应。

(8)半数抑制浓度(median inhibition concentration, IC_{50})。指能引起受试生物的某种效应50%抑制的浓度。

(9)毒性最大容许浓度(maximum allowable toxicant concentration, MATC)。指慢性毒性试验中对受试生物无影响的最高浓度和有影响的最低浓度之间的毒性浓度范围。

3. 毒性分级

不同污染物之间毒性的差别相当大,可达到百万甚至几千万倍。因此,污染物的毒性分级在生态毒理学领域有重要的意义。至于毒物单位,一般吸入毒物以在空气中的浓度 mg/m^3, mg/L表示;哺乳动物常以mg/kg体重或mL/kg体重表示;水环境中毒物一般以mg/L, $\mu g/L$表示。

目前生态毒理学文献中使用的毒性分级方法、毒性级别和标准并不统一。如美国环保局按剧毒、高毒、中等毒和低毒进行分级(见表11-1),日本则提出三级分级表,我国将毒物分为剧毒、高毒、中等毒、低毒和微毒五级(见表11-2)。

表 11-1　美国环保局(EPA)制订的急性毒性分级

毒性指标	级别			
	Ⅰ剧毒	Ⅱ高毒	Ⅲ中等毒	Ⅳ低毒
经口 LD_{50}(mg/kg)	<50	50～100	500～5 000	>5 000
吸入 LC_{50}(mg/L)	<0.2	0.2～2	2～20	>20
经皮 LD_{50}(mg/kg)	<200	200～2 000	2 000～20 000	>20 000
对眼的作用	腐蚀,角膜混浊(7 d内未能恢复)	角膜混浊(7 d内恢复),刺激持续7 d	无角膜混浊,刺激在7 d内恢复	无刺激
对皮肤的作用	腐蚀	接触72 h,严重刺激	接触72 h,中等刺激	接触72 h,中等或轻度刺激

表 11-2　我国工业毒物急性毒性分级

毒性分级	小鼠一次经口 LD_{50}(mg/kg)	小鼠吸入染毒 2 h LC_{50}(mg/kg)	兔经皮 LD_{50}(mg/kg)
剧　毒	≤10	≤50	≤10
高　毒	11～100	51～500	11～50
中等毒	101～1 000	501～5 000	51～500
低　毒	1 001～10 000	5 001～50 000	501～5 000
微　毒	>10 000	>50 000	>5 000

4. 毒性试验

(1)急性毒性试验(acute toxicity test)

急性毒性试验是测定高浓度污染物大剂量一次染毒或 24 h 内多次染毒动物所引起的毒性作用的试验。一般以试验中受试生物的半数致死浓度或剂量表示受试物的急性毒性大小。半数致死浓度或剂量计算常用直线内插法和对数-概率模式法。如直线内插法是根据不同暴露时间以及在等对数间距的各个试验浓度下测试动物的死亡率,求出不同暴露时间的 LC_{50} 值。如果以半对数做图,可求出死亡率 50%相应的毒物浓度。详见有关的毒理学书籍。

用于研究污染物对生物急性毒性试验的动物有啮齿动物、鱼类等。水生生物还包括软体动物、甲壳动物、环节动物和棘皮动物等。不同种类或同一种动物处于不同发育阶段,对污染物的反应有很大差异;环境条件(如水温、盐度、溶解氧等因素)对污染物的毒性效应也有影响。

(2)亚慢性毒性试验(subacute toxicity test)

亚慢性毒性试验是在相当于生物体约 1/10 生命周期内少量反复接触污染物所引起的损害作用的毒性试验。试验的目的是在急性毒性试验基础上进一步对受试物的主要毒性作用、靶器官和最大无作用剂量和中毒阈剂量作出判断。通过亚慢性毒性效应可为慢性毒性试验观察指标以及试验设计提供参考。试验的常规指标常用受试动物的生长率,因为污染物对生物摄食、消化、吸收、代谢等生理活动的影响都在生长率上得到反映。

(3)慢性毒性试验(chronic toxity test)

慢性毒性试验是以低剂量污染物,长期与试验生物接触,观察其对受试生物所产生的生物学效应的试验。通过慢性毒性试验,可确定最大无作用剂量。试验观察指标基本同亚慢性毒性试验。另外,生物的生理、生化和行为反应也可作为污染物慢性毒性观察的指标。

二、污染物的群落与生态系统效应研究方法

在实际情况下,单个物种的毒性试验常常不能真实反映污染物的群落和生态系统效应。因此,许多学者提出了多种描述群落结构与组成变化的参数来研究污染物的群落及生态系统效应。这些参数主要有生物指数、多样性指数以及一些生产力指数。

1. 生物指数

生物指数(biotic index)用来描述污染物对群落结构的影响,以反映污染物的群落和生态系统结构的变化,如群落种类组成变化,特别是某些对污染物敏感或有耐受性的种类的出现或消失,群落中种群的数量变化,群落中种类组成比例的变化等等。一般,一种生物指数仅能反映群落和生态系统结构的某些信息,所以最好用几种不同的生物指数进行综合评价。这些生物指数在环境质量评价中也得到广泛应用。

(1)Beck 生物指数。由 Beck 于 1955 年提出,按底栖大型无脊椎动物对有机污染的耐受性将其分为两类,Ⅰ是对污染敏感的生物种类,Ⅱ是抗污染的生物种类,按下式计算生物指数(I_B):

$$I_B = 2n_Ⅰ + n_Ⅱ$$

式中,$n_Ⅰ$,$n_Ⅱ$ 分别为底栖大型无脊椎动物Ⅰ和Ⅱ的种类数。当受到一定程度污染时,部分敏感物种会消失,指数下降。若受到严重污染,敏感物种将全部消失,部分抗性物种也可能消失。在极端情况下,所考虑的敏感物种和抗性物种全部消失,则 $I_B=0$。

(2)硅藻生物指数。用河流中硅藻的种类数计算生物指数,其计算公式为:

$$I=\frac{2A+B-2C}{A+B-C}\times 100$$

式中,I 为硅藻生物指数;A 为不耐污染的种类数;B 为在污染和清洁水体中均出现的种类数;C 为在中等污染和多污染带出现的种类数。指数可取正值或负值,正值越大,表示水体越清洁,群落受污染胁迫所发生的改变越小;负值越大,表示水体污染越严重,群落受污染胁迫所发生的改变越大。

(3)Chutter 生物指数。其公式为

$$I = \sum_{i=1}^{S} \frac{n_i a_i}{N}$$

式中,N 为总个体数;S 为种类数;n_i 和 a_i 分别为第 i 种生物的密度和质量系数。质量系数共分 10 级,0 级表示清洁水体中的种类,10 级则表示严重污染水体中的种类。指数值越大,表示群落因污染胁迫所引起的结构组成变化越大,也表示污染程度越严重。

以上生物指数均是以水生生态系统为基础提出的。生物指数虽然计算简单,但只有在对所研究的生态系统和污染物有比较详细的了解的条件下才能应用。所得结果的有效性基本上取决于对生物物种的正确鉴定及其抗污染能力的了解。另外,大多生物指数只考虑物种数,而忽略各物种的个体数,因而损失了部分有用信息。

2. 多样性指数

多样性指数(diversity index)是群落内物种数及其多度的综合测度,用以描述群落的复杂度。在正常水体中群落的结构相对稳定,水体受到污染后,群落中敏感种类减少,而耐污

种类的个体数则大大增加，污染程度不同，生物群落变化也不同。所以，可以用多样性指数来反映水体污染状况。常用的多样性指数有 Shannon-Weiner 指数、Gleason 和 Margales 指数、Simpson 指数等。

(1)Shannon-Weiner 指数。指数值愈小，表示污染物引起的群落结构变化愈甚；反之则小。

(2)Simpson 指数。Simpson 指数的数值愈低，表示群落结构愈简单，污染物的影响愈严重；反之，则群落结构愈复杂，所受到的影响愈轻。

(3)Margales 指数。其数值愈大，表示多样性愈高，也表明受污染的程度越低。

三个指数的计算方法详见第四章。

一般来说，多样性指数所依据的只是群落中的部分物种，而且没有考虑不同物种的相对重要性或生态学功能。在以一个物种代替另一个物种的情形下，此类指数不能反映群落的变化，而且也不能反映出稀有物种的消失。事实上，若要揭示污染物对群落的影响，单以多样性指数的变化是不足为据的，还必须结合单个种群动态的变化。

3. 生产力

生产力是反映一个生态系统内物质循环和能量流动的一个指标。用生产力评价的方法分析生态系统中生物种群或群落的物质代谢及能量流动的动态，以有机物的生产过程和分解过程的强度为依据评价污染物的群落和生态系统效应。如 P/R 值，根据群落的初级生产量 P 和呼吸量 R 的比率来描述污染状况。对水生生态系统来说，P/R 值在水质正常时一般为 1 左右，如偏离过大，则表明受到污染。

三、模型生态系统法

模型生态系统法（又称为微宇宙）是研究污染物在群落和生态系统水平上的生态效应的方法。这些方法主要用于研究污染物的生态效应，但也可用于研究污染物在生态系统中的行为。根据人工控制程度的大小，模型生态系统法可分为三大类，即模拟微系统试验、半模拟微系统试验和野外试验。

1. 模拟微系统

模拟微系统（microcosm）是在实验室、温室，甚至气候箱等人工控制条件下建立的，用以模拟选定的生态系统成分相互作用及其过程的人工生态系统。模拟微系统是自然生态系统的一部分，包含有生物和非生物的组成及其过程，能提供自然生态系统的群落结构和功能，但又不完全等同于自然生态系统。它不如自然生态系统庞大和复杂，也不能包含自然生态系统的所有组成和过程。模拟微系统可以研究污染物对生物和非生物组成的影响、污染物在生物和非生物组成中的分布、污染物对生物-生物和生物-非生物之间相互关系的作用、生物和非生物组成及其过程对污染物生态效应的影响等等。目前，模拟微系统技术多用于水生生态系统研究，用于陆地生态系统的实例不多见。这里介绍三种广泛应用的水生生态系统模拟微系统技术，即标准水生模拟微系统、混合烧杯模拟微系统和聚氨酯泡沫塑料块。

标准水生模拟微系统（standardized aquatic microcosm，SAM）技术建立于 20 世纪70 年代，用于在实验室测定有毒物质在多物种水平对淡水生态系统的影响。该试验时间为64 d，试验容器为 4 L 的玻璃广口瓶，试验物种为 10 种藻、4 种无脊椎动物和一种细菌。该技术已有标准的实验程序（Wayne 和 Yu，1995）。

混合烧杯模拟微系统 (mixed flask microcosm,MFM)是一种较小的淡水模拟微系统。其容积大约为 1 L,包含 2 种单细胞绿藻或硅藻、1 种丝状绿藻、1 种固氮型蓝绿藻、1 种牧食性大型无脊椎动物、1 种底栖碎食性无脊椎动物和细菌以及原生动物。MFM 的有效性与 SAM 同样好,但系统更简单,结果也容易解释,因而许多研究工作更多地应用 MFM。

聚氨酯泡沫塑料块法(polyurethane foam unit,PFU)是一种用聚氨酯泡沫塑料块采集和研究水体中微型生物群落的技术,又可称为人造基质群落试验。它是 1969 年由美国学者 Cairns 等人创立的。其基本原理是,对于微型动物来说,河流、湖泊、海洋等多种类型水体中的石子、泥石表面、沉水木块、人工基质都可以认为是一个生态上的"岛"。在一定条件下,微型动物在 PFU 中群集速度随种类上升而下降,在一定时间后达到平衡。达到平衡的时间和种数多少取决于环境条件。当污染物浓度高时,微型动物群集速度慢,且平衡时物种数少;反之亦然。PFU 技术能测量大量生物学参数(包括生态系统的各种综合性功能参数)。在某些条件下,PFU 能直接用于野外条件下污染物的生态效应测试,如在 20 世纪 80 年代,我国用 PFU 法直接监测水体污染状况。根据已积累的资料,PFU 技术中对化学污染物最敏感的参数是原生动物的种类数。

模拟微系统技术具有可重复性和可操作性强的优点。然而,仅根据其模拟实验结果尚不能对污染物的效应做出一般性结论。其原因是,模拟微系统并不能完全模拟真实的生态系统,其装置太小,无法模拟许多实际生态系统中发生的过程。更重要的是,模拟微系统并不是微缩生态系统,而仅是模拟后者某些特征的一个片块,与真实系统相差甚远。另外,系统对污染物胁迫的反应常被各种偶然因素所引起的变化掩盖,从而影响其结果外推的可信度。

2. 半模拟微系统

半模拟微系统是指在野外条件下的部分人工控制试验。此类试验在野外真实环境条件下进行,气候及环境介质等基本环境因素与正常环境相同,但通常有一个人为边界,受试物与实验生物由实验者确定。所以半模拟微系统试验是模拟微系统试验与纯粹野外研究的一种过渡试验。其实验空间可大可小,小至 1 m^3,大至数百立方米。此类试验的最大优点是能在真实气候条件下研究潜在污染物对生态系统的影响,但同时又没有产生环境污染的风险。

目前,人们已设计了大量用于水生生态系统的半模拟微系统试验技术,如人造河流系统、人造池塘系统以及自然区段的人为封闭系统。例如,将实验动物或藻类装入笼中或有渗透孔的袋中,然后暴露在河水或湖水中,以检测水中污染物对这些人工生物群落的影响。为了研究湖水或海水中污染物对浮游生物群落的影响,可用塑料袋(如 5 m×5 m×5 m)形成一个装有自然湖水或海水的封闭系统,然后研究袋中群落的变化。20 世纪 90 年代建立的用于农药生态效应研究的室外水生微宇宙(outdoor aquatic microcosm),其每个试验单元为 6 m^3,除浮游植物、浮游动物和细菌外,生物群落还包括鱼类、大型水生物和无脊椎动物。室外水生微宇宙不仅可以研究有毒物对水生态系统的影响,而且可以研究有毒物质在水环境中的归趋。

土壤核心微宇宙(soil core microcosm,SCM)是用于研究外源性化合物对农业生态系统及其生长的植物、土壤无脊椎动物和微生物影响的一种陆生微宇宙。它是将采自野外环境的土壤核心,置于环境条件受控制的实验室中。土壤核心微宇宙可以研究化学物质和营养元素对农业生态环境的影响及其环境归趋。陆地生态系统半模拟微系统试验的另一技术是以栅笼或栅栏构成一定的限制空间，将其中的实验生物暴露在野外以研究污染物的效应。例如，可以将地甲虫或蚯蚓等土壤动物置于一定的容器中（如栅笼），并置于土壤中一定深度，以此可以研究农业化学物质（如杀虫剂和除草剂）对这些动物的影响。

3. 野外试验

野外试验（field test）是以真实生态系统为实验系统，测试污染物对生态系统的结构效应与功能效应。生态系统的所有条件基本上保持自然状态，实验者可以控制的变量是污染物的种类和数量。如湖泊酸化实验，将两个湖泊以隔板一分为二，其中一半湖泊人工酸化，另一半则作为对照。类似的试验也应用于各种陆地生态系统。如将化学物施入生态系统中，然后综合分析包括动物、植物、微生物及化学参数在内的各项数据，并与对照点比较，以揭示系统对污染物的反应。

野外试验的重要特点是不能重复，也没有严格意义上的对照。野外试验的时间也较长，可能达数年之久。

第六节　生物监测

一、生物监测概述

生物监测（biological monitoring）是指以生物个体、种群或群落对环境污染物胁迫的反应为指标，检测环境的污染状况，从生物学角度为环境质量监测和评价提供依据。

生物监测以环境污染物与生物之间的浓度-反应关系为基础。浓度-反应关系可以分为不同的类型。即使属于同一类浓度-反应关系，不同的化学物质或不同的生物其曲线也不尽相同。因此，在建立具体的生物监测技术之前，人们应事先了解监测生物对监测污染物的可能反应。这需要进行大量的实验研究，以便建立起浓度-反应关系。以陆地植物对大气污染物的反应为例，这些反应可能表现在叶片伤害、生物量变化以及生物积累等方面。在各种高、精、尖理化检测仪器和分析手段可资利用的现代环境监测数据中，生物监测的理论和方法还能得到不断发展和有效应用。这反映出生物监测具有某些独特的应用价值和理化监测方法不能替代或不能有效替代的特点。另一方面，在生物监测实践中，如果同时配合一定的理化监测技术，将会使生物监测结果更加明确有效。这说明生物监测本身具有一定的局限性，不能代替理化监测。生物监测的优点和局限性均是生物本身的特点所决定的。从某种意义上说，由环境质量变化所引起的生物学过程变化能够更直接地综合反映出环境质量对生态系统的影响，比用理化方法监测得到的参数更具有说服力。

1. 生物监测的优点

（1）能综合反映环境质量状况

环境污染通常不是由单一污染物造成的，而是同时存在多种污染物。而每种污染物并非都是各自单独起作用的，各类污染物之间也不都是简单的加减关系。在进行生物监测时，监测生物反应的是各种环境因子（污染物）的综合影响。因而，生物监测所反映的是各种环境因子综合作用的结果，能客观地显示污染状况对生态系统的真实影响。理化仪器常常不能反映这种复杂的影响。

(2)监测灵敏度高,能发现早期环境污染

某些生物对特定污染物极为敏感。在某些情况下,精密仪器也难测出的一些污染物能对生物体产生严重伤害,可以用之为生物监测指标。如有的敏感植物能监测到十亿分之一浓度的氟化物污染,而现在许多仪器也未达到这样的灵敏度水平。因此,利用某些生物监测生物,能够及时检测出环境中的微量污染物,为早期污染报警。

(3)能连续监测污染史

环境污染状况与人类活动密切相关。在某一时期,某种生产活动常大量排出某种特定污染物。随着该生产活动减少或停止,特定污染物的环境浓度又会下降。生物体能从环境中(土壤、水体和空气)吸收环境中的污染物。在许多情况下,其吸收量与环境浓度呈显著正相关。通过分析不同历史时期采集的植物标本的化学成分,就能得知污染物的污染历史,这也是理化监测所不可能实现的。

(4)方法简便,成本低

生物监测很少要求价格昂贵的仪器。监测生物的栽培、饲养和管理花费不高。生物监测能用较少的资源(人力和经费)便能达到监测环境污染的目的。

2. 生物监测的局限性

(1)易受各种环境因素的影响

环境中的物理、化学和生物因素都能影响监测生物的各种反应,并与人为胁迫引起的反应相互混淆。对于此类情形,监测人员很难从监测数据区分自然环境的影响和人为胁迫的影响。

(2)可能受到监测生物生长发育状况的影响

一般来说,不同生物个体间对同一种胁迫的反应或多或少是有差异的。除了遗传背景,监测生物的反应差异可能来源于个体的生理状况及发育期的不同。

(3)费时且难确定环境污染的实际浓度

监测生物对污染物的反应通常必须在污染物达到靶位点(器官、组织或细胞),干扰其正常生理代谢功能并产生可检测症状(或效应)时才表现出来,这需要一定的时间。特别当环境污染浓度较低时,监测生物出现可检测症状的时间可能更长。此外,在没有精确确定浓度-反应曲线的条件下,仅根据监测生物的反应不能确定环境污染物的实际浓度,不能像仪器那样能精确地监测出环境中某些污染物的含量,只能比较各个监测点(含对照点)之间的相对污染水平。

鉴于上述生物监测的优点和局限性,在实际应用中可以将其与理化监测配合运用,达到扬长避短、相互补充、准确监测的目的。此外,监测生物的规范化、监测条件(培养条件、观测时间等)的标准化、浓度-反应曲线的精确化(含供比较用的准确标准图谱)以及监测人员的专业化(如具有扎实的毒理学、生理学、分类学等知识),均可以在一定程度上弥补生物监测的不足。

二、监测生物及指标的选择

监测生物是生物监测的核心,其优劣直接决定生物监测结果的可靠性。监测指标是检测监测生物对污染胁迫反应的依据,正确选择监测指标是生物监测成败的关键。因此,监测生物及指标的选择至关重要。

1. 生物的选择

生物种类繁多，从无细胞结构的病毒至灵长类动物，从自养生物到异养生物，从水生到陆生，种类达数百万种。并非其中任何一种生物都适用于监测环境污染状况。监测生物的选择应遵循以下原则：

(1)选择对污染物敏感的生物

不同物种对污染物敏感性差异很大，即使同一物种不同品种间的敏感性也存在着明显的差异。指示生物(indicator organism)是生物监测的一种常用方法。所谓指示生物是指对环境中某些污染物能较敏感和快速地产生明显反应的生物。例如，紫花苜蓿是大气 SO_2 污染的指示植物；唐菖蒲是氟化氢污染的指示植物。

(2)选择具有污染特异性反应的生物

所谓污染特异性反应是指生物对特定污染物具有特殊的敏感性或特殊的抗性，而对其他污染物的敏感性或抗性较低。例如，烟草 BeI-W3 品种对低浓度的臭氧极为敏感，叶片上的"褪色斑"是对臭氧的一种特有的反应，而且表现出剂量-反应关系。另一方面，某些生物对某类污染物具有极强抗性，当环境受到此类物质污染后，其他生物可能消失，但抗污生物却能生存并成为群落中的优势物种。

(3)选择遗传上稳定的生物

生物监测要求重复性好，所以遗传稳定性是必要条件之一。最好选用无性系，因为无性系个体间在遗传上差异甚小。

(4)选择易于繁殖和管理的常见生物

生物监测需要大量生物个体。监测生物应具备通过有性生殖或无性繁殖方式大量增殖后代的能力。种质保存和扩大繁殖应简单易行。用于监测时，监测生物的栽培或饲养等管理措施应便于操作。例如，选用多年生植物监测大气污染可以免除反复播种之劳。另外，应避免选用珍稀濒危物种。选择易于繁殖管理的常见生物可以降低监测成本，提高生物监测的实用价值。

(5)应尽量选择除监测功能外兼有其他功能的生物

例如，可选用行道树或花卉等具有绿化或观赏价值的植物监测大气污染。多功能监测生物能够提高生物监测的综合效益。

2. 监测指标的选择

从理论上说，如果生物系统对污染胁迫产生反应，它必然有某种形式的状态改变。这些变化都可以作为监测指标。如症状指示指标、生长势和产量评价指标、生理生化指标、行为指标等。但在实际工作中，由于受到人力、经费、技术水平及其他条件的限制，不可能对所有指标全部进行测定。因此，只能根据具体情况有针对性地选择某些指标。

(1)根据监测目的选择监测指标

例如，若要及时发现早期污染，可选择对低浓度污染物敏感的动物行为反应或植物伤斑等易于观测的指标；若要监测环境污染程度，可采用植物化学分析方法直接测定监测植物体内污染物的蓄积量；分析树木年轮性状可揭示当地污染历史，等等。

(2)根据污染物的性质和毒理作用机制选择监测指标

不同性质的污染物其毒理作用机制不同，会产生不同的毒性效应。例如，有些污染物能抑制光合作用，或刺激呼吸作用，这时，选择光合效率或呼吸速率作为监测指标就能达到监测这些污染物的目的。

(3)根据生物的特性选择监测指标

监测生物可以是动物、植物或微生物；在结构上可以是单细胞的或多细胞的；在繁殖习性上可以是有性生殖的或无性繁殖的；在生态系统中所承担的功能可以是生产者、消费者或分解者。这些差别都应在选择监测指标时予以考虑。例如，可以选用动物监测具有神经毒性作用的污染物，如用鱼脑乙酰胆碱酯酶活性监测水体有机磷农药污染。

三、生物监测的基本方法

根据监测生物系统的组构水平、监测指标及分析技术等，可将生物监测的基本方法大致分为四类。

1.化学成分分析法

此类方法是通过分析生物体内污染物含量来监测环境污染状况。这是因为在正常生态环境中，生物体内各种化学成分的含量大致是一定的，这是生物体长期适应环境的结果。但在污染环境中，由于某种污染物浓度显著高于背景值，生物体内大量蓄积该种污染物。此外，某些污染物因其本身的固有特性，即使其环境浓度不高，也能蓄积在生物体内而使体内浓度大大高于环境浓度(如有机氯农药和重金属)。基于生物的这种蓄积特性，分析生物体内某些污染物的含量便能监测环境污染状况。如应用污染指数(I)，$I=C_m/C_0$，其中 C_m 为污染区指示植物中某污染物的含量，C_0 为对照点同种植物中某污染物浓度。在 20 世纪 70 年代，此类方法曾广为应用，而且，至今仍是生物监测的重要方法之一。

2.生理学方法

此类方法是利用污染物引起的生物个体行为、生长、发育以及各种生理生化变化为指标，监测环境污染状况。在一定的浓度范围内，污染物没有致死作用和致病作用，但可能干扰机体的某些生理功能，使其部分功能受到影响。

3.毒理学与遗传毒理学方法

毒理学方法是以污染物引起机体病理状态和死亡为指标，监测环境污染状况。污染物进入机体并蓄积到一定的量后能导致组织和体液发生变化，引起暂时性或持久性的病理状态，甚至危及生命。例如，植物叶片伤斑面积和数目，动物脏器组织坏死，个体死亡数目，胚胎死亡数目等，都属于毒理学效应。因此，可以利用机体的这些反应或变化测定污染物的毒性，并通过剂量-反应曲线判断污染物的浓度。遗传毒理学方法则是利用染色体畸变和基因突变为指标，监测环境污染物的致突变作用。

4.生态学方法

此类方法主要是利用污染物引起的群落组成和结构变化及生态系统功能变化为指标，监测环境污染状况。在未受污染的地区，生态系统处于自然状态，其结构与功能基本上是稳定的。但是，当生态系统受到污染物胁迫后，其物种组成可能发生变化：敏感物种消失，抗性物种增加，个别强抗性物种成为群落中的优势种。随着结构的变化，生态系统功能也发生相应变化，包括能流(如种群和群落的生产率和呼吸率)、物质循环(如各种营养物质的生物地球化学循环)以及各种生态调节机制(如各种种间相互关系)的改变。

思考题

1.概念与术语。

环境污染　污染物　迁移　转化　生物浓缩　浓缩系数　生物放大　生物富集　生态效应　环境激素　种群效应　耐污种　敏感种　群落效应　半数致死浓度　半数致死剂量　毒性效应　急性毒性试验　慢性毒性试验　生物指数　模拟生态系统　标准水生模拟微系统　混合烧杯模拟微系统　聚氨酯泡沫塑料块　生物监测　指示生物

2.叙述污染物在环境中的迁移方式与转化途径。

3.举例说明污染物的生物放大作用以及与人类健康的关系。

4.论述环境污染在不同生物学水平上的生态效应。

5.以水生生态系统为例,说明污染物对群落的物种组成和结构的影响。

6.污染物对生态系统功能有哪些影响?

7.常用的毒性参数有哪些?

8.应用模型生态系统法研究污染物的生态效应有什么优点和局限性?

9.生物监测有哪些优点和局限性?

10.生物监测的基本方法有哪些?它们的原理是什么?

第十二章　环境污染防治的生态对策

本章提要　阐述大气污染、水污染、土壤污染、固体废弃物污染的处理技术，重点是应用环境生物技术处理污染物的生态对策以及环境生态工程和生物修复技术，包括：大气、水、土壤和固体废弃物污染的基本概念，污染物以及污染控制途径和技术；环境生物技术处理大气、水、土壤和固体废弃物污染的原理和方法，重点是废水生物处理技术；环境生态工程的概念、发展和我国环境保护生态工程的主要类型；氧化塘、人工湿地处理系统和污水土地处理系统净化环境污染的基本原理和应用技术；污染环境的微生物修复和植物修复的基本原理、土壤重金属和有机污染物生物修复的工程技术。

环境污染防治的生态对策是用生态学原理和工程学手段防治环境污染。它是保护人类生存环境的技术科学，因此，它也是环境生态学的重要内容之一。

第一节　水环境及其污染控制

一、水体与水体污染

1. 水体污染的概念

水体一般是指河流、湖泊、沼泽、水库、地下水、冰川、海洋等地表贮水体中的水本身及水体中的悬浮物质、溶解物质、底泥和水生生物等。

在环境污染研究中，将“水质”与“水环境”(水体)加以区分是十分重要的。“水质”主要指水相的性质，“水体”则包含有除水相以外的固相物质，如悬浮物质、溶解的盐类、底泥和水生生物，因此内容广泛得多。例如，重金属污染物易于从水相转移到固相底泥中，水相重金属含量不高，若论水质似乎未受污染，但从水体看，仍受到重金属的污染。

当污染物进入水体中，其含量超过了水体的自然净化能力，使水体的水质和底质的物理、化学性质或生物群落组成发生变化，从而降低水体的使用价值和使用功能，称为水体污染(water pollution)。据统计，目前全世界每年排放废水约 6×10^{11} t，而仅我国 2001 年的废水排放总量就达 4.28×10^{10} t。因此，控制水体污染，保护水资源，是当前环境保护的重要任务之一。

2. 水体污染物

造成水体质量恶化或引起水体污染的各种物质和能量均属水体污染物。引起水体污染的物质种类极多，按其种类和性质一般可分为四大类，即无机无毒物、无机有毒物、有机无毒物和有机有毒物。除此以外，对水体造成污染的还有放射性物质、生物污染物和热污染等。

无机无毒物主要是指排入水体中的酸、碱及一般无机盐和氮、磷等植物营养物质。

无机有毒物包括各类重金属(汞、镉、铅、铬、砷)和氰化物、氟化物等,这些污染物具有强烈的生物毒性,常影响鱼类、水生生物等的生长和生存,并可通过食物链危害人体健康。这类污染物都具有明显的积累性,可使污染影响持久和扩大。

有机无毒物主要是指在水体中比较容易分解的有机化合物,如碳水化合物、脂肪、蛋白质等。这些物质在水中氧化分解需要消耗水中的溶解氧,在缺氧条件下就发生腐败分解,使水质恶化,故常称这些有机物质为耗氧有机物。耗氧有机物种类繁多,组成复杂,因而难以分别对其进行定量、定性分析。一般以有机物在氧化过程中所消耗的氧气或氧化剂的数量来代表有机物的数量。

有机有毒物主要为苯酚、多环芳烃和各种人工合成的具积累性的稳定有机化合物,如多氯联苯和有机农药等。这些有机有毒物具有强烈的生物毒性。

3. 水质指标

污水的种类多种多样,其中所含的污染物质又千差万别,从防止污染和进行污水处理的角度来看,一些主要的污染物及其水质指标有以下几种:

(1)pH 值,主要是指排出废水的酸碱性。$pH<7$,废水是酸性;$pH>7$,废水是碱性。一般要求处理后废水的 pH 在 6～9。

(2)悬浮物质,是指悬浮在水中的污染物质,其中包括无机物,如泥沙;也包括有机物,如油滴、食物残渣等。

(3)有机污染物浓度,一般采用下面几个指标来表示有机污染物浓度:生化需氧量(biochemical oxygen demand,BOD)、化学需氧量(chemical oxygen demand,COD)、总需氧量(total oxygen demand,TOD)、总有机碳(total organic carbon,TOC)。

(4)有毒物质,指酚、氰、汞、铬、砷等。当废水含有这些物质时,必须分别单独测定其含量,并考虑处理方法。

(5)生物污染指标,包括每毫升水中细菌的总数和大肠菌群数。

其他如水温,颜色,放射线物质,溶解性物质,氮、磷含量等,对于特殊的废水,也应成为主要考虑的水质指标。

二、水体污染的控制途径

水体污染主要是由于工业废水和城市污水的任意排放造成的。因此,水体污染防治的根本措施是加强水资源的规划管理和开展对废水的处理和综合利用,以保护水资源不受污染,并减少废水的排放量。

1. 减少污染源排放的工业废水量

同发达国家相比,我国单位产品的耗水量要高很多。耗水量大,不仅造成了水资源的浪费,而且使废水排放量增大,加重了对环境的污染。因此,必须把减少废水的排放量作为水污染防治的重要方面来执行。这方面的主要途径有:

(1)通过企业的技术改造,采用先进的生产工艺,实现废水资源化,尽可能把污染物消灭在生产工艺过程中,以达到最大限度消减排污量的目的。同时,生产过程中尽量不用水或少用水,尽量不用或少用易产生污染的原料、设备及生产工艺。

(2)通过废水的重复利用和循环利用,减少废水排放量。处理后的污水可以根据水质情况用于不同方面，如作为锅炉用水、生产工艺用水、城市公共水源等。

(3)回收废水中的有用产品，尽量使流失至废水中的原料和成品与水分离，就地回收。这样做既可减少生产成本，增加经济收益，又可大大降低废水浓度，减轻污水处理负担。

2. 妥善处理城市及工业废水

采用上述各项措施后，仍将有一定数量的工业废水和城市污水的排放，要达到"零排放"是需要花费极高经济代价的。

为了确保水体不受污染，必须在废水排入水体以前，对其进行妥善处理，实现无害化，不致影响水体的卫生性状及经济价值。

工业废水中常含有酸，碱，有毒、有害物质，重金属或其他污染物等，而且在不同工业废水中所含的污染物的性质各不相同。对于这些特殊性质的废水，应在工厂或车间内就地进行局部处理。对于与城市污水相近的工业废水，或经局部处理后不致对城市下水道及城市污水的生物处理过程产生危害的工业废水，单独设置污水处理设施是不必要的，也是不经济的，应该优先考虑排入城市下水道与城市污水共同处理。这样做既节约费用，又提高了处理效果。

城市污水虽不含有毒物质，但其中所含的悬浮物质会在水体中沉积、腐烂、发臭，影响水体的卫生性状，其中所含有机物质更会消耗水中的溶解氧，最终使水体变黑、发臭，并造成鱼类死亡、水源水质恶化。

废水处理应当达到的程度，要通过调查研究和计算才能确定，不考虑水体的自净能力，提出一些不切实际的过高要求，也是不合适的。当考虑将处理后的城市污水用于工业、农业和其他用途时，则应根据不同用途提出对污水处理的要求。

3. 加强对水体及其污染源的监测和管理

经常的监测和科学的管理可以使水体污染的防治工作有目标有方向地进行，因此是不可缺少的一环。这方面的工作包括对工业废水的排放量和废水浓度的监测及管理；对污水处理厂的监测及管理；对水体卫生特征、经济指标的监测及管理等。地方或部门应建立统一的管理机构，颁布有关法规，并按照经济规律办事。应分别制订出工业废水排入城市下水道的排放标准及城市污水、工业废水排入水体的排放标准。在国家标准范围内，对不同地区，应根据当地情况使标准不断完善化。

三、污水处理技术

污水处理的目的是对污水中的污染物以某种方法分离出来，或将其分解转化为无害稳定物质，从而使污水得到净化，最终使处理后的水质达到相应的国家和地方标准。现代的污水处理技术，按其作用原理可分为物理法、化学法和生物法三大类。

1. 物理法

通过物理作用，可以分离和回收废水中不溶解的呈悬浮状态的污染物质。在物理法处理过程中不改变其化学性质。常用的方法有重力分离(沉淀)法、过滤法、离心分离法、浮选(气浮)法、反渗透法等。

(1)沉淀法(或重力分离法)。利用废水中呈悬浮状的污染物质和水密度不同的原理，借重力沉降(或上浮)作用，使其从水中分离出来。沉淀装置有沉沙池、沉淀池、隔油池等。

(2)过滤法。利用过滤介质截留废水中的悬浮物。过滤介质有钢条、筛网、砂布、塑料、微孔管等。常用的过滤设备有格栅、栅网、微滤机、砂滤池、真空过滤机、压滤机(后两种多用于污泥脱水)等。

(3)离心分离法。废水中的悬浮物借助离心设备的旋转,在离心力作用下,悬浮物与水分离。离心设备有水力旋流器、旋流沉淀池、离心机等。

(4)浮选(气浮)法。将空气通入废水中,使废水中微小颗粒状的污染物质(如乳状油粒)粘附到空气泡上,并随气泡上升至水面,形成浮渣而去除。浮选设备有加压溶气浮选池、叶轮浮选池、射流浮选池等。

(5)蒸发结晶法。将废水加热至沸腾、汽化,使溶质得到浓缩,再冷却结晶。

(6)反渗透法。利用一种特殊的半渗透膜,在一定的压力下,将水分子压过去,而溶质则被膜所截留,废水得到浓缩,而压过膜的水就是处理过的水。膜材料有醋酸纤维素、磺化聚苯醚、聚砜酰胺等有机高分子物质。加入添加剂可做成板式膜、内管式、外管式膜,以及中空纤维膜等。目前此方法已用于海水淡化、含重金属的废水处理以及废水深度处理等方面。

2.化学法

利用化学反应原理及方法来分离、回收废水中的污染物,或使其转化为无害的物质。常用的方法有混凝法、中和法、氧化还原法、电解法、萃取(液-液萃取)法、吸附法、电渗析法等。

(1)混凝法。水中的胶体物质,通常带有负电荷,胶状颗粒间互相排斥不能凝聚,形成稳定的混合液。若向水中投加带有相反电荷的电解质(即混凝剂)后,可使废水中胶状物呈电中性,失去稳定性,并在分子引力作用下,凝聚成大颗粒而下沉。通过混凝法可去除废水中细小分散的固体颗粒、乳状油及胶体物质等。常用的混凝剂有硫酸铝、明矾、聚合氧化铝、硫酸亚铁、三氯化铁等。

(2)中和法。往酸性废水中投加碱性物质使废水达到中性。常用的碱性物质有石灰、石灰石、白云石等。对碱性废水则可吹入含 CO_2 的烟道气进行中和,也可用其他的酸性物质进行中和。

(3)氧化还原法。废水中的溶解性有机物或无机物,在投加氧化剂或还原剂后,由于电子的迁移运动,可发生氧化或还原作用而转变为无害物质。常用的氧化剂有空气、漂白粉、氯气、臭氧等。氧化法多用于处理含酚、氰或硫等的废水。常用的还原剂有铁屑、硫酸铁、二氧化硫等。还原法多用于处理含铬、含汞废水。

(4)萃取(液-液萃取)法。将不溶于水的溶剂投入废水中,使废水中的溶质溶于溶剂中,然后利用溶剂与水的比重差,将溶剂分离出来,再利用溶剂与溶质的沸点差,将溶质蒸馏回收。再生后的溶剂可循环使用。例如含酚废水的回收,常用的萃取剂有醋酸丁酯、苯等,酚的回收率达 90%以上。常用的设备有脉冲筛板塔、离心萃取机等。

(5)吸附法。利用多孔性的固体吸附剂,使废水中的溶解性有机物或无机物吸附到吸附剂上而去除。常用的吸附剂为活性炭。此法可吸附废水中的酚、汞、铬、氰等有毒物质。此法还有除色、脱臭等作用。一般多用于废水的深度处理。常用的设备有固定床、移动床和流动床三种。

(6)离子交换法。利用离子交换树脂等当量地交换废水中的溶解性离子,从而将水中各种金属离子除去。

(7)电渗析法。通过一种离子交换膜,在直流电作用下,废水中的离子朝相反电荷的极板方向迁移,阳离子能穿透阳离子交换膜,而被阴离子交换膜所阻;同样,阴离子能穿透阴离子交换膜,而被阳离子交换膜所阻。废水通过阴阳离子交换膜所组成的电渗析器时,废水中的阴阳离子就可得到分离,达到浓缩及处理目的。此法可用于酸性废水的回收及含氰废水的处理等。

3. 生物法

利用微生物的代谢作用,使废水中呈溶解和胶体状态的有机污染物转化为无害的物质。废水的生物处理法是目前最重要,也是最常用的废水处理方法。生物处理的主要作用者是微生物,根据生化反应中对氧气的需求与否,可将废水生物处理过程分为好氧生物处理和厌氧生物处理。好氧生物处理必须要有充足的氧气供应,最终将水中的有机污染物分解为二氧化碳和水;而厌氧生物处理过程则在厌氧条件下进行,最终产物是甲烷和二氧化碳等。

4. 废水处理系统

废水中的污染物质是多种多样的,不能期望只用一种方法就能够把所有的污染物质都去除干净,往往需要通过几种方法组成的处理系统,才能达到处理的要求。按照废水的处理程度,废水处理系统可分为一级处理、二级处理、深度处理等不同阶段。一级处理主要是去除废水中呈悬浮状态的污染物,物理法中的大部分方法是用于一级处理的。废水经一级处理后,一般可去除30%左右的BOD和60%的悬浮固体颗粒,但一般仍达不到排放要求,尚需进行二级处理。因此对于二级处理来说,一级处理是预处理。二级处理的主要任务是大幅度地去除废水中呈胶体和溶解状态的有机污染物。生物处理法是最常用的二级处理方法,废水经二级处理可去除90%以上的BOD及90%的悬浮固体颗粒。一般经二级处理的废水均能达到排放标准,但还残存有微生物不能降解的有机物和氮、磷等无机盐类。深度处理的任务是进一步去除废水中的悬浮物质、无机盐类及其他污染物质,以便达到工业用水或城市用水所要求的水质标准。深度处理的工艺或系统根据对水质的要求有很大差异,常用的有生物脱氮法、混凝沉淀法、活性炭过滤法、离子交换法及反渗透法和电渗析法等。

图12-1是废水处理的典型流程。废水先经沉砂池除去较重的砂粒杂质,然后进入沉淀池,除去悬浮性污染物的污水,再经曝气池进行生物处理,使有机物分解,并经二次沉淀池沉淀分离活性污泥,去除污泥的水最后经消毒排放。

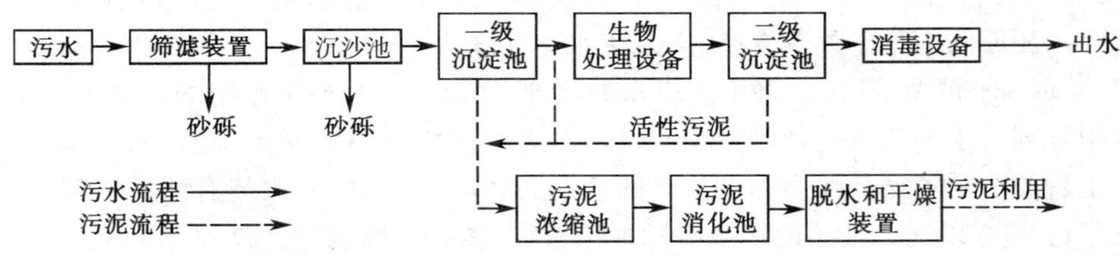

图12-1 废水处理的基本程序

第二节 大气环境及污染控制

一、大气的组成

大气是指包围在地球外围的空气层,总质量约 5.3×10^{15} t,其中98.2%集中在30 km以下,因此大气层的厚度与地球半径(6 371 km)相比是很薄的。

大气是一种气体混合物，其组分可分为恒定、可变和不定三种。①恒定组分：大气中的主要成分氮(N_2)占78.09%；氧(O_2)占20.95%；氩(Ar)占0.93%，这三种气体共计约占空气总量的99.9%，其他各种气体(氖、氦、氪、氙)合计不到0.1%。在近地面大气中上述气体组分的含量几乎可认为是不变的，称为恒定组成。②可变组分：大气中易变的成分是二氧化碳、臭氧(O_3)等，这些组分在大气中的含量受地区、季节、气象以及人类生产和生活活动的影响。特别是人类活动影响下引起的含量变化正在作为一个重要的环境问题越来越引起人们的关注。③不定组分：由火山爆发、森林大火、海啸、地震等自然因素所引起的尘埃、硫氧化物、氮氧化物等，还包括人类活动、工业生产等人类因素造成的各种气体成分。不定组分是造成大气污染的主要因素。

二、大气污染和大气污染物

1. 大气污染的概念

随着工业及交通运输等事业的迅速发展，特别是煤和石油的大量使用，将产生的大量有害物质和烟尘、二氧化硫、氮氧化物、一氧化碳、碳氢化合物等排放到大气中。当其浓度超过环境所能允许的极限并持续一定时间后，就会改变大气特别是空气的正常组成，破坏自然的物理、化学和生态平衡体系，从而危害人们的生活、工作和健康，损害自然资源及财产、器物等，这种现象称为大气污染(atmospheric pollution)。简单地说，大气污染是指大气中一些物质的含量远远超过正常本底含量，能对人体、动物、植物和物体产生不良影响的大气状况。

2. 大气污染物

大气污染物的种类不下数千种，已发现有危害作用而被人们注意到的大约有100种。其中影响范围广，对人类环境威胁较大的主要有颗粒物、二氧化硫、氮氧化物、一氧化碳、碳氢化合物、硫化物、氟化物、光化学氧化剂等。根据大气污染物的形成过程，可将其分为一次污染物和二次污染物。

一次污染物是直接从各种污染源排放到大气中的有害物质。常见的主要有二氧化硫、氮氧化物、一氧化碳、碳氢化合物、颗粒物等。颗粒物中包含苯并(a)芘等强致癌物质、有毒重金属、多种有机和无机化合物等。二次污染物是一次污染物在大气中相互作用或它们与大气中的正常组分发生反应所产生的新污染物。这些新污染物与一次污染物的物理、化学性质完全不同。这类物质的颗粒微小(一般在0.01～1.00 μm)，其毒性比一次污染物还强。常见的二次污染物有硫酸盐、硝酸盐、臭氧、醛类、过氧乙酰硝酸酯(PAN)等。

3. 主要大气污染物简述

(1)颗粒物。指大气中的液体、固体状物质，又称尘。其中有固体的灰尘、烟尘、烟雾，以及液体的云雾、雾滴，粒径多在0.01～100.00 μm。通常根据颗粒物的粒径大小将其分为降尘和飘尘。粒径大于10 μm 的颗粒物，可在重力作用下较快地沉降到地面，称为降尘；粒径小于10 μm 的颗粒物可长期飘浮在大气中，称为飘尘。飘尘能通过呼吸道进入人体，沉积于肺泡或被吸收到血液及淋巴液内，从而危害人体健康。更严重地是飘尘具有很强的吸附能力，吸附大量的病菌、有机污染物和重金属，进入人体后，会导致急性或慢性病的发生。

(2)硫氧化物。主要指二氧化硫(SO_2)和三氧化硫(SO_3)，用 SO_x 表示。其中 SO_2 是大气中分布最广、影响最大的污染物，常用它作为大气污染的指标。大气中的硫氧化物主要来自煤和石油等的燃烧、金属冶炼、硫酸制备等过程。

(3)氮氧化物。氮氧化物是 N_2O,NO,NO_2,N_2O_4,N_2O_5 等的总称。比较重要的人为污染物是 N_2O 和 NO,用 NO_x 表示。大气中 NO_x 的 95%来自于自然发生源,估计每年全世界自然源排出的 NO 为 500×10^6 t,人为来源的 NO_x 为 53×10^6 t。人为发生源中 99%来自煤和石油产品的燃烧,其他来自天然气和其他燃烧。

(4)碳氧化合物。主要指一氧化碳(CO)和二氧化碳(CO_2)。CO_2 是大气中的正常组成成分,大气中的自然含量为 0.033%;CO 是大气中很普通的、排放量最多的污染物。全世界每年 CO 总的排放量约为 340×10^6 t,其中 274×10^6 t(或 78.5%)是人为来源的;而有 193×10^6 t(总量的 55.3%)来自汽油的燃烧,这是对流层中 CO 的主要来源。CO_2 的主要来源是含碳物质的不完全燃烧和植被的破坏。目前大气中的 CO_2 浓度每年平均上升 0.7 μg/L。

(5)碳氢化合物。指以碳元素和氢元素形成的化合物,包括烷烃、烯烃和芳烃等复杂多样的含碳和氢的化合物。全世界总的排放速率为每年 1858.7×10^6 t,其中绝大多数为天然来源的甲烷(约为总量的 86%);人类活动排放的烃类约为总量的 5%,人为污染的五种主要来源是汽油燃烧(38.5%)、焚化(28.3%)、溶剂蒸发(11.3%)、石油蒸发与运输损失(8.8%)和精炼损耗(7.1%),这五种来源构成全部人为排放量的 94%。大气中存在大量的有明显致癌作用的多环芳烃,如 3,4-苯并(a)芘就是公认的强致癌物,已引起人们的密切关注。

(6)光化学烟雾。排入大气的氮氧化物、一氧化碳、碳氢化合物、二氧化硫、烟尘等在太阳紫外线照射下,发生一系列光化学反应,而形成的一种毒性很大的二次污染物,称为光化学烟雾。其主要成分是臭氧、氮氧化物和过氧乙酰硝酸酯(PAN)等。

三、大气污染控制途径

1. 合理布局工业

工业布局是否合理与形成大气污染关系极为密切。工业过分集中的地区,大气污染物排放量必然很大,不易被稀释扩散;相反的,将工厂合理分散布设,将有利于污染物的稀释扩散。选择厂址时要充分考虑地形、气象等条件,以利于污染物的扩散。另外,工厂区和生活区要有一定的间隔距离,尽可能留出一些空地,绿化造林,以减轻污染危害。一个城市工厂要布置在盛行风的下风向,以减少废气对城市居民区的危害。

2. 选择有利污染物扩散的排放方式

排放方式不同,其扩散效果也不一样。目前较普遍采用的是高烟囱排放和集合式烟囱排放。一般地面污染物浓度与烟囱高度的平方成反比。所以,提高烟囱的有效高度不仅能使烟气得到充分的稀释;同时,也是减轻地面污染的措施之一。但因烟囱高,当地的落地浓度虽然减少了,而排烟范围则扩大了。所以采用上述措施尚不能根本解决污染问题。集合式烟囱排放,是将几个排烟设备集中到一个烟囱中排放,以使排放的烟气温度增加,提高烟气出口速度。这种高温、高速的烟流将呈环状吹向天空,扩散效果良好,从而使矮烟囱起到高烟囱的作用。

3. 区域集中供暖、供热

分散于千家万户的炉灶和市区密集的矮烟囱是大气烟尘的主要污染源。北方城市冬季取暖用煤量往往超过工业用煤量。采取区域集中供暖、供热,即在城市的郊外设立大的热电厂和供热站,以代替千家万户的炉灶,这是消除烟尘的有效措施。这样做有以下几个好处:①可以提高锅炉设备的效率,降低燃料消耗量;②可以利用废热,提高热利用率;③集中供热的大锅炉适于采用高效率的降尘器，从而大大减少粉尘的排放量；④可以减少燃料的运输量。

4. 改变燃料构成

对燃料进行选择和处理，是减少污染物产生的有效措施。各种燃料中灰分数量有很大差别，煤的灰分量为5%～20%，石油为0.2%，天然气灰分量更少。如生产相同数量的热能，燃气产生的二氧化碳只有燃煤的40%，NO_x 约为燃煤的一半，且几乎没有 SO_2 排出。

我国燃料构成中以煤炭为主，应逐步扩大煤的气化设施和供应煤气的气体燃料。另外，应加强新能源的开发利用研究，如太阳能、氢燃料、地热能等，以代替煤炭燃料，减轻污染。

5. 发展绿色植物，增加自净能力

绿化造林是防治大气污染的一个经济有效的方法，因为植物有吸收各种有害有毒气体和净化空气的功能，茂密的丛林能降低风速，使气流携带的大粒灰尘沉降。树叶表面粗糙不平，多绒毛，有的植物还能分泌黏液和油脂，吸附大量飘尘。植物的光合作用放出氧气和吸收二氧化碳，因而能调节空气的成分，有些植物能吸收大气中的有毒成分。所以城市环境应保持一定比例的绿地面积，以起到净化和缓冲大气污染的作用。国内外都在筛选各种对大气污染物有较强抵抗和吸收能力的绿色植物，以及绿化布局对空气净化作用的影响方面作大力研究。

四、大气污染控制技术

为了控制环境的污染，保护和改善人类生活的环境质量，必须采取有效的对策，包括研究对污染源的治理技术，改革旧的工艺，以控制污染物的排放；制订合理的大气质量标准和大气污染物的排放标准；提出有关大气环境污染的综合防治措施等，对环境进行全面管理，以求做到合理发展经济和保护大气环境。

1. 烟尘治理技术

大气中固体颗粒污染物与燃料燃烧关系密切。减少固体颗粒物排放的方法有两类：一是改变燃料的构成，以减少颗粒物的生成，比如用天然气代替煤、用核能发电取代燃煤发电等；二是在固体颗粒物排放到大气之前，采用控制设备将尘除掉，以减少大气污染程度。

目前，常用的除尘装置有机械式除尘器、湿式洗涤除尘器、袋式滤尘器和静电除尘器等。它们的性能不同，各有优缺点，要根据实际需要适当地加以选择或配合使用。

机械除尘器是利用机械力（重力，离心力）将尘粒从气流中分离出来的除尘装置。这种除尘器的沉降室往往安装在其他收集设备之前，作为去除较大尘粒的预处理装置。

湿式洗涤除尘器是一种采用喷水法将尘粒从气体中洗出去的除尘器，有喷雾塔式、填料塔式、离心洗涤器、喷射式洗涤器、文丘里式洗涤器等多种。

过滤式除尘器是使含尘气流通过多孔滤料将粉尘分离捕获的装置。

静电除尘器是利用尘粒通过高压直流电晕吸收电荷的特性而将其从气流中除去。带电颗粒在电场的作用下，向接地集尘筒壁移动，借重力或者轻轻敲击而把尘粒从集尘电极上除掉。这种静电除尘器的优点是对粒径很小的尘粒具有较高的去除效率，耐高温，气流阻力小，除尘效率不受含尘浓度和烟气流量的影响，是当前发展的新型除尘设备。

2. 二氧化硫治理技术

目前消除和减少烟气中排出的二氧化硫的量，主要有燃料脱硫和烟气脱硫两种方法。

(1)燃料脱硫

目前消除燃煤中的硫分尚无很好的办法，只是重油脱硫取得一定进展。重油中的硫大部分为有机硫。要想使重油中硫分降低，必须破坏硫化物中的C-S键，使硫变成简单的固体或气体的化合物，而从重油中分离出来。一般采用加氢脱硫催化法。根据工艺过程的不同，燃料脱硫又可分为间接脱硫和直接脱硫两种工艺。

(2)烟气脱硫

由于烟气量大，含硫低，烟温高，给脱硫技术带来不少困难，不少方法尚处于试验阶段。烟气脱硫方法可分为湿法和干法两大类。

湿法是把烟气中的二氧化硫和三氧化硫转化为液体和固体化合物，从而把它们从排出的烟气中分离出来，其中有石灰吸收法、氨吸收法、钠吸收法等。

石灰吸收法以石灰浆作为吸收剂，吸收烟气中的二氧化硫，成为亚硫酸钙，具有一定的脱硫效率。

氨吸收法利用氨水溶液作为二氧化硫的吸收剂，吸收二氧化硫后生成亚硫酸铵和硫酸铵，吸收率可达93%～97%，此法多用于处理硫酸厂的制酸尾气或电厂锅炉的烟道气。主要反应如下：

$$NH_4HSO_3 + NH_3 \longrightarrow (NH_4)_2SO_3$$

$$(NH_4)_2SO_3 + SO_2 + H_2O \longrightarrow 2NH_4HSO_3$$

钠吸收法以 NaOH 或 Na_2CO_3 溶液作吸收剂，吸收二氧化硫后制得亚硫酸钠。主要吸收反应如下：

$$NaOH + SO_2 \longrightarrow NaHSO_3$$

$$2NaOH + SO_2 \longrightarrow Na_2SO_3 + H_2O$$

$$Na_2SO_3 + SO_2 + H_2O \longrightarrow 2NaHSO_3$$

由于湿法脱硫后烟气温度降低，湿度加大，排出后影响烟气的上升高度而难以扩散。为克服上述缺陷，采用固体粉末或非水液体作为吸收剂或催化剂进行烟气脱硫，称为干法脱硫。这种脱硫法又可分为吸附法和化学吸收法等。吸附法一般采用活性炭作吸附剂，使烟气中的二氧化硫在活性炭表面上与氧及水蒸气发生反应生成硫酸而被吸附，这种方法的脱硫率可达90%；化学吸收法系利用金属氧化物对二氧化硫的吸收能力来脱硫，如用碱金属氧化物作为吸收剂者称为铝酸钠法，用氧化锰作吸收剂者称为氧化锰法。

3. 氮氧化物治理技术

这里指的是在工业企业排放的废气中去除氧化氮的方法，主要有吸收法、非选择性催化还原法和选择性催化还原法等。

(1)吸收法。这种方法根据所使用的吸收剂，又可分为碱吸收法、稀硝酸溶液吸收法和硫酸吸收法等。

(2)非选择性催化还原法。它是应用金属铂作为催化剂，以氢或甲烷等还原性气体作还原剂，将废气中的氮氧化物还原成氮。

(3)选择性催化还原法。此法以金属铂的氧化物为催化剂，以氨、硫化氢和一氧化碳为还原剂，选择最佳脱硝反应温度来进行。这个温度应随所选用的催化剂、还原剂的不同而不同，使得还原剂仅与烟气中的氮氧化物发生反应，使之转变为无害的 N_2。

第三节　土壤环境及污染控制

一、土壤污染

土壤污染是指人类活动所产生的物质(污染物),通过多种途径进入土壤生态系统,其数量和速度超过了土壤容纳的能力和土壤净化速度的现象。土壤污染可使土壤的性质、组成及性状等发生变化,使污染物质的积累过程逐渐占据优势,破坏土壤的自然动态平衡,从而导致土壤正常功能失调,土壤质量恶化,影响作物的生长发育,造成产量和质量的下降,并可通过食物链引起对生物和人类的危害,甚至形成对生命系统的超地方性的危害。

土壤是一个开放体系,与其他各种环境要素间进行着物质和能量的交换。因此,造成土壤污染的物质来源极为复杂。其污染物主要来自自然污染源和人为污染源两方面:①自然污染源。在某些含有重金属或放射线元素的矿床周围土壤,由于这些矿床的风化分解作用而受污染。②人为污染源。包括来自工业和城市的废水和固体废物、化肥和农药、农业废弃物及大气沉降等。

由于土壤的污染源十分复杂,所以土壤污染物的种类也极为繁多。通常将进入土壤中并影响土壤正常作用的物质,即会改变土壤的成分,降低农作物的数量或质量,有害于人体健康的那些物质,统称为土壤污染物。按污染物性质大致可分为:①有机污染物,主要是化学农药、除虫剂、石油、多环芳烃等;②重金属,主要是汞、镉、铅、砷、铜、锌、钴、镍、硒等;③放射性物质,主要是铯、锶、铀等;④垃圾和其他废弃物;⑤病原微生物。

二、土壤自净作用与土壤环境容量

1. 土壤自净作用

土壤是环境系统中一个重要的净化体。土壤中存在大量有机和无机胶体、微生物和土壤动物,具有同化和代谢外来物质的能力,使有毒有害物质转化为无毒无害物质。土壤自净(soil self-purification)是指进入土壤的污染物,在土壤微生物、土壤动物、土壤有机和无机胶体等的作用下,经过一系列的物理、化学和生物化学过程,降低其浓度或改变其形态,从而消除污染物毒性的现象。土壤自净作用受很多因素制约,主要有有机质和黏粒含量、微生物种类和生物量、酸碱性、氧化还原反应等。土壤的自净作用对维持土壤生态平衡起着重要作用。

土壤自净作用包括物理自净、化学自净和生物自净三种方式。物理自净只改变污染物的物理性状、空间位置,如土壤颗粒表面吸附作用;化学自净是指污染物的性质、形态和价态发生改变,如重金属元素与 S^{2-} 离子形成沉淀而降低污染物毒性;生物自净是指生物降解、生物转化和生物富积污染物质的过程,如农药被微生物降解为简单无机物。土壤的自净作用是上述三种过程共同作用的结果。土壤的自净能力是有一定限度的,这就是土壤环境容量问题。

2. 土壤环境容量

土壤环境容量(environmental capacity)是指在区域土壤质量标准的前提下,土壤免遭污染所能接受的污染物最大负荷。土壤环境容量属于一种控制指标，随环境因素的变化以及人们对环境目标期望值的变化而改变。土壤环境容量用于对污染物进行总量控制和目标管理，是限制人类破坏土壤资源的主要指标。计算公式为

$$Q=(CR-B)\times \mathrm{M}$$

式中，Q 为土壤环境容量；CR 为土壤环境标准(mg/kg)；B 为土壤背景值(mg/kg)；M 为耕层土重。

三、土壤环境中污染物的迁移转化

污染物可以通过多种途径进入土壤，进入土壤的污染物质在生物、化学和物理作用下进行迁移转化。影响土壤中污染物迁移转化的因素，可以概括为污染物性质、土壤理化性质、生物性状，以及与土壤环境相关的自然因素。污染物的性质包括物理性质和化学性质。物理性质是指影响淋溶、扩散的水溶性，影响吸附的极性和受温度影响的挥发性。化学性质包括污染物质的形态、价态、溶度积、亲和力、结合力、水解力、分解能力、氧化还原能力、化学与生物降解能力等。影响污染物迁移转化的土壤理化性质，包括土壤结构、土壤组成、氧化还原电位、无机和有机胶体含量、pH、有机质含量、化学物质组成与形态、生物种类与数量等；影响污染物迁移转化的环境因素，主要有水热条件、地表形态、植被类型以及耕作方式等。

1. 农药在土壤中的迁移转化

部分农药在土壤中积累易引起土壤污染。进入土壤中的农药经过一系列的物理、化学和生物转化，部分降解为无毒无害的无机物，部分残留在土壤中危害作物，并通过食物链危害人体健康。农药在土壤中的迁移转化途径主要有：随水分移动进入水体；通过表面挥发(光降解)进入大气；被吸附残留在土壤中；被植物吸收；微生物降解和化学降解。

(1)土壤对农药的吸附

进入土壤的农药通过物理吸附、化学吸附、氢键结合和配价键结合等形式吸附在土壤颗粒表面。被吸附的农药往往发生形态的改变，同时也在不断地改变它的移动性和生理毒性。土壤对农药的吸附力既决定于土壤特性，也决定于农药性质。影响土壤对农药吸附能力的土壤性质有质地、黏土矿物类型、有机质含量、pH 等。实验结果表明，土壤各种组分对农药的吸附能力大小顺序是有机胶体＞蛭石＞蒙脱石＞伊利石＞绿泥石＞高岭石。农药分子结构也直接影响土壤对它的吸附能力，凡带有 R_3H^+—，—$CONH_2$，—OH，—NH_2COR，—NN_2，—NHR等功能团的农药其吸附强度很高，尤其是带—NN_2 的化合物其吸附能力更强。土壤对农药的吸附作用在某种意义上就是土壤对农药的净化和解毒作用，但这种净化作用是不稳定的，也是有限度的。当吸附的农药被土壤溶液中的其他物质重新置换出来时，即又恢复了原来的性质。因此，土壤对化学农药的吸附作用，只是在一定条件下起净化和缓冲解毒作用，并没有使其降解。

(2)农药在土壤中的迁移和扩散

进入土壤中的农药，在被土壤固相物质吸附的同时，还通过气体挥发和水的淋溶以及植物的吸收而在土体中扩散迁移，因而导致大气、水体和生物的污染。农药随水的迁移方式有两种：一些在水中溶解度大的农药直接随水迁移；一些难溶性农药主要附着于土壤颗粒表面进行水的机械迁移，最终流入江河水体。农药在土壤中的水迁移与农药本身的溶解度及土壤的吸附性能有关。农药也可通过挥发而逸入大气，然后随降雨再次进入土壤或水体。农

药的挥发强度与土壤条件、农药性质有关。因此，农药在土壤中的挥发、迁移，虽可促使土壤环境的净化，但却导致其他环境系统的污染。

(3)农药在土壤中的降解

通常认为农药在土壤中主要发生三种降解作用：光化学降解、化学降解、微生物降解。

光化学降解是指土壤表面受太阳辐射能和紫外线等作用而引起农药的光分解现象。农药吸收光能后可产生光化学反应，使农药分子发生光解、光氧化和异构化等，使农药分子结构中C—C键和C—H键发生断裂变为小分子，这是农药转化和消失的一个主要途径。

化学降解以水解作用与氧化作用最为重要，许多有机磷农药进入土壤后可进行水解，如马拉硫磷和丁烯磷能进行碱水解。水解强度随温度升高、土壤水分增加和pH降低而加强。含硫和氯的农药在土壤中可进行氧化。如DDT被脱氢、脱氯后变为DDE或DDD，对硫磷被氧化为对氧磷。

生物降解就是通过生物的作用将农药分解成小分子化合物的过程。这里所说的生物包括微生物、植物和土壤动物，但微生物是最重要的。因为微生物具有氧化还原作用、脱酸作用、脱氨作用、水解作用、脱水作用等各种化学作用能力，微生物有高速繁殖和遗传变异性，它能利用有机农药作为自己的能源进行降解作用。微生物降解农药主要是降解农药分子上的—OH，—COO—，$—NH_2$ 和 $—NO_2$ 等功能团，最终将其降解为 CO_2，H_2O 和其他无机物。

2. 重金属在土壤中的迁移转化

土壤环境污染研究中的重金属主要指Hg，Cd，Pb，Cr和类金属As等生物毒性显著的元素和有一定毒性的Cu，Zn，Ni等元素。它们主要来自工业废水、污泥、城市垃圾等，如Cd和Pb主要来源于冶炼排放和汽车尾气，Hg主要来自含Hg废水，As主要来自农药、除草剂等。过量重金属可引起植物、动物和微生物的直接伤害，也可经过生物富集并通过食物链在人体内积累，危害人体健康。

土壤中重金属的迁移转化包括重金属在自然环境中空间位置的移动和存在形态的转化，以及由此引起的富集和分散问题。土壤的种类、土地利用方式和土壤理化性质(质地、黏粒含量、Eh、pH、有机质含量、阳离子交换量等)都可影响土壤中重金属的迁移转化和植物对重金属的吸收。

四、土壤污染的防治

对于土壤污染的防治，首先要控制和消除土壤污染源。同时，对已经污染的土壤要采取一切有效措施，消除土壤中的污染物，或控制土壤中污染物的迁移转化，使其最终不能进入食物链。

1. 控制和消除土壤污染源

控制和消除土壤污染源，是防止土壤污染的根本措施。控制土壤污染源，即控制进入土壤中各种污染物的数量和速度，通过其自然净化，而不致引起土壤污染。严格控制和消除工业"三废"的排放，控制污染物排放的数量和浓度；严格执行农用灌溉水质标准、农用污泥标准和其他环境标准，避免盲目滥用污水污泥引起的土壤污染；禁用或限用剧毒、高残留性农药，选择高效、低毒、低残留农药和使用生物防治技术防治病虫害；合理施用化学肥料。严把进入土壤物质的质量关，对控制和消除土壤污染具有重要意义。

2. 增加土壤容量和提高土壤净化能力

增加土壤有机质含量、砂掺黏和改良砂性土壤，可增加土壤对污染物的吸附能力和容量。分离培育新的土壤微生物品种，以增强生物降解作用，提高土壤净化能力。

3. 其他防治土壤污染的措施

防治土壤污染首先要了解污染的类型和程度，其次要了解土壤性状，再有针对性地进行治理。对于受重金属污染的土壤可采用施加抑制剂的方法，改变它们的活性，减小迁移转化能力，降低重金属向植物体内的转移；也可通过改变土壤氧化还原状况的措施，降低重金属的活性，改变其存在形态，通过沉淀、吸附等过程减轻重金属的污染程度。如淹水可明显地抑制水稻对镉的吸收，落干则能促进镉的吸收，提高糙米中镉的含量。但砷与其他重金属相反，随着土壤氧化还原电位的降低，毒性增加。对于受到有机污染的土壤可以采取增施有机肥的方法加速有机污染物的分解，也可通过改变氧化还原条件和耕作制度等措施加快有机污染物的氧化。如 DDT 和六六六在旱田中降解速度慢，在水田中的 DDT 降解加快，可利用这一性质实行水旱轮作，减轻或消除农药污染。

另外，种植一些对某种污染物有抗性、吸收能力强的植物，通过植物富集效应可降低土壤中污染物的含量，减轻土壤污染。如利用某些植物具有较强的吸收土壤重金属的能力，来降低土壤重金属含量。

总之，在防治土壤污染的措施上，必须考虑到因地制宜，采取可行的办法，既消除土壤环境的污染，又不致引起其他环境污染问题。

第四节 固体废物污染与控制

一、固体废物的定义、种类及危害

1. 固体废物的定义

固体废物，一般是指人类在生产、流通、消费以及生活等过程提取目的组分后，废弃去的固态或泥浆状物质。实际上，所谓废弃物一般是指在某个系统内不可能再利用的部分物质，例如植物的枯枝落叶、动物的排泄物、人类生活中的各种垃圾、工业生产过程的排出物等。但这些废弃物中有些属有机物，经过适当处理可作为优质肥料供植物生长，工业废料经过挑选加工可成为有用之物或可重新用作原料，也就是说固体废物可以重新资源化。

固体废物大部分来自人类生产活动的许多环节，其中也包括来自各种废物处理设施的排弃物，其余部分则来自人类的生活活动，主要为生活垃圾、粪便等。在当今的技术条件下，随着经济的不断发展，工业生产规模不断扩大，其废弃物排放量也与日俱增。我国固体废物的产生量，随着经济的发展和人民生活水平的不断提高在急剧增加。

2. 固体废物的种类

固体废物种类繁多，成分复杂，处置和利用途径不同，因此有多种分类法。如按其化学性质可分为有机废物和无机废物；按其危害状况可分为有害废物和一般废物；按其形状一般可分为固体的（颗粒状、粉状、块状）和泥状的（污泥）。通常为便于管理，按来源进行分类，可分为矿业固体废物、工业固体废物、城市垃圾、农业废弃物和放射性废物五类（见表 12-1）。

矿业固体废物主要是废石和尾矿。废石是矿山开采过程中从主矿上剥离下来的各种围岩，尾矿是在选矿过程中提取精矿以后剩下的尾矿；工业固体废物是工业生产过程和工业加工过程产生的废渣、粉尘和污泥等；城市垃圾是城市居民生活、商业活动、市政建设与维护等过程产生的固体废物；农业废弃物是农业生产、养殖、农副产品加工及农村居民生活排出的废物；放射性废物包括核燃料生产、加工，同位素应用，核电站，核研究，医疗单位和放射线废物处理设施产生的废物。

表 12-1　固体废弃物的分类、来源和主要组成

分类	来源	主要组成成分
矿业废弃物	矿山、选矿	废矿石、尾矿、金属、废木、砖瓦灰石等
工业废弃物	冶金、交通、机械金属结构工业	金属、矿渣、砂石、陶瓷、边角料、涂料、绝热和绝缘材料、废木、塑料、橡胶、烟尘等
	煤炭	矿石、金属、木料
	食品加工	肉类、谷物、果类、蔬菜、烟草
	橡胶、皮革、塑料工业	橡胶、皮革、塑料、布、纤维、染料、金属等
	造纸、木材、印刷工业	刨花、锯末、碎木、塑料、金属、化学药剂、木质素
	石油化工	化学药剂、金属、塑料、橡胶、沥青、陶瓷、石棉、涂料
	电器、仪器仪表	金属、玻璃、木材、塑料、橡胶、化学药剂、绝缘材料、陶瓷
	纺织服装业	布头、纤维、塑料、橡胶、金属
	建筑材料	金属、水泥、黏土、砂石、陶瓷、石膏、纸、纤维
	电力工业	炉渣、粉煤灰、烟尘等
城市垃圾	居民生活	食物垃圾、纸屑、布料、木料、金属、塑料、玻璃、陶瓷、燃料、灰渣、碎砖瓦、废器具、粪便、杂品
	商业、机关	管道、建筑垃圾、废汽车、废电器、废器具，以及类似居民生活类的各种废物
	市政、维护、管理部门	碎砖瓦、树叶、死禽畜、金属、锅炉灰渣、污泥、脏土
农业固体废物	农林	秸秆、落叶、蔬菜、水果、塑料、人畜禽粪便、农药
	水产	腐烂死禽畜、腐烂鱼虾、贝壳、污泥
放射性固体废物	核工业、核电站、医疗科研单位	金属、含放射性废渣、粉尘、污泥、器具、劳保用品、建筑材料

3. *固体废物的危害*

固体废物对环境的危害很大，主要表现在以下几方面：

(1)侵占土地。固体废物如不加利用就要占地堆放，如堆放 1 万吨钢渣要占地 0.17 hm^2，堆放 1 万吨粉煤灰要占地 0.33 hm^2。目前，许多国家都出现了固体废物与工农业生产和人民生活争地的矛盾。如许多城市利用市郊设置垃圾堆场，侵占了大量农田。

(2)污染土壤。废物任意堆放，其中的有害组分容易污染土壤。特别是有害固体废物，经过风化、淋溶，产生高温、毒水或其他反应，能杀伤土壤中的微生物和动物，降低土壤微生物的活性，改变土壤的成分和结构，使土壤被污染。

(3)污染水体，减少水面。任意堆放的固体废物，随降水和地表径流进入江河湖泊，或随风飘扬入水体，使地面水受到污染；从废物中渗出的渗滤液流入土壤，使地下水受到污染；如果将废物直接倾入河流、湖泊或海洋，则会造成更大的水体污染。

(4)污染大气。固体废物是大气污染的主要污染源之一，它可通过多种途径污染大气。如尾矿、粉煤灰和干污泥等粉状废物容易随风飘扬，增加大气中粉尘和有毒物质的含量，某些有毒废物在适宜的温度和湿度下，被微生物分解后释放出有毒气体，有些废渣本身或在焚烧时会散发出有毒气体污染大气。

二、固体废物的处理及资源化技术

1. 资源化技术

资源化即废物的再循环利用。因此，凡从固体废物中回收能源和资源，加速物质循环，创造经济价值的广泛技术都称为废物资源化技术。随着工业发展速度的加快和生活水平的提高，固体废物的数量以惊人的速度不断上升。在这种情况下，如果能大规模地建立资源回收系统，必将减少原材料的采用，减少废物的排放量、运输量和处理量。这样可以保护和延长原生资源寿命，降低成本，降低环境污染，保持生态平衡，具有显著的社会和经济效益。所以固体废物资源化的技术开发是一项十分有意义的工作。

固体废物资源化技术主要有回收能源和原材料、生产建筑材料、用作土壤改良剂和肥料等。

2. 固体废物的处理技术

(1)预处理技术。固体废物预处理是指采用物理、化学、生物等方法，将固体废物转变成便于运输、贮存、回收利用和处置的形态。预处理常涉及固体废物中某些组分的分离与浓集，因此往往又是一种回收材料的过程。预处理技术主要有压实、破碎、分选和固化等。

(2)焚烧热回收技术。焚烧是高温(800～1 000℃)分解和深度氧化的过程，目的在于使可燃的固体废物氧化分解，以达到减容、去毒并回收能量和副产品。几乎所有的有机废物都可以用焚烧法处理，其优点在于能迅速而大量地减少废物容积、消除有害微生物；破坏毒性有机物并回收热能。城市垃圾经焚烧后可减少体积 80%～90%，重量降低 75%～80%，同时消灭各种病原体。但是，焚烧容易造成二次污染，而且投资和运行管理费用也较高，对废物有一定要求，即要求热值至少大于 4 000 kJ/kg。焚烧法在发达国家中发展比较迅速，成为除土地填埋之外一个重要的处理手段。但在我国，城市垃圾的有机物含量一般偏低，大规模应用此法目前还不经济。

(3)热解技术。热解是在无氧或有氧条件下的可燃物高温(500～1 000℃)分解，并以气体油或固形炭的形式将热量储存起来的过程。这是回收能源的一个有效途径，优点在于能回收可贮存和可运输的燃料。

(4)生物分解技术。利用微生物分解固体废物中可降解的有机物，从而达到无害化和综合利用。目前应用最为广泛的是堆肥化。堆肥化是指依靠自然界广泛分布的细菌、放线菌、真菌等微生物，人为地促进可生物降解的有机物向稳定的腐殖质生化转化的微生物学过程。其产物称为堆肥。堆肥能够改善土壤的物理、化学和生物性质，使土壤环境保持适于农作物生长的良好状态，而且又有增进土壤肥效的作用。从发展趋势来看，土地填埋的场所一般难以保证，焚烧处理的成本又太高，而且二次污染严重，因此，堆肥化得到了广泛的重视。我国的具体情况是垃圾量大，农业又要求提供大量有机肥料作为土壤改良剂，因此，堆肥化是一条可行的垃圾处理途径。

3. 固体废物的无害化处置

(1)固体废物处置的目的。固体废物是多种污染物质的终态，将长期保留在环境中，为了控制其对环境的污染，必须进行最终处置，使它最大限度地与生物圈隔离。因此是为解决最终归宿问题而寻求的合理途径，也是对固体废物管理的最后一个环节。

(2)废物残渣最终处置方法的选择。对于少量的高危险性废物，如高放射性废物等，国际上已经进行了大量的实验研究和可行性探讨，并积累了大量的经验，例如将废物固化后进行孤岛处置，极地处置或深地层处置等。但对于量大面广的固体废物，这些做法都是不现实的，因此必须寻求其他可行的方法。如果不考虑排入外层空间和大气中的可能性，废物处置有两种基本途径：一是排入海洋或其他大的水域；二是在地面上进行处置。除极个别的情况外，废物已不再被允许倾入海洋，这是因为海洋处置容易造成污染，破坏海洋的生态环境。因此，陆地处置事实上已成为唯一的选择。

(3)固体废物的土地填埋。土地填埋是使用最为广泛的土地处置技术，其实质是将固体废物铺成有一定厚度的薄层后加以压实，并覆盖土壤的方法。它是从传统的堆放和填地处置发展起来的，这些传统技术容易污染水源和大气，因此很不可取。今天的土地填埋已不是单纯的堆、填和埋，而是按工程理论和土工标准，对固体废物进行有效控制管理的科学工程方法。土地填埋处理具有工艺简单、成本较低，适于处置多种类型固体废物的优点，因此已成为固体废物最终处置的一种主要方法。目前采用较多的是卫生土地填埋和安全土地填埋两类。前者适用于生活垃圾的处置，后者则用于处置工业固体废物，特别是有害废物。

第五节　环境污染治理的生物技术

环境生物技术(environmental biotechnology)是生物技术思想在环境科学领域的技术体现，其目的是用生物技术手段解决人类所面临的种种环境问题。环境生物技术所依据的主要生物学机制是生物降解作用，即利用生物降解机制将环境中的各种各样有毒有害物质分解(矿化)成简单的无机物(如 CO_2 和水)，便能消除其环境危害。某些不易或不能降解的污染物(如重金属)可以利用生物蓄积作用将其从环境中清除。另外，环境生物技术利用各种可资利用的生物而不是仅仅利用微生物作为处理废弃物或清除污染物的工具。当然，在某些情形中，微生物仍然发挥着重要作用，如有机废水处理、石油污染处理及有机固体废弃物降解等。但是，植物和动物在某些方面也显示出越来越突出的作用。例如，植物对清除大气污染物、提高空气质量有独特的作用。通过食物链关系，某些动物在环境污染防治(如水体富营养化治理)中也有明显的作用。再次，环境生物技术可在受控的室内处理系统至纯自然生态系统等复杂性程度相差很大的情形中应用。受控室内处理系统(如活性污泥法、生物膜处理法等)已广泛应用于环境工程中。在野外，生态系统的自净作用能使污染物浓度下降直至消失。生物氧化塘这种简便而古老的自然或半自然处理系统再次受到重视。在富营养化水体中放养某些鱼类以减少藻类和净化水质也被证明是有效的生态技术手段。

目前，环境生物技术中的某些方法已成为环境工程中的常规方法而得到广泛应用。一些新的方法也在不断出现和发展中。在水体、大气和土壤污染的治理以及废水和固体弃物处理中，环境生物技术已发挥越来越重要的作用。

一、污水的生物处理

1. 活性污泥法

活性污泥法(activated sludge process)的基本原理是利用人工培养和驯化的微生物群体降解污水中的有机污染物，从而达到净化污水的目的。活性污泥是一种由好气性微生物(包括细菌、真菌、原生动物和后生动物)及其代谢和吸附的有机物、无机物组成的污泥状褐色絮状物。它是在污水中以有机污染物作培养基，在充氧曝气条件下对各种微生物群体进行混合连续培养而形成的。活性污泥具有凝聚、吸附、氧化及分解污水中有机物的性能，因而使污水得到净化。

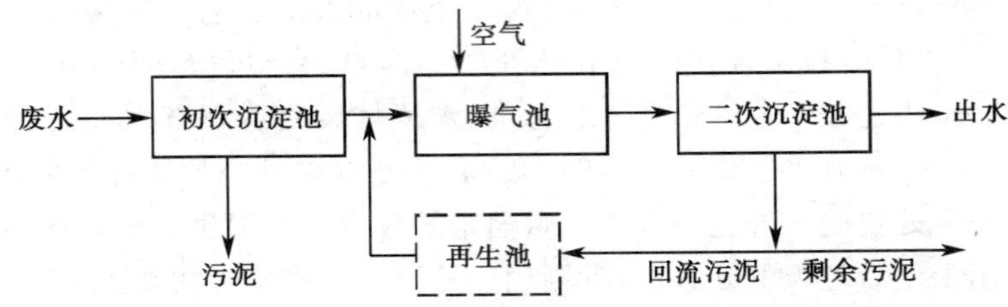

图 12-2　活性污泥法工艺流程示意图

活性污泥法的基本流程见图 12-2，其主要设备是曝气池和二次沉淀池。污水和从二次沉淀池回流的活性污泥同时进入曝气池并进行充分混合接触。在溶解氧充足的曝气池中，污水中的污染物不断被微生物吸附和分解。经过一段时间的曝气后，污水中的有机污染物大部分被同化为微生物有机体，然后进入沉淀池。絮状化的活性污泥颗粒沉降至池底部，上清液即为处理过的水，可向外排放。一部分污泥回流到曝气池中，与未处理污水混合重复上述作用；另一部分污泥则为剩余污泥被排出。活性污泥法有多种反应器形式和运转方式，常用的有完全混合式表面曝气法、生物吸附法等。活性污泥法的 BOD 去除率一般可达 90%，是较为广泛采用的生物处理方法。

2. 生物膜法

生物膜法(biological membrane method)是一类使生物群体附着于其他物体表面而呈膜状，并让其与被处理污水接触而使之净化的污水生物处理法。根据介质与污水的接触方式，以及构筑物的形式，生物膜法可分为固定床生物处理技术和流动床生物处理技术(又称流化床生物膜)，前者又可分成普通生物滤池法、塔式生物滤池法、生物转盘法、生物接触氧化法。

生物膜法的净化原理见图 12-3。如图所示，生物膜的表面吸附着一层薄薄的污水，称为“附着水层”，其外是能自由流动的污水，称为“运动水层”。当“附着水层”中的有机物被生物膜中的微生物吸附、吸收、氧化分解时，附着水层中有机物质浓度随之降低，由于“运动水层”中有机物浓度高，便迅速地向“附着水层”转移，并不断地进入生物膜而被微生物分解。微生物所消耗的氧，也是沿着空气→运动水层→附着水层而进入生物膜；微生物分解有机物产生的代谢物及最终生成的无机物以及 CO_2 等，则沿相反方向移动。开始形成的膜是好氧性的，但当膜的厚度增加，氧向膜内部扩散受到限制，生物膜就分成了外部的好氧层、内部与载体界面处的厌氧层，以及两者之间的兼性层。因此，生物膜也是一个十分复杂的生态系统，其上存在着的食物链在有效地去除有机物的废水净化过程中，起着十分重要的作用。生物膜在污水处理过程中不断增厚，使附着于载体一面的厌氧区也逐渐扩大增厚，最后生物膜老化、剥落，然后又开始新的生物膜形成过程，即生物膜的正常更新。

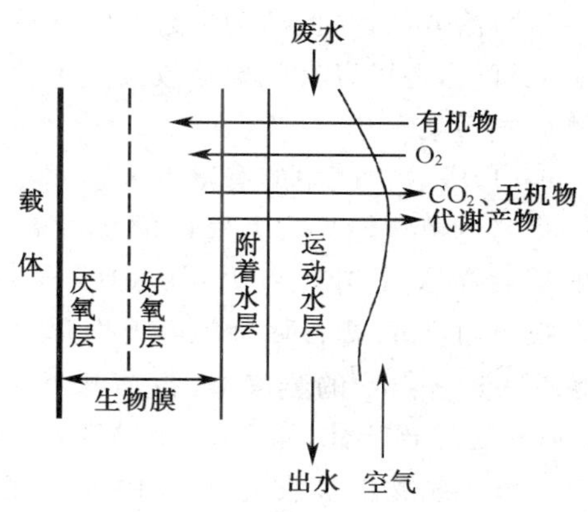

图 12-3　生物膜的净化原理

3. 厌氧生物处理法

当废水中有机物浓度较高，BOD 超过 1 500 mg/L 时，就不宜用好氧处理，而应该采用厌氧处理方法。厌氧生物处理法（anaerobic treatment of sewage）是在厌氧条件下，利用厌氧微生物分解污水中的有机物并产生甲烷和二氧化碳的方法，又称厌氧发酵法或厌氧消化法。它与好氧生物处理过程的根本区别在于不以分子态氧为受氢体，而以化合态盐、碳、硫、氮为受氢体。

厌氧法可以在较高的负荷下，达到有机物的高效去除，且具有以下优点：大部分可生物分解的碳素有机物经厌氧处理后转化为甲烷——一种有价值的副产品；处理过程中剩余污泥产量低，因此污泥处置费用少；由于不需要充氧设备，工艺所需的能量消耗相当低；所需要的氮、磷养分较少。但厌氧处理也有一些问题有待完善，如污泥量增长慢，工艺过程启动所需的时间较长；对废水的负荷变化和毒物较敏感等。厌氧处理一般只用于预处理，要使废水达标排放，还需要进一步的处理。

厌氧发酵的生化过程可分为三个阶段，由相应种类的微生物分别完成有机物特定的代谢过程（见图 12-4）。第一阶段是水解阶段，由水解和发酵性细菌群将附着的复杂有机物（多糖、脂肪、蛋白质等）分解为单糖、氨基酸、脂肪酸及醇类等；第二阶段是酸化阶段，第一阶段的水解产物由各种产酸细菌代谢成简单的丁酸、丙酸、乙酸及甲醇等有机物，以及醇类、醛类、CO_2、硫化物、氢等，同时释放出能量；第三阶段是甲烷化阶段，由第二阶段产生的代谢产物，在产甲烷菌的作用下进一步分解形成。虽然厌氧生化过程可分为以上三个阶段，但是在厌氧反应器中，三个阶段是同时进行的，并保持某种动态平衡。

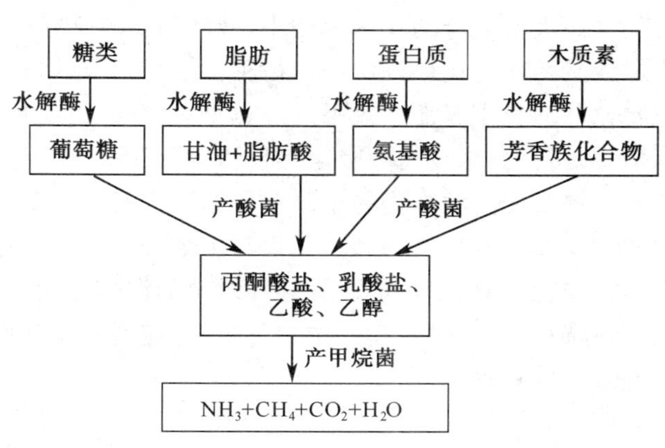

图 12-4　有机物的厌氧分解途径

厌氧处理的核心是厌氧反应器，目前已经开发出多种厌氧反应器，用来提高厌氧处理能力。如升流式污泥床、厌氧流化床、升流式厌氧滤池和接触氧化工艺等。

二、大气污染的生物防治

1. 大气污染的植物防治

绿色植物作为生态系统中的初级生产者，是物质循环和能量流动的重要环节。在大气污染防治方面，绿色植物也起着十分重要的作用。绿色植物不仅能美化环境，吸收二氧化碳制造氧气，还可以有效地吸收大气中的有毒有害物质、滞尘、减弱噪音、吸滞放射性物质和监测大气污染等。

(1)吸收大气中的有毒有害物质

绿色植物能吸收大气中的多种有毒有害污染物。植物被誉为天然的过滤器。10^4 m^2 的高大森林，其叶面积达 7.5×10^5 m^2；10^4 m^2 的草坪，其叶面积为 $2.2\times10^5\sim2.8\times10^5$ m^2。据报道，1 hm^2 柳杉林每年可吸收大约 720 kg SO_2。1 hm^2 银桦能吸收 11.8 kg 氟，在氟浓度为5.5 $\mu g/m^3$ 的蒸汽中，番茄叶片可吸收氟达 3 000 $\mu g/kg$。生长在离氯污染源 400～500 m处的阔叶林，如洋槐、银桦等，若 1 hm^2 产叶量 2.5 t(干重)，则每年可吸收几十千克氯气。许多植物能吸收臭氧，其中银杏、柳杉、樟树、青冈栎、夹竹桃、刺槐等 10 余种树木有较强的吸收能力。植物也能吸收大气中的某些重金属，如在汞蒸汽源附近，夹竹桃、棕榈、樱花、桑树等叶片中汞含量可达 6×10^{-8} g 以上。某些烟草品种叶片的吸汞量可高达干重的 0.47%。在污染源附近大量栽培对大气污染物有较强吸收能力的植物能有效减少污染物的浓度，对净化大气、提高环境质量具有一定的作用。

绿色植物是吸收二氧化碳、放出氧气的天然工厂，对调节大气中二氧化碳和氧气的平衡，稳定全球气候有着很大的影响。提高绿地面积和森林覆盖率对改善生态环境状况、提高大气环境质量是一种非常有效的生态工程手段。

(2)滞尘作用

绿色植物都有滞尘作用，其滞尘量大小与树种、林带、草皮面积、种植状况及气象条件均有关。高大而叶茂的树木较矮小、枝叶稀少者滞尘效果好，叶面粗糙多绒毛，能分泌黏性油脂或汁浆的树是比较好的防尘树种。生长季节的植物比休眠季节滞尘效果好。叶面积大的植物比叶面积小者滞尘效果好。例如，1 hm^2 山毛榉林过滤的粉尘量为等面积的云杉林的两倍多；每平方米杨树叶吸尘量仅为等面积榆树叶吸尘量的 1/7。绿化林带能降低风速，使空气中携带的大粒降尘易于降落。草地也有滞尘作用。生长茂盛的草皮，其叶面积为其占地面积的 20 倍以上。同时，其根与土壤表层紧密结合，形成严实的地被层，不易出现二次扬尘，具有特殊的减尘功能。森林和绿地的滞尘作用也成功地应用于风沙治理。

在选择滞尘树种、建立防尘林带时，应选用总叶面积大、叶面粗糙多绒毛、能分泌黏性油脂或浆汁的物种。

(3)防治噪声污染

研究表明，40 m 宽的林带可以降低噪声 10～15 dB。市区公园内成片林带可将噪声减少至 26～43 dB。许多树种有较好的隔音效果，如雪松、桧柏、龙柏、水杉、悬铃木、梧桐、垂柳、云杉、山核桃、柏木、臭椿、樟树、椿树、柳杉、栎树、桂花树、女贞等。用木本植物建立防声林带时，应考虑林带的宽度、高度、与声源的距离以及林带配置方式，这些因素对减弱噪声的效果均有影响。林带宽度在城市中以 6～15 m 为宜，郊区以 15～30 m 为宜。多条窄林带比单条林带防声效果好。林带中心的高度最好在 10 m 以上。林带应靠近声源，而不要靠近受声区。林带边沿至声源的距离在 6～15 m 效果最佳。林带以乔木、灌木和草地相结合而形成一个连续、密集的隔声带，减声效果更好。

2. 大气污染物的微生物处理

大气污染物的微生物处理是利用微生物的生物化学作用，使大气中污染物分解并转化为无害或少害的物质。目前,微生物主要用于有机污染物处理,特别是除臭。

(1)微生物吸收法:利用微生物和培养液组成的微生物吸收液作为吸收剂处理废气,然后再进行好氧处理,去除液体中吸收的污染物。这种方法适合于处理可溶性的气态污染物。

(2)微生物洗涤法:利用污水处理厂剩余的活性污泥配置混合液,作为吸收剂处理废气。该法对脱除复合型臭气效果很好,脱臭率可达99%。

(3)微生物过滤法:用含有微生物的固体颗粒吸收废气中的污染物,然后微生物再将其转化为无害物质。常用的固体颗粒有土壤和堆肥,有的是专门设计的生物过滤床。

三、土壤污染的生物治理

农药是土壤中的主要污染物之一。农药在土壤中的降解作用包括氧化、光解、水解和微生物分解。其中微生物分解起重要作用。能代谢有机农药的微生物主要有假单胞菌属(*Pseudomonas*)、诺卡氏菌属(*Nocardia*)、曲霉菌属(*Aspergillus*)等。微生物降解农药的生化反应有多种,包括脱卤作用、脱烃作用、水解作用、氧化作用、缩合作用等。微生物通过这些代谢活动,从中取得碳源和能源,供自身生长所需;同时农药因降解或结构发生变化而失去生物活性或毒性降低。另外,微生物可以通过共代谢(cometabolism)(由其他化合物提供碳源和能源,或由其他化合物诱导某种必需的代谢酶,或在其他微生物的协同作用下,微生物对某些有机污染物代谢转化或降解的现象)方式降解农药。在某些情形下,几种微生物的一系列共代谢反应可能使一种农药彻底降解。在实践中,通过调控土壤理化条件而增强土壤微生物活动,可以促进农药的降解。

重金属是另一种主要的土壤污染物。重金属一旦进入土壤,就很难治理。土壤重金属污染的治理一直是环境保护中的难题,各种理化治理技术,如土壤搬迁填埋、化学固定兼物理封固及淋洗液冲洗等方法因种种条件限制,难以普遍应用。利用细菌降低土壤中重金属毒性,如 *Citrobacter* sp. 产生的酶能使 Pb 和 Cd 形成难溶性磷酸盐。*Pseudomonas mesophilica* 和 *P. maltophilia* 能将硒酸盐和亚硒酸盐还原为胶态的 Se,能将二价 Pb 转化为胶态的 Pb,而胶态的 Se 和 Pb 不具毒性。目前,研究人员正在寻找一些具有超量蓄积重金属能力的植物用于土壤重金属治理。这些植物犹如太阳能驱动的金属泵,能将土壤中的重金属经根系吸收蓄积在体内。定期种植和收获这些植物就能逐渐清除土壤重金属,达到治理重金属污染的目的。此外,培育对重金属具有高度避性能力(不吸收或极少吸收重金属)的作物能防止重金属在食物链中传递,避免其对动物和人类的危害。

四、固体废物的生物处理

固体废物主要来自城乡生活废弃物、工农业生产废弃物及污水处理厂的剩余污泥。城乡生活垃圾和农业废弃物主要成分为有机物,可以用填埋法、焚烧法、堆肥法和发酵法进行处理。其中堆肥法和发酵法,主要是利用微生物分解废弃物中有机质的人工控制的生物处理技术。

1. 堆肥法

堆肥法(compost)是利用自然界广泛分布的细菌、放线菌、真菌等微生物,人为地促进废弃物中可被生物降解的有机物向稳定的腐殖质进行生化转化的一种固体废弃物生物处理技术。目前,堆肥法被认为是解决城市垃圾最合适的生物处理技术。

根据堆肥处理过程中起作用的微生物对氧气要求的不同，堆肥可分为好氧堆肥法（高温堆肥）和厌氧堆肥法两种。

好氧堆肥法是在有氧的条件下，通过好氧微生物的作用使有机废弃物达到稳定化，转变为有利于作物吸收生长的有机物的方法。好氧堆肥中参与有机物降解的微生物包括两类：一类是嗜温性微生物，一类是嗜热性微生物。固体废物的好氧微生物降解过程，依温度的变化，可分成发热阶段、高温阶段及降温和腐熟保肥三个阶段，每个阶段各有其独特的微生物类群。在堆肥堆制初期，温度范围15～45℃，嗜温性微生物活跃，利用堆肥中容易分解的有机物，如淀粉、糖类等迅速增殖，释放出热量，使堆肥温度不断升高。当堆肥温度上升到50℃以上，便进入了高温阶段。此阶段由于温度上升和易分解有机物的减少，嗜热性的纤维素分解菌逐渐代替了嗜温性微生物，这时堆肥中除残留的或新形成的可溶性有机物继续分解外，复杂的有机物如纤维素、半纤维素等也被分解，病原菌和寄生虫大多被高温杀死。经过高温阶段后，易分解或较易分解的有机物已大部分分解，剩下的是木质素等较难分解的有机物以及新形成的腐殖质。这时嗜热性微生物活动减弱，产热量减少，温度逐渐下降，中温性微生物又渐渐成为优势菌群，残余物质进一步分解，腐殖质继续不断地积累，堆肥进入了腐熟阶段。这一过程的时间变幅很大，约为7～120 d。

好氧堆肥过程受许多因素的影响：①有机质含量。有机质含量过低的物质发酵过程中产生的热量不足以维持堆肥所需要的温度，但过高的有机物含量又不利于通风供氧，从而产生厌氧和发臭。②水分。堆肥中的水分过高，不利于升温和通风；水分过低，不能满足微生物生长所需要的水分，有机物也就不能分解。③温度。温度是堆肥得以顺利进行的重要因素，过低的堆温延长堆肥的时间，而过高的堆温影响堆肥微生物的生长。④碳氮比。有机物的碳氮比影响堆肥温度和分解速率。⑤氮磷比。磷是微生物生长的重要元素，一般要求堆肥原料的氮磷比在75～150。⑥pH。

厌氧堆肥法中堆内不设通气系统，堆温低，有机物进行厌气分解，腐熟及无害化所需时间较长。

2. 厌氧发酵法

厌氧发酵法是在厌氧条件下，将有机废弃物，如生活垃圾、人畜粪便、植物秸秆、污水处理厂的剩余污泥等进行厌氧发酵而制成有机肥料，使固体废物无害化的过程。厌氧发酵过程主要经历酸性发酵和产气发酵两个阶段。在酸性发酵阶段，产酸细菌分解有机物，产生有机酸、醇、二氧化碳、氨、硫化氢等，使pH下降。产气发酵阶段中由产甲烷细菌分解有机酸和醇，产生甲烷和二氧化碳。

厌氧发酵法的具体方法有厌氧性堆肥法、密封发酵法、沼气发酵法等。

第六节　环境生态工程

一、环境生态工程概述

1. 生态工程的定义

生态工程(ecological engineering)一般指人工设计的、以生物种群为主要结构组分、具有一定功能的、宏观的、人为参与调控的工程系统。H. T. Odum 首先提出生态工程的名词,并将其定义为"为了控制生态系统,人类应用来自自然的能源作为辅助能对环境的控制"。此外,国外不少人还提出生态工艺(ecological technology 或 ecotechnology),定义为在深入了解生态学原理的基础上,通过最少代价和对环境的最少损伤,将管理技术应用到生态系统中。

我国生态学家马世骏在 1984 年对生态工程提出了较为完整的概念。生态工程是应用生态系统中物种共生与物质循环再生的原理,根据结构与功能协调原则,结合系统工程的最优化方法,设计的促进分层多级利用物质的生产工艺系统。生态工程的目标是在促进自然界良性循环的前提下,充分发挥资源的生产潜力,防治环境污染,达到经济效益与生态效益同步发展的目的。生态工程的思路是利用自然生态系统无废弃物质和物质循环再生等特点来解决环境污染问题。它利用太阳能作为基本能源,并保持或增加生态系统内部的物种多样性,是一类低消耗、多效益、可持续的工程体系。生态工程的"工具箱"是所有的生态系统、生物群落及物种。人类设计生态工程的目的是多种多样的,有生产人们所需物质的工艺工程,其中包括粮食、蔬菜、生物药品、工业生产等,有以治理环境污染物为目的的生物工艺过程;有以保护自然,保护物种为目的的自然保护区的调控系统等。

2. 环境保护生态工程

全球性的资源破坏和环境污染问题促使人们不断探索治理和保护环境的途径和方法。20 世纪 60 年代建立起来的环境工程学科在环境污染防治方面取得了一系列有价值的环境技术。实践证明,要达到无污染的零排放是不可能的。例如,在提供一种环境技术时,往往将污染物从一种介质(如空气)转移到另一种介质(如水)中去;另外,采用环境工程常规方法治理污染,常常需要化石能,为生产、供应这部分所需的能,往往又产生或增加另一类污染,改变或减少生态系统的生物多样性。因此,需要寻找一种在治理污染的同时,又能保护自然生态系统和非再生性资源的方法。为此,人们试图运用生态和工程的某些原理和工艺来达到治理、保护和持续发展的目的,从而产生了环境生态工程。环境生态技术提供了这样的思想,即利用自然生态系统无废弃物和物质循环等特点来解决污染问题,它以太阳能为基本能源,并保持或增加生态系统内部的物种多样性。与环境工程和传统工程相比,环境生态工程是一类低消耗、多效益、可持续的工程体系。

环境生态工程是国际上发展较为迅速的领域,已成功地应用于污水资源化处理、湖泊富营养化控制、废弃地恢复等方面。如在《生态工程》(*Ecological Engineering: an Introduction to Ecotechnology*)一书介绍的 12 项应用实例中,有 9 项与环保及污染物处理与利用有关。在美国,有多处成功的污水处理生态工程。如在佛罗里达 Garimsville 处种植柏树使之成为森林湿地,处理污水中的营养盐(去除污水中 50%以上的有机质、营养盐和重金属元素);在加利福尼亚州,应用湿生植物香蒲等去除重金属,改善水质,并进行复垦;在俄亥俄州,应用蒲草为主的湿地生态系统处理煤矿排放的含 FeS 酸性废水,处理后的废水含铁量减少了 50%～60%,电导率和 pH 值均得到上升。在丹麦 Glums 建立了防治富营养化的生态工程,结果去除进湖污水中 90%～98%的磷,并建立了生态模型,还有人进行应用生态过程去除堆肥和土壤中重金属的试验。德国建立了以芦苇为主的湿地处理废水的生态工程;瑞典建立了应用室内水生植物处理污水的生态工程。荷兰试验调控湖泊中的生物种类结构(食物链上一些环节)比例的方法防治富营养化,另在一些居民小区中建立生活污水处理小型生态工程，由一些垂直分布的充气和厌气土壤滤器纵向组合构成，并据此在计算机上建立了营养盐流动的数学模型。匈牙利应用中国传统的综合养鱼经验，建立污水养鱼生态工程。

3. 中国的环境保护生态工程

中国长期以来就有废物利用、再生和循环的传统经验，例如将生活污水粪便用作农田肥料或培育食用菌、养蚯蚓等。但研究、设计和应用生态工程是在 20 世纪 50 年代才开始的。马世骏等在 50 年代首先开始调控湿地生态系统结构和功能以防治蝗虫的研究；60 年代开始较大规模地发展污水养鱼；70 年代对被有机磷和有机氮严重污染的鸭儿湖进行防治研究；80 年代开始污水处理与利用生态工程，对一些河流和湖泊的有机污染进行治理，并发展和完善了污水生态工程土地处理系统，如沈阳西部污水生态工程处理系统将氧化塘与土地处理结合起来，创造了林、农一体化的污水资源化生态工艺；90 年代以后，环境保护生态工程更是以前所未有的速度发展，出现了许多新工艺、新技术，成为我国生态工程研究中发展较快的领域。

我国环境保护生态工程的特点是以整体观为指导，以生态系统或复合生态系统为对象，全面规划一个区域，而并非是某些局部环境或生态系统中的某些部分，其目的是多目标的，即同步取得生态、经济和社会效益；以调控生态系统内部结构和功能为主，来提高生态系统的自净能力与环境容量，对污染控制、输入物质与能源的量仅作为条件，因而并不单纯过分限制工厂、生活区的排污量，避免激化环境保护和生产发展的矛盾；通过分层多级利用，使污染物质资源化，变废为宝。

根据生态工程的性质及其主要目标，我国的环境保护生态工程大致有以下类型：

(1)无(或少)废生态工程。兼顾工业生产和保护环境的工艺，被称为无污染工艺，若干此种工艺所构成的工程体系，被称为无污染工程。例如在一些工厂和工业城市中的废物再生和利用系统，将废热源再利用，及工厂废水的净化再循环，达到无污染和少污染。

(2)分层多级利用废物生态工程。模拟不同种类生物群落的互生功能，包含分级利用和各取所需的生物结构，使生态系统中每一级生产过程的废物变为另一级生产过程的原料，且各环节比例合适，使所有废物均被充分利用。如养殖场的粪便经沼气发酵，沼液无土栽培蔬菜，沼渣制混合饲料等，几项生产项目和工艺组合使用。

(3)复合生态系统内的废物循环和再生生态工程。如桑基鱼塘生态工程。

(4)污染自净与利用生态工程。例如，污水土地处理系统利用土壤-植物系统的自净能力，既净化了生活污水，又利用了其中的营养元素作肥料。利用生活污水养鱼，污水中的营养盐和有机物作为鱼的饵料，促进了鱼类的生长并净化了污水。

(5)城乡结合的生态工程。生态系统结构中进行的物质循环存在于农业生产和以农产品为原料的加工业中。在工农业发展中相互补偿原料，保持稳定的生产体系，减少废物，并改善农村生态环境的生态工程称为工农业联合生态工程。

生态工程技术已成功地应用于水、土、气等环境介质的污染防治，成为污水处理革新/替代技术(innovative/alternative technology)。

二、氧化塘法

生物氧化塘(oxidation pond)又称废水稳定塘(wastewater stabilization pond)，这是一

种利用水塘中的微生物和藻类对污水进行好氧生物处理的构筑物。氧化塘是一种利用藻类和细菌两类生物间功能上的协同作用处理污水的生态系统。由藻类的光合作用产生的氧以及空气中的氧来维持好气状态，使池塘内废水中的有机物在微生物作用下进行生物降解。

1. 净化原理

氧化塘的净化原理如图 12-5 所示，它是利用细菌与藻类的互生关系，来分解有机污染物的废水处理系统。在氧化塘中，污水中的有机物主要通过细菌和藻类的协同作用而被去除。细菌将污水中的有机污染物氧化降解而获得能量，并形成各种无机物。藻类通过光合作用固定二氧化碳并摄取细菌分解产生的 N，P 等营养物质以及一部分小分子有机物，合成有机物并产生新的细胞，同时释放出氧气。两者相辅相成。此外，氧化塘底层的厌氧微生物活动，通过其无氧呼吸生产 CO_2，CH_4，NH_4，简单的有机酸和醇类等物质。增殖的菌体与藻类细胞又为微型动物所捕食。

在氧化塘中藻类起着重要作用，所以在去除 BOD 的同时，营养盐类也能被有效地去除。效果良好的氧化塘不仅能使污水中 80％～95％的 BOD 去除，而且能去除 90％以上的氮、80％以上的磷。伴随着营养盐的去除，藻类进行着 CO_2 的固定、有机物的合成。通常除去 1 mg 氮，能得藻体 10 mg；除去 1 mg 磷，能获藻体 50 mg。大量增殖的藻体会随处理水流出，如果能采用一定的方法回收藻类，或在氧化塘的出水端设养鱼池，或对氧化塘出水加以混凝沉淀等处理，将可使处理水质大大提高。目前，氧化塘已广泛用于城市污水及食品、制革、造纸、石油化工、农药等工业废水的处理。污水经氧化塘处理后，BOD 去除率可达50％～90％，大肠杆菌去除率可达约 98％。氧化塘的优点是构筑物简单、投资运行费用低、维护管理简便，但占地面积较大。

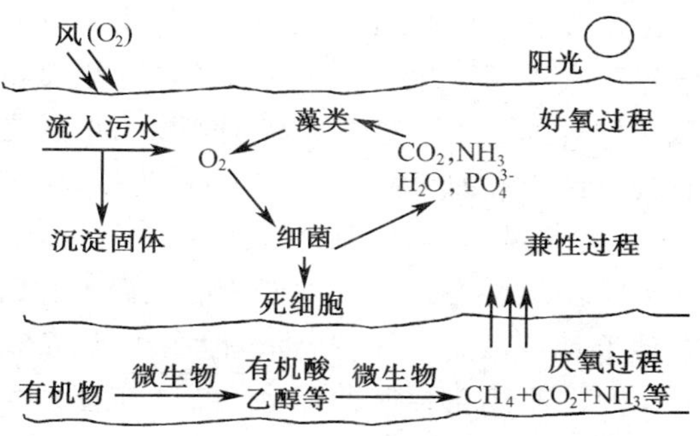

图 12-5　氧化塘内的生物学过程

2. 氧化塘的主要类型

氧化塘可以划分为兼性塘、厌氧塘、好氧高效塘(aerabic pond)、精制塘、曝气塘。

(1)兼性塘

兼性塘(facultative pond)深度一般在 1.0～2.5 m，由上层好氧区、中层兼氧区和底部厌氧区组成。在上层好氧区，阳光能透入，藻类的光合作用旺盛，释氧多，是好氧微生物对有机物的氧化和代谢区域；中层兼氧区阳光不能透入，溶解氧不足，以兼性微生物占优势；底部厌氧区主要是厌氧微生物占主导，对沉淀于塘底的底泥进行厌氧发酵。兼性塘主要应用于处理工业、农业废水和生活污水。BOD 的去除率在 70％～95％，最高达 99％。

(2)厌氧塘

厌氧塘(anaerabic pond)主要以厌氧微生物为主，厌氧塘的有机负荷很高，BOD_5 的表面负荷一般在 33.6～56 g/m^2，BOD_5 的去除率为 50％～80％，塘深 2 m 以上。厌氧塘处理出水的 BOD_5 为 100～500 mg/L，在它的后面通常置有兼性塘和好氧塘。

(3)曝气塘

曝气塘(aerated pond)是以机械曝气装置补氧的人工塘，塘深一般在 2～5 m，水力停留时间 4～5 d。BOD_5 去除率能达到 50%～90%。曝气塘 BOD_5 负荷为 0.03～0.06 kg/(m^3 · d)，曝气可使塘内污水中固体或部分固体保持在悬浮状态，具有搅拌和充氧双重功能。

(4)精制塘

精制塘(maturation pond)一般用来改进生物滤池法、活性污泥法以及其他类型生物塘排放的出水，目的是为了降低可沉降固体、BOD_5、微生物以及氨的浓度。BOD_5 的负荷一般在 1.38 kg/(m^3 · d)。

三、人工湿地处理系统

1.人工湿地生态系统

人工湿地污水处理生态系统是 20 世纪 70 年代发展起来的一种生态工程污水处理系统。人工湿地(artificial wetland)是人工设计的、模拟自然湿地结构和功能的复合体，由水、处于水饱和状态的基质、挺水植物、沉水植物和动物等组成，并通过其中一系列生物、物理、化学过程实现污水净化。应用人工湿地生态系统处理废水，其净化效率优于氧化塘，运转费用低于常规的污水处理厂。特别需要指出的是，湿地系统对废水处理厂难以去除的营养元素有较好的净化效果。它对 BOD 的去除率一般在 60%～95%，对 COD 的去除率可达 50%～90%，对 N,P 的去除率也在 60%～90%。

人工湿地生态系统既不同于氧化塘，与其他的污水处理土地系统也有明显的区别。虽然自然湿地可以用于处理废水，但在地点、负荷量等方面难以与实际需要相符合，自然湿地基本上是一个不可控制的环境。而人工湿地生态系统中的生物种类多种多样，并处于人为的控制之下，综合处理废水的能力受到人工设计控制，处理能力完全可以超过自然湿地。

人工湿地生态系统净化污水的原理是湿地环境中所发生的物理、化学和生物作用的综合效应。它们包括沉淀、吸附、过滤、溶解、气化、固定化、离子交换、络合反应、硝化、反硝化、营养元素的摄取，生物转化和细菌、真菌的分解作用等过程。因此，在人工湿地生态系统中，对污水的净化起主要作用的是细菌的分解和转化作用。人工湿地中大型水生植物也起到重要的净化作用。空气中的 O_2 通过大型水生植物的叶、茎的传输到达根部，扩散到周围缺氧的底质中，形成了氧化的微环境，刺激了好氧生物对有机物的分解作用，有助于硝化细菌的生长，降低了废水中的 BOD，并将 NH_3-N 转化为 NO_3^-，NO_2^-。人工湿地生态系统净化废水的效率高，可作为二级处理和深度处理设施。人工湿地生态系统建立的基本建设投资、运行和管理费用仅为一般常规处理的一半。人工湿地生态系统可以由多个单元组合而成，能吸引大量的野生动物，并为它们提供适宜的栖息地。

2.人工湿地的特点

一般来说，人工湿地系统主要由以下 5 个部分构成。

(1)具有透水性的基质。如沙粒、沙土、土壤、石块等，这些基质一方面为微生物的生长提供稳定的依附表面，同时也为水生植物提供了载体和营养物质，提供湿地化学反应的主要界面之一。当污水流经人工湿地时，基质通过一些物理的和化学的途径(如吸收、吸附、过滤、离子交换、络合反应等)来净化除去污水中的 N，P 等营养物质。

(2)微生物。它们可以转化水中污染物甚至将有机物完全矿化。植物根区微生物是湿地降解有机污染物的主要生力军，人工湿地中微生物的活动是废水中有机物降解的主要机制。水生植物通过通气组织的运输，将氧气输送到根区，从而形成了根表面及附近区域的氧化状态。在这一区域废水中的大部分有机物质被好氧微生物分解成为二氧化碳和水，有机氮化物等则被硝化细菌硝化。而在湿地中的还原状态区域，则是有机物被厌氧细菌分解发酵。至于金属元素，植物根区好氧微生物的活动有利于硝化作用，可以加强湿地对重金属的吸附和富集作用。

(3)适应在经常处于水饱和状态的基质中生长的水生植物。如香蒲、芦苇、灯心草等，可增加湿地基质的透水性。人工湿地中水生植物除自身具有较强的营养物质吸附富集功能外，还与其周围环境的各种原生动物、微生物形成各种小环境，如它们将氧气传送至植物根区，为微生物的吸附和代谢提供了良好的生化环境，形成特殊的根际微生态环境。这一微生态小环境具有典型的活性生物膜的功能，具备很强的净化废水的能力，对多种污染物有很强的吸收、分解、富集能力。当废水流经湿地体系时，固态悬浮物被根系及填料阻挡截留，有机物通过根际微生态环境吸附，经异化及同化作用而得以去除；同时，植物根系对氧的传递释放，使污染物不仅能被植物、微生物吸收，还可通过硝化、反硝化、积累、降解、络合、吸附等作用而显著增加去除率。可见水生植物在人工湿地污水净化中起着十分重要的作用。

(4)无脊椎或脊椎动物。如鱼类、贝类、鸟类等。

(5)水体。

人工湿地污水处理系统通常包括污废水输送单元、预处理单元、湿地处理单元(包括监测系统)和排水收集单元。人工湿地主要用于小城镇、村镇的污水处理，也是许多工业废水(化工、石油化工、纸浆、纺织印染、重金属废水等)的有效处理方法。人工湿地污水处理系统的特点是基建和运行费用低，易于操作维护，污废水处理效果良好，不仅能去除COD,BOD等有机物，而且能除磷脱氮和去除重金属，具有显著的生态环境效益与很强的观赏性。一旦与风景园林建设或生态农业等相结合，有可能提供直接或间接的经济效益。人工湿地不足的是单位体积污水处理量所要求的占地面积较大。

四、污水土地处理系统

利用土地以及其中的微生物和植物根系对污染物的净化能力来处理已经过预处理的污水或废水，同时利用其中的水分和肥分促进农作物、牧草或树木生长的工程设施称为土地处理系统(land treatment system)。土地处理系统将环境工程与生态学基本原理相结合，具有投资少、能耗低、易管理和净化效果好的特点。

1.污水土地处理系统的净化机理

土地处理是利用土地生态系统的自净能力来净化污水的。土地生态系统的净化机理包括土壤的过滤截留、物理和化学的吸附、化学分解、生物氧化以及植物和微生物的摄取等作用。它的主要过程是：污水通过土壤时，土壤将污水中处于悬浮和溶解状态的有机物质截留下来，在土壤颗粒的表面形成一层薄膜，这层薄膜里充满着细菌，它能吸附污水中的有机物，并利用空气中的氧气，在好氧细菌的作用下，将污水中的有机物转化为无机物，如CO_2，NH_3，硝酸盐和磷酸盐等；土地上生长的植物，经过根系吸收污水中的水分和被细菌矿化了的无机养分，再通过光合作用转化为植物的组成成分，从而实现将有害的污染物转化为有用物质的目的，并使污水得到净化处理。

污水土地处理系统一般由污水的预处理设施、污水的调节与储存设施、污水的输送、布水及控制系统、土地处理面积和排出水收集系统组成。因此土地处理系统是以土地为主的、统一的、完整的系统。

2. 土地处理系统的主要类型

(1)地表漫流系统(overland flow system):用喷灌及漫灌方式将污水有控制地投配到生长有多年生牧草的土地上,污水在地表形成薄层,均匀地顺坡流下,其蒸发量和渗入量均很少,大部分流入集水沟,地表上一般种植植物,以供微生物栖息并防止土壤被冲刷流失,使污水在沿地表缓慢流动过程中得以净化的土地处理工艺类型。适用于透水性差的土壤(黏土和亚黏土)及平坦而有均匀适度坡度(2%~8%)的田块。

(2)慢速渗滤系统(slow-rate system):污水经喷灌、漫灌和沟灌布水后,垂直向下缓慢渗滤,农作物可以充分利用污水中的水肥、营养素,同时依靠土壤-微生物-农作物系统对污水进行净化,部分污水被蒸发和渗滤。适用于渗水性能良好的土壤和砂质土壤及蒸发量小、气候湿润的地区。

(3)快速渗透系统(rapid infiltration system):污水灌入土壤表面后很快渗入地下,其中一部分被蒸发,大部分进入地下水。灌水和休灌(晒田)反复循环进行,以保持高的渗透率。适用于透水性能非常良好的土壤(砂土、砂壤土或壤土)。这种方法类似于间歇的砂滤池。

(4)自然湿地系统(wet-land system):这是一种利用低洼湿地和沼泽地对污水进行处理的方法。污水进入低洼地形成沼泽或池塘后,通过底部土壤的渗透作用及池中水生动植物(芦苇等)的综合生态效应,达到净化污水的目的。

(5)地下渗滤系统(subsurface infiltration system):将污水引入到具有一定构造和良好扩散性能的地下土层中,经毛管和土壤渗滤作用向周围运动,达到处理、利用污水的目的的土地处理工艺类型。污水一部分被植物吸收或经蒸发作用损失,大部分被集水系统收集回用。

表 12-2 总结了污水土地处理类型的典型工艺特征。

表 12-2 污水土地处理类型的典型工艺特征(引自孙铁珩等,2001)

工艺类型	地表漫流	慢速渗滤	快速渗透	自然湿地	地下渗滤
投配方式	地面布水或低压、高压喷洒	地面布水或高压洒	地面布水	地面布水	地下布水
年水力负荷(m/a)	3~21	0.6~6	6~122	3~30	0.4~3
年有机负荷 [kg BOD/(hm² · a)]	1.5×10^4	2×10^4	3.6×10^4	1.8×10^4	
日有机负荷 [kg BOD/(hm² · d)]	40~120	50~500	150~1 000	18~140	
占地性质	牧业	农、牧、林业		经济作物	绿化
土地面积 [hm²/(10⁴ m³ · d)]	25	180	10	22	
预处理要求	格栅、筛滤	一级处理	一级处理	格栅、筛滤	化粪池、一级
污水最终去向	径流、下渗、蒸散	下渗、蒸散	下渗、蒸发	径流、下渗、蒸散	下渗、蒸散
典型植物	牧草	谷物、牧草、林木	无要求	芦苇	草地、绿地

第七节　污染环境的生物修复

一、生物修复的概念

土壤、地表水、地下水、沉积物等环境经常会受到各种有毒有害物质的污染，为了治理污染，需要使用物理的、化学的和生物学的方法对环境进行修复。生物修复(bioremediation)主要是利用生物将土壤、地表及地下水或海洋中的有毒污染物现场去除或降解的工程技术系统。

生物修复可以消除或减弱环境污染物的毒性，可以减少污染物对人类健康和生态系统的风险。这项技术的创新之处在于它精心选择、合理设计操作的环境条件，促进或强化在天然条件下本来发生很慢或不能发生的降解或转化过程，从而加速污染物的降解与去除。就基本原理来说，生物修复与生物处理是一致的，两者的区别在于生物修复几乎专指已被污染的土壤、地下水和海洋中有毒有害污染物的原位生物处理，旨在这些地方恢复“清洁”；而生物处理则有较广泛的含义。随着研究的不断深入，生物修复已由微生物修复拓展到植物修复。

同传统或现代的物理、化学和工程处理技术相比，生物修复技术投资费用省，对环境影响小，能有效降低污染物浓度，适用于在其他技术难以应用的场地，如位于建筑物或公路下受污染的土壤，而且能同时处理受污染的土壤和地下水。国际上在20世纪80年代开始生物修复的研究，1989年美国阿拉斯加海域石油污染的生物修复成功是生物修复发展的里程碑。90年代在美国出现了许多利用生物修复技术修复污染土壤的成功经验。目前在我国生物修复也已开始，主要应用于水体污染和土壤重金属污染的修复。可以预期，生物修复是一项很有希望、很有前途的环境污染治理技术，具有广阔的应用市场。

二、污染环境的微生物修复

1.微生物修复的原理

早期的生物修复主要是指利用微生物来消除和降低水体和土壤中污染物毒性的技术。我们知道，环境中存在着各种降解、净化有毒有害有机污染物的微生物，通过微生物的降解和转化，将有机污染物转化为无害的小分子化合物和二氧化碳与水。但是，由于环境条件的限制，微生物自然净化速度很慢，且不能降解进入环境的所有污染物，如人工合成的高分子化合物塑料等。因此需要采用各种方法来强化微生物的降解过程，例如提供氧气，添加氮、磷营养盐，接种经驯化培养的高效微生物等，以便能够迅速去除污染物。这就是微生物修复的基本思路。

根据生物修复利用微生物的情况，可以分为使用污染环境土著微生物、使用外来微生物和进行微生物强化作用。①土著微生物(indigenous microorganism)：使用污染环境中自然存在的降解微生物，无需加入外源微生物。实际上环境在遭受有毒有害污染物的污染过程中就自然地存在着一个驯化选择过程，一些特异的微生物在污染物的诱导下产生分解污染物的酶系，进而将污染物降解转化。目前在大多数生物修复工程中应用的都是土著微生物，已成功应用于石油烃的生物修复。②外来微生物(exogenous microorganism):土著微生物生长速度太慢、代谢活性不高,或者由于污染物的存在而造成土著微生物数量下降,因此需要接种一些降解污染物的外源微生物,提高污染物降解的速率。③微生物强化作用(bioaugmentation)或产物促进作用(biostimulation):需要不断地向污染环境投入外源微生物,酶,其他生长基质或氮、磷等无机盐。有些微生物可以降解特定污染物,但它们却不能利用该污染物作为碳源合成自身有机物,因此需要另外的生长基质维持它们的生长。如在微生物修复海洋石油污染时,有充足的碳源和氧气供应,需供应氮、磷进行强化。

2.影响微生物修复的因素

归纳起来,影响微生物修复过程的有微生物区系、碳源能源(有机物)、其他营养条件和环境条件三大因素。因此,在研究和选择生物修复技术时要考虑微生物类型、污染物特性、环境特点等。

(1)微生物营养盐。许多有机物可作为微生物的碳源和能源,而氮、磷等营养盐往往是微生物活性的限制因素。所以为了促进污染物的降解,需添加营养盐。如在石油污染的海洋中不断提供N和P,可促进石油的生物降解。一般认为每升海水中1 mg石油生物降解所需的N和P的最佳值分别是0.13~46 mg和0.009~6 mg。

(2)电子受体。微生物的生物降解过程是一个氧化还原反应,即有机物不断丢失电子的过程,需要有特定的电子受体来接受这些丢失的电子。在好氧条件下的电子受体是氧气,在厌氧条件下的电子受体是无机氧化物,如硝酸盐、硫酸盐、二氧化碳等。生物修复中为了增加氧气,需要增氧或添加产氧剂。一般土壤污染的修复可用鼓气的方法用管道将压缩空气送入土壤。产氧剂有双氧水、过氧化钙等。另外通过土壤管理措施也可防止土壤由于降解有机物产生厌氧环境。

(3)共代谢基质。共代谢作用是微生物降解一些难降解污染物的重要途径。因此,共代谢基质对生物修复也有影响。如某些分解代谢酚或甲苯的细菌也具有共代谢降解三氯乙烯、1,1-二氯乙烯、顺-1,2-二氯乙烯的能力。

(4)污染现场和土壤的特性。包括污染现场的地质、气象、水文、生物等因素,土壤的理化性质等。如土壤特性可影响污染物和微生物的相对活性,进而影响生物修复速度和氧的浓度。

(5)污染物的理化性质。包括污染物的迁移转化、挥发、生物降解、化学反应等。了解污染物的理化性质是判断能否采用生物修复技术,以及采用何种技术和对策强化和加速生物修复过程的重要方面。

3.生物修复实例

(1)海洋石油污染的生物修复

1989年3月24日,Exxon公司的超级油轮Valdez在美国Prince William Sound搁浅,导致42 000 m^3的原油泄漏,污染了3 200 km的海岸。在以后的4个月内造成90多种30 000只鸟死亡,成为美国最大的污染事件之一。在常规的物理方法不起作用的情况下,Exxon公司和美国国家环保局开始了“阿拉斯加研究计划”,研究采用生物修复技术来消除溢油污染。实验室的研究表明,使用无机盐溶液或亲脂性肥料,在6周内可以分解石油中的几乎全部正烷烃。现场试验证实当地有大量的降解菌,通过施用各种肥料到油污区。肥料包括水溶性的、缓释的和亲油的。结果,肥料施用2~3周后,海滩表面明显地变清洁,海滩上呈现一个个"窗口",但在鹅卵石下面还有大量的油污,又经过几周后油污全部消失。估计施用肥料以后,石油污染的去除时间由 10～20 a 减短到 2～3 a。

(2)污染土壤的生物修复

污染土壤的生物修复技术主要有三种类型:原位生物修复、易位生物修复和反应器生物修复。

原位生物修复是指在受污染地区直接采用生物修复技术,对修复场地的干扰破坏很小,一般利用土著微生物或加入经过驯化和培养的微生物,通过控制调控亚表层环境使微生物降解达最佳状态。工程的主要内容是设计建立对亚表层环境控制提供有效的供应和回收系统以及能提供有效资料的监测系统。图 12-6 是一种污染土壤原位生物修复技术的示意图,在修复区钻两组井,一组是注水井,用来将接种的微生物、水、营养物、电子受体等物质注入土壤中;另一组是抽水井,用于抽取地下水,促进微生物和营养物的运输,保持氧气供应;有的系统还在地面上建有污水处理装置,将抽取的地下水经过处理后再注入地下。生物通气法(bioventing)则是利用生物通风系统向亚表层供给空气或氧气,促进土壤中污染物生物降解的技术。它的主要技术措施是向亚表层打通气井。通气井的数量、井间距离和供氧速率根据污染物的分布和土壤类型而定。

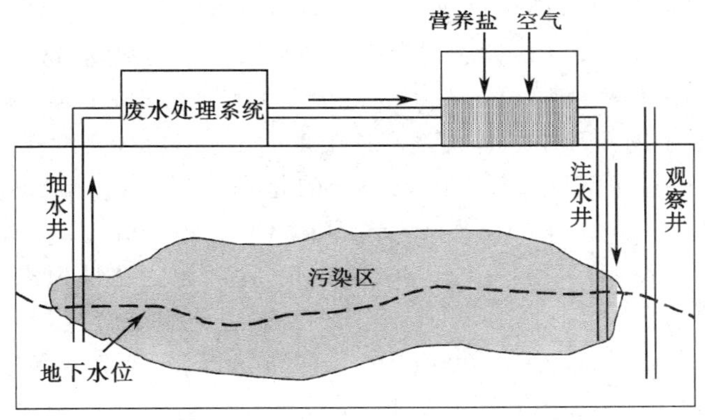

图 12-6　污染土壤生物修复原位处理示意图(引自马文漪和杨柳燕,1998)

易位生物修复技术是移动污染土壤到邻近地点或反应器内进行,如通气土壤堆、泥浆生物反应器等形式处理。很显然这种处理更好控制,结果容易预料,技术难度较低,但具有投资成本较大,干扰原土壤的结构等缺点。例如通气土壤堆处理(aerated soil pile treatment)技术,是将污染土壤挖出堆成堆,堆中布置通气管道,上面安装喷淋营养物的管道,土壤堆下面有衬层和排水系统;如果挥发有害产物,整个运行过程可在塑料棚内进行;应用此方法处理含杂酚油的废物,可使 PAHs 在土壤中分解,经过 1 年的时间可萃取烃的 60%、PAHs 二环和三环化合物的 95%以上以及 PAHs 四环、五环化合物的 70%被分解。

反应器生物修复是将土壤挖出来,与水混合后,在接种了微生物的反应器内进行处理。反应器使细菌和污染物充分接触,并确保充足的氧气和营养物供应。

三、污染环境的植物修复

植物修复(phytoremediation)是利用植物的独特功能及与根际微生物的协同作用对污染环境进行修复。在一些文献中把植物修复也称为植物生物修复(botanical bioremediation)和绿色修复(green remediation)。植物修复是一个更经济、更适于现场操作的去除环境污染物的技术。植物修复不仅可去除环境中的有机污染物,还可去除环境中的重金属和放射性核素,并且植物修复适用于大面积、低浓度的污染位点。因此,植物修复在富营养化地表水体的修复和土壤重金属污染修复方面有一定的优势,有的已达到商业化水平,是生物修复中的一个研究热点。

1. 重金属污染的植物修复

重金属污染不同于有机物,它不能被生物所降解,只有通过生物的吸收才得以从环境中去除。利用植物对金属污染环境进行原位修复是解决环境中重金属污染问题的一个很有前景的选择。例如对受金属或非金属元素严重污染的矿区的复垦以达到恢复植被、改善生态景观,可以提高土地资源的利用价值。

植物修复从原理上可分为以下几种类型。

(1)植物吸收(phytoextraction)

利用一些植物对重金属的吸收和在地上部的积累,并通过收获地上部分来达到减少土壤重金属含量的目的。这类植物包括超量积累植物和诱导的超量积累植物。前者是指一些具有很强的吸收重金属并运输到地上部分积累能力的植物,后者则是指一些本不具有超量积累特性但通过一些过程可以诱导出超量积累能力的植物。

目前,人们已经找到了400多种能超量积累各种重金属的植物,这种具有超量积累重金属能力的植物称为超积累植物(hyperaccumulator)。早在1885年,有人在锌矿区发现 *Thlaspi calaminare* 植物叶片中的锌含量高达干重的1%。后来又发现 *Alyssum bertolonii* 植物叶片中镍的蓄积量也高达1%。已见报告的超量积累植物的最高重金属含量为:Cd 1 800 mg/kg,Co 10 200 mg/kg, Cr 2 400 mg/kg, Cu 13 500 mg/kg, Mn 51 800 mg/kg, Ni 47 500 mg/kg, Pb 8 200 mg/kg, Zn 39 600 mg/kg。一些超量积累植物能同时超量吸收、积累两种或几种重金属元素。Blaylock 等报道,通过施用螯合剂,*Brassica juncea* 地上部的 Cd 含量达 2 800 mg/kg,Pb 15 000 mg/kg。Kumar 等研究发现芥子草不仅可吸收铅,也可吸收并积累 Cr,Cd,Ni,Zn 和 Cu 等金属。

研究表明,超量积累植物在重金属污染土壤的修复方面具有极大的潜力,已有一些进入商业化。如 Robinson 等报道,镍超量积累植物 *B. coddii* 的植物干物质产量达 22 t/hm^2,植株平均含镍 7 880 mg/kg,植株吸收提取镍总量为 168 kg/hm^2,仅需种植2年即可把中度镍污染土壤(含镍 100 mg/kg)降至欧盟允许标准(75 mg/kg)。芥菜(*Brassica juncea*)培养在含有高浓度可溶性 Pb 的营养液中,可使芥菜植株中 Pb 含量达 1.5%。美国的一家植物修复技术公司已用芥菜进行野外修复试验。芥菜不仅可吸收 Pb,还可吸收并积累 Cr,Cd,Ni,Zn 和 Cu。

用植物提取的方法来修复重金属污染土壤,其成功与否取决于植物体内重金属含量的高低和植物生物量的大小。一般认为用于植物修复的理想植物应具有以下几个特性:即使在污染物浓度较低时也有较高的积累速率;能在体内积累高浓度的污染物;能同时积累几种金属;生长快,生物量大;具有抗虫抗病能力。

(2)植物挥发(phytovolatilization)

植物挥发是利用植物去除环境中的一些挥发性污染物的方法,即植物将污染物吸收到体内后又将其转化为气态物质,释放到大气中。如一些金属如硒、砷、汞等可以生物甲基化而形成可挥发性的气态，释放到大气中。一些农作物如水稻、花椰菜、胡萝卜、大麦、苜蓿等以及一些水生植物如 *Myriophyllum brasiliense*、*Juncus xiphioides*、*Typha latifolia* L.等有较强的吸收并挥发硒的能力。一些细菌利用汞还原酶可把汞还原成分子汞。Rugh 等已成功地把细菌的 Hg^{2+} 还原酶基因导入拟南芥植株，使植株耐汞能力大大提高。需要指出的是，由于植物挥发只适用于挥发性污染物，并且将污染物转移到大气和生物中有一定的风险，因而限制了它的应用。

(3)植物固定(phytostabilization)

植物固定是指利用植物吸收和固定土壤中的大量有毒金属，以降低其生物有效性并防止其进入地下水和食物链，从而减少其对环境和人类健康的污染风险。在这一过程中，土壤的重金属含量并不减少，只是形态发生变化。这方面最有前景的是 Pb 和 Cr。研究表明，一些植物可降低铅的生物可利用性，缓解铅对环境中生物的毒害作用。然而植物固定并没有将环境中的重金属离子去除，只是暂时将其固定，使其对环境中的生物不产生毒害作用，没有彻底解决环境中的重金属污染问题。如果环境条件发生变化，金属的生物可利用性可能又会发生改变。因此植物固定不是一种很理想的去除环境中重金属的方法。

(4)植物过滤或根系过滤(phytofiltration or rhizofiltration)

利用植物根系的吸收能力和巨大的表面积或利用整个植株来去除废水中的重金属。水生植物、半水生植物和陆生植物均可作为根系过滤的材料。目前已筛选出了几种较理想的植物，如向日葵、印度芥子菜等。

在植物修复中，可利用植物固定和挥发在金属污染土壤中生产金属含量较低、符合环境标准的农产品；利用植物吸收和过滤，通过栽种绿化树种、草地或棉麻作物等不进入食物链的物种积累重金属，在收获后进行植物提取。目前研究的重点是开发具有超量积累金属倾向的天然作物，如将超量积累植物与生物量高的亲缘植物杂交，筛选出能吸收、转移和耐受金属的许多作物与草类；另一方面是通过筛选突变株或基因工程物种获得超量积累植株。

2. 有机污染物的植物降解

植物降解(phytodegradation)是利用植物及其相关的微生物区系将有机污染物转化为无毒物质。例如裸麦(*Lolium perenne*)可促进脂肪烃的生物降解，冰草属的 *Agropyron desortorum* 可以使五氯酚(PCP)矿化。有机污染物的植物降解主要有三种机制：即直接吸收并在植物组织中积累非植物毒性的代谢物；植物释放分泌物和酶，刺激根区微生物的活性和生物转化作用；植物增强根区的矿化作用，这与菌根菌和同生菌有关。

(1)植物对有机污染物的直接吸收和降解作用。植物从土壤中直接吸收有机物，然后将没有毒性的代谢中间体储存在植物组织中，这是植物去除环境中的中等亲水性有机污染物的一个重要机制。化合物被吸收到植物体后，植物可将其分解，并通过木质化作用使其成为植物体的组成成分，也可通过挥发、代谢或矿化作用使其转化为二氧化碳和水，或转化为无毒性作用的中间代谢产物，达到去除环境中有机污染物的作用。概括起来，植物对污染物的吸收受三个因素的影响：化合物的化学特性、环境条件和植物种类。因此，要提高植物对环境中有机污染物的去除率，应从这三方面入手。

(2)植物释放分泌物和酶可去除环境有机污染物。植物根系释放到土壤中的酶可直接降解有关的化合物，有机物降解得非常快，致使有机物从土壤中的解吸和质量转换成为限速步骤。植物死亡后酶释放到环境中还可以继续发挥分解作用。在植物根区，微生物的种类和生物量明显比根外土壤中多。近年的研究发现,随着植物根区微生物的密度增加,多环芳烃的降解速率也明显加快。

(3)强化根区的矿化作用。植物可以促进根区微生物的转化作用,这已被很多研究所证实。植物根区的菌根真菌与植物根系形成共生体——菌根,具有独特的酶系统和代谢途径,可以降解不能被细菌单独转化的有机物。植物为微生物提供生存场所并可转移氧气使根区的好氧转化作用能正常进行,这也是植物促进根区微生物矿化作用的一个机制。

目前我国已有学者用苜蓿与微生物共同对多环芳烃(PAHs)和矿物油污染土壤进行修复,并研究了污染物含量、专性细菌和真菌以及有机肥等因子对修复效果的影响。结果表明,PAHs和矿物油的降解率与有机肥含量呈正相关,增加有机肥5%,可提高矿物油降解率17.6%~25.6%,PAHs降解率9%。在植物存在时,土壤微生物降解功能得到明显地提高。

植物是一个有效的土壤污染处理系统,它同其根际微生物一起,利用生理代谢功能担负分解、富集和稳定污染物的作用。土壤污染的植物修复技术是一项有前途的新技术。

思考题

1. 概念和术语。

水体污染　废水处理系统　大气污染　土壤污染　土壤自净作用　土壤环境容量　固体废物　废物资源化　土地填埋　环境生物技术　活性污泥法　生物膜法　厌气生物处理法　堆肥法　生态工程　环境生态工程　生物氧化塘　人工湿地生态系统　污水土地处理系统　生物修复　微生物修复　植物修复　超积累植物

2. 污水处理技术主要有哪些?它们的基本原理是什么?

3. 大气污染物主要有哪些?并说明它们的主要来源。

4. 目前 SO_2 治理技术主要有哪些?它们的原理是什么?

5. 论述环境生物技术的主要依据和特点。

6. 活性污泥的组成是什么?为什么活性污泥能降解有机污染物?

7. 生物膜是如何形成的?它处理废水的机理是什么?

8. 为什么绿色植物能够净化大气污染物?

9. 堆肥法处理城市垃圾时,受哪些因素影响?

10. 环境生态工程与环境工程有什么不同?前者有什么优点?

11. 我国环境生态工程有哪些类型?介绍1~2个实例。

12. 应用氧化塘处理废水时,藻类和细菌各起什么作用?它们的关系如何?

13. 人工湿地生态系统一般由几部分构成?它们各起什么作用?

14. 污水土地处理系统有哪几种类型?它们分别适用于哪些条件?

15. 重金属污染土壤植物修复的基本原理是什么?

16. 简述应用生物修复技术原位修复石油污染土壤的方法。

第十三章 应用环境生态学

本章提要 重点讲述全球变化、生物多样性保护、生态恢复、生态风险评估、生态规划、生态示范区建设等几个与人类生存和生态环境建设密切相关的问题，这些问题也是当前环境生态学研究的热点和重要应用领域，包括：全球变化的概念、全球变化的主要内容（土地利用和土地覆盖变化、生物地球循环变化、人口增长、生物多样性丧失、气候变化、温室气体浓度变化）、全球变化的生态影响和减缓全球气候变化的途径；生物多样性的基本概念和内涵、生物多样性丧失的原因、生物多样性为人类提供的各种服务功能以及生物多样性保护的途径；退化生态系统的基本特征和形成原因、退化生态系统恢复与重建的理论和方法；几种典型退化生态系统（沙漠化土地、水土流失和矿山废弃土地）的生态恢复工程技术；化学物质生态风险评估的程序和方法；生态规划的概念、原则和方法；生态示范区建设的意义以及生态县、生态市和生态省的概念。

第一节 全球变化

一、全球变化的概念

由于世界人口的激增和科学技术的巨大进步，人类正以前所未有的规模和速度改变着生存环境。人类活动导致的大气及水体污染、土地退化，乃至气候变化正从局部扩展至全球范围。这些由于人类活动直接或间接造成的，出现在全球范围的，异乎寻常的人类生态环境变化就是全球变化的主要内容。20 世纪 70—80 年代以来，全球变化作为最引人注目和关切的环境科学问题，被各国政府、科学界与公众所强烈关注。

在相当长的一段时间内，对全球变化的认识主要集中在全球气候变化（global climate change）、全球变暖（global warming）或温室效应和海平面上升（sea level rise）等，并以气候变化为研究核心。20 世纪 90 年代以来，对全球变化的概念有了新的发展。如美国的《全球变化研究方案》一书中，将全球变化定义为："可能改变地球承载生物能力的全球环境变化（包括气候、土地生产力、海洋和其他水资源、大气化学以及生态系统的改变）。"蔡晓明（2000）进一步定义为：全球变化（global change）是指地球生态系统在自然和人为影响下所导致的全球问题及其相互作用下变化的过程。目前，国际上公认的全球变化研究，由三个相互独立、相互依存的科学计划组成：以研究气候系统中物理方面问题为主的世界气候研究计划（World Climate Research Programme，WCRP）、以研究地球系统中的生物地球化学循环及过程为主的国际地圈-生物圈计划（International Geosphere and Biosphere Programme，

IGBP)和以了解导致全球环境变化的人类因素为主的全球环境变化的人类因素计划(International Human Dimension of Global Environmental Change Programme，IHDP)。

引起全球变化的根本原因在于全球性人口的增长，也包括人类对大自然的盲目开发和破坏，社会体制、政策、法律的疏漏和失当。Vitousek(1994)研究表明，人类活动从以下三个方面引起全球变化：①N循环的改变；②土地利用和土地覆盖的改变；③大气二氧化碳浓度的改变。其具体机制是，人类的工农业生产很大程度上改变着大气二氧化碳浓度、N循环以及土地覆盖，而这些变化最终将导致全球气候的变化和生物多样性的丧失(见图13-1)。同时也可以看出，全球变化的研究成果将直接服务于人类，有利于工农业的合理布局、自然资源的合理开发利用、环境污染控制以及全球性环境问题的重大决策，为改善人类生存环境作出贡献。

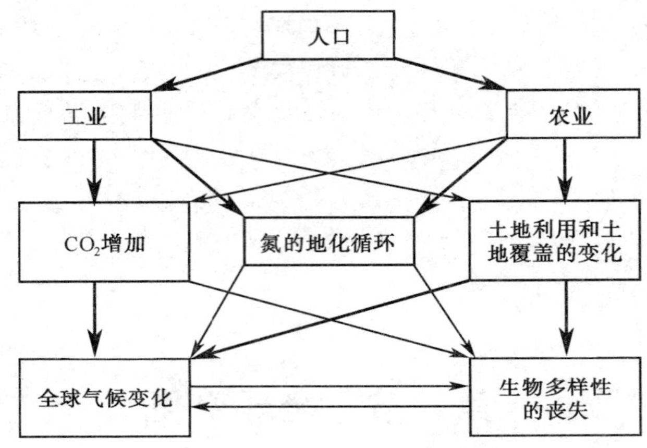

图13-1 全球变化的原因及潜在结果(引自P. M. Vitousek, 1994)
(线条粗细代表作用的大小)

二、全球变化的内容

1. 土地利用和土地覆盖的变化

土地覆盖(land cover)是指陆地表面生态系统类型及其生物的和地理的特征，如森林、草地、农田等；而土地利用(land use)则是对土地的利用方式，土地利用和土地覆盖往往相互联系，很多情况下难以将两者清楚地区分开来。对全球变化研究而言，土地利用变化是指人为土地利用方式的改变，以及反映土地利用目的的土地管理意图的改变；而土地覆盖的变化是指土地物理或生物覆盖物发生的变化，包括生物多样性的变化、实际和潜在的初级生产力的变化、土壤质量的变化、径流与沉积率的变化等。土地利用和土地覆盖变化与全球环境形成一个相互作用的复杂系统，直接改变着陆地生态系统的结构和功能以及区域乃至全球范围内的生物地球化学循环；同时影响区域范围内的能量和水分收入，进而影响区域的气候特征。因而土地利用和土地覆盖的变化被认为是对生态系统影响最为重要的全球变化。

土地利用与农、林、牧业及城市交通建设密切相关。天然植被的破坏、地表的物理化学特性的改变，会进而影响到微量气体的生物源和汇，改变自然的生物地球化学循环，并通过各圈层的相互作用给人类的生存环境带来深远的影响。最重要的土地覆盖变化是森林转为草地和农田。根据世界资源研究所的估计，每年大约有20×10^4 km^2热带森林被砍伐并转化为其他生物量较低的土地覆盖类型。森林砍伐后大量的有机质通过燃烧和生物分解释放出 CO_2，造成了大气中 CO_2 浓度的升高。此外，土地利用和土地覆盖的变化直接改变可能影响区域范围内的能量和水分收入，从而影响区域的气候特征。

2. 生物地化循环的变化

过去 100 多年中，氮、磷、硫等物质的生物地化循环由于人类的干扰和气候变化产生了显著的变化。Vitousek(1994)的研究表明，全球自然固氮量每年约 130 Tg($1\ Tg=10^{12}\ g$)，其中陆地生态系统自然固氮量为100 Tg，海洋固氮量为 20 Tg，闪电引起的固氮量为 10 Tg。与此形成鲜明对比的是，化肥工业固氮每年达 80 Tg 之多，农作物固氮 30 Tg 以及其他工业生产过程中释放出的氮量 25～30 Tg，总计达 135～145 Tg。这些数据表明，现在每年工、农业生产的固氮量已超出自然固氮量的水平。

不仅如此，人类活动如植物秸秆燃烧、土地利用和湿地排水等都已加速了氮库的游离，游离的氮均可回到大气或水域中，影响水质，从而改变局部地区氮的循环。同样地，人类活动也改变了硫、磷的生物地化循环。如大量 SO_2 排放已造成严重的国际公害——酸雨。人类的开采活动加快了磷的生物地化循环，导致水体富营养化等。

3. 人口增长

人口增长(human population growth)是全球变化中的一个重要方面，因为人类的工农业活动以及对自然资源的耗费决定着其他所有的全球环境变化(见图 13-1)。自地球上出现人类直到 1945 年，经过上万个世代，全球人口增加到 20 亿，1962 年为 30 亿，1999 年为 60 亿，预计到 2032 年将达到 90 亿。人口的膨胀意味着对食物、淡水、土地资源以及生存空间需求量的相应增大，这必然给地球上有限的自然资源和生存环境带来巨大压力。人类活动正在改变着世界的运转方式，而且人类工农业活动以及对自然资源的耗费将对全球变化造成巨大的影响，人类正在改变着地球。

4. 生物多样性丧失

生物多样性的丧失是全球变化的重要成分。这是因为随着全球人口的激增、人类经济活动的加剧，作为人类生存最重要基础的生物多样性受到了严重的挑战。研究表明，现在物种灭绝的速率是人类干预出现之前自然速率的 1 000～10 000 倍(Wilson，1987)，而且物种灭绝的速率还在加快。更为严重地是，生物多样性的丧失是不可逆转的，一个物种一旦消失，就永远不会再现。

在全球变化的研究中发现，土地利用、生物地化循环、人口的增长等都影响到生物多样性的存在和丧失，而生物多样性的变化也反过来影响着陆地和海域生态系统的结构和功能，从而影响全球的土地利用变化、物质生物地化循环变化、全球气候变化等。因而，Vitousek (1994)和 Mooney 等(1994)在许多全球变化的研究项目中已把生物多样性的丧失作为重要内容。

5. 全球气候变化

根据全球大约 7 000 个气象台的观测数据，自 19 世纪后半叶以来，全球地表年平均温度升高了 0.3～0.6℃。中国大陆的年平均和季节平均温度自 19 世纪以来总体也呈上升趋势。可以预计，全球气温升高的趋势将不断增大。根据政府间气候变化委员会(Intergovernmental Panel on Climate Change，IPCC)预测，全球变暖的趋势今后将继续加剧，从 1900—2100 年全球陆地平均气温将增加 2℃。目前，科学家已建立了多种模型预测气候的变化。这些模型都是基于大气环流理论的，统称为GCM(General Circulation Model)，包括UKMO(UK Meteorological Office)模型、GISS(Goddar Institute of Space Studies)模型、NCAR(National Center for Atmospheric Research)模型、GFDL(Geophysical Fluid Dynamics Lab)模型、OSU(Oregen State University)模型等。这些模型都假定二氧化碳浓度到2030年加倍。随着二氧化碳浓度的加倍，全球大气和土壤的温度将升高1.5～4.5℃，这种温度变化是逐渐的，受海洋水体的影响，大约每10年升高0.3～1℃。温度变化幅度地区性差别较大，在高纬度地区(北纬60°以上)，夏季温度升高幅度将比全球平均水平高50%～100%(升高4.5～6℃)，而冬季温度升高幅度可能是全球平均水平的3倍(升高8～12℃)，这主要由海洋中冰的熔解放热造成。

全球气候变化也将导致全球降雨量模式发生变化。据OSU，GFDL，GISS，UKMO四种模型预测，2050年全球增雨量达7.8%～15.0%。但雨量增加也是不平衡的，高纬度地区和极地增加幅度较大，且季节变化较大。在高纬度地区，因为高蒸发量土壤水分在夏季将减少，在冬季则增加。而在中纬度地区，雨量也有所增加，但由于温度升高，蒸发量加大，积雪融化提早，雨季也提前，故夏季也将更加干燥，土壤水分减少，内陆干旱矛盾可能在某些地区更为突出。雨量增加的地区性差异和季节性变化，在某些地区可能导致严重的洪灾。

6. 大气成分变化

近半个多世纪以来，由于全球人口数量的增加，人类经济活动的增强和现代工业的发展，人类社会对能源消耗量越来越大，矿物燃料的大量使用和森林面积的不断减少，导致大气中的二氧化碳、甲烷(CH_4)、氧化亚氮(N_2O)和氟氯烃类化合物(chlorofluorohydrocarbon，CFC)等气体的浓度在明显升高。这些气体具有可使大气温度升高的温室效应(effect of green-house)，称为温室气体(green-house gas)。温室气体浓度的升高，将使全球气候发生显著的变化。这种变化将对生态系统的结构、功能及分布产生重要影响，同时会扩大和加深物理反馈过程，比如地球物理学过程(水分蒸发、反射率等)、热力学过程(大气循环、洋流和气体的溶解性等)、生物地球化学过程(甲烷的氢代谢、陆地和海洋有机物的生产和分解等)。另外，还会对人类活动产生作用。

研究证明，大气中的一些温室气体正以前所未有的速度增长(见表13-1)。在温室气体中，二氧化碳对温室热效应作用最大，占56%。尽管其他气体对热辐射的吸收能力大大高于二氧化碳，但由于其浓度基数低，作用较小，总的对热效应的作用占44%，其中甲烷占11%，氧化亚氮占6%，CFC(氟氯烃)占24%，水汽占3%。

表13-1 主要温室气体的特点

温室气体	CO_2	CH_4	N_2O	CFC
工业化前的浓度/$\mu L \cdot L^{-1}$	280	0.8	0.288	
1990年的浓度/$\mu L \cdot L^{-1}$	353	1.72	0.31	0.000 2～0.000 3
年增加率/%	0.5	0.9	0.25	4
居停时间/a	100	10	150	65～130
吸收辐射能力(相对于CO_2)	1	32	150	>10 000
对全球变暖的贡献/%	50	19	4	15

二氧化碳浓度在过去的近200年中增加了25%，年均增加0.5%。现在的增加速度更快。多种模型预测，到2030年大气中二氧化碳的浓度将加倍，大气中二氧化碳浓度的增加

主要是由于工业燃料燃烧量迅速增加，同时也因为森林植被及林下土壤碳库中碳的分解释放而造成的。全球森林植被和土壤中贮藏的碳是农业生态系统碳量的20～100倍。在温带和热带地区，由于大量森林被砍伐，在1850—1987年间，以C计大约有115 Gt(1 Gt=10^{15} g)被释放到大气中。近些年来，热带地区森林破坏速度加快，该地区以C计年均释放1.0～2.6 Gt，其中0.2～0.9 Gt来自林下土壤。工业燃料释放的二氧化碳在1850－1987年间以C计约为200 Gt，第二次世界大战后，其增加速度非常快，现在以C计年均释放5.7～6.0 Gt。与能源有关的二氧化碳释放量在全球各地是不均匀的，在北美、西欧和前苏联地区释放量较大。

甲烷(CH_4)浓度自从1860年至今，已增加一倍以上，1990年CH_4的全球大气平均含量比1978年增长12%，现以每年0.8%～1.0%的速度增加。CH_4的来源主要是工业源、湿地、水域、稻田、农田中的有机肥、有机物质燃烧等。目前，CH_4的自然源排放量不到其总排放量的25%。

氧化亚氮(N_2O)，它既是消耗臭氧的物质，也是温室效应气体。据UNEP报告，每年由土壤产生的氧化亚氮为600万吨，海洋和淡水水域产生200万吨，燃烧矿物燃料产生190万吨，燃烧沼气产生100～200万吨，含氮肥料的施用产生60～230万吨，其他还有毁林和闪电等，每年总计约产生1200万～1500万吨。氧化亚氮在大气中的平均寿命可达170年，因此可以在大气中不断累积。

氟氯烃(CFCs)是完全属于工业化的产物，其中应用最多的是CFC-11和CFC-12。20世纪20年代开始生产，主要用于冷冻剂、清洁剂和灭火剂等。据估计，从20世纪70年代中期开始，每年大约有100万吨CFCs产品被排放到大气。到1990年大气中的CFCs已达0.29×10^{-3} μL/L。CFCs的大气温室效应能力是非常高的，增加一个CFC-11或CFC-12分子产生的增温效果分别相当于增加4 500个或7 100个CO_2分子。

臭氧(O_3)也是一种温室气体，它主要集中于25～35 km的平流层中，称为臭氧层。臭氧层具有吸收紫外线的功能，阻挡太阳的紫外线辐射，保护地球上的生命。自从1958年开始臭氧层观测以来，发现高空臭氧有减少趋势，1985年在南极上空观测到了“臭氧层空洞”(ozone hole)。1988年Bowman的报告指出臭氧层中臭氧的减少是全球性的现象。

臭氧层的破坏主要是人类活动排放的氟氯烃、NO_x等气体引起的。近年来，保护臭氧层受到了世人关注。1985年通过了《保护臭氧层国际公约》。1987年签署了《关于消耗臭氧层物质的蒙特利尔协议书》，规定协议书签署国在20世纪末把氟氯烃的使用量减少到1986年水平的一半。1989年联合国环境规划署在伦敦召开了保护臭氧层国际会议，加快了限制破坏臭氧层物质的进程，扩大了限制物质的范围和具体的实施措施。

三、全球变化产生的影响

全球变化是一种过程缓慢、范围广泛且影响深远的环境变化。由于全球变化问题本身的复杂性，对全球变化产生的影响的研究存在种种困难。目前，不但对未来的趋势难以准确预测，而且在对已发生的影响进行评价时亦缺乏统一的方法和指标。这是由生态系统特性和环境特性共同造成的，主要是：①生态系统的动态特征使得很难从生态系统若干变化中分离出是由于环境变化引起的还是由于生态系统自身变异造成的。而要分清环境的变化是短期波动还是长期变异则更加困难。②生物圈和生态系统由数目众多的生物种构成，不同的物种对于同一种环境变化（如气温升高）会有截然不同的反应。这些反应在生态系统水平上可能表现得更为复杂。③生态系统的空间分布进一步使得生态系统对环境的反应复杂化。不同地区的生态系统对于同一种环境变化的反应可能相差很大。④气候和气候变化本身的时空分布异质性很大。气候的时空分布异质性与物种、生态系统及地形地貌的异质性相结合共同导致了生物与环境相互作用的复杂性。因此，很难分析和归纳环境变化对生物圈和生态系统的影响。

1. 全球变化对农业的影响

农业是全球变化最直接的承受者和受害者。全球变暖对农业的影响既有不利方面，也有有利方面。

（1）大气 CO_2 浓度升高对光合作用的影响。CO_2 是形成植物干物质的主要原料，光合作用强度与 CO_2 浓度基本服从对数曲线关系。如果 CO_2 浓度增加一倍，就能使植物光合作用速率增大 30%～100%。据估计，即使人为 CO_2 排放量控制在现在的水平，地球大气的 CO_2 浓度将在 2050 年前达到 450 mg/L，2100 年达到 540 mg/L，这样大的 CO_2 浓度变化势必对植物生产力产生巨大影响。但 CO_2 的影响与植物的不同光合代谢途径有关，C_3 植物（如小麦、水稻、大豆等）对二氧化碳浓度升高呈较高的正反应，但 C_4 植物（如玉米、高粱等）对二氧化碳浓度增加的反应较弱（见图 13-2）。在世界 20 种主要粮食作物中，16 种为 C_3 植物。所以，CO_2 浓度增加对占世界谷物产量一半以上的小麦、水稻等 C_3 植物生产是有利的。但对玉米、高粮、谷子等 C_4 植物，就有可能顶不住 C_3 杂草生长的竞争。例如，非洲次萨哈拉地区的谷物种植以玉米、高粮、谷子为主，CO_2 浓度增加就不一定对那里的粮食产量有利。

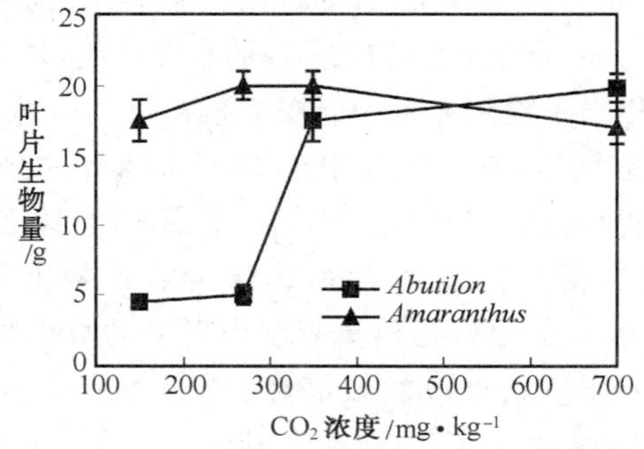

图 13-2 C_3，C_4 植物对温室内 CO_2 浓度的反应（引自 C. J. Krebs，2001）

CO_2 浓度模拟了冰后期（150 mg/kg）、工业革命前（270 mg/kg）、现在（350 mg/kg）和预期的将来浓度（700 mg/kg）。C_4 植物 *Amaranthus retroflexus* 对 CO_2 浓度变化没有反应，C_3 植物 *Abutilon theophrasti* 对 CO_2 浓度变化有明显的反应，当 CO_2 浓度从现在的 350 mg/kg 增加至 700 mg/kg 时生物量增加 22%。

（2）气候变化可能使气候带和农业带向两极方向移动，表现为农业区的作物布局和面积将会发生较大的变化。由于平均气温极地附近比赤道附近增幅大，所以气候带的移动在高纬度地区更加明显，受气温制约的影响，适合生长的时间就会延长。而在中纬度地区，平均气温上升 1℃，蒸发量大约增加 5%，土壤水分就会减少。这些地区的生产量将会因干旱而减少 10%～30%，对那些降水依赖性大的半干旱地区，就不宜作物生长。因此，全球气候变暖，世界粮食生产的稳定性和分布状况就会有较大的变化。一些研究表明，在北半球中纬度地区，若平均气温升高1℃，作物的北界一般可以向北移动150～200 km，而海拔向上移动150～200 m。

(3)气候变化与农业气候灾害。对农业影响最大的可能是极端气候条件，比如干旱、风暴、热浪、霜冻等。全球气候变化对这些气候灾害发生的频率和强度有什么影响，目前知道得甚少。

(4)气候变化与农业病虫害。全球气候变暖会使农业病虫的分布区和病虫害的发生程度发生变化。低温往往限制某些病虫害的分布范围，气温升高后，这些病虫害的分布区可能扩大，病虫害发生的世代数可能增加，从而影响农作物生长。据报道，气温增高1.5～2.0℃，吉林、黑龙江南部地区的黏虫、玉米螟将由一代增加为二代，而辽宁中、南部由二代增为三代。病虫害越冬存活量将增加，发生期会提前，发生程度也随之加重。

2. 全球变化对海平面上升的影响

全球气候变暖会使海平面逐渐升高，这是因为极地和高山地区的冰川、冰盖和积雪融化所致，再一原因是海水水体受热膨胀。当温度为5℃时(高纬度海水温度)，每升温1℃可使海水体积增加0.01%。当温度为25℃(热带海水)时，相同的升温则能使海水体积增加0.03%。海平面升高已被近年来的观察实验所证实。1990年IPCC的预测表明，如果温室气体按目前速度增长，海平面将按每10年6 cm(3～10 cm)的速度上升。海平面升高，沿海岸线一些地势低下的农田可能会被淹没，同时会造成周围盐化土壤扩展，海潮、海岸侵蚀和海浪灾害会加剧。如果海平面升高1 m全球可能会有11 800万人民受到灾害威胁。有人预测，到2100年海平面平均升高1～1.5 m，到时埃及会损失1%土地，而孟加拉国损失最大，可能达17.5%的土地。另外，中国、丹麦可能是损失较大的国家。海平面上升0.5 m，我国东南沿海地区的低洼冲积平原将会淹没大约4万平方千米的面积。海平面上升，大潮和洪水、大浪等潜在灾害也将增大。海平面上升，还会给沿岸的自然环境带来极大的影响，特别是对湿地、沙洲、珊瑚礁的影响。

目前对海平面升高幅度的预测结果尚不一致，相差较大。

3. 全球变化对自然生态系统的影响

全球植被是气候长期作用的结果，如果气候发生较大幅度的变化，必然会对植被产生重要影响。

首先，全球变化对植被的影响反映在植被结构的变化上。由于不同物种有其特定的生态位，当环境发生变化时，各物种将根据其特征生态位在生长发育和繁殖上进行调节和适应。其结果是生态系统内各种群在其大小和作用上发生重组，而重组有可能使生物多样性降低或可能导致新种的产生。就整个生物圈而言，由于环境变化所导致的物种的重组、丧失和增加取决于环境变化的强度、时空分布、各物种的脆弱性和适应性。其中环境变化的速率可能起着至关重要的作用，如果环境变化的速度超过物种适应和变异的速度，则很可能导致物种的丧失和多样性的下降。而结构组分的变化在一定条件下，将可能逐渐改变植物群落的组成，加快群落的演替，最终可能导致植被类型的改变。

二是植被的功能。由于二氧化碳浓度、温度和降水的变化，全球各生态系统的生物生产力将发生变化。一般来讲，二氧化碳浓度升高，气温变暖，降水增加均会有利于植物生长，第一性生产力将提高。但由于温度和降水变化的不均衡性，生物生产力的变化也是不等的，有的地方生产力可能提高，有的则有可能减少。周广胜和张新时(1995)根据植物的生理生态学特点及所建立的联系能量平衡方程和水量平衡方程的区域蒸散模式，建立了联系植物生理生态学特点和水热平衡关系的自然植被净第一性生产力模型。

三是植被分布格局。全球环境的变化，可明显地反映在植被分布格局的改变上，即植被带的迁移。研究表明，CO_2 浓度加倍，地球表面温度将升高，北半球及其以北地区的温度和土壤温度区域界线将大幅度北移。如果平均温度升高 2℃，永冻带(permafrost zone)的南界将北移 205～300 km。如果温度升高 3℃，加拿大永冻土面积将减少 25%。这样必然导致地球植被区域发生变化，这种变化主要表现为森林面积减少，森林类型发生变化，草原面积增加，全球植被总的生物生产力下降。据专家预测，世界森林将从所占土地面积比例的 58%减少到 47%，荒漠将由 18%增加到 29%，苔原将由 3%减少为零。一组森林生长模型预测结果表明，北美洲的南部和中部地区因气候变化森林将大面积死亡，主要原因是温度升高，水分可利用性降低。Emanuel 等(1985)进行了全球温度和降雨量的变化对植被带影响的预测，表明在低纬度地区变化较小，但中纬度和高纬度地区变化明显。北方森林(boreal forest)和冻原(tundra)的面积将分别减少 37%和 32%。北方森林的北界将北移 40%以上，侵占冻原地带。北方森林的南部将大面积地被温性森林(temperate forest)所取代，而温性森林则有不少被草原(steppe)所替代。整个地球植被将发生较大的地带性变化。这种变化要滞后于气候的变化，可能有数十年的滞后期。张新时等(1989，1993，1995)将 Penman 方法、Thornthwaite 模型、KIRA 模型和 Holdridge 生命地带系统等国际通用的气候-植被分类模型引进中国，对中国植被分类进行了模拟研究。

从全球变化对荒漠化进程的影响看，处于中纬度的我国荒漠地带受全球变化的影响最大。温度上升 1.5℃，我国半湿润至干旱程度的土地面积增加约 18.8×10^4 km^2，湿润区面积减少约 15.7×10^4 km^2，荒漠化面积增加约 20.0×10^4 km^2；温度上升 4℃，半湿润至干旱程度的土地面积增加约 84.3×10^4 km^2，湿润区面积减少约 95.9×10^4 km^2，荒漠化面积扩大约 70.6×10^4 km^2，荒漠化面积平均每年增加约 8.3×10^4 km^2(按 1965—2050 年 85 年平均计算)。

4. 全球变化对人类健康的影响

气候变化对人类健康的影响，有直接的(增加疾病的危险和死亡率)和间接的(提供健康、医疗和卫生服务能力下降，减弱对疾病的免疫力)。研究结果表明，气温升高 2～4℃，人口死亡率将上升 5%。需要强调的是，温室气体增加会引起与气候变化无关的其他健康问题。氟氯烃破坏大气中臭氧层造成的地表面紫外线增加，会引起皮肤癌和削弱人类的免疫系统。图 13-3 是 IPCC 提出的气候变化对健康影响的评价。

目前人类对全球变化的生态影响尚有待全面研究，今后需要进一步加强的研究领域，有三个方面特别值得重视：首先是在微观层次上的生态生理学研究。生态生理学(ecophysiology)研究是评价生态影响和生态毒理学的基础，也是从机制上了解环境对生物影响的基本途径。迄今这类研究扩展到包括植物、动物、微生物及多种环境要素。可以预期，新兴的生态毒理学研究将可能发挥重要作用。第二，生态系统动态的研究。这包括对生态系统动态的观察和实验以及基于计算机模型的系统研究。长期的生态系统定位研究具有特别重要的价值。值得重视的是生态系统建模在概念、技术上的改进，特别是生态建模与实验的结合。第三，大范围生态与环境监测。为了解生态系统和生物圈的动态，仅凭地面定位站(网)的观测是不够的，还必须充分发展基于航空和卫星的遥感技术。

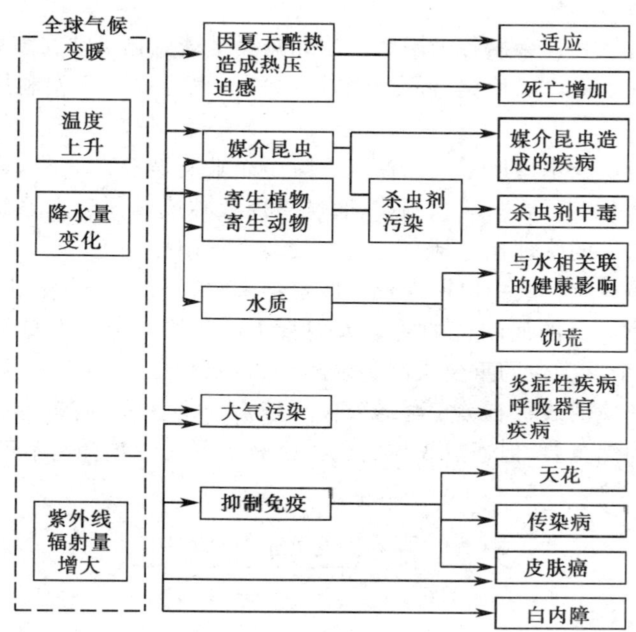

图 13-3　气候变化对人类健康的影响

四、减缓全球变化的途径

1. 减缓气候变化

全球气候变化主要是由于大气中温室气体的增加所致。此外大气颗粒物数量的增加也是一个重要原因。因此，减缓全球气候变化的关键是控制温室气体的排放和颗粒物的形成。要达到上述目的，最关键的是控制化石能的消耗。化石能燃烧是温室气体，特别是 CO_2 的主要来源。控制化石能消耗量的措施，一是通过各种技术措施提高化石能的能效以降低使用量。二是开发其他形式的能源，减少对化石能的依赖。如太阳能、核能、风能、水能、地热能、生物能等。非化石能的利用一方面减少了温室气体的排放和颗粒物的生成，同时也可减少其他方面的环境影响。

温室气体和大气颗粒的另一重要来源是生物量的燃烧和农业的扩展。在这方面提高土地利用率和生产力或许是最可行的途径。由于生态系统不但可以释放同时也可以吸收二氧化碳，因此，有效地管理生态系统，如植树造林，可以使其更有效地发挥固定大气二氧化碳的汇(sink)的作用。

2. 生态系统管理

全球环境变化的实质在于人类活动对生态环境的破坏，建立人与环境的和谐关系要求人们认识到：人是整个自然界的一部分，人及其社会的持续生存和发展有赖于环境和整个生态系统的健康；另一方面，人类社会必须寻求有效的途径，使其适应并管理其环境。这就是在资源管理和环境管理的研究和实践中发展出的生态系统管理(ecosystem management)的概念。生态系统管理强调系统中各部分关系的和谐和整体的持续性，是合理利用和保护生态系统最有效的途径。

3. 减缓全球变化的机制

全球变化涉及自然和社会的各个层面。因此减缓全球变化必须在多层次上进行。

(1)技术:技术的改进可以使化石能燃烧效率提高,也有助于开发利用其他形式的替代能源。

(2)管理:管理是使技术得以实现的保障。除了企业行政管理之外,自然资源和环境的管理将对减缓全球变化有重要影响。例如,通过管理森林或其他生态系统可以吸收固定大气中的二氧化碳。这里的管理也包括政府通过政策进行调控。

(3)法律:法律是一定社会中以一定形式固定下来的有约束力的规则。环境法和资源法就是以保护资源环境为目的而制订的约束人们行为的规则。由于全球环境问题的跨国管理,国际合作是减缓全球变化的重要机制。国际协约是类似于法律的一类约定和规则。

(4)教育:全球环境的改善有赖于全球公民环境意识的提高,而教育是提高环境意识的关键。学校的教育固然重要,但通过媒体、社会、宗教诸形式的教育也不可忽视。

第二节 生物多样性

一、什么是生物多样性

生物多样性(biodiversity)是当前生物学和生态学研究的热点问题。美国技术评估局(U. S. Office of Technology Assessment, 1987)对生物多样性的定义是:生命有机体及其赖以生存的生态综合体的多样性(variety)和变异性(variability)。按此定义,生物多样性是指生命形式的多样性(从类病毒、病毒、细菌、支原体、真菌到动物界与植物界),各种生命形式之间及其与环境之间的多种相互作用,以及各种生物群落、生态系统及生境与生态过程的复杂性。生物多样性是地球上生命经过35亿年发展进化的结果,是人类赖以生存和发展的基础。

生物多样性包括了多个层次,主要是遗传多样性、物种多样性、生态系统多样性与景观多样性。

遗传多样性(genetic diversity)又称基因多样性,是指所有生物个体中所包含的各种遗传物质和遗传信息,既包括了同一种的不同种群的基因变异,也包括了同一种群内的基因差异。遗传多样性的表现形式是多层次的。在分子水平上,可表现为核酸、蛋白质、多糖等生物大分子的多样性;在细胞水平上,可体现在染色体结构的多样性以及细胞结构与功能的多样性;在个体水平上,可表现为生理代谢差异、形态发育差异以及行为习性的差异等。遗传多样性对任何物种维持和繁衍其生命、适应环境、抵抗不良环境与灾害都是十分必要的。遗传变异是生物进化的内在源泉,因而遗传多样性及其演变规律是生物多样性及进化生物学研究中的核心问题之一。

物种多样性(species diversity)是指物种水平上的生物多样性。它是用一定空间范围内物种的数量和分布特征来衡量的。对一个地区内物种的多样性,可以从分类学、系统学和生物地理学角度对一定区域内物种状况进行研究。研究物种多样性的现状、形成、演化及维持机制等是物种多样性的主要研究内容。物种是物种多样性的核心概念,同时也是生物分类学的基本分类单位。目前，对地球上物种的数目还没有确切地掌握。估计其变化幅度可能为500万至3 000万种，也可能为200万至1亿种。即使是目前已定名或描述的物种数目也不十分清楚，一种估计为140万种，另一种估计为170万种。据O. Wilson 1992年的统计，目前全球已记录的生物有140万余种，其中昆虫约75万种，脊椎动物4.1万种，高等植物25万种，其他为无脊椎动物、真菌和微生物、藻类等（见表13-2）。物种是遗传信息的载体，是生态系统中最主要的成分，因此，物种多样性在生物多样性研究中占有举足轻重的地位。遗传多样性的丧失常常是人们不易察觉的，而物种的灭绝，特别是大型动物的灭绝，常会引起人们的警觉，唤起公众的关心。目前，对物种多样性的编目是十分艰巨而又有待加强的工作。另外，生物区系特点、物种的濒危和受威胁的状况、灭绝速率的变动及其机制、物种的保护等都是物种多样性研究的重要内容。

表13-2　地球上现存生物已描述的种数

类群	已描述的物种数量	类群	已描述的物种数量
细菌和蓝绿藻	4 760	甲壳动物	38 000
真　　菌	46 983	昆　　虫	751 000
藻　　类	26 900	其他节肢和无脊椎动物	132 461
藓类和苔类	17 000	软体动物	50 000
裸子植物	750	海　　星	6 100
被子植物	250 000	鱼类（硬骨鱼类）	19 056
原生动物	30 800	两栖动物	4 184
海绵动物	5 000	爬行动物	6 300
珊瑚和水母	9 000	鸟　　类	9 198
线虫和蚯蚓	24 000	哺乳动物	4 170
合　　计			1 435 662

生态系统多样性（ecosystem diversity）是指生物圈内生境、生物群落和生态过程的多样化以及生态系统内生境差异、生态过程变化的多样性。生境多样性主要指无机环境，如地貌、气候、土壤、水文等。生境的多样性是生物群落多样性甚至是整个生物多样性形成的基本条件。生物群落多样性主要指群落的组成、结构和动态方面的多样化。生态过程主要是指生态系统的组成、结构和功能在时间、空间上的变化以及生态系统的生物组分之间及其与环境之间的相互作用。

景观多样性（landscape diversity）是指不同类型的景观在空间结构、功能机制和时间动态方面的多样性和变异性。景观是一个大尺度的宏观系统，是由相互作用的景观要素组成，具有高度空间异质性的区域。景观要素是组成景观的基本单元，相当于一个生态系统。景观要素可分为嵌块（patchness）、廊道（corridor）和基质（matrix）。嵌块是景观尺度上最小的均质单元，其起源、大小、形状和数量等对景观多样性的形成具有重要意义。廊道是具有通道或屏障功能的线状或带状的景观要素，是联系嵌块的桥梁和纽带。基质是景观中面积较大、连续性高的部分，往往形成景观的背景。由于能量、物质和物种在不同的景观要素中呈异质分布，加上景观要素在大小、形状、数目和外貌上的变化，使得景观在空间结构上呈现高度异质性。地球表面的景观多样性是人类和自然因素综合作用的结果。

生物多样性需在上述四个层次上都得到保护。保护的重点应是生态系统的完整性和珍稀濒危物种。生态系统多样性既是物种和遗传多样性的保证，又是景观多样性的基础。生态系统的稳定是物种进化和种内遗传变异的保证。

二、保护生物多样性的意义

生物多样性不仅提供人类所需的各种食品、药物和工业原料，同时还具有保护人类生存环境的功能。如果没有生物多样性，地球上也就不可能有人类。据1997年Nature杂志估计，生物多样性每年为人类创造了约33×10^4亿美元的巨大价值，美国为3×10^4亿美元，中国约为4.6×10^4亿美元。“生物多样性公约”明确生物多样性像其他资源一样为所在国所有。

1. 食品、药物和工业原料

从资源价值(直接使用价值)角度，人类从生物多样性中得到了所需的全部食物、许多医药和各种工业原料。在食用方面，目前有5 000多种植物作为人类的食物，其中30多种成为人们广泛种植的粮食，如小麦、水稻、玉米等。所有的作物都是首先从野生种开始，逐步驯化而成为广泛栽培的种，这里遗传多样性和物种多样性就起着重要作用。动物提供人类大约1/3的蛋白质。植物还为人类提供能源和燃料，如石油、煤炭和天然气是地质历史上植物死后形成的。

生物多样性还为人类提供了药物资源。世界上的许多药物是从植物、动物或微生物中提取加工的。有许多动植物可以直接作为药物，如发展中国家80%的人口使用传统医药。世界上现有药品配方的一半来自野生生物。美国所有处方中四分之一药品的有效成分从植物中提取，商业价值每年在140亿美元以上。生物多样性也是今后开发新药的基础。

在工农业原料方面，生物多样性为我们提供了许多原料。有植物提供的木材、橡胶、油脂、蜡、纤维等，动物提供的毛皮、丝、羽毛、动物油脂等。可以说，人类靠生物多样性为生，没有生物，特别是植物，人类就无法生存。

2. 保护人类生存环境

生物多样性的生态价值表现在：植物的光合作用生产有机物质，成为整个地球的生命支持系统；维持全球气体平衡；涵养水源，维持水循环，缓解、减少自然灾害；调节气候，保护农田，保护人类健康；促进土壤形成，保持水土；吸收、分解污染物质，净化环境；美学、娱乐价值，等等。

3. 生物多样性的其他功能

根据经济合作与发展组织(OECD，1995)出版的《环境项目和政策的评价指南》，生物多样性的非使用价值包括遗传价值和存在价值。首先是对生物多样性潜在用途的将来利用。例如昆虫学家为了防治某种害虫，可以到大自然中去寻找它的天敌；微生物学家寻找能帮助进行生物化学制造过程的细菌；药物学家试图从野生植物中寻找抗癌的物质等。生物多样性的存在价值是指人们对野生动、植物的关注，愿意捐献大笔的经费以确保它们的存在。例如，某些特殊的物种，如大熊猫、狮子、大象等，被称为有超凡魅力的动物，人们喜爱它们，通过参加捐助方式，以一种直接的方式来表达对它们的关爱之情。在西方每年有几十亿美元捐献给环境和野生动物保护组织，这表明了物种和群落的存在价值——人们愿意付出，以避免物种灭绝和生境被破坏。

生物多样性还有旅游、科研和教育等多方面服务人类的功能。生态旅游(ecotourism)

正在成为一个迅速发展的行业。生态旅游业的基础就是生物多样性,包括自然生态系统、自然保护区以及自然博物馆、水族馆等。这些生态旅游基地也是进行生物多样性研究的基地,科学工作者可以从中进行从基因到生态系统的各个层次的研究。

随着时间的推移,生物多样性的未知潜力将为人类的生存和发展显示出不可估量的前景。地球上的人类要想维持生存和发展,就必须保护自然界自身的繁荣,保护生物多样性。

三、生物多样性的丧失

1. 生物多样性面临的威胁

地球上的生物多样性是30亿年进化的结果,是人类宝贵的财富。然而,全球的生态系统正在发生退化和受到破坏,生物多样性面临着严重的威胁。自1600年以来,已有2.1%的哺乳动物、1.3%的鸟类灭绝(见表13-3)。据联合国环境规划署报告,目前世界上每分钟有1种植物灭绝,每天有1种动物灭绝,远远高于自然界的本底灭绝速率,而且灭绝的速度越来越快。以鸟类为例,在3 500万年到100万年间,平均每300年有1种灭绝,从100万年到现代,平均每50年有1种灭绝,最近300年间,平均每2年就有1种灭绝,进入20世纪,几乎每年灭绝一种。据国际自然和自然资源保护同盟的统计,目前全球濒临灭绝危险的动物有1 000多种,其中鱼类193种,两栖和爬行动物138种,鸟类400多种,哺乳动物305种。农作物品种的消失也十分严重。1949年在中国种植的1万个小麦品种到70年代初只剩下1 000种。在过去的100年中,美国的西红柿品种丧失81%,玉米品种丧失91%。联合国FAO警告说,农作物的均匀化趋势以及生物多样性的丧失将对养活世界上迅速增长的人口构成威胁。中国是生物多样性特别丰富的国家之一,有高等植物30 000种,占世界的10%,有脊椎动物6 347种,占世界的14%,但生物多样性受到严重威胁。被子植物有珍稀濒危种1 000种,极危种28种,已灭绝或可能灭绝7种。裸子植物有珍稀濒危和受威胁种63种,极危种14种,灭绝1种。脊椎动物受威胁433种,灭绝或可能灭绝10种。

表13-3 公元1600年至今的生物灭绝记录(引自R. B. Primack,1996)

类群	灭绝记录①				大约的物种数	灭绝所占比例
	大陆②	岛屿②	海洋	总计		
哺乳动物	30	51	4	85	4 000	2.1
鸟类	21	92	0	113	9 000	1.3
爬行类	1	20	0	21	6 300	0.3
两栖类③	2	0	0	2	4 200	0.05
鱼类④	22	1	0	23	19 100	0.1
无脊椎动物④	49	48	1	98	1 000 000	0.01
显花植物⑤	245	139	0	384	250 000	0.2

注:①大量的额外物种甚至没有被科学家记录到就可能已经灭绝了;

②大陆地区指那些面积达到100 km² 或更大的陆地,小于该面积的陆地被认为是岛屿;

③两栖类的种群数量在最近的20年已经令人震惊地减少,一些科学家相信许多两栖物种正处于灭绝的边缘;

④给出的数字仅仅代表了北美和夏威夷;

⑤显花植物的数字也包括灭绝的亚种和变种。

2. 生物多样性丧失的原因

生物多样性丧失的直接原因主要是栖息地的丧失和片断化、外来种的入侵、生物资源的过度开发、环境污染以及全球气候变化等。Diamond(1989)将生境的破坏、资源过度开发、环境质量恶化、物种的入侵称为物种灭绝的“灾害四重奏”。但究其根本,人类活动是造成生物多样性以空前速度丧失的根本原因。

栖息地丧失和片断化(fragmentation)是对生物多样性最大的威胁。生境的丧失对现今物种的灭绝起了主要作用。近百年内,森林面积大幅度减少,湿地被排干,许多物种失去了相依为命的、赖以为生的家——生态环境。孟加拉 94%、中国香港 97%、斯里兰卡 83%、印度 80%的野生生境已不复存在,许多动物无家可归,特别是迁徙能力弱的动物更为遭殃。目前的生物种类大约一半以上生存在热带雨林。但是由于人类活动,地球上的原始森林已从 19 世纪的 55 亿公顷减少到现在的不足 28 亿公顷,在每年减少的 2 000 万公顷中就有 1 100 hm^2是热带雨林。生境片断化是一个面积大而连续的生境被分割成两个或更多小块残片并逐渐缩小的过程。多种人类活动都可能导致生境片断化,如铁路、公路、水沟、电线网络、树篱、防火道、农田、房屋建筑以及其他可能限制生物自由活动的分隔物。片断化的生境在几何形状上与原生境有两个主要的差别,即片断化生境具有更大的边缘面和各个残片的中心距边缘更近。正是片断化生境的这两个特征极大地影响了其生物多样性。

许多生物资源对人类有直接经济价值。随着人口激增和全球商业体系的建立和迅速发展,人类对这类生物资源的需求也随之迅速上升。对这些生物资源的过度经济开发导致生物多样性的下降。在濒临灭绝的脊椎动物中,有 37%的物种受到过度开发的威胁。许多野生动物因具有“皮可穿,毛可用,肉可食,器官可入药”的价值而遭灭顶之灾,如象牙、犀牛角、虎皮、熊胆、鸟毛、藏羚绒等。过度开发对生物多样性影响的典型实例是人类对海洋鲸类和非洲大象的猎捕活动。据报道,从 1940 年至 1986 年,商业性捕鲸者捕杀了大约 50 万头鲸。非洲象的数量在 1981—1987 年间从 120 万头下降到 76.4 万头。

外来种的入侵是引起生物多样性危机的另一个原因。全球经济活动促进了贸易和交通系统的发展,也引起了外来种入侵的问题。生物入侵将对当地原有生物群落和生态系统造成极大威胁,导致群落结构变化、生境退化,进而引起生物多样性下降。例如小花假泽兰(*Mikania micrantha*)原产热带美洲,20 世纪 70 年代入侵香港,80 年代传入广东南部。在深圳内伶仃岛,该种植物像瘟疫般地滋生,攀上树冠,使大量树木因失去阳光而枯萎,从而危及岛上 600 只猕猴的生存。福建沿海在 20 世纪 80 年代引进互花米草(*Spartina alternlora*)作为海滩护堤植被和牧草,但由于互花米草在新的环境中繁殖力极强,迅速蔓延,结果严重破坏了海滩养殖业和生物群落。环境污染对物种的影响是一种微妙的、积累的、缓慢的、致生物于死地的“软刀子”。农药的大量使用造成一些物种的濒危或灭绝,尤其是位于食物链顶位的猛禽受影响最严重。据统计,目前全世界已有 2/3 的鸟类的生殖力下降,栖息地污染无疑是造成这一现象的重要原因。全球性的气候变化有可能导致更多物种灭绝。如对未来气候变暖趋势与全球生物分布变化的模拟研究表明,北温带和南温带气候区将向两极扩展。北美东北落叶阔叶林的物种将会向北迁移 500～1 000 km,许多物种可能不能以如此高的迁移速度跟上气候变化速度。人类活动造成的生境片断化可能会使物种迁移速度降低,使它们难以到达适于自身生存的生境。所以,许多地方特有种或扩散能力差的物种在迁移过程中无疑会走向灭绝。

四、中国生物多样性现状

1. 生物多样性一般特点

我国国土辽阔，海域宽广，自然条件复杂多样，加之有较古老的地质历史，孕育了极其丰富的植物、动物和微生物物种，是全球12个"巨丰多样性国家"(megadiversity countries)之一。中国丰富和独特的生物多样性有如下特点。

(1)物种高度丰富。中国有高等植物30 000余种，仅次于世界高等植物最丰富的巴西和哥伦比亚，居世界第三位。其中裸子植物250种，是世界上裸子植物最多的国家；脊椎动物6 347种，占世界总数近14%；鸟类1 244种，占世界总数的13.7%；鱼类3 862种，占世界总数的20.3%。

(2)特有属种繁多。高等植物中特有种最多，约17 300种，占中国高等植物总种数的57%以上。6 347种脊椎动物中，特有种667种，为中国脊椎动物总种数的10.5%。中国拥有众多有"活化石"之称的珍稀动、植物，如大熊猫(*Ailuropoda melanoleuca*)、白鳍豚(*Lipotes vexillifer*)、文昌鱼(*Branchiostoma belcheri*)、鹦鹉螺(*Nautilus pompilius*)、水杉(*Metasequoia glyptostroboides*)、银杏(*Ginkgo biloba*)、银杉(*Cathaya argyrophylla*)、攀枝花苏铁(*Cycas panzhihuaensis*)等等。

(3)区系起源古老。由于中生代末中国大部分地区已上升为陆地，第四纪冰期又未遭受大陆冰川的影响，许多地区都不同程度保留了白垩纪、第三纪的古老残遗部分。如松杉类世界现存7个科中，中国有6个科。动物中大熊猫、白鳍豚、扬子鳄等都是古老孑遗物种。

(4)栽培植物、家养动物及其野生亲缘的种质资源非常丰富。中国有7 000年以上的农业开垦历史，中国农民开发利用和培育、繁育了大量栽培植物和家养动物，其丰富程度在全世界是独一无二的。中国是水稻和大豆的原产地，品种分别达5万个和2万个。中国的栽培和野生果树种类居世界第一位，其中许多主要起源于中国或中国是其分布中心。除种类繁多的苹果、梨、李属外，原产中国的还有柿、猕猴桃、包括甜橙在内的多种柑橘类果树，以及荔枝、龙眼、枇杷、杨梅等。中国有药用植物11 000多种，牧草4 215种，原产中国的重要观赏花卉超过30属2 238种。中国是世界上家养动物品种和类群最丰富的国家，共有1 938个品种和类群。

(5)生态系统丰富多彩。中国具有地球陆生生态系统，如森林、灌丛、草原和稀树草原、草甸、荒漠、高山冻原等各种类型。据初步统计，中国陆地生态系统类型有森林212类，竹林36类，灌丛113类，草甸77类，沼泽37类，草原55类，荒漠52类，高山冻原、垫状和流石滩植被17类，总共599类。海洋和淡水生态系统类型也很齐全，目前尚无统计数据。

中国物种的高度丰富，特有属、种多，区系起源古老，栽培家养动、植物种质资源非常丰富和生态系统多样都说明了中国生物多样性在全球所处的独特地位。

2. 生物多样性关键地区

根据国际标准(即地区物种丰富度和特有物种数量)以及专家长期综合研究的结果，我国划定了17个具有全球保护意义的生物多样性关键地区，其中陆地类地区11个，湿地类11个，海洋类3个。它们分别是横断山南段；岷山—横断山北段；新疆、青海、西藏交界高原山地；云南西双版纳地区；湖南、贵州、四川、湖北边境山地；海南岛中南部山地；广西西南石灰岩地区；浙江、福建、江西交界山地；秦岭山地；伊犁—西段天山山地；长白山地；沿海滩涂湿地，包括辽河口海域、黄河三角洲滨海地区、盐城沿海、上海崇明岛东滩；东北松嫩—三江平原；长江下游湖区；闽江口外—南澳岛海区；渤海海峡及海区；舟山—南麂岛海区。国家将对这些拥有独特丰富物种、具有全球保护意义的生物多样性关键地区实施优先保护，主要措施是禁止建设污染项目，实施资源开发和经济建设项目也必须事先执行生物多样性和环境影响评估，并落实相应保护措施。负责生物多样性保护的部门还将加强对这些地区的生物多样性的科学研究、监测及评估，并建立一批国家级生物多样性保护示范基地，推广成功的保护经验。《中国生物多样性保护行动计划》要求在这些地区建立 27 个自然保护区和 6 个农作物、家畜及野生亲缘种保护区。

五、生物多样性的保护

1. 保护现存生物多样性

生物多样性对人类生存与社会发展有极重要的意义，如何保护生物多样性是当今人类面临的重大任务之一。由于生物多样性面临的威胁主要来自于人类本身，因此，正确处理人与自然的关系是保护生物多样性的关键。这要求人们做到：①树立正确的生态观，建立人与自然和谐共存的生态系统；②树立可持续发展的观点，实现对环境与资源的合理开发利用；③采取有效措施制止损害生物多样性的人类行为与活动，以保护基因、物种、生态系统和景观多样性。目前，加强自然保护，防止重要生态系统退化是挽救和保护生物多样性的重要措施。自然保护主要是保护人类赖以生存的自然环境和自然资源使其免遭破坏，为人类自身创造最适的生活、工作和生产条件，以保证经济的持续发展和社会的繁荣进步。自然保护要求人类在合理利用和改造自然的过程中对其进行保护，以免造成生态失调或出现生态危机。自然保护的目的就是要预测人类活动对自然的直接或间接的，近期的和长远的影响，以便进行调节和控制，使自然环境和自然资源的开发和利用向着利于人类的方向发展。

1992 年 6 月在巴西召开的联合国环境与发展大会上通过的《生物多样性公约》(The Convention on Biological Diversity)是生物多样性保护的一个里程碑，我国作为公约的缔约国之一，对《公约》承担了义务：将制订在国界范围内保护植物、动物和微生物及其栖息环境的战略；制定并实施对濒危物种施行保护的法律；扩大生物物种的自然保护区；努力恢复已遭到损害的动植物种群；提高公众对自然保护和维护生物资源必要性的认识。生物多样性保护成为全人类的共同使命。

2. 建立自然保护区

自然保护区(nature reserve)是为了保护各种重要的生态系统及其环境，拯救濒于灭绝的物种，保护以自然历史遗产而划定的进行保护和管理的特定区域。建立自然保护区是生物多样性保护的一项重要措施。据 2008 年全国环境统计公报，我国已建立自然保护区 2 538 个，其中国家级自然保护区 303 个，省级 806 个，自然保护区面积 14 894 万公顷，保护区面积占国土面积的 15.13％。

保护生物多样性的最佳途径是保护自然群落及其生境。在这种自然条件下，才可能使种群有足够多的数量以避免出现遗传漂变。同时在自然生态系统中物种可以与其他物种及其环境相互作用连续其进化过程，以适应不断变化的环境。建立自然保护区是一种动态的就地保护(in situ preservation)，对保护生物多样性有重大的战略意义。自然保护区的作用是：①为人类提供生态系统的天然本底，成为活的自然博物馆，也可为以后评价人类活动的后果提供比照标准，且为建立合理的、高效率的人工生态系统指明途径；②野生生物物种的天然贮存库，能为大量物种提供栖息、生存和保持生物进化过程的良好条件，有效地保护生物物种多样性，尤其是保护珍稀、濒危的物种，以便人类可以持续利用；③保护天然植被及其生态系统，改善区域生态环境，特别是在生态系统比较脆弱的地域建立自然保护区，对于改善环境维持生态平衡的作用更大；④保留自然历史纪念物，如瀑布、火山口、陨石、地层剖面、山洞、古生物化石以及古老树木等；⑤科学研究的天然实验室，文化教育和旅游活动的基地。

3. 研究生物多样性

研究生物多样性是保护生物多样性的基础。第一，做好濒危物种现状调查。要保护物种必须首先掌握各物种的分布、生境、数量、濒危原因，利用状况和已采取或拟采取的保护措施等，并建立濒危物种的档案资料。根据物种濒危程度划分为绝迹、濒危、易危、稀有、未定、正常等不同等级，并汇编濒危物种名录和红皮书。制订濒危物种拯救保护计划，根据物种濒危程度分别轻重缓急，有计划地开展科学研究，采取有效的保护措施。第二，制定狩猎、野生动物贸易等相关的法律法规，以法律形式保护野生动植物。加强生物多样性保护的宣传教育和科学普及工作，使人人都懂得保护野生生物的重要意义，只有这样才能使生物多样性得到真正的保护和利用。第三，人工饲养和繁殖濒危野生动植物。对于数量已经下降到仅仅靠采取保护栖息地的措施已难以避免使其绝灭的动物，必须采取其他更为有效的迁地保护措施(off-site preservation)，其措施之一就是建立野生动物库，即靠人工饲养和繁殖来保存濒危的野生动物，并在适当时机恢复其野生种群。

生物多样性的研究已得到世界各国的普遍关注，早在 20 世纪 80 年代就已开始。最初唤起人们警觉的是那些大型的濒危动物，当时世界自然保护联盟(IUCN)提出的保护都是针对这些大型动物的。后来人们逐渐认识到保护一个物种，首先要保护它的栖息地和它所在的生态系统，于是保护的重点逐渐由单纯保护物种转移到保护关键地区的生态系统。1996 年 7 月 6 个国际组织共同提出了国际生物多样性科学研究规划(DIVERSITAS)。该规划提出了 5 个核心研究计划和 5 个特殊研究领域。其中 5 个核心研究计划(core element)是：①生物多样性的生态系统功能；②生物多样性的起源、维持和变化；③生物多样性的编目和分类；④生物多样性的监测；⑤生物多样性的保护、恢复和可持续利用。5 个特殊研究领域(special target area of research)是：①土壤和沉积物的生物多样性；②海洋生物多样性；③微生物生物多样性；④淡水生物多样性；⑤人类对生物多样性的影响。

第三节　恢复生态学

20 世纪 60 年代以来，全球变化、生物多样性丧失、资源枯竭以及生态破坏和环境污染等已严重威胁到人类社会的生存和发展。因此，如何保护现有的自然生态系统，整治与恢复退化的生态系统，重建可持续的人工生态系统，成为当今人类面临的重要任务。在这种背景下，一门新的学科——恢复生态学(restoration ecology)应运而生，成为当今生态学科的前沿领域。恢复生态学是研究生态系统退化的原因、退化生态系统恢复与重建的技术与方法，以及生态学过程与机理的科学。它的研究对象是那些在自然灾变和人类活动压力下受到破坏的自然生态系统的恢复和重建问题，因而具有十分强烈的应用背景和发展前景。全球的生态系统在加剧退化。据估计，人类对土地的不合理利用导致了 50×10^{8} hm^2 土地退化，使全球 43%的陆地植被生态系统的服务功能受到影响。中国的生态系统退化面积约占国土面积的 1/4，退化面积 1.933×10^{8} hm^2，生态恢复的任务十分艰巨。因此，20 世纪 80 年代以来恢复生态学得到非常迅速的发展，国际上在土地利用及土壤恢复、森林恢复、矿山和污染环境的恢复，以及草地、河流、湖泊、湿地的生态恢复方面取得了重大进展。我国则在矿山废弃土地的生态复垦、侵蚀土地植被恢复、水体恢复方面取得了许多新成果。

一、退化生态系统的定义及其形成原因

长期以来，由于人们违背生态学规律，对生态环境资源进行不适当的、过度的开发，引起了生态系统的退化与破坏，使其难以达到良性循环。退化生态系统(degraded ecosystem)是一类病态的生态系统，它是指在一定的时空背景下，在自然因素、人为因素，或两者的共同干扰下，导致生态要素和生态系统整体发生的不利于生物和人类生存的量变和质变，生态系统的结构和功能发生与其原有的平衡状态或进化方向相反的变化过程。具体表现为生态系统的结构和功能发生变化和障碍，生物多样性下降，系统稳定性和抗逆能力减弱，系统生产力下降。这类生态系统也被称为受害或受损生态系统(damaged ecosystem)。

与自然生态系统比较，退化生态系统主要表现为：①结构失衡。退化生态系统的种类组成、群落或系统结构改变，生物多样性、结构多样性和空间异质性降低，系统组成不稳定，生物间的相互关系改变，一些物种丧失或优势种、建群种的优势降低。②功能衰退。退化生态系统的能量转化量降低，系统贮存的能量低，能量交换水平下降，食物链缩短，多呈直线状。③物质循环受阻。退化生态系统中的总有机质贮存少，生产者子系统的物质积累降低，无机营养物质多贮存于环境库中，而较少地贮存于生物库中。④稳定性减低。由于退化生态系统的组成和结构单一，生态联系和生态学过程简单，退化生态系统对外界的干扰显得敏感，系统的抗逆能力和自我恢复能力低，系统变得十分脆弱。

造成生态系统退化的直接原因是人类的干扰，部分来自自然因素，有时两者叠加发生作用。自然干扰包括全球环境变化(冰期、间冰期的气候冷暖波动)，以及地球自身的地质地貌过程(如火山爆发、地震、滑坡、泥石流等自然灾害)和区域气候变异(如大气环境、洋流及水分模式的改变等)；人为干扰包括滥伐、滥垦、过度捕捞、围湖造田、破坏湿地、污染环境、滥用化肥农药、战争与火灾等。Daily(1995)对造成生态系统退化的人为干扰进行了排序：过度开发(含直接破坏、环境污染等)占 35%，毁林占 30%，农业活动占 28%，过度放牧占 28%，过度收获薪材占 7%，生物工业占 1%。Rapport(1998)提出了一个人类活动对生态系统影响的框图(见图 13-4)，表明人类活动干扰生态系统健康，导致生态系统结构发生变化，进而影响到生态系统的服务功能，对人类健康产生影响。

退化生态系统根据退化过程及景观生态学特征，可分为不同的类型。对陆地生态系统而言，可分为裸地、森林采伐迹地、弃耕地、沙漠化地、退化草场、采矿废弃地、垃圾堆放场等几种类型。裸地通常具有较为极端的环境条件，或是较为潮湿，或是较为干旱，可能盐渍化程度较深，或是缺乏有机质甚至无有机质，或是基质移动性强等；森林采伐迹地是人为干扰形成的退化类型，其退化状态随采伐强度和频度而异；弃耕地是人为干扰形成的退化类型，其退化状态随弃耕的时间而异；沙漠化地可由自然干扰或人为干扰而形成；采矿废弃地是由采矿活动所破坏的、非经治理而无法使用的土地；垃圾堆放场是人为干扰形成的家庭、城市、

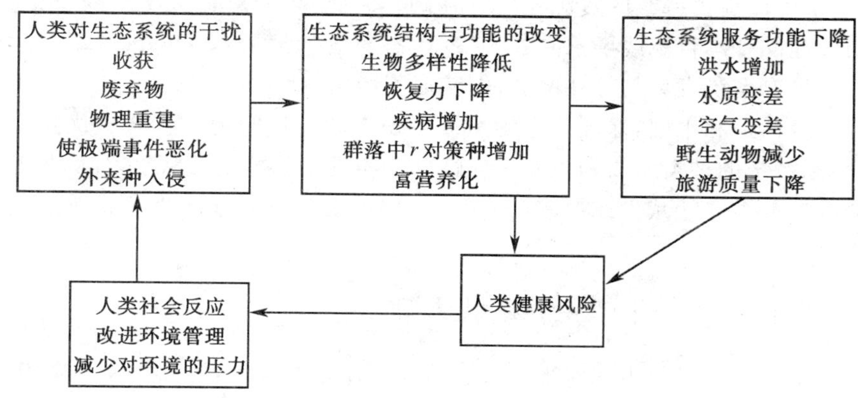

图 13-4 人类活动与生态系统健康的关系

工业等堆积废物的地方。水生生态系统的退化类型可分为水体富营养化、赤潮、水体沼泽化、水体酸化等。

根据生态系统的退化程度，又可将生态系统的退化分为轻度退化、中度退化和强度退化。对不同退化程度的生态系统，其恢复和重建的技术以及付出的代价是不同的。

二、退化生态系统的恢复与重建

通过人为的努力，使退化生态系统得以恢复，这是提高区域生产力、改善生态环境、使资源得以永续利用、经济得以持续发展的关键。由于生态系统具有一定的自我调节能力，如果外部的干扰作用小于生态系统的自我调节能力，那么，生态系统就可以通过自我调节能力恢复和保持稳定的状态。如果外部的干扰超过生态系统的最大抗干扰能力，生态系统就会发生逆向演替或退化，这时就很难恢复。生态系统的自我恢复能力往往十分缓慢，而人为恢复和重建可在一定程度上改变和控制生态演替的进程和速度，缩短恢复时间。因此，对于退化生态系统实施人工恢复与重建是十分必要的。Daily(1995)进一步指出，基于以下四个原因人类进行生态恢复是非常必要和重要的：需要增加作物产量满足人类需求；人类活动已对地球的大气循环和能量流动产生了严重的影响；生物多样性依赖于人类保护和恢复生境；土地退化限制了国民经济的发展。

生态恢复与重建是根据生态学原理，通过一定的生物、生态以及工程的技术与方法，人为地改变和切断生态系统退化的主导因子或过程，调整、配置和优化系统内部及其与外界的物质、能量和信息的流动过程及其时空秩序，使生态系统的结构、功能和生态学潜力尽快地、成功地恢复到正常的或原有的乃至更高的水平。生态恢复过程一般是人工设计和进行的，并是在生态系统这个整体层次上进行的。在实际工作中，生态恢复和重建可根据生态系统退化的程度和类型采取不同的恢复方式，主要有恢复、重建和改建三种类型。恢复(restoration)是着眼于建立环境自然稳定机制，使退化生态系统向着与现实环境相适应的自然稳定生态系统发展；重建(reconstruction)是将退化生态系统进行人工生态设计，增加人类所期望的某些特点，压低人类不希望的某些自然特点，使生态系统进一步远离它的初始状态；改建(rehabitation)是将恢复和重建措施有机地结合起来，并使退化状态得到改造。

生态恢复的目的是提高生态系统的生产力或服务功能，保护、改善和恢复良好的生态环境，为社会经济发展提供持续的资源和环境基础。因此，无论对什么类型的退化生态系统，生态恢复与重建的基本目标或要求是：①实现生态系统的地表基底稳定性。因为地表基底（地质地貌）是生态系统发育与存在的载体，基底不稳定，就不可能保证生态系统的持续演替与发展。②恢复植被和土壤，保证一定的植被覆盖率和土壤肥力。③合理优化配置动植物物种，增加生态系统的种类组成和生物多样性。④实现生物群落的恢复，提高生态系统的生产力和自我维持能力。⑤减少或控制环境污染，防止因污染引起的生态系统退化。⑥增加视觉和美学享受。

三、退化生态系统恢复的基本原理

退化生态系统的恢复与重建要求在遵循自然规律的基础上，通过人类的作用，根据生态上健康、技术上适当、经济上可行、社会能够接受的原则，使受害或退化生态系统重新获得健康并有益于人类生存与生活的生态系统重构或再生过程。生态恢复与重建的原理一般包括自然原理、社会经济技术原理、美学原理三个方面（见图 13-5）。自然原理是生态恢复和重建的基本原则，强调的是将生态工程学原理应用于系统功能的恢复，最终达到系统的自我维持（self-maintenance）。社会经济技术原理是生态恢复和重建的基础，在一定程度上制约恢复重建的可能性、水平和深度。美学原理则是指退化生态系统的恢复和重建应给人以美的享受。

退化生态系统的恢复和重建汲取了生态学、系统工程学、经济学等多学科的理论，但其中主要的还是生态学理论。这些理论主要有：

(1)整体性原理。生态恢复研究作为一个有机整体的生态系统或社会-经济-自然复合生态系统，以整体观为指导，以整体调控为处理手段，在系统水平上进行研究。在整体观指导下统筹兼顾，统一协调和维护当前与长远、局部与整体、开发利用与环境和自然资源之间的和谐关系，以保障生态系统的相对稳定性。

(2)物质循环原理与再生功能。实行有计划的物质迁移、能量转化工作，并研究其自净效力及环境容量，通过充分发挥各种物质的生产潜力来增产节约，以促进物质的良性循环与再生利用。

(3)生态位原理。种群在一个生态系统中都有自己的生态位。生态位反映了种群对资源的占有程度以及种群的生态适应特征。在自然群落中，一般由多个种群组成，它们的生态位是不同的，但也有重叠，这有利于相互补偿，充分利用各种资源，以达到最大的种群生产力。在植物引种中，要避免引进生态位相同的物种，尽可能使各物种的生态位错开，使各种群在群落中具有各自的生态位，避免种群之间的直接竞争，以保证群落的稳定。在退化生态系统重建中，考虑各种群的生态位，选取最佳的植物组合，如“乔、灌、草”结合，就是按照不同植物种群地上地下部分的分层布局，充分利用多层次空间生态位，使有限的光、气、热、水、肥等资源得到合理利用；同时又可产生为动物、低等生物提供生存和生活的适宜生态位，最大限度地减少资源浪费，增加生物产量，从而形成一个完整稳定的复合生态系统。

(4)物种相互作用原理。一个完整的生态系统，生物之间存在着各种以食物、空间等资源为核心的种间关系。如何选择匹配好这种关系，发挥生物种群间的互利机制，使生物复合群体“共存共荣”，是生态工程中人工生态系统建造的一个关键。

(5)食物链原理。食物链原理是生态工程要遵循的重要原理，它可以使一种产品通过食

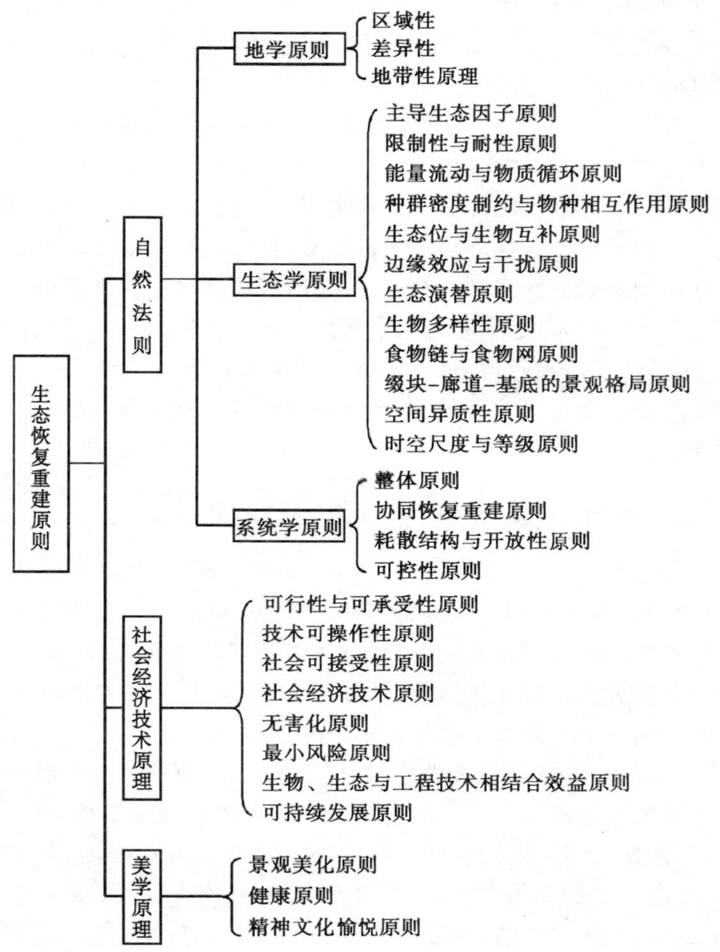

图 13-5　退化生态系统恢复与重建的基本定律、原理和原则(引自任海和彭少麟,2002)

物链环节转化为另一种类型的生物产品;使低能量的生物产品通过食物链的浓集作用变成高能量的产品;通过食物链的作用可使一些低价值的产品变成高价值的产品;也可以通过食物链某些环节的增大与减少,使得其中的另一个环节增加或减少。在人工生态系统中,通过食物链的人工代换,可以改变物质、能量的转移途径和富集方式。加强食物链原理在利用上的应用研究与实践是十分重要的。

(6)物种多样性原理。复杂的生态系统是最稳定的,主要特征就是生物组成种类繁多而均衡,食物网纵横交织。其中一个种群偶然地增加或减少,其他种群就可以及时抑制或补偿,从而保证系统具有很强的自组织能力。相反,处于演替初级阶段或人工生态系统的生物种类单一,其稳定性就很差。为了保证人工生态系统的稳定和提高系统的效应,必须投入大量的能量和物质来维持。自然生态系统由于其生物的多样性原因,往往具有较强的稳定性和较高的生产力。因此,在生态工程设计过程中,必须充分考虑人工生物群落的生物多样性问题。

(7)耗散结构原理。生态系统是一种耗散结构系统,外力干扰会使系统内部产生相当的变化，对于一定限度的外力干扰，系统可以进行自我调整。而当外力干扰超过一定限度时，系统就能从一个状态向新的有序状态变化。生态工程的目的就是建造一个有序的生态系统结构，通过系统的自组织和抗干扰能力实现其有序性。

(8)最小风险与最大效益原理。由于生态系统的复杂性以及某些环境要素的突变性，加上人们对生态过程及其内在运行机制认识的局限性，人们往往不可能对生态恢复与重建的后果以及生态最终演替方向进行准确的估计和把握。因此，在某种意义上，退化生态系统的恢复与重建具有一定的风险性。这就要求我们认真、透彻地研究被恢复对象，经过综合地分析评价、论证，将其风险降到最低限度。同时，生态恢复往往又是一个高成本投入工程，在考虑当前经济的承受能力的同时，必须要考虑生态恢复的经济效益和收益周期，保持最小风险并获得最大效益，这是实现生态效益、经济效益和社会效益完美统一的必然要求。因此，在生态工程设计与实施过程中，必须在优先考虑经济效益或者社会效益的前提下，同时充分考虑生态环境效益的提高。

四、退化生态系统恢复与重建的程序和方法

在生态恢复实践中需要确定一些指导生态恢复和重建的基本程序(Mitsch 和 Jorgensen，1989)。目前在实践中采用的基本程序包括：确定恢复对象的时空范围；评价和鉴定导致生态系统退化的原因和过程；找出控制和减缓退化的方法；根据生态、社会、经济和文化条件决定恢复与重建的生态系统结构、功能目标；制订易于测量的成功标准；发展在大尺度情况下完成有关目标的实践技术并推广；恢复实践；与土地规划、管理部门交流有关理论和方法；监测恢复中的关键变量与过程，并根据出现的新问题作出适当的调整。

上述程序可列成如下基本步骤：①接受恢复项目，明确被恢复对象，确定系统边界；②生态系统退化的诊断，确定生态系统退化的原因、类型、过程、阶段、强度等；③制订恢复方案，确定恢复的目标、生态工程的具体项目、技术关键、可行性论证、生态经济、风险评估、优化方案等；④实地试验、示范与推广，定期现场调查研究其恢复的效果，进行调整与改进；⑤恢复后的监测与效果评价以及建立管理措施。

恢复与重建技术是恢复生态学的重要内容，但目前是一个薄弱环节。由于不同退化生态系统存在地域差异性，加上外部干扰类型和强度的不同，结果导致生态系统所表现出来的退化类型、阶段、过程及其响应机理也不同。因此，在不同退化生态系统中应用的关键技术是不同的。主要的生态恢复技术体系有：①非生物或环境要素(包括土壤、水体、大气)的恢复技术；②生物因素(包括物种、种群和群落)的恢复技术；③生态系统(包括结构与功能)的总体规划、设计与组装技术。任海和彭少麟(2002)总结了退化生态系统恢复的一些常用或基本的技术(见表 13-4)。在实际工作中，生物措施应是恢复和重建的主要措施，包括农业群落、混农林业群落、森林、草地、灌丛等人工植物群落的建设。生物措施又分为三类：一类靠自然恢复，一类是人工生物恢复，第三类是两者的结合。此外，工程措施和管理措施等也是必要的。对严重退化的系统必须辅以工程措施，改善环境。总之，生态恢复中必须综合考虑实际情况，充分利用各种技术，通过研究和实践，尽快恢复生态系统的结构，进而恢复其功能，实现生态、经济、社会和美学效益的统一。

表 13-4 退化生态系统的恢复与重建技术体系(任海和彭少麟,2002)

恢复类型	恢复对象	技术体系	技术类型
非生物环境因素	土壤	土壤肥力恢复技术	少、免耕技术;绿肥与有机肥施用技术;生物培肥技术;低产量田改良技术;土壤熟化技术等
		水土流失控制与保持技术	坡面水土保持林、草技术;生物篱笆技术;护土工程技术;等高耕作技术;复合农林技术;生物覆盖技术等
		土壤污染与恢复控制技术	土壤生物自净技术;调控土壤环境技术;增施有机肥技术;废弃物资源化技术;植物修复技术等
	大气	大气污染控制技术	绿色植物防污技术;新兴能源控制技术;生物吸附技术;烟尘控制技术等
		全球变化控制技术	可再生能源技术;温室气体控制技术;无公害产品开发与生产技术;土地优化利用与覆盖技术等
	水体	水体污染控制技术	污水物理处理技术;污水化学处理技术;污水生物处理技术;氧化塘技术;水体富营养化控制技术;环境生态工程技术等
		节水技术	节水灌溉技术;旱地节水技术;地膜覆盖技术等
生物因素	物种	物种选育与繁殖技术	基因工程技术;种子库技术;野生生物种引进技术等
		物种引入与恢复技术	先锋种引入技术;土壤种子库引入技术;乡土种种苗库重建技术;天敌引入技术;林草植被再生技术等
	种群	物种保护技术	就地保护技术;迁移保护技术;自然保护区建设技术等
		种群动态控制技术	种群规模、年龄结构、密度、性比等调节技术等
		种群行为控制技术	种群竞争、捕食、寄生、共生、他感等行为控制技术等
	群落	群落结构优化配置与组建技术	林、灌、草搭配技术;群落组建技术;生态位技术;林分改造技术等
		群落演替控制与恢复技术	原生与次生快速演替技术;水生与旱生演替技术;演替方向调控技术等
生态系统	结构功能	生态评价与规划技术	土地资源评价与规划;环境评价与规划;景观生态评价与规划技术;3S 辅助技术等
		生态系统组装与集成技术	生态工程设计技术;景观设计技术;生态系统构建与集成技术
景观	结构功能	生态系统间链接技术	生物保护区网络;城市农村规划技术;流域治理技术等

五、退化生态系统的恢复工程实例

1. 沙漠化土地生态恢复与重建工程技术

我国有沙漠化土地 $20\times10^4\ km^2$,潜在沙漠化土地 $16\times10^4\ km^2$,并且以每年 2 460 km^2 的速度扩大。国内外实践证明,以生物治沙措施为主是固定流沙、阻截流沙和防治土地沙漠化的基本措施,包括建立人工植被或恢复天然植被以固定流沙;营造大型防沙阻沙林带,以阻截流沙对绿洲、交通沿线、城镇居民点及其他经济设施的侵袭;营造防护林网,以控制耕地风蚀和牧场退化;保护封育天然植被,以防止固定半固定沙丘和沙质草原的沙漠化危害。我国西北绿洲地区大力营造防风阻沙林带、护田林网及建立人工固沙植被,同时把"封沙育草,保护天然植被"作为防沙治沙的重要措施之一,并且取得了卓越的成效。随着生物治沙而发展起来的机械沙障(人工沙障)和化学固沙制剂,则为稳定沙面、在沙丘和风蚀地上建立人工植被或天然植被创造稳定的生态环境。工程措施中以各种材料(如麦草、芦苇、黏土、砾石等)做成不同规格的格状或带状沙障应用较为广泛。化学固沙是有机或无机、天然或人工合成的胶结物质,喷洒于沙面并渗入沙层孔隙,经固化后形成防风蚀保护壳。但由于成本高,目前仅用于风沙危害严重、造成重大损失的地区，如机场、交通线、军事设施等地区。

这里以陕西榆林沙漠化土地生态恢复工程为例。榆林市位于陕西省北部，毛乌素沙漠的东南部，年降水量为 414.6 mm，春季干旱，冬季风沙严重，是陕北一个遭严重沙害的地区。该市的沙漠化土地生态恢复措施是：

(1)对沙质沙漠化所造成的沙害和沙丘前移埋压农田及居民点等的危害，建立以“带、片、网”相结合为主的防风沙体系，利用沙区内部丘间低地潜水位较高、水分条件较为优越的条件，采取丘间营造片林与沙丘表面设置沙障，障内栽植固沙植物如油蒿、中间锦鸡儿等相结合的方法固定流沙；同时加强对固定、半固定沙丘的封育与天然植被的保护，使流沙处于各种绿色屏障的分割包围之中。

(2)对分布于河谷阶地、湖盆滩地中处于沙丘包围下的农田，建立以窄林带小网格为主的护田林网，并与滩地边缘固定半固定沙丘的封育，草灌结合固定流沙等措施组成一个农田防护林体系。同时与滩地内的开发利用地下水、发展灌溉农业、改良低产土壤和挖渠排水等水利工程等措施相配合，组成沙质荒漠化地区内一个新“绿洲”建设体系。这种新绿洲生态系统散布于沙丘之间的丘间低地，从而使沙质荒漠化土地受到分割与包围，削弱其危害的强度。

(3)对面积较大，高大起伏密集的流动沙丘地区，采取飞播固沙植物和人工封育相结合的方法，其保存率一般为 40%～50%，最高可达 70%。3～5 年以后，即可使流动沙丘固定，并逐步形成以花棒、羊柴为主的优质灌丛草场。

(4)在地表水资源较为丰富的地区，主要是引水拉沙，改良土壤，利用河流、湖泊或水库作水源，采用自流引水、机械抽水，借流水的冲力，拉平沙丘，拦蓄洪水，引洪漫淤，垫土压沙，将起伏的流动沙丘改造成为农田及城市新区。

经过治理，使大面积的沙丘处于绿色生态屏障的条条分割和块块包围之中，沙生植被和林木覆盖率由原来的 1.8%提高到 1994 年的 37.6%，固定的流沙约 3 400 km^2，受沙质荒漠化危害的农田 1 000 km^2 已实现了林网化，在沙区中新发展农田超过 660km^2，利用丘间滩地海子或水库发展养鱼水面 106 km^2，恢复和改良草场 1 530 km^2，取得了生态与经济上的良好效益。

2. 水土流失的生态恢复工程技术

水土流失是退化生态系统的一个主要类型。水土流失往往导致土壤薄层化、结构性退化、养分流失和区域环境的恶化。因此，控制水土流失是许多地区生态恢复的重要内容。我国水土流失面积 492.6×10^4 km^2，占国土面积的 51%。其中中度侵蚀 135.05×10^4 km^2，强度侵蚀 47.62×10^4 km^2，极强度侵蚀 25.76×10^4 km^2，剧烈侵蚀 29.96×10^4 km^2。水土流失区生态恢复的主要措施有农耕技术措施、工程技术措施、生物和生态技术措施等。农耕技术措施是水土流失控制的基本措施，包括以改变微地形为主的农耕措施和以增加地面覆盖为主的耕作措施两类。通过等高耕作、垄沟种植、等高带状间作、覆盖、少耕、草田带状轮作等农耕技术措施可以改变坡耕地的小地形，增加地面覆盖，防治水土流失。工程技术措施通过建立梯田、拦水坝、鱼鳞坑、截流沟等工程拦蓄泥沙、截流、排水、减少径流冲刷和固定坡体。以植被恢复为主体的生物和生态技术，通过造林种草，增加水土流失地区的植被覆盖率，是解决水土流失的强有力手段和根本措施，同时也是恢复和改善流失地区生态平衡的物质基础。

中国科学院华南植物研究所在1959年起开始了沿海侵蚀台地上退化生态系统的植被恢复技术研究(余作岳和彭少麟,1997)。恢复实验区位于广东电白县的沿海台地上,由于近百年的砍伐和开垦,当地原始林已基本消失,水土流失严重,土壤极度贫瘠,生态环境恶劣。自1959年起,采用工程措施和生物措施分两步进行整治和森林重建。第一步是重建先锋群落(1959—1964):在光板地上,采取工程措施与生物措施相结合,但以生物措施为主的综合治理方法。工程措施包括开截流沟、筑拦沙坝等,生物措施是选用速生、耐旱、耐瘠的桉树、松树和相思树重建先锋群落。通过这一阶段,可以改善恶劣的环境并利于后来植物的生长。在营林措施上采取了丛状密植、留床苗植等方法,提高造林成活率。第二步是配置多层多种阔叶混交林(1964—1979),在20 hm^2 的先锋群落迹地上,模拟热带天然林群落的结构特点,从天然次生林中引入了桫椤、藜蒴、铁刀木、白格、黑格、白木香、麻楝等乡土树种和大叶相思、新银合欢等豆科外来种。混交方式有小块状、带状和行混等。在森林恢复过程中,先后引种了320种植物,分属230个属、70个科。最近的群落调查发现,在1 400 m^2 的样地中出现了72个树种。森林群落都可分为乔木层、灌木层和草本层三层。群落外貌浓绿,高度达12 m。乔木层覆盖度达80%。群落乔木层、灌木层和草本层的多样性指数分别为2.18,3.01和4.12,均匀度分别为0.64,0.77和0.79,生态优势度分别为0.12,0.10和0.13。生物量和生产力是衡量生态系统恢复程度的基本指标之一。光板地的生物量基本上为0,阔叶混交林的三个样地上的地上生物量分别为46.33,72.88,112.50 t/hm^2,而同地带的天然林约为350 t/hm^2。此外,该群落的生产力达7.61～9.69 t/(hm^2·a)。植被恢复后,水土侵蚀会得到控制。光板地的水土侵蚀量为52.3 t/(hm^2·a),而人工阔叶混交林仅0.18 t/(hm^2·a),基本接近天然林的水土保持能力。

3. 矿山废弃土地生态恢复与重建工程技术

矿山废弃土地是指采矿剥离土、废矿坑、尾矿、矸石、洗矿废水沉淀物等占用的土地。这类土地的一个共同特点是土层表面被剥离、堆占,土壤结构被破坏,重金属污染严重,土壤养分流失,植被丧失或废弃长久而杂草丛生,即原来的生态景观消失,代之以裸地或次生草、灌丛生态系统。据统计,我国历年采矿占用的土地面积约200×10^4 hm^2,并以每年2×10^4 hm^2的速度递增。目前由于采矿而废弃土地的速度为3×10^4 hm^2/a。因此在废弃矿山进行复垦,恢复和保护土地功能,对土地资源并不富有的我国的可持续发展十分重要。在我国,矿山土地复垦技术的研究和实施工程已有几十年历史,大规模的复垦工程也已经普遍展开,并在施工技术、土壤改造、现场管理等方面取得了重大成果和经验。其中最主要的是以恢复生态学为基础的复垦技术,建立了多种矿山废弃地土地复垦模式和自维持生态系统。

矿山废弃地的复垦首先要对废弃矿复垦土壤的结构与成分进行分析,根据矿区土壤受到干扰的程度、类型,筛选具有抗性的植物种类,确定复垦的模式,根据群落演替规律恢复植被,并进行复垦系统的能流、物流分析;同时应根据实际情况不断修改复垦模式,以提高生态效率。耕作层土壤理化性质是否适合植物的生长是决定矿山废弃地生态复垦成败的关键因素之一。

赤峰市元宝山煤矿区位于北方干旱、半干旱地区,年平均气温6～7℃,无霜期140 d,≥10℃的积温3 100℃,年降水量40～50 mm。矿区因开矿、排土占压耕地5 500 hm^2,复垦率只有2%,按开采计划,今后每年平均将占耕地333 hm^2。1989年开始矿区废弃土地生态恢复的试验研究(李五成、吉日格拉,1989)。

该矿区的废弃地主要是:①露天煤矿分层剥离排土形成的排土场,这些排土场由于经过大规模的环境扰动,土层破坏,土质瘠薄,植物稀疏。②塌陷地。为地下采煤形成的块状、带状的塌陷地面,地表破碎,起伏不平,水土流失严重。植被覆盖度25%～35.9%,草层高15～23 cm,干草产量仅为1.73～3.39 kg/hm^2。③矿区闲置荒草坡。分布于大小煤矿之间的石质和土石质丘陵坡地的废弃地,土体紧实,透水性差,坡度较大,侵蚀严重,有机质含量只有0.78%,植被覆盖度15%,干草产量仅0.8 kg/hm^2。

废弃地的植被恢复工程,选择工程措施与生物措施相结合的方法,通过围栏、排石整地,植树造林、补插牧草、人工种植优良牧草等一系列技术措施,对三类废弃地进行整治。在排土场人工堆积物上通过移土盆栽和实地引种的方法对十几种优良牧草进行栽培实验,从中筛选出生态幅度宽、抗逆性强、耐贫瘠的多年生牧草沙打旺(*Astragalus adsurgens*)作为植被恢复的主要品种,其次为改良土壤效果好的2年生牧草草木樨(*Melilotus suaveolens*)。排土段植被重建工程包括:①林网人工草地。对于起伏不平的排土段先用大型推土机平地、排石整地,建立草、灌、乔结合的林网草地。②补播半人工草地。对于土层较厚、地势平坦的排土段,采取清石整地、补播草木樨、沙打旺等草籽,建立半人工草地。③林草间作。对含腐殖酸和有机质较高的排土段,营造速生杨,林间播种沙打旺,形成林草间作的林网草田。3年后土壤养分状况得到明显改善,植被覆盖度增加,产量达到了天然草地的5～10倍。

对新形成的塌陷地采用机械平地、填沟等工程措施,防止漏水和发生新的塌陷。选择较平坦的地段,播种沙打旺和紫花苜蓿(*Medicago sativa*),建立人工草地。对于相对稳定的老塌陷地,直接用机械平地,播种沙打旺,建立人工草地。经过平整的塌陷地人工草地的生产力为对照地的7倍多。

矿区闲置草坡植被的重建。在坡度大、土层薄的山坡上,采用沿等高线开挖鱼鳞坑或水平沟的方法,在坑内种油松、杂交杨,林带间播种沙打旺。在坡度较缓、土质较好的废弃地上,进行翻耕整地,建立林网草地,沿等高线开沟营造油松林,带间播种沙打旺。上述措施不仅增强了水土保持能力,改善了生态环境,而且提高了土壤肥力,促进了油松的正常生长,林带间有沙打旺的地方幼树生长旺盛,比对照地高出35～85 cm,幼树成活率均在90%以上。沙打旺产量为对照地产量的14.6倍。

矿区废弃地的生态恢复不仅整治了环境,而且是一项生态经济工程。在矿区废弃地上建立人工草地,可以改善环境、发展牧草加工业和城镇居民的"菜篮子"工程。从1989年至1992年3年多以来共建立人工、半人工草地750 hm^2,年产优质牧草4 000 t以上,促进了养殖业的发展。

4. 富营养化水体生态恢复工程技术

水体富营养化是在人类活动的影响下,生物所需的氮、磷等营养物质大量进入湖泊、河口、海湾等缓流水体,引起藻类及其他浮游生物迅速繁殖,水体溶解氧量下降,水质恶化,鱼类及其他生物大量死亡的现象。据《2008年中国环境状况公报》报告,28个国控重点湖(库)中,Ⅱ类、Ⅲ类、Ⅳ类、Ⅴ类和劣Ⅴ类水质比例分别为14.3%,7.1%,21.4%,17.9%和39.3%,主要污染指标为总氮和总磷。太湖湖体21个国控监测点位中,Ⅳ类、Ⅴ类和劣Ⅴ类水质的占14.3%,23.8%和61.9%。湖体处于中度富营养状态,主要污染指标为总氮和总磷。水体富营养化的防治措施主要集中在防止人类各种不合理的活动,减少和切断营养盐来源和通道,同时采取各种物理、化学、生物和生态技术控制和恢复富营养化水体。如控制氮、磷等营养物的流入，加强水体交换稀释和带出氮、磷物质以及藻类，机械曝气促进矿化作用，化学除藻，微生物降解，调整生态系统结构，利用滤食性鱼类，种植大型水生植物抑制浮游植物的生长等等方法。其中生态工程技术是近年发展起来的富营养化水体生态恢复的有效方法之一。

中国科学院南京地理与湖泊研究所从2003年起开展了太湖水源地水质净化生态工程试验(秦伯强等,2007)。示范工程位于太湖梅梁湾东北部，面积约7 km^2，该水域由于湖泊水质恶化和富营养化，每年夏季都有蓝藻水华爆发，严重影响无锡市及周边地区的生产和生活供水。据监测梅梁湾水质介于Ⅴ类与劣Ⅴ之间，全年平均总氮含量高达5.05 mg/L，总磷为0.16 mg/L，透明度仅为40～50cm，蓝藻水华严重，每年4月末至5月中旬，随着水温的增加，微囊藻爆发性生长，形成微囊藻水华，伴随着微囊藻的死亡，水体散发出阵阵恶臭，严重影响自来水厂的正常生产，导致水厂减产甚至停产。

水源地水质改善生态工程通过建立以水生植被恢复、健康生态系统重建技术为核心，以安全高效的消浪与围隔技术为基础，以微量有毒有害物质去除技术为辅助，以鱼控藻、贝控藻和机械、絮凝除藻技术为补充，以水生生物的资源化处理和生态恢复的长效管理技术为保障的综合集成的生态技术体系。具体做法是：首先用2道围隔呈弧线状围绕水厂取水口，内圈围隔所辖面积2 km^2，外圈围隔辖面积7 km^2(包括内圈的面积)，外圈围隔有1个进水口，水流从外圈围隔的进水口流入，首先经过约1.4 km^2 的鱼控藻水域，其次进入约1.06 km^2 的贝控藻区域，再通过里圈围隔的进水口，进入强化净化区，进行水生植物净化和过滤。在强化净化区，设置2道围绕取水口的竹排消浪带，在消浪竹排上种植漂浮植物；引种菱、荇菜等浮叶植物，以及马来眼子菜、狐尾藻、金鱼藻、菹草等沉水植物。具体措施包括：

(1)围隔挡藻。由PVC材料制成的挡藻围隔，把示范区分为里外2个水域，外水域为生态净化区，内水域为强化净化区。水流先通过外圈围隔进水口，依次通过鱼控藻、贝控藻等生态净化区域，再通过里圈围隔进入强化净化区，逐步通过漂浮植物、浮叶植物和人工介质(渔网)附着生物的净化水质。

(2)消浪和降低悬浮物浓度。选择放水泥排桩和投放竹排两种方式的消浪工程，水泥桩按照一定间隔交错布设在内圈围隔的外沿，确保强化净化区不受大风浪，特别是强台风的袭击。竹排消浪布设在强化净化区的内部，防止风浪再起。

(3)生态净化区控藻。滤食性鱼控藻：用滤食性鱼类(如鲢和鳙)和贝类进行直接蓝藻控制。示范区内在2道围隔之间的生态净化区实施面积约1.4 km^2 的鱼控藻区，按鱼类产出量50 g/m^3 的标准投放鲢鳙鱼类，鲢与鳙放养比例为6：1，2004年和2005年共有2.25×10^4 kg鲢鱼，3.28×10^4 kg鳙鱼，根据同化率和产出量估计可去除水体藻类水华生物量30%以上，年消除量超过1 600 t。贝类控藻：贝类是底栖动物，贝类的食物源是浮游植物和有机碎屑，且对浮游植物的吸收高于有机碎屑，是一种控制蓝藻水华的良好的生物材料。在2道围隔中间的生态净化区，紧接鱼控藻区域约1.06 km^2 的水域内实施挂蚌工程，即用渔网兜挂蚌密，筛选2种土著蚌，即褶纹冠蚌和三角帆蚌，分别为2.8×10^4 只，后者共5×10^4 只，估算每年可去除蓝藻水华数10 t。为此，在蓝藻水华爆发时期采用机械除藻技术。

(4)水生植物的恢复。①漂浮植物恢复：采用2种方式进行种植，其一是用渔网覆盖方式种植，二是利用消浪竹排作为固定载体种植漂浮植物。在竹排上种植的喜旱莲子菜生物量平均5.6 kg/m^2，最大生物量达1 011 kg/m^2。②浮叶植物恢复：试验种植的浮叶植物主要有菱和荇菜。③沉水植物恢复:试验选择马来眼子菜、苦草、微齿眼子菜、狐尾藻、金鱼藻、菹草等沉水植物,群落构建主要依据生态位、群落演替等理论和示范区的环境条件,从群落的空间和时间格局进行设计和优化。冬、春季主要种植菹草、伊乐藻等,夏、秋季则种植轮叶黑藻、苦草、马来眼子菜、篦齿眼子菜等,其中马来眼子菜、苦草和篦齿眼子菜全年都有一定的生物量,以夏、秋季生物量较高。④挺水植物:挺水植物恢复主要是拦截来自山坡的面源污染。设计采用丁字坝和水下拦沙埂,促进沉积物淤积和自然缓坡的形成,增加湖滨带的生物多样性。⑤附着生物:水生植物净化水质主要通过叶片、根茎上的附着生物来吸收、同化营养物质,通过拦截水体中的颗粒物质和遏制沉积物悬浮来去除颗粒态的营养物质,以及通过根部的吸收和同化来去除氮磷等污染物质。基于这个原理,在示范区广泛布设了许多渔网,渔网的下端是石垄,可以固定水土界面上的浮泥,而渔网上附着许多原生动物、附着藻类、微生物等。据估算,平均每月固着在渔网上的悬浮物及氮、磷的量分别达 16 t,1 t,0.2 t 左右。

经过 3 年的生态工程净化水质试验的结果,水质指标与工程实施前对比,除叶绿素浓度外,其他水质参数的改善幅度为 18%～72%,特别是主要的水质参数(氨氮)改善尤为显著。

第四节 生态示范区建设

一、生态示范区的概念与意义

可持续发展作为一种全新的发展观,已成为人类共同的行动准则。世界各国为了实施可持续发展思想,开展了多种实践。事实证明,生态示范区建设是实施可持续发展的重要措施。世界上出现了多种生态示范区建设的实践模式。生态示范区是以生态学、经济生态学原理为指导,以协调社会、经济发展和环境保护为主要对象,以实现生态良性循环,社会、经济全面、健康和可持续发展为目标,进行统一规划、综合建设的一定行政区域。生态示范区是一个相对独立,又对外开放的社会-经济-自然复合生态系统。

我国为了实施可持续发展战略,推动区域社会经济与环境保护协调发展,解决日益严重的生态环境问题,国家环保总局于 1995 年在全国开展了生态示范区建设,发布了《全国生态示范区建设规划纲要》,随后分批开展了生态示范区建设试点,部分省开展了省级生态示范区建设试点。目前,全国在建的生态示范区试点有 314 个,其中,生态市 40 个,生态县 264 个,其他 10 个。批准在建的生态省试点 5 个(海南、吉林、黑龙江、福建、浙江)。

我国的生态示范区建设可以乡、县和市域为基本单位组织实施,重点建设以县为单位的生态示范区。而生态县、生态市和生态省建设是生态示范区建设的继续和发展,是生态示范区建设的最终目标。

生态县(含县级市)是社会经济和生态环境协调发展,各个领域基本符合可持续发展要求的县级行政区域。生态县是县级生态示范区建设的继续、发展和最终目标。

生态市(含地级行政区)是社会经济和生态环境协调发展,各个领域基本符合可持续发展要求的地市级行政区域。生态市是地市级生态示范区建设的继续、发展和最终目标。生态市的主要标志是:生态环境良好并不断趋向更高水平的平衡,环境污染基本消除,自然资源得到有效保护和合理利用；稳定可靠的生态安全保障体系基本形成；环境保护法律、法规、制度得到有效的贯彻执行；以循环经济为特色的社会经济加速发展；人与自然和谐共处，生态文化有长足发展；城市、乡村环境整洁优美，人民生活水平全面提高。

生态省是社会经济和生态环境协调发展，各个领域基本符合可持续发展要求的省级行政区域。生态省建设的具体内涵是运用可持续发展理论和生态学与生态经济学原理，以促进经济增长方式的转化和改善环境质量为前提，抓住产业结构调整这一重要环节，充分发挥区域生态与资源优势，统筹规划和实施环境保护、社会发展与经济建设，基本实现区域社会经济的可持续发展。

通过生态示范区建设，一些地区把发展经济和生态环境保护有机地结合起来，通过优化和调整产业结构，发展生态经济，形成了各具特色的生态产业，在推动当地经济、社会发展的同时，恢复和改善了生态环境质量，初步实现了社会、经济与环境、资源的协调发展。这主要表现在：①推动了试点地区经济的持续发展，部分贫困地区通过生态示范区建设，走向了生态脱贫之路，部分地区经济持续增长，经济实力也持续整长；②改善了试点地区的生态环境；③取得了良好的社会效益；④促进了生态产业的形成和发展，通过调整产业结构，发展生态经济，培育了一大批生态产业。

二、生态示范区建设的内容和指标体系

1. 生态示范区建设内容

我国生态示范区的生态建设内容包括生态农业开发、环境污染治理、生态破坏恢复、自然资源合理开发利用、生物多样性保护，等等。根据生态示范区建设内容的不同，可将生态示范区分为多种模式，例如：

(1)生态农业型。以保护农业生态环境，发展农村经济为主要建设内容的生态示范区。通过建设，形成符合生态学原理的优质、高产、高效农业体系。

(2)乡镇工业型。围绕乡镇工业，以经济生态学原理为指导，规划并建设乡镇工业小区，加强管理，集中治理污染，发展绿色产品，促进经济和环境协调发展。

(3)贸工农一体化型。随着农业产业化进程的迅猛发展，农业与工业、商业的关系日益密切，农工商一体化已成为今后发展的大趋势。在这种情况下，积极协调农业与工业、商业的关系，加强生态环境保护，促进社会、经济与生态效益的统一，提高生态系统对可持续发展的支撑能力是这一类型生态示范区建设的主要任务。

(4)生态旅游型。生态旅游示范区以合理开发旅游资源，有效防治生态破坏和旅游污染为主要建设内容。生态旅游以良好的生态环境为资源，坚持开发和保护并重，以旅游业为支柱，通过发展旅游业，带动其他产业的发展和生态环境的改善。

(5)生态城镇型。生态城镇示范区是以改善城镇生态环境和提高居民生活质量，加强生态景观建设和污染防治，实行清洁生产，有效利用资源和能源为主要建设内容。

(6)区域综合建设为主的生态示范区。综合生态示范区建设的主要内容是开展城乡生态环境综合整治，根据生态学规律，把经济生态建设、城乡规划建设等有机结合起来，逐步实现全区域社会、经济和生态环境的和谐发展。

(7)生态破坏恢复治理型示范区。有计划地治理和恢复遭到破坏的生态环境，是生态环境保护的重要任务，也是生态示范区建设的主要内容之一。生态破坏恢复治理型示范区主

要有两种类型，一种是在由于自然资源开发造成破坏的地区进行生态恢复，比如矿区、土地退化区等；另一种是环境污染区的生态恢复，比如农村环境的综合整治等。

2. 生态示范区建设的指标

生态示范区的指标体系分为三个类型，即经济发展指标、生态环境指标和社会发展指标，共计 24 项。2003 年国家环境保护总局提出了《生态县、生态市、生态省建设指标（试行）》，该建设指标包括经济发展、环境保护和社会进步三大类，生态县、生态市和生态省建设指标分别是 38，30 和 22 项。2007 年国家环境保护总局发布了生态县、生态市、生态省建设指标（修订稿）（表 13-5，13-6 和 13-7）。

表 13-5　生态省建设指标

	序号	名　　称	单　位	指　标	说　明
经济发展	1	农民年人均纯收入 东部地区 中部地区 西部地区	元/人	 ≥8 000 ≥6 000 ≥4 500	约束性指标
	2	城镇居民年人均可支配收入 东部地区 中部地区 西部地区	元/人	 ≥16 000 ≥14 000 ≥12 000	约束性指标
	3	环保产业比重	%	≥10	参考性指标
生态环境保护	4	森林覆盖率 山区 丘陵区 平原地区 高寒区或草原区林草覆盖率	%	 ≥65 ≥35 ≥12 ≥80	约束性指标
	5	受保护地区占国土面积比例	%	≥15	约束性指标
	6	退化土地恢复率	%	≥90	参考性指标
	7	物种保护指数	——	≥0.9	参考性指标
	8	主要河流年水消耗量 省内河流 跨省河流	——	 <40% 不超过国家分配的水资源量	参考性指标
	9	地下水超采率	%	0	参考性指标
	10	主要污染物排放强度 化学需氧量(COD) 二氧化硫(SO_2)	kg/万元(GDP)	 <5.0 <6.0 且不超过国家总量控制指标	约束性指标
	11	降水 pH 值年均值 酸雨频率	%	≥5.0 <30	约束性指标
	12	空气环境质量	——	达到功能区标准	约束性指标
	13	水环境质量 近岸海域水环境质量	——	达到功能区标准，且过境河流水质达到国家规定要求	约束性指标
	14	环境保护投资占 GDP 的比重	%	≥3.5	约束性指标
社会进步	15	城市化水平	%	≥50	参考性指标
	16	基尼系数	——	0.3～0.4 之间	参考性指标

表 13-6　生态市建设指标

	序号	名　　称	单　位	指　标	说　明
经济发展	1	农民年人均纯收入 经济发达地区 经济欠发达地区	元/人	≥8 000 ≥6 000	约束性指标
	2	第三产业占 GDP 比例	%	≥40	参考性指标
	3	单位 GDP 能耗	吨标煤/万元	≤0.9	约束性指标
	4	单位工业增加值新鲜水耗 农业灌溉水有效利用系数	m^3/万元	≤20 ≥0.55	约束性指标
	5	应当实施强制性清洁生产企业通过验收的比例	%	100	约束性指标
生态环境保护	6	森林覆盖率 山区 丘陵区 平原地区 高寒区或草原区林草覆盖率	%	≥70 ≥40 ≥15 ≥85	约束性指标
	7	受保护地区占国土面积比例	%	≥17	约束性指标
	8	空气环境质量	——	达到功能区标准	约束性指标
	9	水环境质量 近岸海域水环境质量	——	达到功能区标准，且城市无劣 V 类水体	约束性指标
	10	主要污染物排放强度 化学需氧量(COD) 二氧化硫(SO_2)	kg/万元(GDP)	<4.0 <5.0 不超过国家总量控制指标	约束性指标
	11	集中式饮用水源水质达标率	%	100	约束性指标
	12	城市污水集中处理率	%	≥85	约束性指标
		工业用水重复率		≥80	
	13	噪声环境质量	——	达到功能区标准	约束性指标
	14	城镇生活垃圾无害化处理率 工业固体废物处置利用率	%	≥90 ≥90 且无危险废物排放	约束性指标
	15	城镇人均公共绿地面积	m^2/人	≥11	约束性指标
	16	环境保护投资占 GDP 的比重	%	≥3.5	约束性指标
社会进步	17	城市化水平	%	≥55	参考性指标
	18	采暖地区集中供热普及率	%	≥65	参考性指标
	19	公众对环境的满意率	%	>90	参考性指标

表 13-7 生态县(含县级市)建设指标

	序号	名称	单位	指标	说明
经济发展	1	农民年人均纯收入 经济发达地区 县级市(区) 县 经济欠发达地区 县级市(区) 县	元/人	 8 000 ≥6 000 ≥6 000 ≥4 500	约束性指标
	2	单位 GDP 能耗	吨标煤/万元	≤0.9	约束性指标
	3	单位工业增加值新鲜水耗 农业灌溉水有效利用系数	m^3/万元	≤20 ≥0.55	约束性指标
	4	主要农产品中有机、绿色及无公害产品种植面积的比重	%	≥60	参考性指标
生态环境保护	5	森林覆盖率 山区 丘陵区 平原地区 高寒区或草原区林草覆盖率	%	 ≥75 ≥45 ≥18 ≥90	约束性指标
	6	受保护地区占国土面积比例 山区及丘陵区 平原地区	%	 ≥20 ≥15	约束性指标
	7	空气环境质量	——	达到功能区标准	约束性指标
	8	水环境质量 近岸海域水环境质量	——	达到功能区标准,且省控以上断面过境河流水质不降低	约束性指标
	9	噪声环境质量	——	达到功能区标准	约束性指标
	10	主要污染物排放强度 化学需氧量(COD) 二氧化硫(SO_2)	kg/万元(GDP)	 <3.5 <4.5 且不超过国家总量控制指标	约束性指标
	11	城镇污水集中处理率 工业用水重复率	%	≥80 ≥80	约束性指标
	12	城镇生活垃圾无害化处理率 工业固体废物处置利用率	%	≥90 ≥90 且无危险废物排放	约束性指标
	13	城镇人均公共绿地面积	m^2	≥12	约束性指标
	14	农村生活用能中清洁能源所占比例	%	≥50	参考性指标
	15	秸秆综合利用率	%	≥95	参考性指标
	16	规模化畜禽养殖场粪便综合利用率	%	≥95	约束性指标
	17	化肥施用强度(折纯)	千克/公顷	<250	参考性指标
	18	集中式饮用水源水质达标率 村镇饮用水卫生合格率	%	100	约束性指标
	19	农村卫生厕所普及率	%	≥95	参考性指标
	20	环境保护投资占 GDP 的比重	%	≥3.5	约束性指标
社会进步	21	人口自然增长率	‰	符合国家或当地政策	约束性指标
	22	公众对环境的满意率	%	>95	参考性指标

三、生态示范区建设的步骤

生态示范区建设大体上可以分为 4 个步骤。

1. 编制与审批生态示范区建设规划

请有关专家和专业技术人员编制符合生态学与经济生态学原理的生态示范区建设规划。该规划应是生态环境保护和社会、经济发展相协调的综合规划，以用于指导、规范生态示范区建设。在此基础上，将编制好的规划报请有关部门审批，或以某种政策的形式确定下来，并纳入国民经济和社会发展计划，以保证生态示范区建设纳入当地社会经济的整体发展中。

2. 制订实施建设的详细计划

制订实施规划的详细计划，将生态示范区建设指标分解到各行各业，将各项建设任务分解落实到各部门、单位，使之与各部门的工作有机结合起来，融为一体。

3. 实施建设

根据计划分阶段逐步进行生态示范区建设。

4. 组织检查验收

对生态示范区建设任务的进展情况和建设目标的完成情况及时组织检查验收，总结推广经验，保证该项工作的顺利开展。

第五节　生态文明建设

一、生态文明的发展

人类文明史是一部人与自然关系发展的历史。在人类漫长的进化史上，人类社会先后经历了 300 万年的原始文明、1 万年的农业文明、300 年的工业文明，进入了现代生态文明。原始社会，由于生产力低下和人类自身的局限性，人对各种自然现象和过程所知有限，所以人只是被动地适应自然，把自然现象视为神的造化，盲目地崇拜自然、顺从自然，对自然生态没有任何实质性的破坏和威胁，并且处处受自然界的束缚，形成了简朴的原始文明意识。

随着农业的诞生和生产力的发展，人类从被动适应自然转变到主动适应，于是出现了农业文明。这一时期，人类为了自身的生存与发展的需要，主动发起了对地球的挑战，开始了自觉和不自觉地征服和改造自然的过程。然而，自然界也开始了对人类的报复，旱灾、涝灾、山洪、风沙等自然报复不断，但总的来说，人类对自然环境的改变尚未超出其容量，人与自然环境的关系还维持着大体的平衡，并没有从根本上威胁到人类的生存与发展的进程。人与自然是和谐的，是一种原始的绿色文明。

19 世纪，随着工业文明的兴起，历史进入近现代时期后，人类掌握了变革自然的强大能力，通过发展科学技术和生产力，不断增强人类对自然的控制与征服能力，创造了巨大的物质文明与技术文明，形成了以人是自然的主人为哲学基础的工业文明。但是以消耗自然资源和能源为基础的工业文明，所带来的人口暴涨、资源短缺、环境污染和生态破坏却是前所未有的。以至于自然界不断对人类进行报复，厄尔尼诺现象、温室效应、沙尘暴、大洪水、大旱灾、地震、沙漠化等自然现象都是自然对人类的报复手段。由于人类与自然之间的对立和矛盾发展到了严重的地步，人类对自然的干扰也超过了自然的承受能力，引起了严峻的生态和环境问题。备受惩罚的人类这才发现：工业文明并不是一个完美无缺的终极文明，而是附带着许多弊端。在文明历史的长河中，她只是一个不可或缺的必要过渡，她的后面还有一个更加高级的文明：生态文明。

生态文明是人类目前正在努力建设的一种新的文明形态，它强烈反对人类生产与生活凌驾于大自然之上，主张人类要尊重自然，要与自然和谐相处；反对先污染后治理、边污染边治理的工业化、城市化、现代化模式。生态文明是一种依靠自然、利用自然而又特别注重保护自然的新文明形态，是对农业文明和工业文明的超越，它既强调以人为本，又反对极端人类中心主义；既强调保护生态环境，又反对极端生态中心主义。在沉痛的历史教训之后，人们意识到：科学是强大的，但不是万能的。人既不是自然神的奴隶，也不是征服自然和驾驭自然的主宰，而是自然的伙伴，是自然界平等的一个成员。人必须与自然和谐共同发展，否则人类将失去自己赖以生存的基本条件。由此可见，生态文明的出现是社会文明发展进步的必然。

二、现代生态文明建设

生态文明就是人类在改造自然以造福自身的过程中为实现人与自然之间的和谐所作的全部努力和所取得的全部成果。生态文明作为一种后工业文明，是人类社会一种新的文明形态，是人类迄今最高的文明形态。生态文明是人与自然关系的一种新颖状态，是人类文明的全球化和信息化条件下的转型和升华。它反映的是人类处理自身活动与自然界关系的进步程度，是人与社会进步的重要标志。

生态文明有着丰富的内涵，它要求在工业文明已经取得成果的基础上用更文明的态度对待自然，不野蛮开发，不粗暴对待大自然，要努力改善和优化人与自然的关系，认真保护和积极建设良好的生态环境；人们在改造客观物质世界的同时，要不断克服改造过程中的负面效应，积极改善和优化人与自然、人与人的关系，建设有序的生态运行机制和良好的生态环境；树立符合自然生态原则的价值需求、价值规范和价值目标；在生产方式上，转变高耗能、高消费、高污染的工业化生产方式，以生态技术为基础实现社会物质生产的生态化，使生态产业在产业结构中居于主导地位，成为经济增长的主要源泉；在生活方式上，人们的追求不再是对物质财富的过度享受，而是一种既满足自身需要又不损害自然生态的生活，以期维护人类活动对自然的最小损害并能够进行一定的生态建设。

建设生态文明，归根结底是为了人类自身的利益，良好的自然生态是人类幸福生活不可或缺的要素。党的十七大报告提出，要“建设生态文明，基本形成节约能源资源和保护生态环境的产业结构、增长方式、消费模式”。十七大把“生态文明”作为继物质文明、精神文明、政治文明之后的第四大文明正式提出来，这是科学发展观的进一步深入，是全面小康社会的新目标，是建设中国特色社会主义现代化的新要求，是社会主义文明体系建设的新发展。倡导生态文明建设，不仅对中国自身发展有深远影响，也是中华民族面对全球日益严峻的生态环境问题作出的庄严承诺。

建设生态文明的关键要大力培养全民的生态文明观。让全民认识到人和自然不是对立的，而是和谐相处的统一体。人类不能向自然无限制的索取，不能破坏生态平衡；不仅要利用自然、开发自然，更要爱护自然、尊重自然。既要考虑自身生存、发展的需要，更要考虑其他物种生存、发展的需要；人类在改造自然的同时要把自身的活动限制在保证自然界生态系统稳定平衡的限度之内，实现人与自然的和谐共生、协调发展。要转变经济发展模式，发展循环经济，最大限度地减少对资源的消耗和对环境的污染。要积极倡导绿色消费。所谓绿色消费，是指以维护自然生态环境的平衡为前提，在满足人的基本生存和发展需要的基础上的适度的、绿色的、全面的、可持续的消费。积极倡导消费者的循环再利用，引领生态化的生产方式，从而最大限度地减少对能源的消耗和对环境的破坏。

三、生态循环经济

发展生态循环是构建生态文明的重要途径。生态循环经济是把清洁生产和废弃物的综合利用融为一体的经济。它是一种生态经济，要求运用生态学规律来指导人类社会的经济活动，按照生态规律利用自然资源和环境允许容量，实现经济活动的生态型转向。传统经济是一种由“资源—产品—污染排放”所构成的物质单向流动的经济。在这种经济中，人们以越来越高的强度把地球上的物质和能源开发出来，在生产加工和消费过程中又把污染和废物大量地排放到环境中去，对资源的利用常常是粗放的和一次性的，通过把资源持续不断地变成废物来实现经济的数量型增长，导致了许多自然资源的短缺与枯竭，并酿成了灾难性环境污染后果。生态循环经济倡导的是一种与环境和谐发展的经济发展新模式。它要求把经济活动组织成一个“资源—产品—再生资源”的物质反复循环流动的过程，使得整个经济系统以及生产和消费的过程基本上不产生或者只产生很少的废弃物，其特征是低开采、高利用、低排放，所有的物质和能源都要在这个不断进行的经济循环中得到合理和持久的利用，从而根本上消解长期以来环境与发展之间的尖锐冲突。

发展生态循环经济必须遵循3R原则：①减量化原则(reduce)。它针对的是输入端，旨在减少进入生产和消费过程中物质和能源流量。换句话说，对废弃物的产生，是通过预防的方式而不是末端治理的方式来加以避免。如在生产中，制造厂可以通过减少每个产品的原料使用量，通过重新设计制造工艺来节约资源和减少排放。在消费中，人们可以选择包装物较少的物品，购买耐用的可循环使用的物品而不是一次性物品，以减少垃圾的产生。②再利用原则(reuse)。它属于过程性方法，目的是延长产品和服务的时间强度。也就是说，尽可能多次或多种方式地使用物品，避免物品过早地成为垃圾。在生产中，制造商可以使用标准尺寸进行设计，例如使用标准尺寸设计可以使计算机、电视和其他电子装置非常容易和便捷地升级换代，而不必更换整个产品。在生活中，人们可以将可维修的物品返回市场体系供别人使用或捐献自己不再需要的物品。③废弃物再循环原则(recycle)。它是输出端方法，通过把废弃物再次变成资源以减少最终处理量，也就是我们通常所说的废品的回收利用和废物的综合利用。资源化能够减少垃圾的产生，制成使用能源较少的新产品。资源化有两种，一是原级资源化，即将消费者遗弃的废弃物资源化后形成与原来相同的新产品；二是次级资源化，即废弃物变成不同类型的新产品。原级资源化在形成产品中可以减少20%～90%的原生材料使用量，而次级资源化减少的原生材料使用量最多只有25%。

循环经济倡导的是一种与环境和谐的经济发展模式，采用“资源—产品—再生资源”的闭路反馈式循环过程，形成低开采、低消耗、低排放和高利用模式。因此，发展循环经济是缓解资源约束矛盾的根本出路。

思考题

1. 概念与术语。

全球变化　土地利用变化　土地覆盖变化　温室效应　生态系统管理　基因多样性　物种多样性　生态系统多样性　景观多样性　自然保护区　就地保护　易地保护　退化生态系统　恢复生态学　生态重建　生态风险评估　生态规划　生态潜力　生态敏感性　生态评价　生态适宜度　可持续发展　生态示范区　生态县　生态市　生态省　生态文明　循环经济

2. 全球变化的主要内涵是什么？并对 Vitousek 全球变化概念模型加以评论。

3. 全球变化对生态系统产生了什么影响？有什么深刻意义？

4. 为什么说土地利用和土地覆盖变化是全球变化的主要内容？

5. 论述生物多样性的概念，生物多样性的四个水平及其研究的主要内容。

6. 说明生物多样性对人类的生存和发展有什么重要意义。论述生物多样性丧失的现状及产生的四个主要原因。

7. 举例说明人类对生物多样性的破坏作用，以及保护生物多样性的基本措施。

8. 人类活动是如何影响生态系统退化的？

9. 退化生态系统有什么特征？我国主要有哪些退化生态系统类型？

10. 说明退化生态系统恢复的基本原则和目标。

11. 应用具体的实例说明如何应用恢复生态学原理进行生态恢复。

12. 简述生态风险评估的工作程序和主要方法。

13. 现要开展某一开发区的生态规划，试提出生态规划的方案和程序。

14. 建设生态示范区有哪些意义？

15. 如何建设现代生态文明？

16. 为什么说发展循环经济是建设生态文明的重要途径？

术语中英文对照

二划

n 维生态位 n-dimensional niche
Pielou 均匀度指数 Pielou evenness index
r 对策者 r-strategist
一年生植物 therophyte
人口统计学 human demography
人口增长 human population growth
人工生态系统 artificial ecosystem
人工湿地 artificial wetland
人与生物圈计划 Man and the Biosphere Programme, MBP
人为因子 anthropogenic factor
人类生态学 human ecology
人类补加的太阳供能生态系统 human subsidized solar-powered ecosystem
几何级数式增长 geometric growth

三划

K 对策者 K-strategist
上升流 upwelling
上层 epipelagic zone
下木层 under-story tree
个体生态学 autecology
土地处理系统 land treatment system
土地利用 land use
土地覆盖 land cover
土著微生物 indigenous microorganism
土壤因子 edaphic factor
土壤自净 soil self-purification
土壤环境容量 soil environmental capacity
土壤顶极 edaphic climax
土壤核心微宇宙 soil core microcosm, SCM
大气污染 atmospheric pollution
大气候 macroclimate
大陆架 continental shelf
大环境 macroenvironment
大型动物区系 macrofauna
大型底栖生物 macrobenthos
大城市连绵区 megalopolitar region
大洋区 oceanic province
小气候 microclimate
小环境 microenvironment
干扰 disturbance
干草原 steppe
广适性生物 eurytropic organism

四划

专一性 obligatory relationship
中生植物 mesophyte
中生演替系列 mesoseres
中层 mesopelagic zone
中型动物区系 mesofauna
中度干扰假说 intermediate disturbance hypothesis
丰富度 species richness
丰富度指数 richness index
互利共生 mutualism
内因性演替 endogenic succession
内源性因素 endogenous factor
内稳态 homeostasis
内稳态生物 homeostatic organism
内禀增长率 instrinsic rate of increase, r_m
冗余种 redundancy species

分布格局 distribution pattern
分层现象 stratification
分层格局 stratification pattern
分解作用 decomposition
分解者 decomposer
化学生态学 chemical ecology
化学信息 chemical signal
化学需氧量 chemical oxygen demand,COD
反应时滞 reaction time lag
反硝化作用 denitrification
反馈 feedback
反馈机制 feedback mechanism
反馈环 feedback loop
开放系统 open ecosystem
气体型循环 gaseous cycle
气候因子 climate factor
气候顶极群落 climatic climax
气候稳定学说 climatic stability theory
水平结构 level structure
水平格局 horizontal pattern
水生动物 aquatic animal
水生演替 hydrosere
水体污染 water pollution
水层部分 pelagic division
水域生态系统 aquatic ecosystem
水循环 water cycle
火烧-动物顶极 fire-zootic climax
火烧顶极 fire climax
片断化 fragmentation
风险特征化 risk characterization
风险管理 risk management

五划

世界气候研究计划 World Climate Research Programme,WCRP
他感作用 allelopathy
凸型曲线 convex curve
凹型曲线 concave curve
出生率 birth rate
功能单元 functional unit
半自然生态系统 semi-natural ecosystem
半数抑制浓度 median inhibition concentration，IC_{50}
半数效应浓度 median effect concentration，EC_{50}
半数致死剂量 median lethal dose,LD_{50}
半数致死剂量浓度 median lethal concentration,LC_{50}
去除取样法 removal sampling
可持续的生态系统 sustainable ecosystem
可溶性有机氮 soluble organic nitrogen，SON
可溶性有机碳 dissolved organic carbon，DOC
外因性演替 exogenic succession
外来微生物 exogenous microorganism
外源性因素 exogenous factor
外貌 physiognomy
对角线型曲线 diagonal straight line
平均性 equitability
正反馈 positive feedback
正相互作用 positive interaction
汇 sink
灭绝旋涡 extinction vortice
生化需氧量 biochemical oxygen demand，BOD
生长效率 growth efficiency，GE
生产力学说 productivity theory
生产者 producer
生命表 life table
生态入侵 ecological invasion
生态工艺 ecological technology (*or* ecotechnology)
生态工程 ecological engineering
生态分离 ecological separation
生态文明 ecological civilizatiion
生态风险评价 ecological risk assessment
生态出生率 ecological natality

生态平衡 ecological equilibrium
生态灭绝 ecological extinct
生态生理学 ecophysiology
生态危机 ecological crisis
生态因子 ecological factor
生态年龄 ecological age
生态死亡率 ecological mortality
生态位 niche
生态位分离 niche separation
生态位重叠 niche overlap
生态位宽度(或广度) niche breadth
生态时间学说 ecological time theory
生态系统 ecosystem
生态系统生态学 ecosystem ecology
生态系统演替 ecosystem succession
生态系统管理 ecosystem management
生态学 ecology
生态规划 ecological planning
生态金字塔 ecological pyramid
生态型 ecotype
生态城 ecological city
生态恢复 ecological restoration
生态毒理学 ecotoxicology
生态效应 ecological effect
生态效应评估 ecological effect assessment
生态效率 ecological efficiency
生态旅游 ecotourism
生态密度 ecological density
生态阈限 ecological threshold
生态幅 ecological magnitude
生物气候 bioclimate
生物因子 biotic factor
生物地球化学循环 biogeochemical cycle
生物地理群落 biogeocoenosis
生物多样性 biodiversity
生物防治 biological control
生物系统 biosystem
生物学谱 biological spectrum
生物放大 biomagnification
生物促进作用 biostimulation
生物修复 bioremediation
生物指数 biotic index
生物泵 biological pump
生物浓缩 bioconcentration
生物浓缩系数(或富集因子) bioconcentration factor,BCF
生物氧化塘 oxidation pond
生物监测 biological monitoring
生物积累 bioaccumulation
生物通气法 bioventing
生物圈 biosphere
生物圈生态学 biosphere ecology
生物量 biomass
生物量金字塔 biomass pyramid
生物群落 biocoenosis (*or* biome)
生物膜法 biological membrane method
生物潜能 biotic potential
生活史对策 life-history strategy
生活型 life form
生理出生率 physiological natality
生理生态学 physiological ecology
生理寿命 physiological longevity
生殖格局 reproductive pattern
生殖潜能 reproductive potential
生境 habitat
甲藻类 dinoflagellate
石油污染 oil pollution
边缘效应 edge effect
鸟类生态学 avian ecology

六划

亚优势种 subdominant species
亚热带常绿阔叶林 subtropical evergreen broad-leaved forest
亚慢性毒性试验 subacute toxicity test
交换库 exchange pool
产卵洄游 spawning migration
优势顶极 prevailing climax

优势度 dominance
优势种 dominant species
先锋物种 pioneer species
先锋期 pioneer stage
光化学烟雾 photochemistrial smog
光周期现象 photoperiod
全球气候变化 global climate change
全球生态学 global ecology
全球变化 global change
全球变暖 global warming
共代谢 cometabolism
共优种 codominant species
关键互惠共生者 keystone mutualist
关键改造者 keystone modifier
关键种 keystone species
关键捕食者 keystone predator
关键病原体/寄生物 keystone pathogen/parasite
关键竞争者 keystone competor
关键被捕食者 keystone prey
关键植食动物 keystone herbivore
再循环 recycling
农业生态学 agricultural ecology
农药污染 pesticide pollution
动态生命表 dynamic life table
动物生态系统 animal ecosystem
动物生态学 animal ecology
动物顶极 zootic climax
动能 kinetic energy
协同进化 coevolution
协同格局 coactive pattern
厌氧生物处理法 anaerobic treatment of sewage
厌氧塘 anaerabic pond
同化效率 assimilation efficiency，AE
同心圆结构 concentric zone structure
同类相食 cannibolism
回避性 avoidance
地上芽植物 chamaephyte
地下芽植物 geophyte
地下渗滤系统 subsurface infiltration system
地形-土壤顶极 topo-edaphic climax
地形因子 topographic factor
地形顶极 topographic climax
地表漫流土地处理系统 overland flow land treatment system
地面芽植物 hemicryptophyte
地被层 grand
多元顶级 polyclimax
多元顶极说 polyclimax theory
多度 abundance
多样性 variety
多样性指数 species diversity
多核心式结构 multiple nuclei structure
存活曲线 survivorship curve
年际动态 annual dynamic
年际波动 annual variation
年龄金字塔 age pyramid
年龄结构 age structure
延滞性密度调节型 tardy density conditioned pattern
异养生物 heterotroph
异养型演替 heterotrophic succession
扩散 dispersal
有毒物质 toxic substance
杂食动物 omnivore
次生裸地 secondary bare area
次生演替 secondary succession
次生代谢产物 secondary metabolite
次级生产 secondary production
次级消费者 secondary consumer
死亡率 death rate
污水 sewage
污染生态学 pollution ecology
污染物 pollutant
红树林 mallgrove
网络结构 network structure

老茎生花 cauliflory
肉食动物 carnivore
自我维持 self-maintenance
自养生物 autotrophy
自养型演替 autotrophic succession
自然无补加的太阳供能生态系统 natural unsubsidized solar-powered ecosystem
自然生态系统 natural ecosystem
自然灾害 natural catastrophe
自然补加的太阳供能生态系统 natural subsidized solar-powered ecosystem
自然-经济-社会复合人工生态系统 social-economic-natural complex ecosystem
自然保护区 nature reserve
自然资源 natural resource
自然资源生态学 ecology of natural resources
行为信息 behavior signal
负反馈 negative feedback
负相互作用 negative interaction
迁入 immigration
迁出 emigration
迁移 translocation
过渡期 development stage
阳生植物 cheliophyte
阴生植物 sciophyte

七划

位移 displacement
冻原 tundra
初级生产 primary production
初级生产者 primary producer
初级消费者 primary consumer
均匀分布 uniform
均匀性 evenness
库 pool
应用生态学 applied ecology
快速渗透系统 rapid infiltration system
抗性 resistance
旱生植物 xerophyte
旱生演替 xerosere succession
旱生演替系列 xeroseres
时间格局 temporal pattern
汞的生物甲基化作用 biological methylation of mercury
汞循环 mercury cycle
沉水植物 submergent macrophyte
沉积型循环 sedimentary cycle
沙化 sandification
沙丘演替 dune succession
社会格局 social pattern
社会等级 social hierarchy
赤潮 red tide
辛普森多样性指数 index of Simpson's diversity
近交衰退 inbreeding depression
还原者 reductor
进化时间学说 evolutionary time theory
进展演替 progressive succession
针叶林 coniferous forest
附生植物 epiphyte
附底生物 fauna
陆生动物 terrestrial animal
陆生植物 terrestrial plant
陆地生态系统 terrestrial ecosystem
陆地生态学 terrestrial ecology

八划

典型草原 typical steppe
净化 purification
净初级生产量 net primary production, NPP
单元顶级 monoclimax
单元顶极说 monoclimax theory
取样调查法 sampling method

周转时间 turnover time
周转率 turnover rate
周限增长率 finite rate of increase
固体废弃物 industrial residue
国际生物学计划 International Biological Programme，IBP
国际地圈-生物圈计划 International Geosphere and Biosphere Programme，IGBP
垂直分层现象 vertical stratification
垂直结构 vertical structure
季节动态 seasonal dynamic
季节波动 seasonal variation
季雨林 seasonal rain forest
季相 seasonal aspect
实际出生率 realized natality
实际生态位 realized niche
底栖生物 benthos
建群种 constructive species
性比 sex ratio
性比结构 sexual structure
性状替换 character displacement
性信息素 sex pheromone
拥挤效应 crowding effect
放射污染 radioactive pollution
昆虫生态学 insect ecology
昆虫拟寄生者 parasitoid
板状根 plank-buttresses root
林冠层 canopy
河口区 estuary
沼泽 marsh (*or* wamp)
沿岸带 littoral zone
浅海区 neritic province
浅海带 sublittoral zone
牧食食物链 grazing food chain
物质循环 nutrient cycle
物种冗余假说 species redundancy hypothesis
物种多样性 species diversity
物种多样性梯度 gradient of species diversity
物种组成 species composition
物理信息 physical signal
环境 environment
环境生态学 environmental ecology
环境生物技术 environmental biotechnology
环境因子 environmental factor
环境污染 environmental pollution
环境保护 environmental protection
环境容纳量 environmental carrying capacity
环境随机性 environmental stochasticity
环境激素 environmental hormone
现存量 standing crop
直接收割法 harvest method
矿化 mineralization
空气污染 air pollution
空间生态位 space niche
空间异质性学说 spatial heterogeneity theory
组织层次 level of organization
细菌 bacteria
经济生态学 economical ecology
苔原或冻原生态系统 tundra ecosystem
贫养湖 oligotrophic
贮存库 reservoir pool
转化 transformation
降解 degradation
限制因子 limiting factor
非内稳态生物 non-homeostatic organism
非生物因子 abiotic factor
非密度制约因子 density-independent
顶极类型 continuouity climax type
顶极-格局假说 climax-pattern hypothesis
顶极群落 climax community
鱼类生态学 fish ecology
保护生物学 conservation biology
信息 information

信息传递 information transfer
信息处理系统 information processing system
信息素 pheromone
信息再生 regeneration
信息量 information content
信宿 recipient of information
受害(或受损)生态系统 damaged ecosystem
变异性 variability
变温层 thermodine

九划

城市化 urbanization
城市生态系统 city ecosystem
城市生态学 city ecology
复杂性 complexity
室外水生微宇宙 outdoor aquatic microcosm
封闭系统 closed ecosystem
带状格局 zonation pattern
急性毒性试验 acute toxicity test
总初级生产量 gross primary production, GPP
总需氧量 total oxygen demand,TOD
总有机碳 total organic carbon,TOC
恢复 restoration
恢复生态学 restoration ecology
持续发展生态学 sustainable ecology
指数式增长 exponential growth
挺水植物 emergent macrophyte
标志重捕法 mark-recapture method
标准化植被差异指数 normalized difference vegetation index
标准水生模拟微系统 standardized aquatic microcosm,SAM
毒性效应 toxic effect
毒性最大容许浓度 maximum allowable toxicant concentration, MATC
毒物 toxicant
氟氯烃类化合物 chlorofluorohydrocarbons,CFC
洄游 migration
活动性格局 activity pattern
活性污泥法 activated sludge process
相对多度 relative density
相对显著度 relative dominance,RD
相对密度 relative density
相对盖度 relative coverage,RC
相对频度 relative frequency,RF
种内竞争 intraspecific competition
种间关系 interspecies interaction
种的均匀度 species evenness
种-面积曲线 species-area curve
种群 population
种群大小 size
种群生存力分析 population viability analysis
种群生态学 population ecology
种群动态 population dynamics
种群格局顶极理论 population pattern climax theory
种群调节 population regulation
种群密度 population density
结构 structure
绝对致死剂量 absolute lethal dose, LD_{100}
绝对致死浓度 absolute lethal concentration, LC_{100}
统计随机性 demographic stochasticity
耐受定律 law of tolerance
耐受性 tolerance
耐阴植物 shade tolerant plant
草本层 herb
草甸草原 meadow
草食动物 herbivore
草原 grassland
草原生态学 grassland ecology
草原退化 grassland degeneration

荒漠 desert
荒漠化 desertification
荒漠生态系统 desert ecosystem
荒漠草原生态系统 desert grassland ecosystem
退化的生态系统 degraded ecosystem
适应 adaption
逆行演替 retrogressive succession
重建 reconstruction
重量 weight
食肉动物 carnivore
食物网格局 food-web pattern
食物网 food web
食物链 food chain
食碎屑生物 detritus feeder
香农-威纳指数 Shannon-Wienner index

十划

兼性塘 facultative pond
原生裸地 primary bare area
原生演替 primary succession
原始协作 protocooperation
哺乳动物生态学 mammalian ecology
扇形结构 sector structure
捕食 predation
捕食动物 predator
捕食作用 predation
捕食学说 predation theory
捕食者 predator
捕食食物链 grazing food chain
样方法 use of quadrats
格局 pattern
氨化作用 ammonification
流水生态系统 lotic ecosystem
流通率 flow rate
浮叶植物 floating-leaved macrophyte
浮游生物 plankton
浮游动物 zooplankton
浮游植物 phytoplankton
海平面上升 sea level rise
海岸 seashore
海底 sea bottom
海底部分 benthic division
海洋生态系统 marine ecosystem
海洋生态学 marine ecology
消费者 consumer
消费效率 consumption efficiency，CE
热力学第一定律 the first law of thermodynamics
热力学第二定律 the second law of thermodynamics
热带雨林 tropical rain forest
盐生植物 halophyte
竞争 competition
竞争系数 competition coefficient
竞争学说 competition theory
竞争排斥原理 competition exclusion principle
索饵洄游 feeding migration
能量金字塔 energy pyramid
能量流动 energy flow
臭氧洞 ozone depletion
衰变系数 extinction coefficient
衰退型种群 diminishing population
资源 resource
资源利用曲线 resource utilization curve
资源谱 resource spectrum
通讯 communication
铆钉假说 river-popper hypothesis
高位芽植物 phanerophyte
高寒草原 alpine meadow
高斯假说 Gause's hypothesis

十一划

偏害 amemsalism
基因库 gene pool
基础生态位 fundamental niche

堆肥法 compost
寄主 host
寄生生物 parasite
寄生食物链 parasitic food chain
密度 density
密度无关的增长 density-independent growth
常见种 common species
常绿阔叶林 evergreen broad-leaved forest
敏感性 sensitivity
梯度分布格局 gradient of species diversity
淋溶 leaching
淡水生态系统 freshwater ecosystem
淡水生态学 freshwater ecology
深水带 profundal zone
深海带 bathyhenthic zone
深渊带 abyssobenthic zone
混合烧杯模拟微系 mixed flask microcosm, MFM
猎物 prey
盖度 cover degree
硅藻类 diaton
第一性生产 primary production
第二级消费者 secondary consumer
第二性生产 secondary production
第三级消费者 third consumer
粗密度 crude density
综合优势比 summed dominance ratio, SDR
绿带 green belt
绿藻 chlorophyta
菌根 mycorrhizae
营养生态位 tropical niche
营养级 trophic level
营养信息 trophic signal
野外试验 field test
随机分布 random
随机格局 stochastic pattern
隐芽植物 crytophyte
领域 territory

十二划

富营养化 eutrophication
就地保护 *in situ* preservation
敞水带 limnetic zone
斑块状镶嵌 mossicism
最大无作用剂量 maximum no-effect level
最大出生率 maximum natality
最大持续产量 maximum sustainable yield, MSY
最大耐受剂量 maximum tolerance dose, LD_0
最大耐受浓度 maximum tolerance concentration, LC_0
最小生存种群 minimum viable population, MVP
最小有作用剂量 minimal effect dose
最小致死剂量 minimum lethal dose, MLD
最小致死浓度 minimum lethal concentration, MLC
最低死亡率 minimum mortality
期望寿命 life expectancy
森林生态系统 forest ecosystem
森林生态学 forest ecology
植物生态系统 plant ecosystem
植物生态学 plant ecology
植物过滤(或根系过滤) phytofiltration (*or* rhizofiltration)
植物吸收 phytoextraction
植物固定 phytostabilization
植物降解 phytodegradation
植物修复 phytoremediation
植物挥发 phytovolatilization
温室气体 greenhouse gas

温室效应 greenhouse effect
温带落叶阔叶林 temperate deciduous forest
游泳生物 nekton
湖上层 epilimnion
湖下层 hypolimnion
湖泊演替 lake succession
湿生植物 hygrophyte
湿地生态系统 wetland ecosystem
硝化作用 nitrification
硫循环 sulfur cycle
稀有种 rare species
稀树干草原 savanna
等位线图 isoline
落叶阔叶林生态系统 deciduous broad-leaved forest ecosystem
超体积 hypervolume
超顶极 postclimax
超积累植物 hyperaccumulator
越冬洄游 overwintering migration
遗传多样性 genetic diversity
遗传随机性 genetic stochasticity
遗传漂变 genetic drift
隔离系统 isolate ecosystem
循环经济 circular economy
集群 aggregation
集群分布 clumped
集群现象 schooling

十三划

微气候 micro-climate
微生物生态学 microbial ecology
微生物强化作用 bioaugmentation
微宇宙 microcosm
微环境 microenvironment
微型动物区系 microfauna
微型底栖生物 microbenthos
微量元素 micronutrient
数学生态学 mathematical ecology
数量金字塔 pyramid of numbers
数量调查法 total count
滨海带 littoral zone
碎化 break down
碎屑 detritus
碎屑食物链 detrital food chains
群落 community
群落生态学 community ecology
群落交错区 ecotone
群落的外貌 physiognomy
群落的异质 heterogeneity
群落演替 community succession
蓝藻 cyanophyta
慢性毒性试验 chronic toxity test
慢速渗滤系统 slow-rate system
模拟微系统 simulated microcosm
漂浮生物 neuston
漂浮植物 floating plant
演替系列 seres
演替系列群落 serial community
碳氢化合物 hydrocarbon
碳汇 carbon sequestration
碳酸盐泵 carbonate pump
稳定性 stability
稳定型种群 stable population
稳定塘 stabilization pond
稳态 homeostasis
精制塘 maturation pond
聚氨酯泡沫塑料块法 polyurethane foam unit，PFU
腐生植物 saprophyte
腐食食物链 detritus food chain
腐殖质 humus
褐带 brown belt
酸雨 acid rain
静水生态系统 standing water (*or* lentic water) ecosystem
静态生命表 static life table
颗粒有机碳 particulate organic carbon

增长型种群 expanding population
增长率 growth rate
潜能 potential energy
潜蒸发蒸腾 potential evapotranspiration, PET
潮间带 intertidal zone
整体性 holism
燃料供能的城市工业生态系统 fuel-powered urban industrial ecosystem
瞬时增长率 instantaneous rate of increase
繁殖后期 postreproductive period
繁殖前期 prereproductive period
繁殖期 reproductive period
藤本植物 liana
曝气塘 aerated pond
灌木层 shrub

主要参考文献

1. 小田桂三郎等著. 姜恕译. 农田生态学. 北京：科学出版社,1976.

2. 马文漪,杨柳燕. 环境微生物工程. 南京：南京大学出版社,1998.

3. 马世骏,李文华主编. 中国的农业生态工程. 北京：科学出版社,1987.

4. 马世骏主编. 现代生态学透视. 北京：科学出版社,1990.

5. 马光,胡仁禄编著. 城市生态工程学. 北京：化学工业出版社,2003.

6. 马克平主编. 中国重点地区与类型生态系统多样性. 杭州：浙江科学技术出版社,1999.

7. 中国大百科全书环境科学编辑委员会. 中国大百科全书(环境科学). 北京：中国大百科全书出版社,1983.

8. 中国科学院可持续发展研究组. 中国可持续发展战略报告. 北京：科学出版社,1999.

9. 中国科学院生物多样性委员会. 生物多样性研究的原理与方法. 北京：中国科学技术出版社,1994.

10. 中国科学院南方山区综合科学考察队. 红壤丘陵开发和治理——千烟洲综合开发治理试验研究. 北京:科学出版社,1989.

11. 云南大学生物系. 植物生态学. 北京：人民教育出版社,1980.

12. 卞有生. 留民营生态农业系统. 北京：中国环境科学出版社,1988.

13. 孔繁翔主编. 环境生物学. 北京：高等教育出版社,2000.

14. 戈峰主编. 现代生态学. 北京：科学出版社,2002.

15. 王俊,张义生主编. 化学污染物与生态效应. 北京：中国环境科学出版社,1993.

16. 王焕校. 污染生态学基础. 昆明：云南大学出版社,1990.

17. 王敬国主编. 资源环境概论. 北京：中国农业大学出版社,2000.

18. 刘云国,李小明主编. 环境生态学导论. 长沙：湖南大学出版社,2000.

19. 刘培桐主编. 环境学概论. 北京：高等教育出版社,1995.

20. 刘树华编著. 环境生态学. 北京:北京大学出版社, 2009.

21. 向近敏,林雨霖,周峰主编. 分子生态学. 武汉：湖北科学技术出版社,2001.

22. 孙鸿良主编. 生态农业的理论与方法. 济南：山东科学技术出版社,1993.

23. 孙儒泳编著. 动物生态学原理(第三版). 北京：北京师范大学出版社,2001.

24. 安树青主编. 湿地生态工程——湿地资源利用与保护的优化模式. 北京：化学工业出版社,2003.

25. 曲仲湘等. 植物生态学. 北京：高等教育出版社,1983.

26. 朱颜明,何岩等编著. 环境地理学导论. 北京：科学出版社,2002.

27. 许涤新等. 生态经济学. 杭州：浙江人民出版社,1988.

28. 邬建国. 景观生态学——格局、过程、尺度与等级. 北京：高等教育出版社,2000.

29. 何强,井文涌,王羽亭编著. 环境保护概论. 北京：清华大学出版社,1995.

30. 任海,彭少麟编著. 恢复生态学导论. 北京：科学出版社,2002.

31. 鲍健强，黄海凤著. 循环经济概论. 北京:科学出版社，2009.

32. 林鹏. 植物群落学. 上海：上海科学技术出版社,1986.

33. 张志杰编著. 环境污染生态学. 北京：中国环境科学出版社,1989.

34. 张金屯主编. 应用生态学. 北京：科学出版社,2003.

35. 李博,雍世鹏,李瑶,刘永江. 中国的草原. 北京：科学出版社,1990.

36. 李博主编. 普通生态学. 呼和浩特：内蒙古大学出版社,1990.

37. 李博主编. 现代生态学讲座. 北京：科学出版社,1995.

38. 李博主编. 生态学. 北京：高等教育出版社,2001.

39. 余作岳,彭少麟主编. 热带亚热带退化生态系统植被恢复生态学研究. 广州：广东科学技术出版社,1992.

40. 杨京平,卢剑波主编. 生态恢复工程技术. 北京：化学工业出版社,2002.

41. 沈国英,施并章编著. 海洋生态学(第二版). 北京：科学出版社,2002.

42. 沈德中编著. 污染环境的生物修复. 北京：化学工业出版社,2002.

43. 苏智先,王仁卿主编. 生态学概论(修订本). 北京：高等教育出版社,1993.

44. 陈天乙编著. 生态学基础教程. 天津：南开大学出版社,1995.

45. 陈灵芝,马克平主编. 生物多样性科学、原理与实践. 上海：上海科学技术出版社,2001.

46. 尚玉昌,蔡晓明. 普通生态学(上册). 北京：北京大学出版社,1992.

47. 尚玉昌. 行为生态学. 北京：北京大学出版社,1999.

48. 赵晓光，石辉主编. 环境生态学. 北京:机械工业出版社，2007.

49. 李文华等著. 生态系统服务功能价值评估的理论、方法与由于应用. 北京:中国人民大学出版社，2008.

50. 郎惠卿,祖文辰,金树仁. 中国沼泽. 济南：山东科学技术出版社,1983.

51. 郑师章,吴千红,王海波,陶芸编著. 普通生态学原理、方法和应用. 上海：复旦大学出版社,1994.

52. 金岚等主编. 环境生态学. 北京：高等教育出版社,1992.

53. 金相灿主编. 有机化合物污染化学. 北京：清华大学出版社,1990.

54. 祝廷成,董厚德. 生态系统浅说. 北京：科学出版社,1982.

55. 骆世明,陈聿华,严斧等编著. 农业生态学. 湖南科学技术出版社,1987.

56. 诸葛阳. 生态平衡与自然保护. 杭州：浙江科学技术出版社,1987.

57. 崔玉亭主编. 化肥与生态环境保护. 北京：化学工业出版社,2000.

58. 常杰,葛滢编著. 生态学. 杭州：浙江大学出版社,2001.

59. 盛连喜,冯江,王娓. 环境生态学导论. 北京：高等教育出版社,2002.

60. 蒋有绪,郭泉水,马娟等. 中国森林群落分类及其群落学特征. 北京：中国林业出版社,1998.

61. 熊治廷编著. 环境生物学. 武汉：武汉大学出版社，2000.

62. 蔡晓明，尚玉昌编著. 普通生态学(下册). 北京：北京大学出版社，1995.

63. 蔡晓明编著. 生态系统生态学. 北京：科学出版社，2000.

64. 戴天兴编著. 城市环境生态学. 北京：中国建材工业出版社，2002.

65. Aber J D, Melillo J M. Terrestrial Ecosystems. Philadelphia: Saunders College Publishing, 1991.

66. Anderson J M. 蒋志学、温世生译. 环境生态学——生物圈、生态系统和人. 沈阳：辽宁大学出版社，1987.

67. Begon M, Harper J L, Towensend C R. Ecology—Individuals, Population and Communities (3rd Ed.). Oxford: Blackwell Science, 1996.

68. Cairns J Jr. Recovery and Restoration of Damaged Ecosystems. Charlottesvill: University Press of Virginia, 1977.

69. Chapman J L, Reiss M J. Ecology: Principles and Applications (2nd edition). The Cambridge University Press, 1999.

70. Chapin F S, Matson P A, Mooney H A. 李博等译. 陆地生态系统生态学原理. 北京：高等教育出版社，2005.

71. Coleman D C, Crossley D A. Fundamentals of Soil Ecology. New York: Academic Press, 1996.

72. Connell D W, Miller J G. Chemistry and Ecotoxicology of Pollution. New York: John Wiley and Sons, Inc., 1984.

73. Etherington J R. Environment and Plant Ecology (2nd edition). New York: John Wiley & Sons, 1982.

74. Forbes V E, Forbes T L. Ecotoxicology in Theory and Practice. London: Chapman & Hall, 1994.

75. Forman R T, Godron M. Landscape Ecology. New York: John Wiley & Sons, 1986.

76. Frrissel M J. 夏荣基等译. 农业生态系统中矿质养分的循环. 北京：农业出版社，1981.

77. Jeffries M, Mills D. Freshwater Ecology: Principles and Applications. London: Belhaven Press, 1990.

78. Krebs C J. Ecology: the Experimental Analysis of Distribution and Bundance (5th edition). San Francisco: Benjamin Cummings, 2001.

79. La Bonde Hanks S. Ecology and the Biosphere: Principles and Problems. Florida: St. Lucie Press, 1996.

80. Lalli C M, Parsons T R. Biological Oceanography: An Introduction (2nd editiion). Oxford: Butterworth-Heinemann, 1997.

81. Levin S A, Harwell M A, Relly J B, Kimball R D. Ecotoxicology: Problems and Approaches. New York: Springer-Verlag, 1989.

82. Likens G E and Bormann F H. Biogeochemistry of a Forested Ecosystem (2nd

edition). New York: Springer-Verlag, 1995.

83. Mackenzie A, Ball A S, Virdee S R. Instant Notes in Ecology (2nd edition). 北京：科学出版社，2003.

84. May R Y. 孙儒泳等译. 理论生态学. 北京：科学出版社，1980.

85. Mitsch W J, Gosselink J G. Wetland. New York: John Wiley & Sons Inc., 2000.

86. Mtsch W J, Jorgensen S E. Ecological Engineering: An Introduction to Ecotechnology. New York: John Welly & Sons, 1989.

87. Nebel B J, Wright R T. Environmental Science (5th edition). New Jersey: Simon & Schuster, 1996.

88. Odum H T. 蒋有绪等译. 系统生态学. 北京：科学出版社，1993.

89. Oscar Ravera. Terrestrial and Aquatic Ecosystems: Perturbation and Recovery. Ellis Horwood Limited, 1991.

90. Primack R B. 祈承经等译. 保护生物学概论. 长沙：湖南科学技术出版社，1996.

91. Ramade. Ecology of Nature Resources. New York: John Wiley & Sons, 1984.

92. Rombke J, Moltmann J F. Applied Ecotoxicology. Boca Raton: CRC Press, 1996.

93. Sabath M D, Susan Q. Ecosystems Energy and Materials—The Australian Context. Longman Cheshire, 1981.

94. Schlesinger W H. Biogeochemistry: An Analysis of Global Change. New York: Academic Press, 1991.

95. Shugart H H, O'neill R V. Systems Ecology. Dowden: Hutchinson & Ross, Inc., 1979.

96. Smith W H. Air Pollution and Forests: Interactions Between Air Contaminants and Forest Ecosystems (2nd edition). New York: Springer-Verlag, 1990.

97. Sutcliffe D W. Water Quality and Stress Indicators in Marine and Freshwater Ecosystems: Linking Levels of Organization. Freshwater Biological Association, 1994.

98. Swift M J, Heal O W, Anderson J M. Decomposition in Terrestrial Ecosystem. Oxford: Blackwell Scientific Publications, 1979.

99. Trivedi P R, Raj G. Environmental Biology. New Delhi: Akashdeep Publishing House, 1992.

100. Wayne G L, Yu M. Introduction to Environmental Toxicology: Impacts of Chemicals upon Ecological System. Florida: CRC Press Inc., 1995.

101. Whittaker R H. 姚璧君译. 群落与生态系统. 北京：科学出版社，1977.